网络化系统

容错控制设计与分析

李建宁 著

DESIGN AND ANALYSIS OF FAULT-TOLERANT CONTROL
FOR NETWORKED SYSTEMS

ZHEJIANG UNIVERSITY PRESS
浙江大学出版社
·杭州·

图书在版编目（CIP）数据

网络化系统容错控制设计与分析 / 李建宁著.
杭州：浙江大学出版社，2024. 9. -- ISBN 978-7-308
-25444-1

Ⅰ. TP393.08

中国国家版本馆 CIP 数据核字第 2024BL9067 号

网络化系统容错控制设计与分析

李建宁　著

责任编辑　金佩雯
责任校对　陈　宇
封面设计　浙信文化
出版发行　浙江大学出版社
（杭州市天目山路 148 号　邮政编码 310007）
（网址：http://www.zjupress.com）
排　　版　杭州星云光电图文制作有限公司
印　　刷　广东虎彩云印刷有限公司绍兴分公司
开　　本　710mm×1000mm　1/16
印　　张　12.75
字　　数　209 千
版 印 次　2024 年 9 月第 1 版　2024 年 9 月第 1 次印刷
书　　号　ISBN 978-7-308-25444-1
定　　价　68.00 元

前　言

网络化系统是通过有线或无线网络由传感器、控制器和执行器连接形成的复杂闭环系统。相对于传统的点对点控制系统而言，该系统具有结构网络化、节点智能化、维护方便化、费用节省化等诸多优点，在工业控制及军事领域得到了越来越多的关注。然而，由于设备的老化或外部环境的变化，网络化系统的传感器、控制器、执行器和系统内部结构不可避免地会发生各类故障，采用传统的反馈控制方法无法使得闭环网络化系统具有预设性能，严重时系统会不稳定。容错控制技术是保证复杂闭环系统发生故障时仍然保持稳定的有效方法之一。

本书是作者多年来从事网络化系统的容错控制设计的研究成果总结，共8章。第1章介绍了网络化系统的研究现状及容错控制的热点问题。第2章介绍了网络化系统的基本知识及常用引理。第3章针对具有执行器约束的网络化系统，考虑执行器故障和执行器饱和等因素对系统的影响，提出了基于丢包概率的容错控制方法及状态同步容错控制方法。第4章提出了一种具有无源/H_∞指标的混合容错控制方法，并设计了多阈值报警器，以利用报警信号调取不同的控制器来解决相应的故障问题。第5章针对网络化系统的模态异步问题，提出了一种异步容错控制方法。第6章以多区域电力系统和网络化水面无人艇系统为例，考虑控制器的参数摄动问题，提出了一种非脆弱容错控制方法。第7章考虑系统中的传感器故障问题，提出了一种系统状态与传感器故障的协同估计方法，可为状态未知情况下容错控制器的设计奠定基础。第8章以网络化双边遥操作系统为研究对象，考虑系统的非线性环节，提出了基于模糊干扰观测器的容错控制方法和基于故障分布的模糊容错控制方法。

本书的出版及相关研究工作得到了国家自然科学基金项目（项目编号：61403113；61733009；U1509203）、浙江省自然科学基金项目（项目编号：LZ22F030008；LY19F030020；LQ14F030010）、省属高校基本科研业务费资助项目（项目编号：GK229909299001-012）等的资助。在导师浙江大学褚健教授、苏宏业教授的精心指导下，作者开展了许多科研工作，受益匪浅，谨向他们表示衷心的感谢！在撰写本书的过程中，作者参考了相关文献资料，在此向这些文献的作者表示感谢！

由于作者水平有限，书中难免有不妥和疏漏之处，恳请广大读者批评指正。

作　者

2023 年 11 月于杭州电子科技大学

目　录

第1章 绪 论

伴随科技的迅速进步，传统的控制系统逐渐向复杂大系统控制方向发展，这就对控制系统的结构提出了更高的要求，譬如结构网络化、节点智能化、维护方便化、费用节省化，而传统点对点控制系统结构不再适应现阶段控制系统的发展。为了满足这些客观要求，结合计算机技术、网络通信技术和控制技术，通过网络将传感器、控制器和执行器相连，形成了网络化系统(networked system)[1-4]。

网络化系统成本低、灵活性高，便于安装维护，因而广泛应用于工业自动化、远程过程控制、航空航天、智能家居、智能交通管理等领域。一般来说，网络化系统的控制设计与分析研究从两个角度开展。①对网络的控制(control of network)：从通信理论的角度出发，通过网络传输协议、路由算法、拥塞控制、拓扑结构等的设计，对网络自身进行控制，以减少网络诱导时延、数据包丢失(简称丢包)等影响系统稳定的因素。②以网络为传输媒介的控制系统(control over network)：从控制理论的角度出发，以网络的结构、协议为前提条件，设计相应的控制器，以减少网络诱导时延等不利因素对闭环系统的影响。本书将基于 control over network，对网络化系统进行分析并讨论闭环系统的稳定性。典型的网络化系统结构如图 1-1 所示。

虽然网络化系统具有诸多优点，但是网络的引入也给系统分析带来了新的挑战。

①在网络环境下，通信设备共享网络并采用分时复用的方式来传输数据。由于网络带宽的限制，网络拥塞时有发生，因此网络诱导时延难以避免。

②系统中可能出现传输设备故障、网络拥塞、连接突然中断等现象，而这些往往是丢包的主要原因。

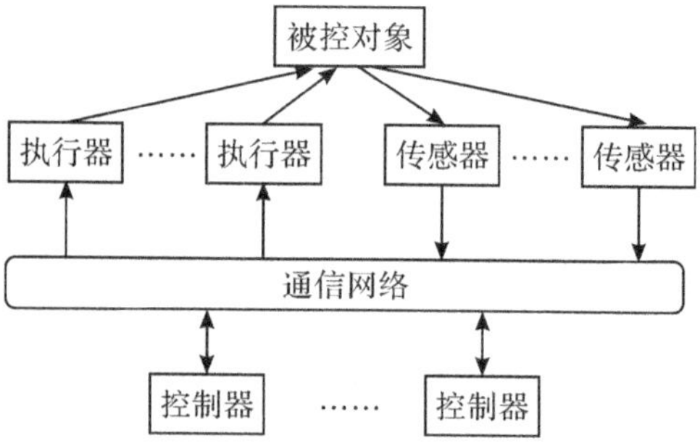

图 1-1　网络化系统结构

③网络化系统所需的数据被封装在数据包中进行传输。在控制器设计过程中需要考虑采取单数据包传输还是多数据包分时传输。

④由于数据包会根据实际情况选择合适的网络传输路径来传输数据，而不同的路径所产生的网络诱导时延不同，因此出现数据包时序混乱问题。

⑤网络化系统中采样频率对系统性能的影响至关重要，采样频率过高会产生大量数据包而加重网络负担，而采样频率过低会导致连续信号无法完全从离散信号中重建。

⑥节点的驱动方式有时间驱动和事件驱动两种。选择不同的驱动方式时，系统建模及控制方法均存在不同，系统的性能也随之产生极大的变化。

除了网络引入的不利因素之外，随着时间的推移和系统内外部环境的变化，网络化系统的传感器、控制器、执行器和系统内部结构不可避免地老化、失效甚至发生故障。这会使得系统的稳定性受到破坏或引发安全事故，甚至导致巨大的经济损失。1986 年 1 月 28 日，美国国家航空航天局的“挑战者”号航天飞机在执行任务时，右侧固态火箭推进器上的一个 O 形环失效，导致航天飞机在升空 72 秒后发生爆炸，7 名航天员全部遇难，直接经济损失达 12 亿美元；2006 年 2 月 8 日，机电系统故障导致火灾，载有 1400 多人的埃及大型客轮“萨拉姆 98”号在红海沉没，1000 余人遇难；2010 年 6 月，韩国“罗老”号运载火箭因整流罩分离异常而发射失败。除此以外，在石油化工生产、煤矿开采、核电设施等工业控制过程领域，由故障引发的安全事故层出不穷。因此，如何提高现阶段控制系统在故障发生时的安全性和可靠性，已经成为控制科学领域研究的热点问题之一，容错控制理论应运而生[5]。本书对网络化系统的容错控制设计研究问题做了比较深入的探讨分析，具有重要的理论意义和一定的实际应用价值。

1.1 网络化系统的研究现状

近年来，对于网络化系统的研究取得了较为系统的成果。网络化系统典型问题主要包括网络诱导时延、数据包丢失及乱序、多数据包传输、变采样周期控制、网络诱导时延估计、调度等几类。

1.1.1 网络诱导时延

Lian 等[6]基于网络协议机理分析了网络诱导时延的若干组成部分，包括源节点的预处理时间、数据包发送前的等待时间、数据包发送时间及目标节点的后处理时间。网络协议的不同，导致网络诱导时延呈现多种形式，或随机，或固定，或时变，或定长。针对这些不同形式的网络诱导时延，研究方法具体如下。

①Bernoulli（伯努利）过程。该方法将网络诱导时延在不同时延区域的分布建模成一类 Bernoulli 过程。例如将网络诱导时延 $d(t)\in[d_m,d_M]$［其中，d_m 和 d_M 分别为网络诱导时延 $d(t)$ 的下界和上界］划分为两个区域，Σ_1：$[d_m,d_1]$ 和 Σ_2：$[d_1,d_M]$（其中，d_1 为一个已知标量）；定义随机变量 $\delta(t)$，当 $d(t)\in\Sigma_1$ 时 $\delta(t)=1$，当 $d(t)\in\Sigma_2$ 时 $\delta(t)=0$。Peng 等[7-8]基于该方法建立了一类随机模型来描述网络化系统，并给出了闭环系统稳定的时延分布依赖条件，进而将该类模型推广至网络化系统的故障检测问题。

②时延微分方程。该方法利用状态 $\boldsymbol{x}[t-d(t)]$ 来设计控制器，用时延微分方程来描述网络化系统。其中，$d(t)$ 为网络诱导时延并且满足 $d(t)=t-i_kT$，i_k 为数据包的序号，T 为采样时间。Zhou 等[9]将网络化系统建模成具有两个时延的随机模型，包括一个常数时延 $\tilde{d}$ 和一个随机时延 $d(t)$，并设计了 H_∞ 控制器，使得闭环系统满足指数均方稳定性。Hao 等[10]将网络化 Lurie系统建模为时延 Lurie 系统，由于该系统在计算过程中无法调整参数，所得结果具有一定的保守性。Zeng 等[11]利用改进型锥补线性化（improved cone complementary linearization，ICCL）方法得到了保守性较低的结果。类似的方法见文献[12-14]。

③Markov(马尔可夫)跳变系统。该方法假设网络诱导时延 $d(t)$ 隶属于集合 $M=\{0,1,2,\cdots,d\}$,并定义网络诱导时延的改变满足 Markov 跳变概率,将网络化系统建模为一类 Markov 跳变系统。Zhang 等[15]将传感器与控制器之间以及控制器与执行器之间的网络诱导时延建模为两个 Markov 链,并分析了系统的随机稳定性。

④多时延系统。用该方法建立的系统包含多个网络诱导时延[16]。Yang 等[17]设计了主控制器和可切换的局部控制器来镇定多时延系统。Lian 等[18]将具有多个传感器和执行器的网络化系统建模为一类多时延的多输入多输出(MIMO)系统。

⑤切换系统。该方法根据网络诱导时延的性质将网络化系统建模成具有多个子系统的切换系统。Zhang 等[19]建立了同时具有稳定子系统与不稳定子系统的系统,通过采用平均驻留时间方法研究了闭环系统的有界输入有界输出(BIBO)稳定性。Wang 等[20]在未引入时延上界的情况下提出了一种基于时延的切换方法。Xie 等[21]选取了驱动频率高于采样频率的控制器并设计了依赖于切换信号的控制器增益。

1.1.2 数据包丢失及乱序

由于网络传输的带宽限制、传输设备故障、网络拥塞、连接中断等客观条件,数据包丢失问题时有发生;另外,传输路径的突然改变往往会导致数据包的时序混乱问题。针对数据包丢失及乱序的研究方法具体如下。

①时延微分方程。该方法将数据包丢失问题看成一种与采样时间成倍数关系的时延问题,将该倍数数值描述为两个采样间隔内连续丢包的个数[22]。

②时标。该方法在每个数据包之前加入了包序 i_k,若 $i_{k+1}-i_k=1$,则数据包正常接收,若 $i_{k+1}-i_k>1$,则数据包在传输过程中丢失,若 $i_{k+1}-i_k<1$,则发生数据包乱序问题。

③Bernoulli 过程。Ishii[23]定义了一组服从 Bernoulli 分布的随机变量 $\theta(k)\in\{0,1\}$,$\theta(k)=0$ 时表示数据包没有丢失,而 $\theta(k)=1$ 则表示数据包在传输过程中丢失。

④预测法、补偿法和优化法。Zhao 等[24]提出了一种基于数据包的预测控制方法以减小数据包丢失带来的影响;Ling 等[25]提出了优化数据包丢失的补偿方法;Quevedo 等[26]提出了一种包格式优化方法,通过网络将最优控

制输入序列传输至缓存器,对缓存器中的数据进行迭代,并进一步设计了相应的控制器。

⑤Markov跳变系统。Nilsson[27]利用两个Markov链来描述数据包丢失过程,既可以使用过去的控制量作为当前数据包丢失后的控制输入,也可以根据丢失数据包的估计值来计算新的控制输入。Ling等[28]针对单输入单输出网络化系统,利用Markov链来模拟数据包丢失过程。Kim等[29]提出了一种依赖于网络拥塞程度的H_∞控制算法,分析了系统的均方稳定性及镇定性问题。

⑥异步动态系统。最初异步动态系统被用于表示单边网络化系统(只有传感器与控制器之间存在网络)的数据包丢失问题,Hassibi等[30]将该方法推广至双边网络化系统(双边网络即传感器和控制器之间、控制器和执行器之间均存在网络)的控制器设计过程。

⑦切换系统。Zhang等[31]根据当前时刻与前一时刻均无丢包、仅当前时刻丢包和仅前一时刻丢包三种情况,将网络化系统建模为具有多个子系统的切换系统,其中,子系统的个数与连续丢包的个数有关。

1.1.3 其他典型问题

其他几类网络化系统典型问题可描述如下。

①多数据包传输。在网络化系统中采取多数据包传输方式,一方面是因为单数据包字节大小所限,另一方面是因为传感器和执行器可能分布在一个较大的物理空间中,将所有的数据放在同一个数据包中发送显然不易实现。Yu等[32]考虑了通过多数据包传输方式在传感器与控制器之间传递数据;Li等[33]研究了在传感器与控制器之间、控制器与执行器之间均采用多数据包传输的控制器设计问题。

②变采样周期控制。在早期的控制系统研究中,学者们通常假设传感器的采样周期是固定的[34]。然而,计算机负载的变化、非周期故障等因素会导致传感器的采样周期发生抖动,使得网络化系统的采样周期在某一理想数值上下波动,这种采样周期称为时变采样周期。Hu等[35]考虑了系统具有时变采样周期且该系统由连续时间非线性对象互连构成的情况。Chen等[36]研究了具有非周期性采样的网络化系统的稳定性问题。Xiao等[37]考虑异步非周期采样及测量误差,研究了多个局部互连线性子系统的同时稳定性问题。

③网络诱导时延估计。Zhang等[38]提出了一种在线估计时变时延的方

法，并基于估计的时延信息，采用模糊算法得到控制器增益，减少了网络诱导时延对系统控制性能的影响。针对常数网络诱导时延和随机网络诱导时延两种情况，Liu G 等[39]在预测控制器前设计了网络诱导时延估计器，以减少网络诱导时延对系统控制性能的影响；Liu B 等[40]进而利用网络时延估计器提出了一种基于似然比的网络化系统故障检测方法。Vatanski 等[41]提出了两种估计时延的方法：自适应 Smith 预估器；根据网络结构及拥塞程度估计网络诱导时延的最大值。

④调度。Park 等[42]及 Kim 等[43]分析研究了三种数据包（实时同步数据、实时异步数据和非实时同步数据）的网络诱导时延问题，并针对网络诱导时延提出了一种调度方法（该方法可以根据三种数据包传输时所占用的不同带宽调整系统的采样周期以减小网络诱导时延），进而讨论了在这种控制方式下的最大允许时延问题。Li 等[44]提出的一种智能调度方法，可以在线调整网络化系统的采样周期及控制器参数，以补偿网络服务质量的变动，减小网络诱导时延对系统的影响。

1.2 容错控制概述

容错最初是计算机系统设计过程中引入的概念，指当系统内部发生局部故障或失效后，系统仍可以正常运行的特性。早在 1971 年，Niederlinski[45]提出了完整性控制（integral control）的概念，首次将容错控制的思想引入控制系统的设计分析过程。进而，Šiljak[46]于 1980 年发表的关于可靠镇定的文章意味着容错控制（fault-tolerant control）正式进入学者们的研究范畴。容错控制系统（fault-tolerant control system, FTCS）是指元器件或局部子系统发生故障时仍具有完成基本功能的系统，其科学意义在于能够尽量保证动态系统在出现故障时可以稳定运行，并具有可以接受的性能指标。容错控制系统结构如图 1-2 所示。

容错控制理论基础涉及故障诊断、鲁棒控制、自适应控制、人工智能、现代控制理论、经典控制理论、信号处理、数理统计等多学科知识。如今，容错控制理论研究取得了大量成果[47-49]，很多容错控制技术已被成功应用于航空航天、核电、机器人、城市交通、船舶运输、工业过程等领域[50-57]。1985 年，Eterno等[58]将容错控制划分为被动容错控制（passive fault-tolerant control,

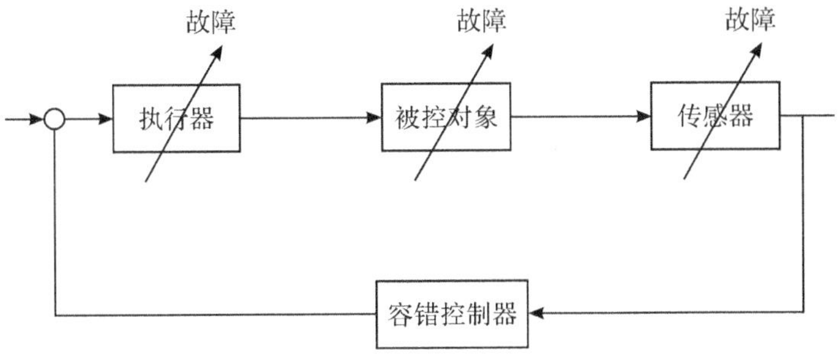

图 1-2 容错控制系统结构

PFTC)和主动容错控制(active fault-tolerant control, AFTC)。目前,该划分已成为现代容错控制研究方法分类的主要依据之一。本节将基于上述两类方法,对现阶段国内外容错控制研究现状进行概述。

1.2.1 被动容错控制方法

被动容错控制方法对系统故障进行被动处理,其设计方法源于鲁棒控制理论[59]。首先根据潜在故障的特性对故障进行建模,然后将已建模的故障信息融入控制器的设计过程,使得控制系统对该类故障具有不敏感性。由于控制器结构的易实现性,该方法在实际系统中的应用操作相对简单。然而,在系统性能方面,被动容错控制方法主要关注系统的稳定性。当需考虑系统的其他性能或因突发故障而产生系统未建模动态时,采用该方法则显得较为保守。目前,被动容错控制主要有可靠镇定、联立镇定和完整性几种方法。

①可靠镇定。该方法是针对控制器故障的容错控制,主要思想是采用两个或更多的补偿器来并行地镇定同一个被控对象。当任意一个或多个补偿器失效,而剩余的补偿器正常工作时,闭环控制系统仍然可以保持稳定。该方法于 1980 年由 Šiljak 提出[46]。在此基础上,Vidyasagar 等[60]研究发现,采用两个补偿器时存在可靠镇定解的充要条件是被控对象是强可镇定的。Sebe 等[61]针对不是强可镇定的多变量系统,采用多个动态补偿器得到可靠镇定问题的求解方法,并通过多项式矩阵的互质分解方法给出了可靠镇定问题解存在的充分条件。

②联立镇定。该方法是针对被控对象内部元器件故障的容错控制,主要思想是设计一个控制器去镇定一个具有多模型的动态系统,即用一个固定的控制器分别镇定给定的多个有限维连续时间线性时不变系统对象。Saeks

等[62]提出了联立镇定问题并引起了其他学者的关注[63-64]。Olbrot[65]利用广义采样数据保持函数得到了联立镇定问题有解的充分条件，并以此为基础，提出了线性二次型最优控制的控制律构造方法。

③完整性。该方法是针对传感器故障和执行器故障的容错控制，主要思想是在控制器的作用下有效抑制传感器故障和执行器故障对闭环系统的影响。Shimemura 等[66]给出了完整性问题的数学描述，并基于 Riccati（里卡蒂）方程给出了带有传感器或执行器失效系统的完整性充要条件。Gundes[67]在 Lyapunov（李雅普诺夫）稳定性理论的基础上，给出了一种能够同时保证无故障系统和故障系统稳定的完整性控制方法。葛建华等[68]研究了具有执行器中断故障的系统的完整性问题，基于伪逆法得到了静态反馈增益矩阵。Cheng 等[69]针对具有积分二次型约束的不确定时延系统，考虑到系统中的执行器故障问题，结合线性矩阵不等式方法，得到了相应的被动容错控制器的设计思路。Mahmoud[70]针对一类互联系统，给出了使闭环系统内稳定的充分条件，Gao 等[71]进而采用平均驻留时间方法分析研究了该系统的有限时间镇定问题。Wu 等[72]考虑了混合故障模型，即系统中离散故障模型和连续故障模型共存。Yuan 等[73]基于线性矩阵不等式方法，研究了系统故障的观测问题。Hu 等[74]给出了系统的非脆弱 H_2 控制器的设计方案。Alwan 等[75]针对不确定随机系统，将执行器故障看作系统的一类外部扰动，进而研究了闭环系统的 H_∞ 性能问题。Jin 等[76]提出了一种可以使非线性级联切换系统全局镇定的被动容错控制方法。针对具有混合时延并存在多执行器故障的一类奇异切换系统，Lin 等[77]基于平均驻留时间方法和线性矩阵不等式方法，考虑了闭环系统的完整性问题。Feng 等[78]利用输入时延法，将一类具有执行器故障的非线性网络控制系统转化为 T-S 模糊系统，进而采用时延分解法和倒数凸组合方法得到了保守性较低的结果。Li 等[79]以模糊系统来描述一类具有执行器输入时延及故障的主动悬架系统，并基于并行分布补偿法，设计了模糊被动容错控制器，分析了闭环系统的 H_∞ 性能问题。针对具有无限分布时延和执行器故障的 T-S 模糊系统，Wu 等[80]利用一系列 Markov 链来描述执行器的随机故障，在构造的随机模糊 Lyapunov 函数的基础上，研究并设计了被动容错控制器，使得闭环系统指数均方稳定。Zuo 等[81]针对一类具有执行器故障的奇异系统，在传统固定增益被动容错控制器的基础上引入自适应控制律，设计了自适应被动容错控制器。

1.2.2 主动容错控制方法

主动容错控制方法可以根据实时故障信息来调整控制器的结构和增益，其核心在于实时故障信息的获取及处理方式。根据是否存在故障诊断机构、是否需要准确的故障信息，主动容错控制方法可以分为基于故障诊断机构的主动容错控制方法和基于自适应技术的主动容错控制方法。

(1)基于故障诊断机构的主动容错控制方法

该方法需要故障诊断与分离(fault detection and isolation，FDI)子系统提供准确的故障信息，进一步可分为控制律重新调度和控制律重构设计两种方法。

①控制律重新调度(reconfigurable)。首先离线设计出不同故障模式下的容错控制器，然后在系统在线运行过程中，根据故障诊断机构提供的故障信息，切换相应的容错控制器以补偿故障给系统带来的不良影响[82]。该类方法较为简单实用且快速，然而，其不足之处在于过度依赖故障诊断结果的精确性和实时性，任何故障的误报或漏报都可能引发灾难性的事故。

②控制律重构设计(reconstruction)。该方法基于故障信息，对控制器的结构或参数进行在线调整，使得重构后的闭环系统在性能上尽量接近无故障情况下的原系统。现阶段，控制律重构/重组法主要包含如下几种。(a)伪逆法：根据参数矩阵的伪逆来设计主动容错控制器增益，将系统的稳定性问题转化为非约束优化问题或约束问题[83]。(b)多模型方法：当系统故障的表现形式为非线性时，采用传统的故障模型无法精确描述实际故障，Yen 等[84]结合多模型方法，利用多个线性函数来逼近非线性故障，实现了非线性故障的在线补偿及主动容错控制器的设计。(c)反馈线性化法：一种处理非线性故障的方法，通过反馈线性化将非线性问题转化为线性问题，可以有效地降低控制器的复杂度，Ochi 等[85]采用该方法设计了针对飞行系统的主动容错控制器。(d)微分几何法：Castaldi 等[86]将该方法用于非线性系统的故障诊断，并得到了无偏故障估计结果。(e)模型预测控制法：采用该方法不仅能削弱故障对系统的影响，而且可以同时满足系统的输入输出约束条件[87]。(f)故障诊断与容错控制一体化设计法：当系统非线性程度加深，分离原理不再成立时，无法分别设计故障诊断与容错控制环节。Nett 等[88]于 1988 年初步提出了一体化设计思想。Ding[89]将故障诊断问题与容错控制问题综合看成一

类标准反馈控制问题，在控制理论框架下实现故障诊断与容错控制一体化设计方法。在存在不确定因素的情况下，故障观测器和容错控制器的鲁棒性会产生相互影响，针对该类问题，Lan 等[90-91]提出了一系列一体化设计方法。

(2)基于自适应技术的主动容错控制方法

自适应技术早在 20 世纪 50 年代就已经被提出，主要用于解决飞行器中的未知参数摄动和随机扰动问题。该方法可以根据外界环境参数和系统参数的变化而自动调节控制器参数，进而保证整体系统的稳定性，同时具备一定的性能要求。因此，故障诊断机构无须提供精确的故障信息，基于自适应技术的主动容错控制方法可以根据自适应律在线调节参数并估计故障信息，这为控制器的重构奠定了基础[92]。

自适应技术包括间接自适应方法和直接自适应方法。(a)间接自适应方法：首先估计被控对象的未知参数，然后将估计所得参数信息间接地用于设计系统的控制器，其目的是使未知参数的估计误差趋于零。因此，间接自适应方法的使用前提是对系统模型结构有清晰的了解。(b)直接自适应方法：可以根据自适应律直接调节控制器参数，其目的是使系统的跟踪误差趋于零。相对而言，在直接自适应方法中，无须提供过多的系统参数信息。

现阶段，学者们研究了针对不同系统的自适应主动容错控制方法。

①线性系统。Tao 等[93-94]针对线性时不变系统，考虑系统中未知的卡死故障、时变故障，利用自适应律来调节状态反馈控制器和输出反馈控制器参数来补偿系统中的未知故障。Tang 等[95]针对整流罩系统中的执行器卡死故障，结合最优控制算法和自适应律，设计了相应的容错控制器。Wu 等[96]针对执行器部分失效故障和卡死故障，设计了一种基于直接自适应技术的鲁棒容错控制器。

②非线性系统。Liu 等[97]针对 MIMO 非线性系统，设计了一类基于加强学习的自适应容错控制方法，该方法不仅可以解决突发故障对系统造成的影响，同时可抑制潜在故障的进一步传播发展。Zhai 等[98]则针对一类严格反馈非线性系统，设计了基于后推法的自适应模糊控制器。考虑到非线性系统中的未建模动态，Yin 等[99]提出了一类基于神经网络的自适应容错控制方法，缩短了控制器参数的计算时间，使得该算法可以进一步推广到实际系统的控制。Shen 等[100]针对非线性故障系统提出了一种基于自适应模糊干扰观测器的容错控制方法，该方法无须假设输出条件已知，可以同时补偿系统

中执行器的时变增益和偏移故障。Chen 等[101]针对具有未知死区的大规模非线性系统,利用神经网络来估计系统的参数,利用干扰观测器来估计系统的外部扰动,并结合相应的输出数据设计了一类自适应神经网络容错控制器。

③不确定系统。Li 等[102]考虑了不确定系统中的非仿射非线性故障,设计了一类模糊自适应输出反馈容错控制器。

④随机系统。Liu 等[103]以一类 Markov 跳变系统为研究对象,针对系统中的未知执行器故障,提出了一种在线自适应方法来估计相应的执行器故障信息,结合后推算法,设计了自适应容错控制器。

1.3 本书主要内容

本书围绕一类网络化系统的容错控制方法开展深入研究。从网络化系统特性到故障特点,每部分内容均包含作者提出的独到的方法,形成了一套适用于网络化系统的容错控制器设计体系。本书主要内容可概括如下。

第 1 章对网络化系统的发展概况及容错控制方法进行了简要回顾,尤其对网络化系统特点、容错控制与传统自动控制理论之间的关系进行了分析讨论。

第 2 章给出了本书所需要的预备知识,包括 H_∞ 性能指标定义、主要引理及符号说明。

第 3 章首先针对网络化系统的连续丢包问题,为了得到最大可允许连续丢包个数,提出了一种丢包概率依赖的 Lyapunov 函数,同时,考虑系统执行器故障及饱和问题,开展了基于丢包概率的容错控制方法研究;其次,针对一类非线性主、从网络化系统,考虑系统中的非线性因素及执行器故障问题,将状态轨迹的同步控制器设计问题转化为轨迹误差的鲁棒控制器设计问题,提出了一种状态同步容错控制方法。

第 4 章针对一类随机网络化系统,考虑系统中的执行器偏移故障及部分失效故障,首先设计了一种多阈值报警器以避免干扰信号造成的误报警,将报警信号作为容错控制器的切换信号,并且为了进一步削弱执行器偏移故障对系统的影响,提出了一种无源 $/H_\infty$ 故障观测器以估计偏移故障信息;其次,针对不同类型的故障,设计了具有无源 $/H_\infty$ 性能指标的容错控制器,结合报警信息形成了完整的混合容错控制思想。

第5章针对随机网络化系统中的模态异步问题开展研究，首先考虑系统模态、控制器模态及执行器模态三者的异步现象，构造了两种隐Markov模型以分别描述系统与控制器的异步过程及控制器与执行器的异步过程，并基于鲁棒控制器理论和事件触发机制，提出了一种 H_∞ 模态异步容错控制方法以解决网络化系统中的网络拥塞及执行器故障问题；其次，针对具有多重故障（包括卡死故障及部分失效故障）的随机网络化系统，设计了一种故障估计器以估计故障的边界信息，结合隐Markov方法和自适应事件驱动算法，提出了一类自适应模态异步容错控制方法。

第6章针对网络化系统中的故障问题和脆弱性问题开展研究，首先以多区域电力系统为例，考虑故障的分布特性（磨损故障产生的概率远远大于严重故障的发生概率），建立了一类随机故障分布模型，进一步引入控制器的加性摄动及乘性摄动问题，提出了一种基于故障分布特性的非脆弱容错控制方法；其次，针对网络化水面无人艇系统中的舵机故障及非线性问题，建立了一种非线性舵机模型，并且引入控制器参数摄动问题，提出了一种适用于水面无人艇的非脆弱容错控制方法。

第7章考虑具有外部扰动的不可靠环境条件下及具有攻击信号的不可靠通信条件下的系统状态与传感器故障协同估计方法，为状态不可测情况下容错控制器的设计奠定了基础。通过增广矩阵方法将系统建模成一类奇异系统，将原系统的观测问题转化为奇异系统的稳定控制器设计问题，保证闭环系统的稳定性、正则性及因果性，削弱了干扰信号和攻击信号对网络化系统状态估计结果的影响。

第8章以网络化双边遥操作系统为研究对象，首先考虑从操作器存在故障情况，提出了一种基于模糊干扰观测器的容错控制方法，以弥补故障引入的不确定性；其次，利用 T-S 模糊系统来描述非线性双边遥操作系统，提出了一种基于故障分布的模糊容错控制方法，以满足故障系统的稳定性、透明性控制需求。

第 2 章　预备知识

本章主要介绍了网络化系统性能指标的定义、主要引理和其他常用定义，以及符号说明。

2.1　网络化系统的 H_∞ 性能指标定义

首先，针对线性时不变网络化系统，给出传统的 H_∞ 性能指标定义。

定义 2-1[104]　考虑如下线性时不变连续系统：

$$\begin{cases}\dot{\boldsymbol{x}}(t)=\boldsymbol{A}\boldsymbol{x}(t)+\boldsymbol{B}\boldsymbol{\omega}(t)\\ \boldsymbol{z}(t)=\boldsymbol{C}\boldsymbol{x}(t)+\boldsymbol{D}\boldsymbol{\omega}(t)\end{cases}\tag{2-1}$$

其中，$\boldsymbol{x}(t)\in\mathbf{R}^n$ 为系统状态，$\boldsymbol{\omega}(t)\in L_2[0,\infty)$ 为能量有界的外部扰动输入，即

$$\left\|\boldsymbol{\omega}(t)\right\|_2^2=\int_0^\infty\boldsymbol{\omega}^{\mathrm{T}}(t)\boldsymbol{\omega}(t)\mathrm{d}t<\infty$$

设 $\boldsymbol{z}(t)\in\mathbf{R}^r$ 为系统的被调输出，$\boldsymbol{A},\boldsymbol{B},\boldsymbol{C},\boldsymbol{D}$ 为已知的常数矩阵。对于给定的正常数 γ，若系统(2-1)具有如下性质：①系统是渐近稳定的；②从外部扰动输入 $\boldsymbol{\omega}(t)$ 到被调输出 $\boldsymbol{z}(t)$ 的传递函数矩阵 $\boldsymbol{T}_{\omega z}(s)$ 的 H_∞ 范数不超过给定的正常数 γ，即在零初始条件 $\boldsymbol{x}(0)=\boldsymbol{0}$时，有

$$\left\|\boldsymbol{T}_{\omega z}(s)\right\|_\infty=\sup_{\|\boldsymbol{\omega}(t)\|_2\leqslant1}\frac{\left\|\boldsymbol{z}(t)\right\|_2}{\left\|\boldsymbol{\omega}(t)\right\|_2}\leqslant\gamma\tag{2-2}$$

等价于

$$\int_0^\infty\boldsymbol{z}^{\mathrm{T}}(t)\boldsymbol{z}(t)\mathrm{d}t\leqslant\gamma^2\int_0^\infty\boldsymbol{\omega}^{\mathrm{T}}(t)\boldsymbol{\omega}(t)\mathrm{d}t,\quad\forall\,\boldsymbol{\omega}(t)\in L_2[0,\infty)\tag{2-3}$$

则称系统(2-1)具有 H_∞ 性能指标 γ。不等式(2-3)反映了系统对外部扰动的抑制能力,因此 γ 也称为系统对外部扰动的抑制度。γ 越小表明系统的性能越好。离散时间系统 H_∞ 性能指标的定义类似定义 2-1,此处略。

2.2 主要引理和其他常用定义

本节给出本书中将要用到的一些引理和其他常用定义。

引理 2-1[105] [Schur-complement(舒尔补)引理] 对于给定的对称矩阵

$$\boldsymbol{S}=\begin{bmatrix}\boldsymbol{S}_{11} & \boldsymbol{S}_{12}\\ \boldsymbol{S}_{12}^{\mathrm{T}} & \boldsymbol{S}_{22}\end{bmatrix}$$

其中,$\boldsymbol{S}_{11}$ 为 $r\times r$ 矩阵,如下三个条件是等价的:

①$\boldsymbol{S}<0$;

②$\boldsymbol{S}_{11}<0,\boldsymbol{S}_{22}-\boldsymbol{S}_{12}^{\mathrm{T}}\boldsymbol{S}_{11}^{-1}\boldsymbol{S}_{12}<0$;

③$\boldsymbol{S}_{22}<0,\boldsymbol{S}_{11}-\boldsymbol{S}_{12}\boldsymbol{S}_{22}^{-1}\boldsymbol{S}_{12}^{\mathrm{T}}<0$。

引理 2-2[106] 假设 $\boldsymbol{D},\boldsymbol{E},\boldsymbol{F}$ 是具有合适维度的实矩阵,且 $\boldsymbol{F}^{\mathrm{T}}\boldsymbol{F}\leqslant\boldsymbol{I}$,对任意标量 $\varepsilon>0$,如下不等式成立:

$$\boldsymbol{DFE}+\boldsymbol{E}^{\mathrm{T}}\boldsymbol{F}^{\mathrm{T}}\boldsymbol{D}^{\mathrm{T}}\leqslant\varepsilon\boldsymbol{DD}^{\mathrm{T}}+\varepsilon^{-1}\boldsymbol{E}^{\mathrm{T}}\boldsymbol{E}$$

引理 2-3[107] 对于任意的正定对称常数矩阵 $\boldsymbol{M}\in\mathbf{R}^{n\times n}$,正整数 β_1 和 β_2 满足 $\beta_2>\beta_1>0$,如下不等式成立:

$$\sum_{j=\beta_1}^{\beta_2-1}\boldsymbol{\psi}^{\mathrm{T}}(j)\boldsymbol{M}\boldsymbol{\psi}(j)\geqslant\frac{1}{\beta_2-\beta_1}\Big[\sum_{j=\beta_1}^{\beta_2-1}\boldsymbol{\psi}(j)\Big]^{\mathrm{T}}\boldsymbol{M}\Big[\sum_{j=\beta_1}^{\beta_2-1}\boldsymbol{\psi}(j)\Big]$$

引理 2-4[108] 对于 $\mathbf{R}^m$ 空间中的非空集合 W,任意给定向量 $\boldsymbol{y},\boldsymbol{z}\in\mathbf{R}^m$,如下不等式成立:

$$\|\mathrm{Proj}_W(\boldsymbol{y})-\mathrm{Proj}_W(\boldsymbol{z})\|\leqslant\|\boldsymbol{y}-\boldsymbol{z}\|$$

其中,$\mathrm{Proj}_W(\boldsymbol{y})$ 表示向量 $\boldsymbol{y}$ 在集合 W 上的投影,$\|\cdot\|$ 表示 L_2 范数。

引理 2-5[109] 给定标量 f_1 和 f_2,并且 $f_1<f_2$,向量 $\boldsymbol{\xi}(s)$ 和任意正定矩阵 $\boldsymbol{Z}>0$,如下不等式成立:

$$\Big[\int_{f_1}^{f_2}\boldsymbol{\xi}(s)\Big]^{\mathrm{T}}\boldsymbol{Z}\Big[\int_{f_1}^{f_2}\boldsymbol{\xi}(s)\Big]\leqslant(f_2-f_1)\int_{f_1}^{f_2}\boldsymbol{\xi}^{\mathrm{T}}(s)\boldsymbol{Z}\boldsymbol{\xi}(s)\mathrm{d}s$$

定义 2-2[110] 对于非线性函数 $\boldsymbol{\Psi}(\cdot)$,给定实矩阵 $\boldsymbol{H}_1,\boldsymbol{H}_2\in\mathbf{R}^{r\times r}$,并且

$\boldsymbol{H}=\boldsymbol{H}_2-\boldsymbol{H}_1$ 是正定对阵矩阵，若如下条件成立：

$$[\boldsymbol{\Psi}(\boldsymbol{v})-\boldsymbol{H}_1\boldsymbol{v}]^{\mathrm{T}}[\boldsymbol{\Psi}(\boldsymbol{v})-\boldsymbol{H}_2\boldsymbol{v}]\leqslant 0,\quad \forall \boldsymbol{v}\in\mathbf{R}^r$$

则称非线性函数 $\boldsymbol{\Psi}(\cdot)$ 为扇形有界非线性函数且其扇形区域为 $[\boldsymbol{H}_1,\boldsymbol{H}_2]$。

定义 2-3[111]　对于系统(2-1)，若如下条件成立：

$$\int_0^t \gamma^{-1}\alpha\boldsymbol{z}^{\mathrm{T}}(s)\boldsymbol{z}(s)-2(1-\alpha)\boldsymbol{z}^{\mathrm{T}}(s)\boldsymbol{\omega}(s)-\gamma\boldsymbol{\omega}^{\mathrm{T}}(s)\boldsymbol{\omega}(s)\mathrm{d}s\leqslant 0,\quad \forall t>0$$

其中，$\alpha\in[0,1]$ 为 H_∞ 性能和无源性的权值函数，则称系统(2-1)具有混合无源 $/H_\infty$ 性能指标 γ。

针对随机离散网络化系统：

$$\begin{cases}\boldsymbol{x}(k+1)=\boldsymbol{A}(r_k)\boldsymbol{x}(k)+\boldsymbol{B}(r_k)\boldsymbol{u}(k)+\boldsymbol{W}_1(r_k)\boldsymbol{\omega}(k)\\ \boldsymbol{y}(k)=\boldsymbol{C}(r_k)\boldsymbol{x}(k)+\boldsymbol{D}(r_k)\boldsymbol{u}(k)+\boldsymbol{W}_2(r_k)\boldsymbol{\omega}(k)\end{cases}\tag{2-4}$$

其中，$\boldsymbol{x}(k)\in\mathbf{R}^n$ 为系统状态，$\boldsymbol{u}(k)\in\mathbf{R}^m$ 为系统的控制输入，$\boldsymbol{y}(k)\in\mathbf{R}^p$ 为系统的控制输出，$\boldsymbol{\omega}(k)\in\mathbf{R}^q$ 为满足 $L_2[0,\infty)$ 的外部扰动输入。$\boldsymbol{A}(r_k)$，$\boldsymbol{B}(r_k)$，$\boldsymbol{C}(r_k)$，$\boldsymbol{D}(r_k)$，$\boldsymbol{W}_1(r_k)$，$\boldsymbol{W}_2(r_k)$ 均为已知的具有合适维度的实常数系统矩阵。$r_k\in\mathbb{N}_k\triangleq\{1,2,3,\cdots,N_k\}$ 为随机 Markov 过程，其满足如下跳变概率：

$$\mathrm{Prob}\{r_{k+1}=j\mid r_k=i\}=\pi_{ij}(k),\quad \forall i,j\in\mathbb{N}_k\tag{2-5}$$

其中，$\pi_{ij}(k)$ 表示从时刻 k 的模态 i 到时刻 $k+1$ 的模态 j 的跳变概率，并且约束条件为

$$\pi_{ij}(k)\in[0,1],\quad \sum_{j=1}^{N_k}\pi_{ij}(k)=1$$

定义 2-4[112]　对于任意的初始状态 $\boldsymbol{x}(0)$，存在常数 $v>0$，$\mu>1$，若如下条件成立：

$$E\{\|\boldsymbol{x}(k)\|^2\}<v\mu^{-k}\|\boldsymbol{x}(0)\|^2$$

则称系统(2-4)是指数均方稳定的。

定义 2-5[113]　针对随机离散网络化系统(2-4)，当 $\boldsymbol{\omega}(k)=\mathbf{0}$ 时，给定任意的初始条件$(\boldsymbol{x}(0),r_0)$，若如下条件成立：

$$\lim_{k\to\infty}E\{\|\boldsymbol{x}(k)\|^2\,|\,\boldsymbol{x}(0),r_0\}<\infty$$

则称系统(2-4)是随机均方稳定的。

针对随机连续网络化系统：

$$\begin{cases}\dot{\boldsymbol{x}}(t)=\boldsymbol{A}(r_t)\boldsymbol{x}(t)+\boldsymbol{B}_1(r_t)\boldsymbol{u}(t)+\boldsymbol{W}_1(r_t)\boldsymbol{\omega}(t)\\ \boldsymbol{y}(t)=\boldsymbol{C}(r_t)\boldsymbol{x}(t)+\boldsymbol{B}_2(r_t)\boldsymbol{u}(t)+\boldsymbol{W}_2(r_t)\boldsymbol{\omega}(t)\end{cases}\tag{2-6}$$

其中，$\boldsymbol{x}(t)$ 为系统状态，$\boldsymbol{u}(t)$ 为系统的控制输入，$\boldsymbol{y}(t)$ 为控制输出，$\boldsymbol{\omega}(t)$ 为满

足 $L_2[0,\infty)$ 的外部扰动输入。$\boldsymbol{A}(r_t)$，$\boldsymbol{B}_1(r_t)$，$\boldsymbol{B}_2(r_t)$，$\boldsymbol{C}(r_t)$，$\boldsymbol{W}_1(r_t)$，$\boldsymbol{W}_2(r_t)$ 为具有合适维度的实数矩阵。$r_t \in \mathbb{N}_t \triangleq \{1,2,3,\cdots,N_t\}$ 为随机 Markov 过程，其满足如下跳变概率：

$$\mathrm{Prob}\{r_{t+\Delta}=j \mid r_t=i\}=\begin{cases}\pi_{ij}(t)\Delta t+o(\Delta t), & i\neq j\\ 1+\pi_{ij}(t)\Delta t+o(\Delta t), & i=j\end{cases} \tag{2-7}$$

其中，$\lim\limits_{\Delta t\to\infty}[o(\Delta t)/\Delta t]=0$，$\pi_{ij}(t)$ 表示系统从时刻 t 的模态 i 到时刻 $t+\Delta t$ 的模态 j 的跳变概率，并且满足如下约束条件：

$$\pi_{ij}(t)\geqslant 0,\quad \sum_{j=1}^{N_t}\pi_{ij}(t)=0$$

定义 2-6[114] 若存在一个正数 c_1 和一个非负数 $T[c_1,\boldsymbol{x}(0)]\geqslant 0$，对于所有的 $\boldsymbol{x}(t_0)=\boldsymbol{x}_0$，使得

$$\boldsymbol{x}(t)\leqslant c_1,\quad \forall\, t\geqslant t_0+T$$

成立，则称系统(2-6)的解是一致终极有界的。

定义 2-7[115] 考虑奇异系统

$$\widehat{\boldsymbol{E}}\boldsymbol{x}(k+1)=\boldsymbol{A}\boldsymbol{x}(k) \tag{2-8}$$

其中，$\widehat{\boldsymbol{E}}$ 为奇异矩阵。若 $\det(z\widehat{\boldsymbol{E}}-\boldsymbol{A})\neq 0$，则称矩阵对$(\widehat{\boldsymbol{E}},\boldsymbol{A})$是正则的；若 $\deg[\det(z\widehat{\boldsymbol{E}}-\boldsymbol{A})]=\mathrm{rank}(\widehat{\boldsymbol{E}})$，则称矩阵对$(\widehat{\boldsymbol{E}},\boldsymbol{A})$是因果的。

定义 2-8[116] 若矩阵对$(\widehat{\boldsymbol{E}},\boldsymbol{A})$是正则、因果的，则系统(2-8)也是正则、因果的。

定义 2-9[117] 对于系统(2-8)，若存在 $0<\delta<\varepsilon$，正定矩阵 $\boldsymbol{Z}$，正整数 N，满足如下条件：

$$\begin{aligned}&E\{\boldsymbol{x}^{\mathrm{T}}(k_1)\widehat{\boldsymbol{E}}^{\mathrm{T}}\boldsymbol{Z}\widehat{\boldsymbol{E}}\boldsymbol{x}(k_1)\}\leqslant E\{\boldsymbol{x}^{\mathrm{T}}(k_1)\boldsymbol{Z}\boldsymbol{x}(k_1)\}\leqslant\delta^2\\ \Rightarrow &E\{\boldsymbol{x}^{\mathrm{T}}(k_2)\widehat{\boldsymbol{E}}^{\mathrm{T}}\boldsymbol{Z}\widehat{\boldsymbol{E}}\boldsymbol{x}(k_2)\}\leqslant E\{\boldsymbol{x}^{\mathrm{T}}(k_2)\boldsymbol{Z}\boldsymbol{x}(k_2)\}\leqslant\varepsilon^2\end{aligned} \tag{2-9}$$

其中，$k_1\leqslant 0$，$k_2>0$，则称系统(2-8)是随机有限时间稳定的。

2.3 符号说明

$\boldsymbol{I}_n$ 表示 $n\times n$ 阶单位矩阵，$\boldsymbol{I}$ 表示具有合适维度的单位矩阵。

$\boldsymbol{A}^{\mathrm{T}}$ 表示矩阵 $\boldsymbol{A}$ 的转置。

$\mathrm{rank}(\boldsymbol{A})$ 表示矩阵 $\boldsymbol{A}$ 的秩。

He($\boldsymbol{A}$) 表示 $\boldsymbol{A}+\boldsymbol{A}^{\mathrm{T}}$。

* 表示一个矩阵中关于对角线的对称位置上的元素。

$\lambda_{\max}(\boldsymbol{A})$ 表示矩阵 $\boldsymbol{A}$ 的最大特征值，$\lambda_{\min}(\boldsymbol{A})$ 表示矩阵 $\boldsymbol{A}$ 的最小特征值。

$\boldsymbol{A}>0(\geqslant 0)$ 表示对称矩阵 $\boldsymbol{A}$ 是正定(半正定)的，$\boldsymbol{A}<0(\leqslant 0)$ 表示对称矩阵 $\boldsymbol{A}$ 是负定(半负定)的。

diag{•} 表示对角矩阵。

sgn(•) 表示标准的符号函数。

$\mathbf{R}^n$ 表示 n 维 Euclidean(欧几里得)空间。

$\|\cdot\|$ 表示矩阵的谱范数或向量的 Euclidean 范数，也称 L_2 范数。

$E\{\cdot\}$ 表示数学期望。

第 3 章　执行器约束下网络化系统的容错控制

在实际网络化系统的运行过程中，除了网络的引入所引起的网络诱导时延、数据包丢失等问题会影响系统的稳定性之外，实际物理设备的限制导致的执行器的饱和和故障等约束条件亦无法完全避免。为了削弱执行器约束问题发生时系统硬件的损坏程度，Wang 等[118] 研究了饱和控制器的设计问题，并以此为基础开展了容错控制器的设计方法研究[119-120]。

当连续丢包时，系统会出现不稳定现象，故在设计控制算法时需要考虑最大可允许连续丢包个数的条件。同时，由于传感器、执行器本身有可能存在故障，控制器需要具备一定的容错能力，因此，研究执行器约束下网络化系统的容错控制方法具有一定的理论意义和应用价值。

本章综合考虑网络化系统中的执行器故障、执行器饱和等执行器约束，以及数据包丢失、网络诱导时延等网络约束，基于线性矩阵不等式(linear matrix inequality, LMI) 方法，提出了基于丢包概率的容错控制方法和非线性状态同步容错控制方法，以有效抑制多种不利因素对闭环系统稳定性的影响，保证了闭环系统的指数均方稳定性。

3.1　基于丢包概率的容错控制

3.1.1　问题描述

执行器约束下网络化系统的控制结构如图 3-1 所示。被控对象与控制器之间通过有线或无线网络连接，传感器检测到信号并将信号发送到控制器，

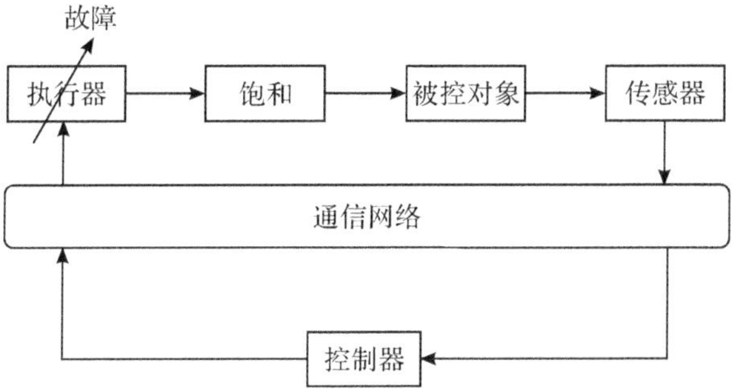

图 3-1　执行器约束下网络化系统的控制结构

而控制器产生控制信号来驱动执行器。下面考虑执行器可能存在的故障问题。

在此控制结构下，建立如下系统模型：

$$\boldsymbol{x}(k+1)=\boldsymbol{A}\boldsymbol{x}(k)+\boldsymbol{B}\boldsymbol{\sigma}[\boldsymbol{u}^{\mathrm{F}}(k)] \tag{3-1}$$

其中，$\boldsymbol{x}(k)\in\mathbf{R}^n$ 为系统状态，$\boldsymbol{u}^{\mathrm{F}}(k)\in\mathbf{R}^m$ 为故障执行器的输出信号，$\boldsymbol{A}$ 和 $\boldsymbol{B}$ 为具有合适维度的矩阵，$\boldsymbol{\sigma}(\cdot)$ 为饱和函数，具体描述为

$$\boldsymbol{\sigma}(\boldsymbol{r})=[\sigma_1(r_1)\quad\sigma_2(r_2)\quad\cdots\quad\sigma_m(r_m)] \tag{3-2}$$

其中，$\sigma_i(r_i)=\mathrm{sgn}(r_i)\min\{r_i^{\max},\ |r_i|\}, i=1,2,\cdots,m$。

针对系统(3-1)，提出如下假设条件。

假设 3-1　网络诱导时延小于一个采样周期。

假设 3-2　每个数据包具有一个包号。

假设 3-3　数据是通过单包传输的，并且所有的状态变量是可以检测的。

假设 3-4　不存在网络化系统中的信号量化和错误代码。

定义 $\boldsymbol{u}^{\mathrm{F}}(k)=\boldsymbol{M}\boldsymbol{u}(k)$，$\boldsymbol{M}$ 为执行器部分失效故障矩阵并且满足如下条件：

$$\boldsymbol{M}=\boldsymbol{M}_0(\boldsymbol{I}+\boldsymbol{G}),\quad |\boldsymbol{G}|\leqslant\boldsymbol{H}\leqslant\boldsymbol{I} \tag{3-3}$$

其中，

$$\begin{aligned}&\boldsymbol{M}_0=\mathrm{diag}\{m_{01},m_{02},\cdots,m_{0m}\},\quad \boldsymbol{H}=\mathrm{diag}\{h_1,h_2,\cdots,h_m\}\\&\boldsymbol{G}=\mathrm{diag}\{g_1,g_2,\cdots,g_m\},\quad |\boldsymbol{G}|=\mathrm{diag}\{|g_1|,|g_2|,\cdots,|g_m|\}\end{aligned} \tag{3-4}$$

具体地，

$$m_{0i}=\frac{m_i^{\max}+m_i^{\min}}{2},\quad h_i=\frac{m_i^{\max}-m_i^{\min}}{m_i^{\max}+m_i^{\min}},\quad g_i=\frac{m_i-m_{0i}}{m_{0i}},\quad i=1,2,\cdots,m$$

进一步，根据定义 2-2 将饱和函数转化为线性环节加满足扇形有界不确定的形式：

$$\begin{aligned} &\boldsymbol{\sigma}\left[\boldsymbol{u}^{\mathrm{F}}(k)\right]=\boldsymbol{R}_1\boldsymbol{u}^{\mathrm{F}}(k)+\boldsymbol{\Psi}\left[\boldsymbol{u}^{\mathrm{F}}(k)\right] \\ &\boldsymbol{\Psi}^{\mathrm{T}}\left[\boldsymbol{u}^{\mathrm{F}}(k)\right]\{\boldsymbol{\Psi}[\boldsymbol{u}^{\mathrm{F}}(k)]-\boldsymbol{R}\boldsymbol{u}^{\mathrm{F}}(k)\}\leqslant 0 \end{aligned} \tag{3-5}$$

基于上述条件，设计如下容错控制器：

$$\boldsymbol{u}(k)=[1-\theta(k)]\boldsymbol{K}\boldsymbol{x}(k)+\theta(k)\Theta[\delta(k)]\boldsymbol{K}\boldsymbol{x}[k-\delta(k)] \tag{3-6}$$

其中，$\boldsymbol{K}$ 为需要设计的容错控制器增益，$\theta(k)$ 用于判断当前时刻的数据包是否顺利传输。若 $\theta(k)=0$，则数据包没有丢失；若 $\theta(k)=1$，则当前时刻数据包丢失，用最近收到的数据 $\boldsymbol{x}[k-\delta(k)]$ 来设计控制器，并且满足

$$\mathrm{Prob}\{\theta(k)=1\}=E\{\theta(k)=1\}=\tilde{\theta} \tag{3-7}$$

$\delta(k)$ 为连续丢包个数，并且满足 $1\leqslant\delta(k)\leqslant\delta_{\max}$，$\delta_{\max}$ 表示最大可允许连续丢包个数。

$\Theta[\delta(k)]$ 表示前一个时刻的连续丢包个数，并且满足

$$\mathrm{Prob}\{\Theta[\delta(k)]=1\}=E\{\Theta[\delta(k)]=1\}=\tilde{\theta}^{\delta(k)-1} \tag{3-8}$$

当 $\delta(k)=1$ 时，仅当前时刻数据包丢失。将控制器(3-6)代入系统(3-1)，可得如下闭环系统模型：

$$\begin{aligned} \boldsymbol{x}(k+1)=&\{\boldsymbol{A}+[1-\theta(k)]\boldsymbol{B}\boldsymbol{R}_1\boldsymbol{M}\boldsymbol{K}\}\boldsymbol{x}(k)+\boldsymbol{B}\boldsymbol{\Psi}^{\mathrm{T}}[\boldsymbol{u}(k)] \\ &+\theta(k)\boldsymbol{B}\boldsymbol{R}_1\boldsymbol{M}\boldsymbol{K}\Theta[\delta(k)]\boldsymbol{x}[k-\delta(k)] \end{aligned} \tag{3-9}$$

这样，将网络化系统(3-1)的容错控制器设计问题转化为系统(3-9)的稳定性分析问题，即控制器增益 $\boldsymbol{K}$ 的设计问题。

3.1.2 主要结果

本节基于系统(3-9)来讨论容错控制器的设计问题，提出的方法可以保证闭环系统(3-9)指数均方渐近稳定性，有效抑制连续丢包、执行器饱和和执行器故障对闭环系统的影响。

定理 3-1 若存在正定矩阵 $\hat{\boldsymbol{P}},\hat{\boldsymbol{W}},\hat{\boldsymbol{Q}},\boldsymbol{S},\boldsymbol{V},\boldsymbol{X}$，并且存在正数 ε_1，ε_2 和 ε_3，使不等式(3-10)成立，则在控制器增益 $\boldsymbol{K}=\boldsymbol{Y}\boldsymbol{X}^{-1}$ 的作用下，闭环系统(3-9)是指数均方稳定的。

$$\begin{bmatrix} \boldsymbol{\Xi}_1 & \boldsymbol{0} & \hat{\boldsymbol{W}} & \boldsymbol{\Xi}_2\frac{\boldsymbol{R}}{2} & \boldsymbol{\Xi}_3 & \delta_{\max}\boldsymbol{\Xi}_4 & \boldsymbol{\Xi}_2 & (1-\tilde{\theta})\boldsymbol{\Xi}_2 & \delta_{\max}(1-\tilde{\theta})\boldsymbol{\Xi}_2 \\ * & -\hat{\boldsymbol{Q}} & \boldsymbol{0} & \boldsymbol{\Xi}_2\frac{\boldsymbol{R}}{2} & \boldsymbol{\Xi}_5 & \delta_{\max}\boldsymbol{\Xi}_5 & \boldsymbol{\Xi}_2 & \tilde{\theta}\boldsymbol{\Xi}_2 & \delta_{\max}\tilde{\theta}\boldsymbol{\Xi}_2 \\ * & * & -\hat{\boldsymbol{W}} & \boldsymbol{0} & \boldsymbol{0} & \boldsymbol{0} & \boldsymbol{0} & \boldsymbol{0} & \boldsymbol{0} \\ * & * & * & \boldsymbol{\Xi}_6 & \boldsymbol{B}^{\mathrm{T}} & \delta_{\max}\boldsymbol{B}^{\mathrm{T}} & \boldsymbol{0} & \boldsymbol{0} & \boldsymbol{0} \\ * & * & * & * & \boldsymbol{\Xi}_7 & \boldsymbol{0} & \boldsymbol{0} & \boldsymbol{0} & \boldsymbol{0} \\ * & * & * & * & * & \boldsymbol{\Xi}_8 & \boldsymbol{0} & \boldsymbol{0} & \boldsymbol{0} \\ * & * & * & * & * & * & -\varepsilon_1 & \boldsymbol{0} & \boldsymbol{0} \\ * & * & * & * & * & * & * & -\varepsilon_2 & \boldsymbol{0} \\ * & * & * & * & * & * & * & * & -\varepsilon_3 \end{bmatrix} < 0 \tag{3-10}$$

其中，

$$\boldsymbol{\Xi}_1 = -\hat{\boldsymbol{P}} + \left[1 + \frac{\tilde{\theta}(1-\tilde{\theta}^{\delta_{\max}-1})}{1-\tilde{\theta}}\right], \quad \boldsymbol{\Xi}_2 = \boldsymbol{Y}^{\mathrm{T}}\boldsymbol{M}_0^{\mathrm{T}}$$

$$\boldsymbol{\Xi}_3 = \boldsymbol{X}^{\mathrm{T}}\boldsymbol{A}^{\mathrm{T}} + (1-\tilde{\theta})\boldsymbol{Y}^{\mathrm{T}}\boldsymbol{M}_0^{\mathrm{T}}\boldsymbol{R}_1^{\mathrm{T}}\boldsymbol{B}^{\mathrm{T}}$$

$$\boldsymbol{\Xi}_4 = \boldsymbol{X}^{\mathrm{T}}(\boldsymbol{A}-\boldsymbol{I})^{\mathrm{T}} + (1-\tilde{\theta})\boldsymbol{Y}^{\mathrm{T}}\boldsymbol{M}_0^{\mathrm{T}}\boldsymbol{R}_1^{\mathrm{T}}\boldsymbol{B}^{\mathrm{T}}, \quad \boldsymbol{\Xi}_5 = \boldsymbol{Y}^{\mathrm{T}}\boldsymbol{M}_0^{\mathrm{T}}\boldsymbol{R}_1^{\mathrm{T}}\boldsymbol{B}^{\mathrm{T}}$$

$$\boldsymbol{\Xi}_6 = -2\boldsymbol{I} + \varepsilon_1\frac{\boldsymbol{R}}{2}\boldsymbol{H}\boldsymbol{H}^{\mathrm{T}}\frac{\boldsymbol{R}}{2}$$

$$\boldsymbol{\Xi}_7 = -\boldsymbol{S} + \varepsilon_2\boldsymbol{B}\boldsymbol{R}_1\boldsymbol{H}\boldsymbol{H}^{\mathrm{T}}\boldsymbol{R}_1\boldsymbol{B}^{\mathrm{T}}, \quad \boldsymbol{\Xi}_8 = -\boldsymbol{V} + \varepsilon_3\boldsymbol{B}\boldsymbol{R}_1\boldsymbol{H}\boldsymbol{H}^{\mathrm{T}}\boldsymbol{R}_1\boldsymbol{B}^{\mathrm{T}}$$

证明: 考虑如下基于数据包丢失依赖的 Lyapunov 函数：

$$V(k) = V_1(k) + V_2(k) + V_3(k) \tag{3-11}$$

其中，

$$V_1(k) = \boldsymbol{x}^{\mathrm{T}}(k)\boldsymbol{P}\boldsymbol{x}(k)$$

$$V_2(k) = \sum_{m=-\delta_{\max}}^{-1}\Theta^2(-m)\sum_{l=k+m}^{k-1}\boldsymbol{x}^{\mathrm{T}}(l)\boldsymbol{Q}\boldsymbol{x}(l)$$

$$V_3(k) = \delta_{\max}\sum_{j=-\delta_{\max}}^{-1}\sum_{s=k+j}^{k-1}\boldsymbol{\eta}^{\mathrm{T}}(s)\boldsymbol{W}\boldsymbol{\eta}(s)$$

$$\boldsymbol{\eta}(k-t) = \Theta(t-1)\boldsymbol{x}(k+1-t) - \Theta(t)\boldsymbol{x}(k-t), \quad t > 1$$

$$\boldsymbol{\eta}(k-1) = \boldsymbol{x}(k) - \Theta(1)\boldsymbol{x}(k-1)$$

$$\boldsymbol{\eta}(k) = \boldsymbol{x}(k+1) - \boldsymbol{x}(k)$$

其中，$\boldsymbol{P},\boldsymbol{Q},\boldsymbol{W}$ 为具有合适维度的正定矩阵。函数 $\boldsymbol{V}(k)$ 相对于系统(3-9) 的前向差如下所示：

$$E\{\Delta V_1(k)\} = E\{\boldsymbol{x}^{\mathrm{T}}(k+1)\boldsymbol{P}\boldsymbol{x}(k+1) - \boldsymbol{x}^{\mathrm{T}}(k)\boldsymbol{P}\boldsymbol{x}(k)\} \tag{3-12}$$

$$\begin{aligned}
E\{\Delta V_2(k)\} &= \sum_{m=-\delta_{\max}}^{-1}\widetilde{\Theta}^2(-m)[\boldsymbol{x}^{\mathrm{T}}(k)\boldsymbol{Q}\boldsymbol{x}(k) - \boldsymbol{x}^{\mathrm{T}}(k+m)\boldsymbol{Q}\boldsymbol{x}(k+m)] \\
&< \sum_{p=1}^{\delta_{\max}}\widetilde{\Theta}(p)\boldsymbol{x}^{\mathrm{T}}(k)\boldsymbol{Q}\boldsymbol{x}(k) - \sum_{p=1}^{\delta_{\max}}\boldsymbol{x}^{\mathrm{T}}(k-p)\widetilde{\Theta}(p)\boldsymbol{Q}\widetilde{\Theta}(p)\boldsymbol{x}(k-p) \\
&\leqslant \Omega\boldsymbol{x}^{\mathrm{T}}(k)\boldsymbol{Q}\boldsymbol{x}(k) - \boldsymbol{x}^{\mathrm{T}}[k-\delta(k)]\widetilde{\Theta}(p)\boldsymbol{Q}\widetilde{\Theta}(p)\boldsymbol{x}[k-\delta(k)]
\end{aligned} \tag{3-13}$$

其中，$\Omega = 1 + \dfrac{\widetilde{\theta}(1-\widetilde{\theta}^{\delta_{\max}-1})}{1-\widetilde{\theta}}$。

$$\begin{aligned}
E\{\Delta V_3(k)\} &= \delta_{\max}\sum_{j=-\delta_{\max}}^{-1}[\boldsymbol{\eta}^{\mathrm{T}}(k)\boldsymbol{W}\boldsymbol{\eta}(k) - \boldsymbol{\eta}^{\mathrm{T}}(k+j)\boldsymbol{W}\boldsymbol{\eta}(k+j)] \\
&\leqslant \delta_{\max}^2\boldsymbol{\eta}^{\mathrm{T}}(k)\boldsymbol{W}\boldsymbol{\eta}(k) - \Big[\sum_{s=k-\delta_{\max}}^{k-1}\boldsymbol{\eta}^{\mathrm{T}}(k)\Big]\boldsymbol{W}\Big[\sum_{s=k-\delta_{\max}}^{k-1}\boldsymbol{\eta}(k)\Big] \\
&= \delta_{\max}^2\boldsymbol{\eta}^{\mathrm{T}}(k)\boldsymbol{W}\boldsymbol{\eta}(k) - [\boldsymbol{x}^{\mathrm{T}}(k) - \boldsymbol{x}^{\mathrm{T}}(k-\delta_{\max})\widetilde{\Theta}(\delta_{\max})] \\
&\quad \times \boldsymbol{W}[\boldsymbol{x}(k) - \widetilde{\Theta}(\delta_{\max})\boldsymbol{x}(k-\delta_{\max})]
\end{aligned} \tag{3-14}$$

基于公式(3-5)，可以得到如下结论

$$\begin{aligned}
&\boldsymbol{\Psi}^{\mathrm{T}}[\boldsymbol{u}^{\mathrm{F}}(k)]\{\boldsymbol{\Psi}[\boldsymbol{u}^{\mathrm{F}}(k)] - \boldsymbol{RMK}\boldsymbol{x}(k)\} \leqslant 0 \\
&\boldsymbol{\Psi}^{\mathrm{T}}[\boldsymbol{u}^{\mathrm{F}}(k)]\{\boldsymbol{\Psi}[\boldsymbol{u}^{\mathrm{F}}(k)] - \boldsymbol{RMK}\widetilde{\Theta}[\delta(k)]\boldsymbol{x}[k-\delta(k)]\} \leqslant 0
\end{aligned} \tag{3-15}$$

进一步可以将公式(3-15) 转化为如下不等式：

$$\begin{bmatrix} \boldsymbol{x}(k) \\ \boldsymbol{\Psi}[\boldsymbol{u}^{\mathrm{F}}(k)] \end{bmatrix}^{\mathrm{T}} \begin{bmatrix} \boldsymbol{0} & -\boldsymbol{K}^{\mathrm{T}}\boldsymbol{M}^{\mathrm{T}}\dfrac{\boldsymbol{R}}{2} \\ -\dfrac{\boldsymbol{R}}{2}\boldsymbol{MK} & \boldsymbol{I} \end{bmatrix} \begin{bmatrix} \boldsymbol{x}(k) \\ \boldsymbol{\Psi}[\boldsymbol{u}^{\mathrm{F}}(k)] \end{bmatrix} \leqslant 0 \tag{3-16}$$

$$\begin{bmatrix} \widetilde{\Theta}[\delta(k)]\boldsymbol{x}[k-\delta(k)] \\ \boldsymbol{\Psi}[\boldsymbol{u}^{\mathrm{F}}(k)] \end{bmatrix}^{\mathrm{T}} \begin{bmatrix} \boldsymbol{0} & -\boldsymbol{K}^{\mathrm{T}}\boldsymbol{M}^{\mathrm{T}}\dfrac{\boldsymbol{R}}{2} \\ -\dfrac{\boldsymbol{R}}{2}\boldsymbol{MK} & \boldsymbol{I} \end{bmatrix} \begin{bmatrix} \widetilde{\Theta}[\delta(k)]\boldsymbol{x}[k-\delta(k)] \\ \boldsymbol{\Psi}[\boldsymbol{u}^{\mathrm{F}}(k)] \end{bmatrix} \leqslant 0 \tag{3-17}$$

定义如下增广状态 $\boldsymbol{\xi}(k)$：

$$\boldsymbol{\xi}(k)=\begin{bmatrix}\boldsymbol{x}(k)\\ \widetilde{\Theta}[\delta(k)]\boldsymbol{x}[k-\delta(k)]\\ \widetilde{\Theta}(\delta_{\max})\boldsymbol{x}(k-\delta_{\max})\\ \boldsymbol{\Psi}[\boldsymbol{u}^{\mathrm{F}}(k)]\end{bmatrix}\tag{3-18}$$

结合公式(3-12)至(3-17)，分析可得如下结论：

$$E\{\Delta V(k)\}<\boldsymbol{\xi}^{\mathrm{T}}(k)\boldsymbol{\Pi}\boldsymbol{\xi}(k)\tag{3-19}$$

在公式(3-19)中，

$$\boldsymbol{\Pi}=\boldsymbol{\Pi}_1+\boldsymbol{\Xi}_{1,1}^{\mathrm{T}}\boldsymbol{P}\boldsymbol{\Xi}_{1,1}+\delta_{\max}^2\boldsymbol{\Xi}_{1,2}^{\mathrm{T}}\boldsymbol{W}\boldsymbol{\Xi}_{1,2}\tag{3-20}$$

其中，

$$\boldsymbol{\Pi}_1=\begin{bmatrix}\boldsymbol{\Psi}_{1,1} & \boldsymbol{0} & \boldsymbol{W} & \boldsymbol{K}^{\mathrm{T}}\boldsymbol{M}^{\mathrm{T}}\dfrac{\boldsymbol{R}}{2}\\ * & -\boldsymbol{Q} & \boldsymbol{0} & \boldsymbol{K}^{\mathrm{T}}\boldsymbol{M}^{\mathrm{T}}\dfrac{\boldsymbol{R}}{2}\\ * & * & -\boldsymbol{W} & \boldsymbol{0}\\ * & * & * & -2\boldsymbol{I}\end{bmatrix},\quad \boldsymbol{\Psi}_{1,1}=-\boldsymbol{P}+\Omega\boldsymbol{R}-\boldsymbol{W}$$

$$\boldsymbol{\Xi}_{1,1}=[\boldsymbol{A}+(1-\tilde{\theta})\boldsymbol{B}\boldsymbol{R}_1\boldsymbol{M}\boldsymbol{K}\quad \tilde{\theta}\boldsymbol{B}\boldsymbol{R}_1\boldsymbol{M}\boldsymbol{K}\quad \boldsymbol{0}\quad \boldsymbol{B}]$$

$$\boldsymbol{\Xi}_{1,2}=[(\boldsymbol{A}-\boldsymbol{I})+(1-\tilde{\theta})\boldsymbol{B}\boldsymbol{R}_1\boldsymbol{M}\boldsymbol{K}\quad \tilde{\theta}\boldsymbol{B}\boldsymbol{R}_1\boldsymbol{M}\boldsymbol{K}\quad \boldsymbol{0}\quad \boldsymbol{B}]$$

根据引理 2-1，$\boldsymbol{\Pi}<0$ 等价于

$$\begin{bmatrix}\boldsymbol{\Pi}_1 & \boldsymbol{\Xi}_{1,1}^{\mathrm{T}}\boldsymbol{P} & \delta_{\max}\boldsymbol{\Xi}_{1,2}^{\mathrm{T}}\boldsymbol{W}\\ * & -\boldsymbol{P} & \boldsymbol{0}\\ * & * & -\boldsymbol{W}\end{bmatrix}<0\tag{3-21}$$

对公式(3-21)左乘矩阵

$$\mathrm{diag}\{\boldsymbol{X}^{\mathrm{T}},\boldsymbol{X}^{\mathrm{T}},\boldsymbol{X}^{\mathrm{T}},\boldsymbol{I},\boldsymbol{P}^{-\mathrm{T}},\boldsymbol{V}^{-\mathrm{T}}\}$$

右乘矩阵

$$\mathrm{diag}\{\boldsymbol{X},\boldsymbol{X},\boldsymbol{X},\boldsymbol{I},\boldsymbol{P}^{-1},\boldsymbol{V}^{-1}\}$$

并定义 $\boldsymbol{X}^{\mathrm{T}}\boldsymbol{P}\boldsymbol{X}=\hat{\boldsymbol{P}},\boldsymbol{X}^{\mathrm{T}}\boldsymbol{W}\boldsymbol{X}=\hat{\boldsymbol{W}},\boldsymbol{X}^{\mathrm{T}}\boldsymbol{Q}\boldsymbol{X}=\hat{\boldsymbol{Q}},\boldsymbol{K}=\boldsymbol{Y}\boldsymbol{X}^{-1}$。将公式(3-3)代入结果，通过引理 2-2 可以得到条件(3-10)，下一步将证明闭环系统的指数均方稳定性。当条件(3-10)成立时，存在充分小的正数 ε，使得如下条件成立：

$$E\{\Delta V(k)\}=-\varepsilon E\{\|\boldsymbol{x}(k)\|^2\}-\varepsilon\sum_{l=k-\delta_{\max}}^{k-1}E\{\|\boldsymbol{x}(l)\|^2\}-\varepsilon\sum_{s=k-\delta_{\max}}^{k-1}E\{\|\boldsymbol{\eta}(s)\|^2\}\tag{3-22}$$

根据所选择的 Lyapunov 函数(3-11),可以得到如下结论:

$$E\{V(k)\}\leqslant \rho_1 E\{\|\boldsymbol{x}(k)\|^2\}+\rho_2\sum_{l=k-\delta_{\max}}^{k-1}E\{\|\boldsymbol{x}(l)\|^2\}+\rho_3\sum_{s=k-\delta_{\max}}^{k-1}E\{\|\boldsymbol{\eta}(s)\|^2\} \tag{3-23}$$

其中,$\rho_1=\lambda_{\max}(\boldsymbol{P})$,$\rho_2=\delta_{\max}\lambda_{\max}(\boldsymbol{Q})$,$\rho_3=\delta_{\max}^2\lambda_{\max}(\boldsymbol{W})$。

给定任意标量 $\mu>1$ 并且满足

$$\varepsilon>\frac{\mu-1}{\mu}\max\{\rho_1,\rho_2,\rho_3\}$$

结合公式(3-22) 和(3-23),可以确定

$$\mu^{k+1}E\{V(k+1)\}-\mu^k E\{V(k)\}=\mu^{k+1}E\{\Delta V(k)\}+\mu^k(\mu-1)E\{V(k)\} \tag{3-24}$$

在公式(3-24) 的等号两侧从 0 加至 $k-1$,可以直接得到如下结果:

$$\begin{aligned}\mu^k E\{V(k)\}-E\{V(0)\}\leqslant{}&[-\mu\varepsilon+(\mu-1)\rho_1]\sum_{i=0}^{k-1}\mu^i E\{\|\boldsymbol{x}(i)\|^2\}\\&+[-\mu\varepsilon+(\mu-1)\rho_2]\sum_{i=1}^{k-1}\mu^i\sum_{l=i-\delta_{\max}}^{i-1}E\{\|\boldsymbol{x}(l)\|^2\}\\&+[-\mu\varepsilon+(\mu-1)\rho_3]\sum_{i=1}^{k-1}\mu^i\sum_{s=i-\delta_{\max}}^{i-1}E\{\|\boldsymbol{\eta}(s)\|^2\}\end{aligned} \tag{3-25}$$

定义 $\rho=\lambda_{\min}(\boldsymbol{P})$,分析可得

$$\mu^k E\{V(k)\}\geqslant\mu^k\rho E\{\|\boldsymbol{x}(k)\|^2\},\quad E\{V(0)\}\leqslant(\rho_1+\delta_{\max}\rho_2+\alpha\rho_3)E\{\|\boldsymbol{x}(0)\|^2\}$$

其中,$\alpha=\sum_{i=1}^{\delta_{\max}-1}[\widetilde{\Theta}(i)-\widetilde{\Theta}(i+1)]^2$。

结合上述分析结果,可以得到如下结论:

$$\begin{aligned}&\mu^k\rho E\{\|\boldsymbol{x}(k)\|^2\}\leqslant(\rho_1+\delta_{\max}\rho_2+\alpha\rho_3)E\{\|\boldsymbol{x}(0)\|^2\}\\&\Rightarrow E\{\|\boldsymbol{x}(k)\|^2\}\leqslant v\mu^{-k}\|\boldsymbol{x}(0)\|^2\end{aligned} \tag{3-26}$$

基于定义 2-4,在控制器的作用下,闭环系统(3-9) 是指数均方稳定的。定理 3-1 证明完毕。

注 3-1 若系统(3-9) 中不存在部分失效故障,则可以设定失效矩阵 $\boldsymbol{M}\equiv\boldsymbol{I}$,同理,控制器增益也可基于定理 3-1 在 $\boldsymbol{M}\equiv\boldsymbol{I}$ 的前提下解得。

3.1.3　仿真算例

本节给出一个仿真算例以验证我们所提出的方法的有效性。

算例 3-1　考虑如下离散系统参数：

$$\boldsymbol{A}=\begin{bmatrix}0.8353 & -0.004 & -0.0274\\ -0.0270 & 0.9707 & 0.0152\\ -0.004 & 0.0295 & 0.9972\end{bmatrix},\quad \boldsymbol{B}=\begin{bmatrix}-0.1102 & -0.0013\\ 0.0315 & 0.1780\\ 0.0304 & 0.0925\end{bmatrix}$$

假设丢包概率为 40%（$\tilde{\theta}=0.6$），饱和参数 $r_{\max}=0.2$，一个执行器存在部分失效故障，一个执行器完全损坏，即

$$\boldsymbol{M}=\begin{bmatrix}0.9 & 0\\ 0 & 0\end{bmatrix}$$

根据定理 3-1，可以计算出如下容错控制器增益：

$$\boldsymbol{K}=\begin{bmatrix}-1.7171 & -1.4633 & -0.5941\\ -0.0346 & -39.4568 & -4.4458\end{bmatrix}$$

设系统的初始状态为$[-0.1\quad 0.2\quad 0.5]$，系统状态、执行器输出、数据包传输分别如图 3-2 至图 3-4 所示。从中可以看出本章所提出的方法有效地克服了执行器故障、执行器饱和、数据包丢失等因素对闭环系统稳定性的影响。

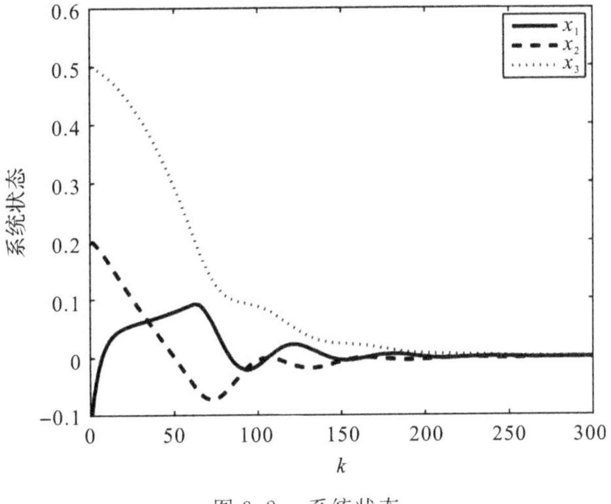

图 3-2　系统状态

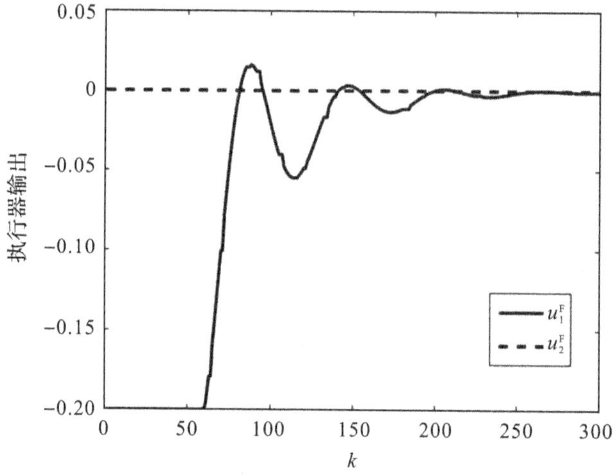

图 3-3 执行器输出

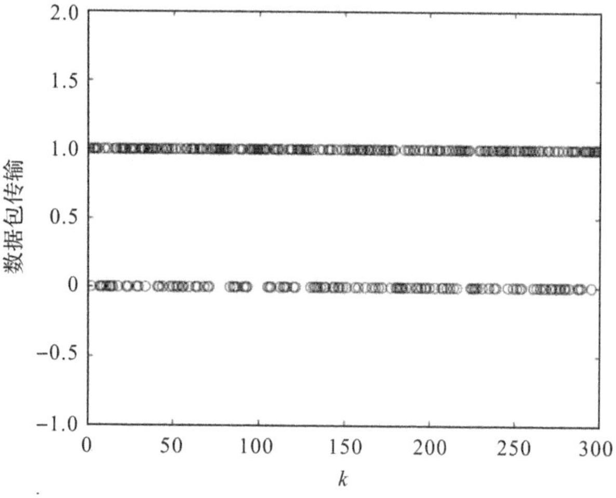

图 3-4 数据包传输($\tilde{\theta}=0.6$)

3.2 状态同步容错控制

3.2.1 问题描述

本节针对一类主、从非线性系统,提出了一种状态同步容错控制器设计方法。主系统可以描述为

$$\begin{cases} \boldsymbol{x}(k+1)=\boldsymbol{A}\boldsymbol{x}(k)+\boldsymbol{B}_0\boldsymbol{g}[\boldsymbol{x}(k)]+\boldsymbol{B}_1\boldsymbol{g}\{\boldsymbol{x}[k-\tau(k)]\}+\boldsymbol{C}\sum_{m=1}^{+\infty}\mu_m\boldsymbol{\alpha}[\boldsymbol{x}(k-m)] \\ \boldsymbol{x}(k)=\boldsymbol{\varphi}_1 \end{cases}$$

$$k=-\tau_{\mathrm{M}},-\tau_{\mathrm{M}}+1,\cdots,-\tau_{\mathrm{m}} \tag{3-27}$$

其中，$\boldsymbol{x}(k)\in\mathbf{R}^n$ 为状态变量，$\boldsymbol{A}=\mathrm{diag}\{a_1,a_2,\cdots,a_n\}$ 为系统状态反馈系数矩阵并且满足 $|a_i|<1(i=1,2,\cdots,n)$。$\boldsymbol{B}_0,\boldsymbol{B}_1,\boldsymbol{C}$ 为具有合适维度的已知矩阵，$\boldsymbol{g}[\boldsymbol{x}(k)]$ 为神经元激活函数，$\boldsymbol{\alpha}[\boldsymbol{x}(k)]$ 为非线性函数，$\boldsymbol{\varphi}_1$ 为主系统的初始状态，$\tau(k)$ 为离散时延并且满足 $\tau_{\mathrm{m}}\leqslant\tau(k)\leqslant\tau_{\mathrm{M}}$[其中，$\tau_{\mathrm{m}}$ 和 τ_{M} 分别为 $\tau(k)$ 的下界和上界]，μ_m 为非负常数并且满足如下条件：

$$\sum_{m=1}^{+\infty}\mu_m<+\infty,\quad \sum_{m=1}^{+\infty}m\mu_m<+\infty \tag{3-28}$$

假设 3-5　任意给定 $x,y\in\mathbf{R}(x\neq y)$，激活函数 $\boldsymbol{g}[\boldsymbol{x}(k)]$ 和非线性函数 $\boldsymbol{\alpha}[\boldsymbol{x}(k)]$ 是连续有界的，对于 $i\in\{1,2,\cdots,n\}$，存在常数 $g_i^-,g_i^+,\alpha_i^+,\alpha_i^-$ 满足

$$g_i^-\leqslant\frac{g_i(y)-g_i(x)}{y-x}\leqslant g_i^+,\quad \alpha_i^-\leqslant\frac{\alpha_i(y)-\alpha_i(x)}{y-x}\leqslant\alpha_i^+$$

相对于主系统(3-27)而言，从系统的动态方程可以描述为

$$\begin{cases} \boldsymbol{y}(k+1)=\boldsymbol{A}\boldsymbol{y}(k)+\boldsymbol{B}_0\boldsymbol{g}[\boldsymbol{y}(k)]+\boldsymbol{B}_1\boldsymbol{g}\{\boldsymbol{y}[k-\tau(k)]\} \\ \qquad +\boldsymbol{C}\sum_{m=1}^{+\infty}\mu_m\boldsymbol{\alpha}[\boldsymbol{y}(k-m)]+\boldsymbol{\sigma}[\boldsymbol{u}^{\mathrm{F}}(k)] \\ \boldsymbol{y}(k)=\boldsymbol{\varphi}_2 \end{cases}$$

$$k=-\tau_{\mathrm{M}},-\tau_{\mathrm{M}}+1,\cdots,-\tau_{\mathrm{m}} \tag{3-29}$$

其中，$\boldsymbol{\sigma}[\boldsymbol{u}^{\mathrm{F}}(k)]$ 为具有执行器约束的控制量，具体如公式(3-5)所描述。其控制目的是设计合适的容错控制器 $\boldsymbol{u}(k)$，$\boldsymbol{u}^{\mathrm{F}}(k)=\boldsymbol{M}\boldsymbol{u}(k)$ 使得主、从系统满足状态同步性，即 $\boldsymbol{y}(k)=\boldsymbol{x}(k)$。定义 $\boldsymbol{e}(k)=\boldsymbol{y}(k)-\boldsymbol{x}(k)$，则同步误差动态系统可以描述为

$$\begin{cases} \boldsymbol{e}(k+1)=\boldsymbol{A}\boldsymbol{e}(k)+\boldsymbol{B}_0\boldsymbol{f}[\boldsymbol{e}(k)]+\boldsymbol{B}_1\boldsymbol{f}\{\boldsymbol{e}[k-\tau(k)]\}+\boldsymbol{C}\sum_{m=1}^{+\infty}\mu_m\boldsymbol{\beta}[\boldsymbol{e}(k-m)] \\ \qquad +\boldsymbol{R}_1\boldsymbol{M}\boldsymbol{u}(k)+\boldsymbol{\Psi}[\boldsymbol{u}^{\mathrm{F}}(k)] \\ \boldsymbol{e}(k)=\boldsymbol{\varphi}_2-\boldsymbol{\varphi}_1 \end{cases}$$

$$k=-\tau_{\mathrm{M}},-\tau_{\mathrm{M}}+1,\cdots,-\tau_{\mathrm{m}} \tag{3-30}$$

其中，

$$f[\boldsymbol{e}(k)]=\boldsymbol{g}[\boldsymbol{y}(k)]-\boldsymbol{g}[\boldsymbol{x}(k)],\quad \boldsymbol{\beta}[\boldsymbol{e}(k)]=\boldsymbol{\alpha}[\boldsymbol{y}(k)]-\boldsymbol{\alpha}[\boldsymbol{x}(k)] \tag{3-31}$$

根据假设 3-5,可以得到如下结论:

$$g_i^- \leqslant \frac{f_i(v)}{v} \leqslant g_i^+,\quad \alpha_i^- \leqslant \frac{\beta_i(v)}{v} \leqslant \alpha_i^+ \tag{3-32}$$

考虑不可靠通信网络引起的数据包丢失问题,设计如下容错控制器:

$$\boldsymbol{u}(k)=\theta(k)\boldsymbol{K}\boldsymbol{e}(k) \tag{3-33}$$

结合公式(3-3)、(3-5)、(3-30)和(3-33),同步误差动态系统的模型可以进一步建立为

$$\begin{cases}\boldsymbol{e}(k+1)=[\boldsymbol{A}+\boldsymbol{R}_1\boldsymbol{M}_0(\boldsymbol{I}+\boldsymbol{G})\theta(k)\boldsymbol{K}]\boldsymbol{e}(k)+\boldsymbol{B}_0\boldsymbol{f}[\boldsymbol{e}(k)]+\boldsymbol{B}_1\boldsymbol{f}\{\boldsymbol{e}[k-\tau(k)]\} \\ \qquad +\boldsymbol{C}\sum_{m=1}^{+\infty}\mu_m\boldsymbol{\beta}[\boldsymbol{e}(k-m)]+\theta(k)\boldsymbol{\Psi}[\boldsymbol{u}^{\mathrm{F}}(k)] \\ \boldsymbol{e}(k)=\boldsymbol{\varphi}_2-\boldsymbol{\varphi}_1\end{cases}$$

$$k=-\tau_{\mathrm{M}},-\tau_{\mathrm{M}}+1,\cdots,-\tau_{\mathrm{m}} \tag{3-34}$$

如此,将状态同步容错控制器的设计问题转换为同步误差动态系统(3-34)的稳定性分析问题,即鲁棒容错控制器增益 $\boldsymbol{K}$ 的设计问题。

3.2.2 主要结果

本节基于同步误差动态系统(3-34)来讨论容错控制器的设计问题,提出的方法可以保证闭环系统(3-34)指数均方渐近稳定性,从而实现主、从非线性系统的状态同步容错控制。

定理 3-2 若存在正定矩阵 $\boldsymbol{P},\boldsymbol{Q}_i,\boldsymbol{Z},\boldsymbol{U},\boldsymbol{H},\boldsymbol{W},\boldsymbol{S}$,正数 $\alpha_i>0(i=1,2,3)$,以及合适的控制器增益$\boldsymbol{K}$,使得不等式(3-35)成立,则系统(3-34)是全局指数均方稳定的。

$$\begin{bmatrix}\boldsymbol{\Gamma}_{1,1} & \boldsymbol{\Gamma}_{1,2}^{\mathrm{T}}\boldsymbol{P} & (\tau_{\mathrm{M}}-\tau_{\mathrm{m}})\boldsymbol{\Gamma}_{1,3}^{\mathrm{T}}\boldsymbol{Z} & \boldsymbol{\Gamma}_{1,4}^{\mathrm{T}} & \boldsymbol{\Gamma}_{1,5}^{\mathrm{T}} & \boldsymbol{\Gamma}_{1,6}^{\mathrm{T}} \\ * & \boldsymbol{\Gamma}_{2,2} & \boldsymbol{0} & \boldsymbol{0} & \boldsymbol{0} & \boldsymbol{0} \\ * & * & \boldsymbol{\Gamma}_{3,3} & \boldsymbol{0} & \boldsymbol{0} & \boldsymbol{0} \\ * & * & * & -\alpha_1 & \boldsymbol{0} & \boldsymbol{0} \\ * & * & * & * & -\alpha_2 & \boldsymbol{0} \\ * & * & * & * & * & -\alpha_3\end{bmatrix}<0 \tag{3-35}$$

其中,

$$\boldsymbol{\Gamma}_{1,1}=\begin{bmatrix}\hat{\boldsymbol{\Gamma}}_{1,1} & \hat{\boldsymbol{\Gamma}}_{1,2} & \hat{\boldsymbol{\Gamma}}_{1,3}\\ * & \hat{\boldsymbol{\Gamma}}_{2,2} & \boldsymbol{0}\\ * & * & \hat{\boldsymbol{\Gamma}}_{3,3}\end{bmatrix},\quad \hat{\boldsymbol{\Gamma}}_{1,1}=\begin{bmatrix}\boldsymbol{\Pi}_{1,1} & \boldsymbol{0} & \boldsymbol{0}\\ * & \boldsymbol{\Pi}_{2,2} & \boldsymbol{Z}\\ * & * & -\boldsymbol{Q}_2-\boldsymbol{Z}\end{bmatrix}$$

$$\hat{\boldsymbol{\Gamma}}_{1,2}=\begin{bmatrix}\boldsymbol{0} & \boldsymbol{0} & \boldsymbol{H\Omega}_2\\ \boldsymbol{Z} & \boldsymbol{0} & \boldsymbol{0}\\ \boldsymbol{0} & \boldsymbol{0} & \boldsymbol{0}\end{bmatrix},\quad \hat{\boldsymbol{\Gamma}}_{1,3}=\begin{bmatrix}\boldsymbol{UG}_2 & \boldsymbol{0} & \boldsymbol{\Pi}_{1,9}\\ \boldsymbol{0} & \boldsymbol{UG}_2 & \boldsymbol{0}\\ \boldsymbol{0} & \boldsymbol{0} & \boldsymbol{0}\end{bmatrix}$$

$$\hat{\boldsymbol{\Gamma}}_{2,2}=\begin{bmatrix}-\boldsymbol{Q}_1-\boldsymbol{Z} & \boldsymbol{0} & \boldsymbol{0}\\ * & -\dfrac{\boldsymbol{W}}{\overline{\mu}} & \boldsymbol{0}\\ * & * & -\overline{\mu}\boldsymbol{W}-\boldsymbol{H}\end{bmatrix},\quad \hat{\boldsymbol{\Gamma}}_{3,3}=\begin{bmatrix}\boldsymbol{\Pi}_{7,7} & \boldsymbol{0} & \boldsymbol{0}\\ * & -\boldsymbol{S}-\boldsymbol{H} & \boldsymbol{0}\\ * & * & \boldsymbol{\Pi}_{9,9}\end{bmatrix}$$

$$\boldsymbol{\Pi}_{1,1}=-\boldsymbol{P}+\boldsymbol{Q}_1+\boldsymbol{Q}_2+(\tau_{\mathrm{M}}-\tau_{\mathrm{m}}+1)\boldsymbol{Q}_3-\boldsymbol{UG}_1-\boldsymbol{H\Omega}_1,\ \boldsymbol{\Pi}_{2,2}=-\boldsymbol{Q}_3-2\boldsymbol{Z}-\boldsymbol{UG}_1$$

$$\boldsymbol{\Pi}_{1,9}=\tilde{\theta}\boldsymbol{K}^{\mathrm{T}}\boldsymbol{M}_0^{\mathrm{T}}\frac{\boldsymbol{R}}{2},\boldsymbol{\Pi}_{7,7}=(\tau_{\mathrm{M}}-\tau_{\mathrm{m}}+1)\boldsymbol{S}-\boldsymbol{U},\boldsymbol{\Pi}_{9,9}=-\boldsymbol{I}+\alpha_1\frac{\boldsymbol{R}}{2}\boldsymbol{M}_0\boldsymbol{H}^{\mathrm{T}}\boldsymbol{H}\boldsymbol{M}_0\frac{\boldsymbol{R}}{2}$$

$$\boldsymbol{\Gamma}_{1,2}=\begin{bmatrix}\boldsymbol{A}+\tilde{\theta}\boldsymbol{R}_1\boldsymbol{M}_0\boldsymbol{K} & \boldsymbol{0} & \boldsymbol{0} & \boldsymbol{0} & \boldsymbol{C} & \boldsymbol{0} & \boldsymbol{B}_0 & \boldsymbol{B}_1 & \tilde{\theta}\end{bmatrix}^{\mathrm{T}}$$

$$\boldsymbol{\Gamma}_{1,3}=\begin{bmatrix}\boldsymbol{A}-\boldsymbol{I}+\tilde{\theta}\boldsymbol{R}_1\boldsymbol{M}_0\boldsymbol{K} & \boldsymbol{0} & \boldsymbol{0} & \boldsymbol{0} & \boldsymbol{C} & \boldsymbol{0} & \boldsymbol{B}_0 & \boldsymbol{B}_1 & \tilde{\theta}\end{bmatrix}^{\mathrm{T}}$$

$$\boldsymbol{\Gamma}_{1,4}=\boldsymbol{\Gamma}_{1,5}=\boldsymbol{\Gamma}_{1,6}=\begin{bmatrix}\tilde{\theta}\boldsymbol{K} & \boldsymbol{0} & \boldsymbol{0} & \boldsymbol{0} & \boldsymbol{0} & \boldsymbol{0} & \boldsymbol{0} & \boldsymbol{0} & \boldsymbol{0}\end{bmatrix}^{\mathrm{T}}$$

$$\boldsymbol{\Gamma}_{2,2}=-\boldsymbol{P}+\alpha_2\boldsymbol{PRM}_0\boldsymbol{H}^{\mathrm{T}}\boldsymbol{HM}_0\boldsymbol{RP},\quad \boldsymbol{\Gamma}_{2,2}=-\boldsymbol{Z}+\alpha_3\boldsymbol{ZRM}_0\boldsymbol{H}^{\mathrm{T}}\boldsymbol{HM}_0\boldsymbol{RZ},\quad \overline{\mu}=\sum_{m=1}^{+\infty}\mu_m$$

$$\boldsymbol{G}_1=\mathrm{diag}\{g_1^-g_1^+,g_2^-g_2^+,\cdots,g_n^-g_n^+\}$$

$$\boldsymbol{G}_2=\mathrm{diag}\left\{\frac{g_1^-+g_1^+}{2},\frac{g_2^-+g_2^+}{2},\cdots,\frac{g_n^-+g_n^+}{2}\right\}$$

$$\boldsymbol{\Omega}_1=\mathrm{diag}\{\alpha_1^-\alpha_1^+,\alpha_2^-\alpha_2^+,\cdots,\alpha_n^-\alpha_n^+\}$$

$$\boldsymbol{\Omega}_2=\mathrm{diag}\left\{\frac{\alpha_1^-+\alpha_1^+}{2},\frac{\alpha_2^-+\alpha_2^+}{2},\cdots,\frac{\alpha_n^-+\alpha_n^+}{2}\right\}$$

证明:选择如下 Lyapunov 函数:

$$V(k)=\sum_{i=1}^{6}V_i(k) \tag{3-36}$$

其中,

$$V_1(k)=\boldsymbol{e}^{\mathrm{T}}(k)\boldsymbol{Pe}(k),\quad V_2(k)=\sum_{i=k-\tau_{\mathrm{m}}}^{k-1}\boldsymbol{e}^{\mathrm{T}}(i)\boldsymbol{Q}_1\boldsymbol{e}(i)+\sum_{i=k-\tau_{\mathrm{M}}}^{k-1}\boldsymbol{e}^{\mathrm{T}}(i)\boldsymbol{Q}_2\boldsymbol{e}(i)$$

$$V_3(k)=\sum_{j=-\tau_M+1}^{-\tau_m+1}\sum_{l=k-1+j}^{k-1}\boldsymbol{e}^{\mathrm{T}}(l)\boldsymbol{Q}_3\boldsymbol{e}(l)$$

$$V_4(k)=(\tau_M-\tau_m)\sum_{j=-\tau_M}^{-\tau_m-1}\sum_{i=k+j}^{k-1}\boldsymbol{\eta}^{\mathrm{T}}(i)\boldsymbol{Z}\boldsymbol{\eta}(i)$$

$$\begin{aligned}\boldsymbol{\eta}(i)=&[\boldsymbol{A}+\theta(i)\boldsymbol{R}_1\boldsymbol{K}]\boldsymbol{e}(i)+\boldsymbol{B}_0\boldsymbol{f}[\boldsymbol{e}(i)]+\boldsymbol{B}_1\boldsymbol{f}\{\boldsymbol{e}[i-\tau(k)]\}\\&+\boldsymbol{C}\sum_{m=1}^{+\infty}\mu_m\boldsymbol{\beta}[\boldsymbol{e}(i-m)]+\theta(i)\boldsymbol{\Psi}[\boldsymbol{u}(i)]-\boldsymbol{e}(i)\end{aligned}$$

$$V_5(k)=\sum_{i=1}^{+\infty}\mu_m\sum_{j=k-i}^{k-1}\boldsymbol{\beta}^{\mathrm{T}}[\boldsymbol{e}(j)]\boldsymbol{W}\boldsymbol{\beta}[\boldsymbol{e}(j)]$$

$$V_6(k)=\sum_{j=\tau_m}^{\tau_M}\boldsymbol{f}^{\mathrm{T}}[\boldsymbol{e}(i)]\boldsymbol{S}\boldsymbol{f}[\boldsymbol{e}(i)]$$

$V(k)$ 相对于系统(3-34)的前向差可以表示为

$$E\{\Delta V_1(k)\}=E\{\boldsymbol{e}^{\mathrm{T}}(k+1)\boldsymbol{P}\boldsymbol{e}(k+1)-\boldsymbol{e}^{\mathrm{T}}(k)\boldsymbol{P}\boldsymbol{e}(k)\}\tag{3-37}$$

$$\begin{aligned}E\{\Delta V_2(k)\}=E\Big\{&\boldsymbol{e}^{\mathrm{T}}(k)(\boldsymbol{Q}_1+\boldsymbol{Q}_2)\boldsymbol{e}(k)-\boldsymbol{e}^{\mathrm{T}}(k-\tau_m)\boldsymbol{Q}_1\boldsymbol{e}(k-\tau_m)\\&-\boldsymbol{e}^{\mathrm{T}}(k-\tau_M)\boldsymbol{Q}_2\boldsymbol{e}(k-\tau_M)\Big\}\end{aligned}\tag{3-38}$$

$$E\{\Delta V_3(k)\}=E\{(\tau_M-\tau_m+1)\boldsymbol{e}^{\mathrm{T}}(k)\boldsymbol{Q}_3\boldsymbol{e}(k)-\boldsymbol{e}^{\mathrm{T}}[k-\tau(k)]\boldsymbol{Q}_3\boldsymbol{e}[k-\tau(k)]\}\tag{3-39}$$

$$\begin{aligned}E\{\Delta V_4(k)\}\leqslant E\left\{(\tau_M-\tau_m)^2\boldsymbol{\eta}^{\mathrm{T}}(k)\boldsymbol{Z}\boldsymbol{\eta}(k)+\begin{bmatrix}\boldsymbol{e}[k-\tau(k)]\\\boldsymbol{e}(k-\tau_M)\\\boldsymbol{e}(k-\tau_m)\end{bmatrix}^{\mathrm{T}}\right.\\\left.\times\begin{bmatrix}-2\boldsymbol{Z}&\boldsymbol{Z}&\boldsymbol{Z}\\\boldsymbol{Z}&-\boldsymbol{Z}&\boldsymbol{0}\\\boldsymbol{Z}&\boldsymbol{0}&-\boldsymbol{Z}\end{bmatrix}\begin{bmatrix}\boldsymbol{e}[k-\tau(k)]\\\boldsymbol{e}(k-\tau_M)\\\boldsymbol{e}(k-\tau_m)\end{bmatrix}\right\}\end{aligned}\tag{3-40}$$

$$\begin{aligned}E\{\Delta V_5(k)\}\leqslant E\Big\{&\bar{\mu}\boldsymbol{\beta}^{\mathrm{T}}[\boldsymbol{e}(k)]\boldsymbol{W}\boldsymbol{\beta}[\boldsymbol{e}(k)]\\&-\frac{1}{\bar{\mu}}\{\sum_{i=1}^{+\infty}\mu_i\boldsymbol{\beta}[\boldsymbol{e}(k-i)]\}^{\mathrm{T}}\boldsymbol{W}\{\sum_{i=1}^{+\infty}\mu_i\boldsymbol{\beta}[\boldsymbol{e}(k-i)]\}\Big\}\end{aligned}\tag{3-41}$$

$$\begin{aligned}E\{\Delta V_6(k)\}\leqslant E\Big\{&(\tau_M-\tau_m+1)\boldsymbol{f}^{\mathrm{T}}[\boldsymbol{e}(k)]\boldsymbol{S}\boldsymbol{f}[\boldsymbol{e}(k)]\\&-\boldsymbol{f}^{\mathrm{T}}\{\boldsymbol{e}[k-\tau(k)]\}\boldsymbol{S}\boldsymbol{f}\{\boldsymbol{e}[k-\tau(k)]\}\Big\}\end{aligned}\tag{3-42}$$

结合假设 3-5 和公式(3-32)，可以得到如下结论：

$$\begin{bmatrix} e(k) \\ f[e(k)] \end{bmatrix}^{\mathrm{T}} \begin{bmatrix} UG_1 & -UG_2 \\ -UG_2 & U \end{bmatrix} \begin{bmatrix} e(k) \\ f[e(k)] \end{bmatrix} \leqslant 0$$

$$\begin{bmatrix} e[k-\tau(k)] \\ f\{e[k-\tau(k)]\} \end{bmatrix}^{\mathrm{T}} \begin{bmatrix} UG_1 & -UG_2 \\ -UG_2 & U \end{bmatrix} \begin{bmatrix} e[k-\tau(k)] \\ f\{e[k-\tau(k)]\} \end{bmatrix} \leqslant 0$$

$$\begin{bmatrix} e(k) \\ \beta[e(k)] \end{bmatrix}^{\mathrm{T}} \begin{bmatrix} H\Omega_1 & -H\Omega_2 \\ -H\Omega_2 & H \end{bmatrix} \begin{bmatrix} e(k) \\ \beta[e(k)] \end{bmatrix} \leqslant 0$$

令 $E\{\theta(k)=1\}=\tilde{\theta}$ 并选择如下增广矩阵：

$$\varphi(k)=\Big[e^{\mathrm{T}}(k) \quad e^{\mathrm{T}}[k-\tau(k)] \quad e^{\mathrm{T}}(k-\tau_{\mathrm{M}}) \quad e^{\mathrm{T}}(k-\tau_{\mathrm{m}}) \quad \sum_{m=1}^{+\infty}\mu_{\mathrm{m}}\beta^{\mathrm{T}}[e(k-m)]$$
$$\beta^{\mathrm{T}}[e(k)] \quad f^{\mathrm{T}}[e(k)] \quad f^{\mathrm{T}}\{e[k-\tau(k)]\} \quad \Psi^{\mathrm{T}}[u^{\mathrm{F}}(k)]\Big]^{\mathrm{T}} \tag{3-43}$$

结合公式(3-37)至(3-42)，可以得到

$$E\{\Delta V(k)\}\leqslant \varphi^{\mathrm{T}}(k)\Theta\varphi(k) \tag{3-44}$$

其中，

$\Theta=\Pi+\Xi_1^{\mathrm{T}}P\Xi_1+(\tau_{\mathrm{M}}-\tau_{\mathrm{m}})^2\Xi_2^{\mathrm{T}}Z\Xi_2$

$\Pi=$

$$\begin{bmatrix}
\Pi_{1,1} & 0 & 0 & 0 & 0 & H\Omega_2 & UG_2 & 0 & \Pi_{1,9} \\
* & \Pi_{2,2} & Z & Z & 0 & 0 & 0 & UG_2 & 0 \\
* & * & -Q_2-Z & 0 & 0 & 0 & 0 & 0 & 0 \\
* & * & * & -Q_1-Z & 0 & 0 & 0 & 0 & 0 \\
* & * & * & * & -\dfrac{W}{\bar{\mu}} & 0 & 0 & 0 & 0 \\
* & * & * & * & * & -\bar{\mu}W-H & 0 & 0 & 0 \\
* & * & * & * & * & * & \Pi_{7,7} & 0 & 0 \\
* & * & * & * & * & * & * & -S-H & 0 \\
* & * & * & * & * & * & * & * & -I
\end{bmatrix}$$

$$\Xi_1=\left[A+\tilde{\theta}R_1M_0(I+G)K \quad 0 \quad 0 \quad 0 \quad C \quad 0 \quad B_0 \quad B_1 \quad \tilde{\theta}\right]^{\mathrm{T}}$$

$$\Xi_2=\left[(\tau_{\mathrm{M}}-\tau_{\mathrm{m}})[A-I+\tilde{\theta}R_1M_0(I+G)K] \quad 0 \quad 0 \quad 0 \quad C \quad 0 \quad B_0 \quad B_1 \quad \tilde{\theta}\right]^{\mathrm{T}}$$

根据引理 2-1 和引理 2-2，可以直接得到定理 3-2 的条件(3-35)。定理 3-2 证明完毕。

下一步，基于定理3-2中的条件(3-35)来设计同步容错控制器的增益$\boldsymbol{K}$，提出如下定理。

定理3-3 若存在正定矩阵$\hat{\boldsymbol{P}},\hat{\boldsymbol{Q}}_i(i=1,2,3),\hat{\boldsymbol{Z}},\hat{\boldsymbol{U}},\hat{\boldsymbol{H}},\hat{\boldsymbol{W}},\hat{\boldsymbol{S}},\boldsymbol{X}_1,\boldsymbol{X}_2$，正数$\alpha_m(m=1,2,3)$，以及具有合适维度的矩阵$\boldsymbol{Y}$，使得不等式(3-45)成立，则系统(3-34)在控制器增益$\boldsymbol{K}=\boldsymbol{Y}\boldsymbol{X}_1^{-1}$的作用下是全局指数均方稳定的。

$$\begin{bmatrix} \hat{\boldsymbol{\Gamma}}_{1,1} & \hat{\boldsymbol{\Gamma}}_{1,2}^{\mathrm{T}} & (\tau_{\mathrm{M}}-\tau_{\mathrm{m}})\hat{\boldsymbol{\Gamma}}_{1,3}^{\mathrm{T}} & \hat{\boldsymbol{\Gamma}}_{1,4}^{\mathrm{T}} & \hat{\boldsymbol{\Gamma}}_{1,5}^{\mathrm{T}} & \hat{\boldsymbol{\Gamma}}_{1,6}^{\mathrm{T}} \\ * & \hat{\boldsymbol{\Gamma}}_{2,2} & \boldsymbol{0} & \boldsymbol{0} & \boldsymbol{0} & \boldsymbol{0} \\ * & * & \hat{\boldsymbol{\Gamma}}_{3,3} & \boldsymbol{0} & \boldsymbol{0} & \boldsymbol{0} \\ * & * & * & -\alpha_1 & \boldsymbol{0} & \boldsymbol{0} \\ * & * & * & * & -\alpha_2 & \boldsymbol{0} \\ * & * & * & * & * & -\alpha_3 \end{bmatrix} < 0 \tag{3-45}$$

其中，

$\hat{\boldsymbol{\Gamma}}_{1,1}=$

$$\begin{bmatrix} \hat{\boldsymbol{\Pi}}_{1,1} & \boldsymbol{0} & \boldsymbol{0} & \boldsymbol{0} & \boldsymbol{0} & \hat{\boldsymbol{H}}\boldsymbol{\Omega}_2 & \hat{\boldsymbol{U}}\boldsymbol{G}_2 & \boldsymbol{0} & \hat{\boldsymbol{\Pi}}_{1,9} \\ * & \hat{\boldsymbol{\Pi}}_{2,2} & \hat{\boldsymbol{Z}} & \hat{\boldsymbol{Z}} & \boldsymbol{0} & \boldsymbol{0} & \boldsymbol{0} & \hat{\boldsymbol{U}}\boldsymbol{G}_2 & \boldsymbol{0} \\ * & * & -\hat{\boldsymbol{Q}}_2-\hat{\boldsymbol{Z}} & \boldsymbol{0} & \boldsymbol{0} & \boldsymbol{0} & \boldsymbol{0} & \boldsymbol{0} & \boldsymbol{0} \\ * & * & * & -\hat{\boldsymbol{Q}}_1-\hat{\boldsymbol{Z}} & \boldsymbol{0} & \boldsymbol{0} & \boldsymbol{0} & \boldsymbol{0} & \boldsymbol{0} \\ * & * & * & * & \dfrac{\hat{\boldsymbol{W}}}{\overline{\mu}} & \boldsymbol{0} & \boldsymbol{0} & \boldsymbol{0} & \boldsymbol{0} \\ * & * & * & * & * & -\overline{\mu}\hat{\boldsymbol{W}}-\hat{\boldsymbol{H}} & \boldsymbol{0} & \boldsymbol{0} & \boldsymbol{0} \\ * & * & * & * & * & * & \hat{\boldsymbol{\Pi}}_{7,7} & \boldsymbol{0} & \boldsymbol{0} \\ * & * & * & * & * & * & * & -\hat{\boldsymbol{S}}-\hat{\boldsymbol{H}} & \boldsymbol{0} \\ * & * & * & * & * & * & * & * & \hat{\boldsymbol{\Pi}}_{9,9} \end{bmatrix}$$

$$\hat{\boldsymbol{\Pi}}_{1,1}=-\hat{\boldsymbol{P}}+\hat{\boldsymbol{Q}}_1+\hat{\boldsymbol{Q}}_2+(\tau_{\mathrm{M}}-\tau_{\mathrm{m}}+1)\hat{\boldsymbol{Q}}_3-\hat{\boldsymbol{U}}\boldsymbol{G}_1-\hat{\boldsymbol{H}}\boldsymbol{\Omega}_1$$

$$\hat{\boldsymbol{\Pi}}_{1,9}=\tilde{\theta}\boldsymbol{Y}^{\mathrm{T}}\boldsymbol{M}_0^{\mathrm{T}}\frac{\boldsymbol{R}}{2},\quad \boldsymbol{\Pi}_{2,2}=-\hat{\boldsymbol{Q}}_3-2\hat{\boldsymbol{Z}}-\hat{\boldsymbol{U}}\boldsymbol{G}_1$$

$$\hat{\boldsymbol{\Pi}}_{7,7}=(\tau_{\mathrm{M}}-\tau_{\mathrm{m}}+1)\hat{\boldsymbol{S}}-\hat{\boldsymbol{U}},\quad \hat{\boldsymbol{\Pi}}_{9,9}=-\boldsymbol{I}+\alpha_1\frac{\boldsymbol{R}}{2}\boldsymbol{M}_0\boldsymbol{H}^{\mathrm{T}}\boldsymbol{H}\boldsymbol{M}_0\frac{\boldsymbol{R}}{2}$$

$$\hat{\boldsymbol{\Gamma}}_{1,2}=\begin{bmatrix}\boldsymbol{A}\boldsymbol{X}_1+\tilde{\theta}\boldsymbol{R}_1\boldsymbol{M}_0\boldsymbol{Y} & \boldsymbol{0} & \boldsymbol{0} & \boldsymbol{0} & \boldsymbol{C}\boldsymbol{X}_1 & \boldsymbol{0} & \boldsymbol{B}_0\boldsymbol{X}_1 & \boldsymbol{B}_1\boldsymbol{X}_1 & \tilde{\theta}\end{bmatrix}^{\mathrm{T}}$$

$$\boldsymbol{\Gamma}_{1,3}=\begin{bmatrix}(\boldsymbol{A}-\boldsymbol{I})\boldsymbol{X}_1+\tilde{\theta}\boldsymbol{R}_1\boldsymbol{M}_0\boldsymbol{Y} & \boldsymbol{0} & \boldsymbol{0} & \boldsymbol{0} & \boldsymbol{C}\boldsymbol{X}_1 & \boldsymbol{0} & \boldsymbol{B}_0\boldsymbol{X}_1 & \boldsymbol{B}_1\boldsymbol{X}_1 & \tilde{\theta}\end{bmatrix}^{\mathrm{T}}$$

$$\boldsymbol{\Gamma}_{1,4}=\boldsymbol{\Gamma}_{1,5}=\boldsymbol{\Gamma}_{1,6}=\begin{bmatrix}\tilde{\partial}\boldsymbol{Y} & \mathbf{0} & \mathbf{0} & \mathbf{0} & \mathbf{0} & \mathbf{0} & \mathbf{0} & \mathbf{0} & \mathbf{0}\end{bmatrix}^{\mathrm{T}}$$

$$\boldsymbol{\Gamma}_{2,2}=-\hat{\boldsymbol{P}}+\alpha_2\boldsymbol{R}\boldsymbol{M}_0\boldsymbol{H}^{\mathrm{T}}\boldsymbol{H}\boldsymbol{M}_0\boldsymbol{R},\quad \boldsymbol{\Gamma}_{3,3}=-\hat{\boldsymbol{Z}}+\alpha_3\boldsymbol{R}\boldsymbol{M}_0\boldsymbol{H}^{\mathrm{T}}\boldsymbol{H}\boldsymbol{M}_0\boldsymbol{R}$$

证明：对公式(3-35)左乘矩阵

$$\mathrm{diag}\{\boldsymbol{X}_1^{\mathrm{T}},\boldsymbol{X}_1^{\mathrm{T}},\boldsymbol{X}_1^{\mathrm{T}},\boldsymbol{X}_1^{\mathrm{T}},\boldsymbol{X}_1^{\mathrm{T}},\boldsymbol{X}_1^{\mathrm{T}},\boldsymbol{X}_1^{\mathrm{T}},\boldsymbol{X}_1^{\mathrm{T}},\boldsymbol{I},\boldsymbol{X}_1^{\mathrm{T}},\boldsymbol{X}_2^{\mathrm{T}},\boldsymbol{I},\boldsymbol{I},\boldsymbol{I}\}$$

右乘矩阵

$$\mathrm{diag}\{\boldsymbol{X}_1,\boldsymbol{X}_1,\boldsymbol{X}_1,\boldsymbol{X}_1,\boldsymbol{X}_1,\boldsymbol{X}_1,\boldsymbol{X}_1,\boldsymbol{X}_1,\boldsymbol{I},\boldsymbol{X}_1,\boldsymbol{X}_2,\boldsymbol{I},\boldsymbol{I},\boldsymbol{I}\}$$

并定义 $\hat{\boldsymbol{P}}=\boldsymbol{X}_1^{\mathrm{T}}\boldsymbol{P}\boldsymbol{X}_1$，$\hat{\boldsymbol{Q}}_m=\boldsymbol{X}_1^{\mathrm{T}}\boldsymbol{Q}_m\boldsymbol{X}_1(m=1,2,3)$，$\hat{\boldsymbol{U}}=\boldsymbol{X}_1^{\mathrm{T}}\boldsymbol{U}\boldsymbol{X}_1$，$\hat{\boldsymbol{H}}=\boldsymbol{X}_1^{\mathrm{T}}\boldsymbol{H}\boldsymbol{X}_1$，$\hat{\boldsymbol{Z}}=\boldsymbol{X}_1^{\mathrm{T}}\boldsymbol{Z}\boldsymbol{X}_1$，$\hat{\boldsymbol{W}}=\boldsymbol{X}_1^{\mathrm{T}}\boldsymbol{W}\boldsymbol{X}_1$，$\hat{\boldsymbol{S}}=\boldsymbol{X}_1^{\mathrm{T}}\boldsymbol{S}\boldsymbol{X}_1$，$\boldsymbol{X}_1=\boldsymbol{P}^{-1}$，$\boldsymbol{X}_2=\boldsymbol{Z}^{-1}$，可以直接得到条件(3-45)。定理 3-3 证明完毕。

当系统中存在参数不确定性时，系统(3-34)可以描述为如下不确定系统：

$$\begin{cases}\boldsymbol{e}(k+1)=\{[\boldsymbol{A}+\Delta\boldsymbol{A}(k)]+\boldsymbol{R}_1\boldsymbol{M}_0(\boldsymbol{I}+\boldsymbol{G})\theta(k)\boldsymbol{K}\}\boldsymbol{e}(k)\\ \qquad\qquad +[\boldsymbol{B}_0+\Delta\boldsymbol{B}_0(k)]\boldsymbol{f}[\boldsymbol{e}(k)]+[\boldsymbol{B}_1+\Delta\boldsymbol{B}_1(k)]\boldsymbol{f}\{\boldsymbol{e}[k-\tau(k)]\}\\ \qquad\qquad +[\boldsymbol{C}+\Delta\boldsymbol{C}(k)]\sum\limits_{m=1}^{+\infty}\mu_{\mathrm{m}}\boldsymbol{\beta}[\boldsymbol{e}(k-m)]+\theta(k)\boldsymbol{\Psi}[\boldsymbol{u}^F(k)]\\ \boldsymbol{e}(k)=\boldsymbol{\varphi}_2-\boldsymbol{\varphi}_1\end{cases}$$

$$k=-\tau_{\mathrm{M}},-\tau_{\mathrm{M}}+1,\cdots,-\tau_{\mathrm{m}}\tag{3-46}$$

其中，$\Delta\boldsymbol{A}(k)$，$\Delta\boldsymbol{B}_0(k)$，$\Delta\boldsymbol{B}_1(k)$，$\Delta\boldsymbol{C}(k)$ 表示系统的参数不确定性，并且满足如下范数有界条件：

$$\begin{bmatrix}\Delta\boldsymbol{A}(k) & \Delta\boldsymbol{B}_0(k) & \Delta\boldsymbol{B}_1(k) & \Delta\boldsymbol{C}(k)\end{bmatrix}=\boldsymbol{\Lambda}\boldsymbol{F}(k)\begin{bmatrix}\boldsymbol{N}_A & \boldsymbol{N}_{B0} & \boldsymbol{N}_{B1} & \boldsymbol{N}_C\end{bmatrix}\tag{3-47}$$

$\boldsymbol{\Lambda}$，$\boldsymbol{N}_A$，$\boldsymbol{N}_{B0}$，$\boldsymbol{N}_{B1}$，$\boldsymbol{N}_C$ 为具有合适维度的已知矩阵，$\boldsymbol{F}^{\mathrm{T}}(k)\boldsymbol{F}(k)\leqslant\boldsymbol{I}$。

针对不确定系统(3-46)，控制器增益 $\boldsymbol{K}$ 的求解可以由如下定理 3-4 获得。

定理 3-4　若存在正定矩阵 $\hat{\boldsymbol{P}}$，$\hat{\boldsymbol{Q}}_i(i=1,2,3)$，$\hat{\boldsymbol{Z}}$，$\hat{\boldsymbol{U}}$，$\hat{\boldsymbol{H}}$，$\hat{\boldsymbol{W}}$，$\hat{\boldsymbol{S}}$，$\boldsymbol{X}_1$，$\boldsymbol{X}_2$，正数 $\alpha_m(m=1,2,3,4)$，以及具有合适维度的矩阵 $\boldsymbol{Y}$，使得不等式(3-48)成立，则系统(3-46)是全局指数均方稳定的。

$$\begin{bmatrix} \hat{\boldsymbol{\Gamma}}_{1,1}+\alpha_4\hat{\boldsymbol{N}}_F^{\mathrm{T}}\hat{\boldsymbol{N}}_F & \hat{\boldsymbol{\Gamma}}_{1,2}^{\mathrm{T}} & (\tau_{\mathrm{M}}-\tau_{\mathrm{m}})\hat{\boldsymbol{\Gamma}}_{1,3}^{\mathrm{T}} & \hat{\boldsymbol{\Gamma}}_{1,4}^{\mathrm{T}} & \hat{\boldsymbol{\Gamma}}_{1,5}^{\mathrm{T}} & \hat{\boldsymbol{\Gamma}}_{1,6}^{\mathrm{T}} & \boldsymbol{0} \\ * & \hat{\boldsymbol{\Gamma}}_{2,2} & \boldsymbol{0} & \boldsymbol{0} & \boldsymbol{0} & \boldsymbol{0} & \boldsymbol{\Lambda} \\ * & * & \hat{\boldsymbol{\Gamma}}_{3,3} & \boldsymbol{0} & \boldsymbol{0} & \boldsymbol{0} & (\tau_{\mathrm{M}}-\tau_{\mathrm{m}})\boldsymbol{\Lambda} \\ * & * & * & -\alpha_1 & \boldsymbol{0} & \boldsymbol{0} & \boldsymbol{0} \\ * & * & * & * & -\alpha_2 & \boldsymbol{0} & \boldsymbol{0} \\ * & * & * & * & * & -\alpha_3 & \boldsymbol{0} \\ * & * & * & * & * & * & -\alpha_4 \end{bmatrix} < 0 \tag{3-48}$$

其中，$\hat{\boldsymbol{\Gamma}}_{1,i}(i=1,2,\cdots,6)$，$\hat{\boldsymbol{\Gamma}}_{2,2}$，$\hat{\boldsymbol{\Gamma}}_{3,3}$ 如定理 3-3 所示，

$$\hat{\boldsymbol{N}}_F=[\boldsymbol{N}_A \quad \boldsymbol{0} \quad \boldsymbol{0} \quad \boldsymbol{0} \quad \boldsymbol{N}_C \quad \boldsymbol{0} \quad \boldsymbol{N}_{B0} \quad \boldsymbol{N}_{B1} \quad \boldsymbol{0}]$$

证明：将定理 3-3 中的矩阵 $\boldsymbol{A},\boldsymbol{B}_0,\boldsymbol{B}_1,\boldsymbol{C}$ 替换为 $\boldsymbol{A}+\boldsymbol{\Lambda F}(k)\boldsymbol{N}_A$，$\boldsymbol{B}_0+\boldsymbol{\Lambda F}(k)\boldsymbol{N}_{B0}$，$\boldsymbol{B}_1+\boldsymbol{\Lambda F}(k)\boldsymbol{N}_{B1}$，$\boldsymbol{C}+\boldsymbol{\Lambda F}(k)\boldsymbol{N}_C$，采用引理 2-2，可以得到公式(3-48)。定理 3-4 证明完毕。

3.2.3 仿真算例

算例 3-2 给定如下系统参数：

$$\boldsymbol{A}=\begin{bmatrix}0.6 & 0 & 0\\ 0 & 0.9 & 0\\ 0 & 0 & 0.8\end{bmatrix},\quad \boldsymbol{B}_0=\begin{bmatrix}0.6 & 0.2 & 0.2\\ 0 & -0.3 & 0.2\\ -0.1 & -0.1 & -0.2\end{bmatrix}$$

$$\boldsymbol{B}_1=\begin{bmatrix}0.2 & 0.1 & 1\\ -0.2 & 0.3 & 0.1\\ 0.1 & -0.2 & 0.3\end{bmatrix},\quad \boldsymbol{D}=\begin{bmatrix}-0.2 & 0.1 & 0\\ 0.2 & 0.3 & 0.2\\ 0 & -0.2 & 0.2\end{bmatrix}$$

$$f_1(s)=\tanh(0.6s)-0.2\sin(s),\quad f_2(s)=\tanh(-0.4s),\quad f_3(s)=\tanh(-0.2s)$$

$$\beta_1(s)=\beta_2(s)=\beta_3(s)=\tanh(-0.2s)$$

根据假设 3-5 和公式(3-35)，分析可得

$$\boldsymbol{G}_1=\begin{bmatrix}-0.16 & 0 & 0\\ 0 & 0 & 0\\ 0 & 0 & 0\end{bmatrix},\quad \boldsymbol{G}_2=\begin{bmatrix}0.3 & 0 & 0\\ 0 & -0.2 & 0\\ 0 & 0 & -0.1\end{bmatrix}$$

$$\boldsymbol{\Omega}_1=\begin{bmatrix}-0.1 & 0 & 0\\ 0 & -0.1 & 0\\ 0 & 0 & -0.1\end{bmatrix},\quad \boldsymbol{\Omega}_2=\begin{bmatrix}0 & 0 & 0\\ 0 & 0 & 0\\ 0 & 0 & 0\end{bmatrix}$$

给定 $\tau_m=2,\tau_M=8,\bar{\mu}=2^{-3},\Lambda=0.2,N_A=N_{B0}=N_{B1}=N_C=0.1,R=0.9,R_1=0.1,\boldsymbol{M}=\mathrm{diag}\{m_1,m_2,m_3\},r_{\max}=0.05,0.7=m_1^{\min}\leqslant m_1\leqslant m_1^{\max}=1,0=m_2^{\min}\leqslant m_2\leqslant m_2^{\max}=0.8,0.3=m_3^{\min}\leqslant m_3\leqslant m_3^{\max}=0.6$，根据定理3-4，可以计算出如下参数：

$$\hat{\boldsymbol{P}}=\begin{bmatrix}68.9225 & 0.2920 & -0.0109\\ 0.2920 & 60.4452 & -0.1145\\ -0.0109 & -0.1145 & 57.1669\end{bmatrix}$$

$$\hat{\boldsymbol{Q}}_1=\begin{bmatrix}11.2283 & 0.0367 & -0.0114\\ 0.0367 & 10.6965 & 0.0047\\ -0.0114 & 0.0047 & 10.6737\end{bmatrix}$$

$$\hat{\boldsymbol{Q}}_2=\begin{bmatrix}11.2283 & 0.0367 & -0.0114\\ 0.0367 & 10.6965 & 0.0047\\ -0.0114 & 0.0047 & 10.6737\end{bmatrix}$$

$$\hat{\boldsymbol{Q}}_3=\begin{bmatrix}3.3995 & 0.0248 & -0.0104\\ 0.0248 & 3.0407 & 0.0030\\ -0.0104 & 0.0030 & 3.0111\end{bmatrix}$$

$$\hat{\boldsymbol{Z}}=\begin{bmatrix}8.9764 & 0.0685 & -0.0301\\ 0.0685 & 7.8319 & 0.0033\\ -0.0301 & 0.0033 & 7.6231\end{bmatrix}$$

$$\hat{\boldsymbol{U}}=\begin{bmatrix}24.0602 & 0 & 0\\ 0 & 28.6487 & 0\\ 0 & 0 & 33.6307\end{bmatrix}$$

$$\hat{\boldsymbol{H}}=\begin{bmatrix}18.5934 & 0 & 0\\ 0 & 18.1381 & 0\\ 0 & 0 & 20.2561\end{bmatrix}$$

$$\hat{\boldsymbol{W}}=\begin{bmatrix}3.8481 & 0.0424 & 0.0043\\ 0.0424 & 3.9966 & 0.0161\\ 0.0043 & 0.0161 & 3.7479\end{bmatrix}$$

$$\hat{\boldsymbol{S}}=\begin{bmatrix}1.1033 & -0.1268 & -0.0082\\ -0.1268 & 2.0753 & 0.0675\\ -0.0082 & 0.0675 & 3.0882\end{bmatrix}$$

$$X_1 = \begin{bmatrix} 2.8161 & -0.2080 & -0.2596 \\ -0.2080 & 2.8803 & -0.0482 \\ -0.2596 & -0.0482 & 1.6828 \end{bmatrix}$$

$$X_2 = \begin{bmatrix} 78.2828 & -0.1029 & 2.3166 \\ -0.1029 & 30.5434 & -1.2296 \\ 2.3166 & -1.2296 & 30.5736 \end{bmatrix}$$

$$Y = \begin{bmatrix} -0.4324 & 0.0049 & -0.1367 \\ 0.0049 & -0.0943 & 0.0001 \\ -0.1367 & 0.0001 & -0.0838 \end{bmatrix}$$

$$\alpha_1 = 0.1567, \quad \alpha_2 = 0.0785, \quad \alpha_3 = 2.6141, \quad \alpha_4 = 16.3741$$

根据上述结果,我们可以得到控制器增益结果:

$$K = YX_1^{-1} = \begin{bmatrix} -0.1643 & -0.0119 & -0.1069 \\ -0.0008 & -0.0328 & -0.0010 \\ -0.0543 & -0.0049 & -0.0583 \end{bmatrix}$$

把上述控制器增益代入系统(3-46),选择初值为[10 −5 5],可以得到闭环跟踪误差动态系统状态(图 3-5)。可见,闭环系统状态轨迹渐近收敛到平衡点,这抑制了时变时延(图 3-6)、数据包大量丢失的情况下(丢包概率90%,图 3-7),执行器饱和及故障约束(图 3-8) 等因素对系统性能造成的影响。

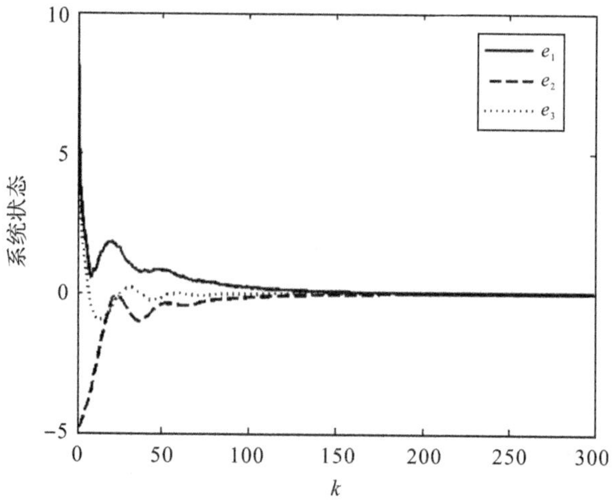

图 3-5 跟踪误差动态系统状态

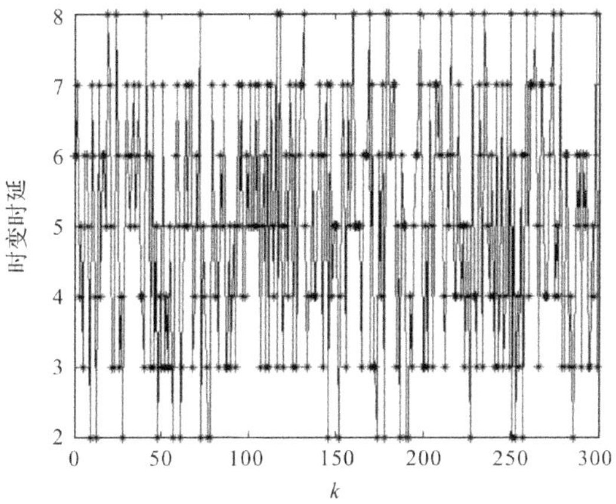

图 3-6　时变时延

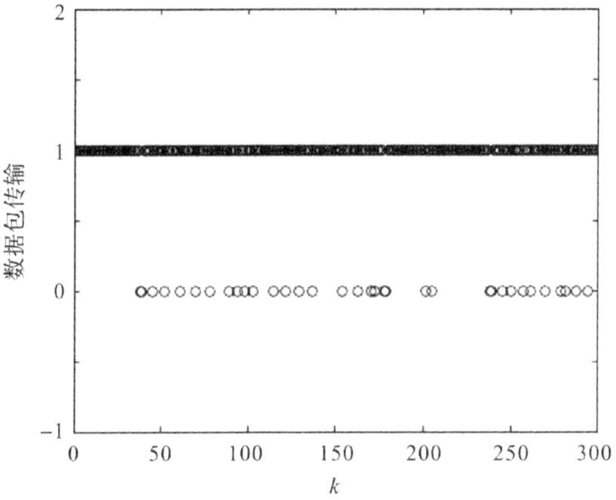

图 3-7　数据包传输($\widetilde{\theta}=0.9$)

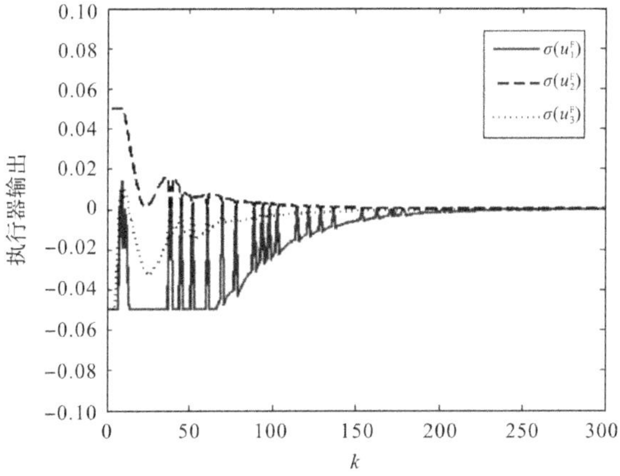

图 3-8　执行器输出

第 4 章　网络化系统的混合容错控制

在实际控制过程中，常常会出现突发复合故障。传统的被动容错控制方法因其参数的固定性，难以有效抑制未建模故障；而基于自适应技术的主动容错控制方法对于已建模故障而言，又会造成计算资源的浪费。

本章针对具有执行器约束的时延 Markov 跳变系统，提出了一种基于故障报警信号的无源 / H_∞ 混合容错控制方法。首先，设计了一类多阈值报警器，以区分不同类型的故障，减少干扰引起的误报警，抑制其对闭环系统造成的影响，同时将报警信号作为混合容错控制器的切换条件；其次，引入了混合无源 / H_∞ 性能指标，使得故障闭环系统同时具有两种性能指标的优点；最后，通过两个仿真算例来验证我们所提出的设计方法的有效性。

4.1　问题描述

本章在完备概率空间$(\Omega,\mathcal{F},\mathcal{P})$中考虑一种具有执行器约束、随机扰动的不确定 Markov 跳变系统，具体模型如下：

$$\begin{cases}\dot{\boldsymbol{x}}(t)=\boldsymbol{A}[\boldsymbol{r}(t)]\boldsymbol{x}(t)+\boldsymbol{A}_d[r(t)]\boldsymbol{x}[t-d(t)]\\ \qquad\qquad +\boldsymbol{B}[r(t)]\{\boldsymbol{u}^{\mathrm{A}}(t)+\overline{\boldsymbol{F}}[\boldsymbol{x}(t),t]\}+\boldsymbol{W}[r(t)]\boldsymbol{\omega}(t)\\ \boldsymbol{y}(t)=\boldsymbol{C}[r(t)]\boldsymbol{x}(t)\\ \boldsymbol{x}(t)=\boldsymbol{\varphi}\end{cases}$$

$$\forall t\in[-\overline{d},0] \tag{4-1}$$

其中，$\boldsymbol{x}(t)\in\mathbf{R}^n$ 为系统状态向量，$\boldsymbol{u}^{\mathrm{A}}(t)$ 为控制输入信号，$\overline{\boldsymbol{F}}[\boldsymbol{x}(t),t]\in\mathbf{R}^m$ 为实际影响被控对象的未知执行器偏移故障，$\boldsymbol{\omega}(t)\in\mathbf{R}^q$ 为外部扰动输入并且

满足 $L_2[0,\infty)$，$\boldsymbol{y}(t)\in\mathbf{R}^p$ 为控制输出，$\boldsymbol{\varphi}$ 为定义在 $[-\overline{d},0]$ 上的初始条件，$d(t)$ 为时变状态时延，并且满足

$$0\leqslant d(t)\leqslant\overline{d}<\infty,\quad \dot{d}(t)\leqslant h<1$$

对于预先给定的有限正整数集合 $\mathbb{S}=\{1,2,\cdots,s\}$，从具有左连续轨迹的 Markov 过程 $\{r(t),t\geqslant 0\}$ 中取值。其模态跳变概率 Prob 可描述为

$$\mathrm{Prob}\{r(t+\Delta t)\}=\begin{cases}\pi_{ij}\Delta t+o(\Delta t), & i\neq j\\ 1+\pi_{ij}\Delta t+o(\Delta t), & i=j\end{cases}$$

其中，$\Delta t>0$，$\lim\limits_{\Delta t\to 0}[o(\Delta t)/\Delta t]=0$，$\pi_{ij}$ 表示系统从时刻 t 的模态 i 到时刻 $t+\Delta t$ 的模态 j 的跳变概率，并且满足

$$\pi_{ij}\geqslant 0,\qquad \forall i,j,\quad i\neq j$$

$$\sum_{j=1}^{s}\pi_{ij}=0,\quad \forall i\in\mathbb{S}$$

但是，Markov 过程 $\{r(t),t\geqslant 0\}$ 的跳变概率不易得到，在绝大多数系统中只有一部分可以被测出。考虑到这个现实背景，在本章中，我们定义转移概率矩阵 $\boldsymbol{Tr}$ 为

$$\boldsymbol{Tr}=\begin{bmatrix} ? & \pi_{12} & \cdots & \pi_{1s}\\ \pi_{21} & ? & \cdots & ?\\ \vdots & \vdots & \ddots & \vdots\\ ? & \pi_{s2} & \cdots & ?\end{bmatrix}$$

其中，"?"为不可测得的元素项，π_{ij} 为已知上下界的元素项（$\underline{\pi}_{ij}\leqslant\pi_{ij}\leqslant\overline{\pi}_{ij}$）。为了符号表达的清晰性，我们定义

$$\mathbb{S}=\mathbb{S}_{uk}^{i}\cup\mathbb{S}_{k}^{i}=\mathbb{Z}_{uk}^{i}\cup\mathbb{Z}_{uk}^{i}\cup\{i\},\quad \forall i\in\mathbb{S}$$

其中，

$$\mathbb{S}_{k}^{i}\triangleq\{j\mid \pi_{ij}\text{ 的上下界是已知的}\},\quad \mathbb{S}_{uk}^{i}\triangleq\{j\mid \pi_{ij}\text{ 的上下界是未知的}\}$$

$$\mathbb{Z}_{k}^{i}\triangleq\{j\mid j\in\mathbb{S}_{k}^{i}\text{且 } j\neq i\},\qquad \mathbb{Z}_{uk}^{i}\triangleq\{j\mid j\in\mathbb{S}_{uk}^{i}\text{且 } j\neq i\}$$

此外，当 $\mathbb{Z}_{k}^{i}\neq\varnothing$ 且 $\mathbb{Z}_{uk}^{i}\neq\varnothing$ 时，定义

$$\mathbb{Z}_{k}^{i}=\{\sigma_1^i,\sigma_2^i,\cdots,\sigma_m^i\},\quad \mathbb{Z}_{uk}^{i}=\{\rho_1^i,\rho_2^i,\cdots,\rho_n^i\}$$

其中，σ_m^i 和 ρ_n^i 分别为 $\mathbb{Z}_{k}^{i}$ 的第 m 个元素和 $\mathbb{Z}_{uk}^{i}$ 的第 n 个元素。

对于每一个 $r(t)\in\mathbb{S}$，$\boldsymbol{A}[r(t)]\in\mathbf{R}^{n\times n}$，$\boldsymbol{A}_d[r(t)]\in\mathbf{R}^{n\times n}$，$\boldsymbol{B}[r(t)]\in\mathbf{R}^{n\times m}$，$\boldsymbol{W}[r(t)]\in\mathbf{R}^{n\times q}$，$\boldsymbol{C}[r(t)]\in\mathbf{R}^{p\times n}$ 均为已知的实常数矩阵。为了表达的简便性，我们用 $\boldsymbol{A}_i$，$\boldsymbol{A}_{di}$，$\boldsymbol{B}_i$，$\boldsymbol{W}_i$，$\boldsymbol{C}_i$ 分别表示 $\boldsymbol{A}[r(t)]$，$\boldsymbol{A}_d[r(t)]$，$\boldsymbol{B}[r(t)]$，

$\boldsymbol{W}[r(t)]$,$\boldsymbol{C}[r(t)]$。系统(4-1)可以重新写成

$$\begin{cases}\dot{\boldsymbol{x}}(t)=\boldsymbol{A}_i\boldsymbol{x}(t)+\boldsymbol{A}_{di}\boldsymbol{x}[t-d(t)]+\boldsymbol{B}_i\{\boldsymbol{u}^{\mathrm{A}}(t)+\overline{\boldsymbol{F}}[\boldsymbol{x}(t),t]\}+\boldsymbol{W}_i\boldsymbol{\omega}(t)\\ \boldsymbol{y}(t)=\boldsymbol{C}_i\boldsymbol{x}(t)\\ \boldsymbol{x}(t)=\boldsymbol{\varphi}\end{cases}$$

$$\forall t\in[-\bar{d},0] \tag{4-2}$$

针对系统(4-2),将混合容错控制器设计成如下形式:

$$\boldsymbol{u}^{\mathrm{A}}(t)=\overline{\boldsymbol{K}}_i\boldsymbol{x}(t)-\hat{\boldsymbol{f}}(t) \tag{4-3}$$

其中,$\overline{\boldsymbol{K}}_i\in\mathbf{R}^{m\times n}$ 为控制器增益矩阵,$\hat{\boldsymbol{f}}(t)\in\mathbf{R}^m$ 为$\overline{\boldsymbol{F}}[\boldsymbol{x}(t),t]$ 的估计值。将控制器(4-3)代入系统(4-2),将闭环系统描述成如下形式:

$$\begin{cases}\dot{\boldsymbol{x}}(t)=(\boldsymbol{A}_i+\boldsymbol{B}_i\overline{\boldsymbol{K}}_i)\boldsymbol{x}(t)+\boldsymbol{A}_{di}\boldsymbol{x}[t-d(t)]+\boldsymbol{B}_i\{\overline{\boldsymbol{F}}[\boldsymbol{x}(t),t]-\hat{\boldsymbol{f}}(t)\}+\boldsymbol{W}_i\boldsymbol{\omega}(t)\\ \boldsymbol{y}(t)=\boldsymbol{C}_i\boldsymbol{x}(t)\\ \boldsymbol{x}(t)=\boldsymbol{\varphi}\end{cases}$$

$$\forall t\in[-\bar{d},0] \tag{4-4}$$

考虑到执行器偏移故障的特性,分两种情况讨论。

①当没有发生执行器偏移故障时,$\overline{\boldsymbol{F}}[\boldsymbol{x}(t),t]=\boldsymbol{0}$,估计值也应该从系统(4-4)中被移除。在这种情况下,$\overline{\boldsymbol{F}}[\boldsymbol{x}(t),t]-\hat{\boldsymbol{f}}(t)\equiv\boldsymbol{0}$。因此系统(4-4)可以重新写成

$$\begin{cases}\dot{\boldsymbol{x}}(t)=(\boldsymbol{A}_i+\boldsymbol{B}_i\overline{\boldsymbol{K}}_i)\boldsymbol{x}(t)+\boldsymbol{A}_{di}\boldsymbol{x}[t-d(t)]+\boldsymbol{W}_i\boldsymbol{\omega}(t)\\ \boldsymbol{y}(t)=\boldsymbol{C}_i\boldsymbol{x}(t)\\ \boldsymbol{x}(t)=\boldsymbol{\varphi}\end{cases}$$

$$\forall t\in[-\bar{d},0] \tag{4-5}$$

②当发生执行器偏移故障时,$\hat{\boldsymbol{f}}(t)$ 被用于补偿$\overline{\boldsymbol{F}}[\boldsymbol{x}(t),t]$,记$\overline{\boldsymbol{F}}[\boldsymbol{x}(t),t]-\hat{\boldsymbol{f}}(t)=\boldsymbol{e}_f(t)$。定义 $\boldsymbol{D}_i=[\boldsymbol{W}_i,\boldsymbol{B}_i]$ 以及 $\boldsymbol{\mu}(t)=[\boldsymbol{\omega}^{\mathrm{T}}(t),\boldsymbol{e}_f^{\mathrm{T}}(t)]^{\mathrm{T}}$。系统(4-4)可以重新写成

$$\begin{cases}\dot{\boldsymbol{x}}(t)=(\boldsymbol{A}_i+\boldsymbol{B}_i\overline{\boldsymbol{K}}_i)\boldsymbol{x}(t)+\boldsymbol{A}_{di}\boldsymbol{x}[t-d(t)]+\boldsymbol{D}_i\boldsymbol{\mu}(t)\\ \boldsymbol{y}(t)=\boldsymbol{C}_i\boldsymbol{x}(t)\\ \boldsymbol{x}(t)=\boldsymbol{\varphi}\end{cases}$$

$$\forall t\in[-\bar{d},0] \tag{4-6}$$

4.2 主要结果

本节首先给出系统(4-5)的混合无源 $/H_\infty$ 性能的充分条件以及系统(4-6)的 H_∞ 性能的充分条件。

定理 4-1 对于给定的正数 δ_1 和 δ_2，若存在正定矩阵 $\boldsymbol{P}_i$，$\boldsymbol{Q}$，$\boldsymbol{R}$，具有合适维度的可逆矩阵 $\boldsymbol{N}$，以及 $\gamma>0$，使得对于所有的 $i\in\mathbb{S}$，不等式(4-7)和(4-8)成立，则系统(4-5)具有混合无源 $/H_\infty$ 性能指标 γ。

$$\begin{bmatrix}\boldsymbol{\Psi}_{1,1}+\boldsymbol{\Phi}_k & \sqrt{\alpha}\boldsymbol{\Psi}_{1,2} & \boldsymbol{\Psi}_{1,3} & \boldsymbol{\Psi}_{1,4}\\ * & -\gamma\boldsymbol{I} & \boldsymbol{0} & \boldsymbol{0}\\ * & * & \boldsymbol{\mathcal{C}} & \boldsymbol{0}\\ * & * & * & \boldsymbol{\mathcal{D}}\end{bmatrix}<0,\quad i\in\mathbb{S}_k^i \tag{4-7}$$

$$\begin{cases}\begin{bmatrix}\boldsymbol{\Psi}_{1,1}+\boldsymbol{\Phi}_{uk} & \sqrt{\alpha}\boldsymbol{\Psi}_{1,2} & \boldsymbol{\Psi}_{1,3}\\ * & -\gamma\boldsymbol{I} & \boldsymbol{0}\\ * & * & \boldsymbol{\mathcal{C}}\end{bmatrix}<0,\quad i\in\mathbb{S}_{uk}^i,\quad j\in\mathbb{Z}_{uk}^i\\ \boldsymbol{P}_j-\boldsymbol{P}_i\leqslant\boldsymbol{0}\end{cases} \tag{4-8}$$

其中，

$$\boldsymbol{\Psi}_{1,1}=\begin{bmatrix}\boldsymbol{\Phi}_{1,1} & \boldsymbol{\Phi}_{1,2} & \boldsymbol{\Phi}_{1,3} & \boldsymbol{\Phi}_{1,4}\\ * & \boldsymbol{\Phi}_{2,2} & \boldsymbol{\Phi}_{2,3} & \boldsymbol{N}\boldsymbol{W}_i\\ * & * & \boldsymbol{\Phi}_{3,3} & \delta_2\boldsymbol{N}\boldsymbol{W}_i\\ * & * & * & -\gamma\boldsymbol{I}\end{bmatrix}$$

$$\boldsymbol{\Phi}_k=\mathrm{diag}\{\overline{\pi}_{ii}\boldsymbol{P}_i,\boldsymbol{0},\boldsymbol{0},\boldsymbol{0}\},\quad \boldsymbol{\Phi}_{uk}=\mathrm{diag}\Big\{-\sum_{j\in\mathbb{Z}_k^i}\underline{\pi}_{ij}\boldsymbol{P}_i,\boldsymbol{0},\boldsymbol{0},\boldsymbol{0}\Big\}$$

$$\boldsymbol{\Psi}_{1,2}=[\boldsymbol{C}_i,\boldsymbol{0},\boldsymbol{0},\boldsymbol{0}]^{\mathrm{T}},\quad \boldsymbol{\Psi}_{1,3}=[\boldsymbol{\mathcal{A}}^{\mathrm{T}},\boldsymbol{0},\boldsymbol{0},\boldsymbol{0}]^{\mathrm{T}},\quad \boldsymbol{\Psi}_{1,4}=[\boldsymbol{\mathcal{B}}^{\mathrm{T}},\boldsymbol{0},\boldsymbol{0},\boldsymbol{0}]^{\mathrm{T}}$$

$$\boldsymbol{\Phi}_{1,1}=\boldsymbol{Q}-\boldsymbol{R}+\mathrm{He}(\delta_1\boldsymbol{N}\boldsymbol{A}_i)+\mathrm{He}(\delta_1\boldsymbol{N}\boldsymbol{B}_i\overline{\boldsymbol{K}}_i)$$

$$\boldsymbol{\Phi}_{1,2}=\boldsymbol{P}_i-\delta_1\boldsymbol{N}+\boldsymbol{A}_i^{\mathrm{T}}\boldsymbol{N}^{\mathrm{T}}+\overline{\boldsymbol{K}}_i^{\mathrm{T}}\boldsymbol{B}_i^{\mathrm{T}}\boldsymbol{N}^{\mathrm{T}}$$

$$\boldsymbol{\Phi}_{1,3}=\boldsymbol{R}+\delta_1\boldsymbol{N}\boldsymbol{A}_{di}+\delta_2\boldsymbol{A}_i^{\mathrm{T}}\boldsymbol{N}^{\mathrm{T}}+\delta_2\overline{\boldsymbol{K}}_i^{\mathrm{T}}\boldsymbol{B}_i^{\mathrm{T}}\boldsymbol{N}^{\mathrm{T}}$$

$$\boldsymbol{\Phi}_{1,4}=\delta_1\boldsymbol{N}\boldsymbol{W}_i-(1-\alpha)\boldsymbol{C}_i^{\mathrm{T}}$$

$$\boldsymbol{\Phi}_{2,2}=\overline{d}^2\boldsymbol{R}-\mathrm{He}(\boldsymbol{N}),\quad \boldsymbol{\Phi}_{2,3}=\boldsymbol{N}\boldsymbol{A}_{di}-\delta_2\boldsymbol{N}^{\mathrm{T}}$$

$$\boldsymbol{\Phi}_{3,3}=-(1-h)\boldsymbol{Q}-\boldsymbol{R}+\delta_2\mathbf{N}\mathbf{A}_{di}+\delta_2\mathbf{A}_{di}^{\mathrm{T}}\mathbf{N}^{\mathrm{T}}$$
$$\mathcal{A}=\left[\sqrt{\pi_{i\sigma_1^i}}\boldsymbol{P}_{\sigma_1^i},\sqrt{\pi_{i\sigma_2^i}}\boldsymbol{P}_{\sigma_2^i},\cdots,\sqrt{\pi_{i\sigma_m^i}}\boldsymbol{P}_{\sigma_m^i}\right]$$
$$\mathcal{B}=\left[\sqrt{\lambda}\boldsymbol{P}_{\rho_1^i},\sqrt{\lambda}\boldsymbol{P}_{\rho_2^i},\cdots,\sqrt{\lambda}\boldsymbol{P}_{\rho_n^i}\right]$$
$$\lambda=-\underline{\pi}_{ii}-\sum_{j\in\mathbb{Z}_k^i}\underline{\pi}_{ij},\quad \mathcal{C}=-\operatorname{diag}\{\boldsymbol{P}_{\sigma_1^i},\boldsymbol{P}_{\sigma_2^i},\cdots,\boldsymbol{P}_{\sigma_m^i}\}$$
$$\mathcal{D}=-\operatorname{diag}\{\boldsymbol{P}_{\rho_1^i},\boldsymbol{P}_{\rho_2^i},\cdots,\boldsymbol{P}_{\rho_n^i}\}$$

定理 4-2 对于给定的正数 δ_1 和 δ_2，若存在正定矩阵 $\boldsymbol{P}_i,\boldsymbol{Q},\boldsymbol{R}$，具有合适维度的可逆矩阵 $\mathbf{N}$，以及 $\gamma'>0$，使得对于所有的 $i\in\mathbb{S}$，不等式(4-9)和(4-10)成立，则系统(4-6)具有 H_∞ 性能指标 γ'。

$$\begin{bmatrix}\overline{\boldsymbol{\Psi}}_{1,1}+\boldsymbol{\Phi}_k & \boldsymbol{\Psi}_{1,2} & \boldsymbol{\Psi}_{1,3} & \boldsymbol{\Psi}_{1,4}\\ * & -\gamma'\boldsymbol{I} & \mathbf{0} & \mathbf{0}\\ * & * & \mathcal{C} & \mathbf{0}\\ * & * & * & \mathcal{D}\end{bmatrix}<0,\quad i\in\mathbb{S}_k^i \tag{4-9}$$

$$\begin{cases}\begin{bmatrix}\overline{\boldsymbol{\Psi}}_{1,1}+\boldsymbol{\Phi}_{uk} & \boldsymbol{\Psi}_{1,2} & \boldsymbol{\Psi}_{1,3}\\ * & -\gamma'\boldsymbol{I} & \mathbf{0}\\ * & * & \mathcal{C}\end{bmatrix}<0 & i\in\mathbb{S}_{uk}^i,\quad j\in\mathbb{Z}_{uk}^i\\ \boldsymbol{P}_j-\boldsymbol{P}_i\leqslant 0\end{cases} \tag{4-10}$$

其中，

$$\overline{\boldsymbol{\Psi}}_{1,1}=\begin{bmatrix}\boldsymbol{\Phi}_{1,1} & \boldsymbol{\Phi}_{1,2} & \boldsymbol{\Phi}_{1,3} & \delta_1\mathbf{N}\mathbf{D}_i\\ * & \boldsymbol{\Phi}_{2,2} & \boldsymbol{\Phi}_{2,3} & \mathbf{N}\mathbf{D}_i\\ * & * & \boldsymbol{\Phi}_{3,3} & \delta_2\mathbf{N}\mathbf{D}_i\\ * & * & * & -\gamma'\boldsymbol{I}\end{bmatrix}$$

其余参数均与定理 4-1 的描述相同。

证明：先分析系统(4-5)的混合无源 $/H_\infty$ 性能。定义如下的 Lyapunov-Krasovskii(李雅普诺夫-克拉索夫斯基)函数：

$$V[r(t),t]=\sum_{m=1}^{3}V_m[r(t),t],\quad r(t)=i\in\mathbb{S}$$

其中，

$$V_1[r(t),t]=\boldsymbol{x}^{\mathrm{T}}(t)\boldsymbol{P}_i\boldsymbol{x}(t),\quad V_2[r(t),t]=\int_{t-d(t)}^{t}\boldsymbol{x}^{\mathrm{T}}(s)\boldsymbol{Q}\boldsymbol{x}(s)\mathrm{d}s$$
$$V_3[r(t),t]=\overline{d}\int_{-\overline{d}}^{0}\int_{t+\theta}^{t}\dot{\boldsymbol{x}}^{\mathrm{T}}(s)\boldsymbol{R}\dot{\boldsymbol{x}}(s)\mathrm{d}s\mathrm{d}\theta$$

不难得出，$V[r(t),t]>0$。对于任意的 $i\in\mathbb{S}$，定义符号 $\mathfrak{A}$ 为随机过程 $\{(x(t),i),t\geqslant 0\}$ 的弱无穷小算子，可以得到

$$\mathfrak{A}V[r(t),t]=\sum_{m=1}^{3}\mathfrak{A}V[r(t),t]$$

$$\mathfrak{A}V_1[r(t),t]=2\boldsymbol{x}^{\mathrm{T}}(t)\boldsymbol{P}_i\dot{\boldsymbol{x}}(t)+\boldsymbol{x}^{\mathrm{T}}(t)\Big(\sum_{j=1}^{s}\pi_{ij}\boldsymbol{P}_j\Big)\boldsymbol{x}(t)$$

$$\begin{aligned}\mathfrak{A}V_2[r(t),t]&=\boldsymbol{x}^{\mathrm{T}}(t)\boldsymbol{Q}\boldsymbol{x}(t)-[1-\dot{d}(t)]\boldsymbol{x}^{\mathrm{T}}[t-d(t)]\boldsymbol{Q}\boldsymbol{x}[t-d(t)]\\&\leqslant\boldsymbol{x}^{\mathrm{T}}(t)\boldsymbol{Q}\boldsymbol{x}(t)-(1-h)\boldsymbol{x}^{\mathrm{T}}[t-d(t)]\boldsymbol{Q}\boldsymbol{x}[t-d(t)]\end{aligned}$$

$$\begin{aligned}\mathfrak{A}V_3[r(t),t]&=\overline{d}^2\,\dot{\boldsymbol{x}}^{\mathrm{T}}(t)\boldsymbol{R}\dot{\boldsymbol{x}}(t)-\overline{d}\int_{t-\overline{d}}^{t}\dot{\boldsymbol{x}}^{\mathrm{T}}(s)\boldsymbol{R}\dot{\boldsymbol{x}}(s)\mathrm{d}s\\&\leqslant\overline{d}^2\,\dot{\boldsymbol{x}}^{\mathrm{T}}(t)\boldsymbol{R}\dot{\boldsymbol{x}}(t)-d(t)\int_{t-d(t)}^{t}\dot{\boldsymbol{x}}^{\mathrm{T}}(s)\boldsymbol{R}\dot{\boldsymbol{x}}(s)\mathrm{d}s\\&\leqslant\overline{d}^2\,\dot{\boldsymbol{x}}^{\mathrm{T}}(t)\boldsymbol{R}\dot{\boldsymbol{x}}(t)-\Big[\int_{t-d(t)}^{t}\dot{\boldsymbol{x}}^{\mathrm{T}}(s)\mathrm{d}s\Big]\boldsymbol{R}\Big[\int_{t-d(t)}^{t}\dot{\boldsymbol{x}}(s)\mathrm{d}s\Big]\\&=\overline{d}^2\,\dot{\boldsymbol{x}}^{\mathrm{T}}(t)\boldsymbol{R}\dot{\boldsymbol{x}}(t)\\&\quad-\begin{bmatrix}\boldsymbol{x}^{\mathrm{T}}(t) & \boldsymbol{x}^{\mathrm{T}}[t-d(t)]\end{bmatrix}\begin{bmatrix}\boldsymbol{R} & -\boldsymbol{R}\\ * & \boldsymbol{R}\end{bmatrix}\begin{bmatrix}\boldsymbol{x}(t)\\ \boldsymbol{x}[t-d(t)]\end{bmatrix}\end{aligned}$$

对于具有合适维度的可逆矩阵 $\boldsymbol{N}$，正数 δ_1 和 δ_2，采用自由权矩阵方法，可以得到

$$\begin{aligned}0=&\,2\{-\boldsymbol{x}^{\mathrm{T}}(t)\delta_1\boldsymbol{N}-\dot{\boldsymbol{x}}^{\mathrm{T}}(t)\boldsymbol{N}-\boldsymbol{x}^{\mathrm{T}}[t-d(t)]\delta_2\boldsymbol{N}\}\\&\times\{\dot{\boldsymbol{x}}(t)-(\boldsymbol{A}_i+\boldsymbol{B}_i\overline{\boldsymbol{K}}_i)\boldsymbol{x}(t)-\boldsymbol{A}_{di}\boldsymbol{x}[t-d(t)]-\boldsymbol{W}_i\boldsymbol{\omega}(t)\}\end{aligned}$$

定义

$$H[r(t),t]=\mathfrak{A}V[r(t),t]+\gamma^{-1}\alpha\boldsymbol{y}^{\mathrm{T}}(t)\boldsymbol{y}(t)-2(1-\alpha)\boldsymbol{y}^{\mathrm{T}}(t)\boldsymbol{\omega}(t)-\gamma\boldsymbol{\omega}^{\mathrm{T}}(t)\boldsymbol{\omega}(t)$$

$$\boldsymbol{\xi}(t)=[\boldsymbol{x}^{\mathrm{T}}(t),\dot{\boldsymbol{x}}^{\mathrm{T}}(t),\boldsymbol{x}^{\mathrm{T}}[t-d(t)],\boldsymbol{\omega}^{\mathrm{T}}(t)]$$

通过分析，可以得到如下结论：

$$H[r(t),t]\leqslant\boldsymbol{\xi}(t)\boldsymbol{\Xi}\boldsymbol{\xi}^{\mathrm{T}}(t)$$

其中，

$$\boldsymbol{\Xi}=\begin{bmatrix}\boldsymbol{\Phi}_{1,1}+\boldsymbol{\Phi}_P+\gamma^{-1}\alpha\boldsymbol{C}_i^{\mathrm{T}}\boldsymbol{C}_i & \boldsymbol{\Phi}_{1,2} & \boldsymbol{\Phi}_{1,3} & \boldsymbol{\Phi}_{1,4}\\ * & \boldsymbol{\Phi}_{2,2} & \boldsymbol{\Phi}_{2,3} & \boldsymbol{N}\boldsymbol{W}_i\\ * & * & \boldsymbol{\Phi}_{3,3} & \delta_2\boldsymbol{N}\boldsymbol{W}_i\\ * & * & * & -\gamma\boldsymbol{I}\end{bmatrix}$$

$$\boldsymbol{\Phi}_P=\sum_{j=1}^{s}\pi_{ij}\boldsymbol{P}_j=\pi_{ii}\boldsymbol{P}_i+\sum_{j\in\mathbb{Z}_k^i}\pi_{ij}\boldsymbol{P}_j+\sum_{j\in\mathbb{Z}_{uk}^i}\pi_{ij}\boldsymbol{P}_j$$

根据 π_{ii} 的上下界是否已知，分两种情况讨论。

①当 $i \in \mathbb{S}_k^i$，即 π_{ii} 的上下界已知时，

$$\begin{aligned}\boldsymbol{\Phi}_P &= \pi_{ii}\boldsymbol{P}_i + \sum_{j\in \mathbb{Z}_k^i}\pi_{ij}\boldsymbol{P}_j + \sum_{j\in \mathbb{Z}_{uk}^i}\pi_{ij}\boldsymbol{P}_j \\ &\leqslant \pi_{ii}\boldsymbol{P}_i + \sum_{j\in \mathbb{Z}_k^i}\pi_{ij}\boldsymbol{P}_j + (\sum_{j\in \mathbb{Z}_{uk}^i}\pi_{ij})(\sum_{j\in \mathbb{Z}_{uk}^i}\boldsymbol{P}_j) \\ &\leqslant \overline{\pi}_{ii}\boldsymbol{P}_i + \sum_{j\in \mathbb{Z}_k^i}\overline{\pi}_{ij}\boldsymbol{P}_j + \lambda(\sum_{j\in \mathbb{Z}_{uk}^i}\boldsymbol{P}_j)\end{aligned}$$

根据引理 2-1 以及不等式(4-7)，我们可以得到 $H[r(t),t] < 0$。

②当 $i \in \mathbb{S}_{uk}^i$，即 π_{ii} 的上下界未知时，

$$\begin{aligned}\boldsymbol{\Phi}_P &= \pi_{ii}\boldsymbol{P}_i + \sum_{j\in \mathbb{Z}_k^i}\pi_{ij}\boldsymbol{P}_j + \sum_{j\in \mathbb{Z}_{uk}^i}\pi_{ij}\boldsymbol{P}_j \\ &= (-\sum_{j\in \mathbb{Z}_k^i}\pi_{ij} - \sum_{j\in \mathbb{Z}_{uk}^i}\pi_{ij})\boldsymbol{P}_i + \sum_{j\in \mathbb{Z}_k^i}\pi_{ij}\boldsymbol{P}_j + \sum_{j\in \mathbb{Z}_{uk}^i}\pi_{ij}\boldsymbol{P}_j \\ &\leqslant \sum_{j\in \mathbb{Z}_k^i} - \underline{\pi}_{ij}\boldsymbol{P}_i + \sum_{j\in \mathbb{Z}_k^i}\overline{\pi}_{ij}\boldsymbol{P}_j + \sum_{j\in \mathbb{Z}_{uk}^i}\pi_{ij}(\boldsymbol{P}_j - \boldsymbol{P}_i)\end{aligned}$$

根据引理 2-1 以及不等式(4-8)，我们可以得到 $H[r(t),t] < 0$。

显然，无论 $i \in \mathbb{S}_k^i$ 还是 $i \in \mathbb{S}_{uk}^i$，$H[r(t),t] < 0$ 都是成立的。而且当 $\boldsymbol{\omega}(t) = \boldsymbol{0}$ 时，系统(4-5) 是鲁棒稳定的。此外，在零初始条件下，对于任意的 $t > 0$，

$$\begin{aligned}&E\left\{\int_0^t [\gamma^{-1}\alpha \boldsymbol{y}^{\mathrm{T}}(s)\boldsymbol{y}(s) - 2(1-\alpha)\boldsymbol{y}^{\mathrm{T}}(s)\boldsymbol{\omega}(s) - \gamma\boldsymbol{\omega}^{\mathrm{T}}(s)\boldsymbol{\omega}(s)]\mathrm{d}s\right\} \\ &= E\left\{\int_0^t \{H[r(s),s] - \mathfrak{A}V[r(s),s]\}\mathrm{d}s\right\} \leqslant -E\left\{\int_0^t \mathfrak{A}V[r(s),s]\mathrm{d}s\right\} \\ &= E\{\mathfrak{A}V[r(0),0]\} - E\{\mathfrak{A}V[r(t),t]\} \leqslant 0\end{aligned}$$

根据定义 2-3，系统(4-5) 具有混合无源/H_∞ 性能指标 γ。定理 4-1 证明完毕。

接着，为了得到系统(4-6) 的 H_∞ 性能指标 γ'，我们令 $\alpha = 1$，并且将 $\boldsymbol{W}_i$，$\boldsymbol{\omega}(t)$ 和 γ 替换为 $\boldsymbol{D}_i$，$\boldsymbol{\mu}(t)$ 和 γ'，可得相应结果。定理 4-2 证明完毕。

下一步，在定理 4-1 和定理 4-2 的基础上，开展混合容错控制器的设计。

对于系统(4-5)，针对微小型故障的容错控制器，令 $\overline{\boldsymbol{K}}_i = \boldsymbol{K}_{i1}$，则该系统的闭环形式可以重新写成

$$\begin{cases}\dot{\boldsymbol{x}}(t) = (\boldsymbol{A}_i + \boldsymbol{B}_i\boldsymbol{K}_{i1})\boldsymbol{x}(t) + \boldsymbol{A}_{di}\boldsymbol{x}[t-d(t)] + \boldsymbol{W}_i\boldsymbol{\omega}(t) \\ \boldsymbol{y}(t) = \boldsymbol{C}_i\boldsymbol{x}(t) \\ \boldsymbol{x}(t) = \boldsymbol{\varphi}\end{cases}$$

$$\forall t \in [-\overline{d},0] \tag{4-11}$$

针对系统(4-11),给出如下定理。

定理 4-3 对于给定的正数 δ_1 和 δ_2,若存在正定矩阵 $\hat{\boldsymbol{P}}_i,\hat{\boldsymbol{Q}},\hat{\boldsymbol{R}}$,具有合适维度的可逆矩阵 $\hat{\mathbf{N}}$,以及 $\gamma>0$,使得对于所有的 $i\in\mathbb{S}$,不等式(4-12)和(4-13)成立,控制器增益为 $\boldsymbol{K}_{i1}=\boldsymbol{Y}_{i1}\hat{\mathbf{N}}^{-\mathrm{T}}$,则系统(4-11)具有混合无源 $/H_\infty$ 性能指标 γ。

$$\begin{bmatrix}\hat{\boldsymbol{\Psi}}_{1,1}+\hat{\boldsymbol{\Phi}}_k & \sqrt{\alpha}\hat{\boldsymbol{\Psi}}_{1,2} & \hat{\boldsymbol{\Psi}}_{1,3} & \hat{\boldsymbol{\Psi}}_{1,4}\\ * & -\gamma\boldsymbol{I} & \boldsymbol{0} & \boldsymbol{0}\\ * & * & \hat{\boldsymbol{\mathcal{C}}} & \boldsymbol{0}\\ * & * & * & \hat{\boldsymbol{\mathcal{D}}}\end{bmatrix}<0,\quad i\in\mathbb{S}_k^i \tag{4-12}$$

$$\begin{cases}\begin{bmatrix}\hat{\boldsymbol{\Psi}}_{1,1}+\hat{\boldsymbol{\Phi}}_{uk} & \sqrt{\alpha}\hat{\boldsymbol{\Psi}}_{1,2} & \hat{\boldsymbol{\Psi}}_{1,3}\\ * & -\gamma\boldsymbol{I} & \boldsymbol{0}\\ * & * & \hat{\boldsymbol{\mathcal{C}}}\end{bmatrix}<0\\ \hat{\boldsymbol{P}}_j-\hat{\boldsymbol{P}}_i\leqslant 0\end{cases}\quad i\in\mathbb{S}_{uk}^i,\quad j\in\mathbb{Z}_{uk}^i \tag{4-13}$$

其中,

$$\hat{\boldsymbol{\Psi}}_{1,1}=\begin{bmatrix}\hat{\boldsymbol{\Phi}}_{1,1} & \hat{\boldsymbol{\Phi}}_{1,2} & \hat{\boldsymbol{\Phi}}_{1,3} & \hat{\boldsymbol{\Phi}}_{1,4}\\ * & \hat{\boldsymbol{\Phi}}_{2,2} & \hat{\boldsymbol{\Phi}}_{2,3} & \boldsymbol{N}\boldsymbol{W}_i\\ * & * & \hat{\boldsymbol{\Phi}}_{3,3} & \delta_2\boldsymbol{N}\boldsymbol{W}_i\\ * & * & * & -\gamma\boldsymbol{I}\end{bmatrix}$$

$$\hat{\boldsymbol{\Phi}}_k=\mathrm{diag}\{\overline{\pi}_{ii}\hat{\boldsymbol{P}}_i,\boldsymbol{0},\boldsymbol{0},\boldsymbol{0}\},\quad \hat{\boldsymbol{\Phi}}_{uk}=\mathrm{diag}\Big\{-\sum_{j\in\mathbb{Z}_k^i}\underline{\pi}_{ij}\hat{\boldsymbol{P}}_i,\boldsymbol{0},\boldsymbol{0},\boldsymbol{0}\Big\}$$

$$\hat{\boldsymbol{\Psi}}_{1,2}=[\hat{\mathbf{N}}\boldsymbol{C}_i^{\mathrm{T}},\boldsymbol{0},\boldsymbol{0},\boldsymbol{0}]^{\mathrm{T}},\quad \hat{\boldsymbol{\Psi}}_{1,3}=[\hat{\boldsymbol{\mathcal{A}}}^{\mathrm{T}},\boldsymbol{0},\boldsymbol{0},\boldsymbol{0}]^{\mathrm{T}},\quad \hat{\boldsymbol{\Psi}}_{1,4}=[\hat{\boldsymbol{\mathcal{B}}}^{\mathrm{T}},\boldsymbol{0},\boldsymbol{0},\boldsymbol{0}]^{\mathrm{T}}$$

$$\hat{\boldsymbol{\Phi}}_{1,1}=\hat{\boldsymbol{Q}}-\hat{\boldsymbol{R}}+\mathrm{He}(\delta_1\boldsymbol{A}_i\hat{\mathbf{N}}^{\mathrm{T}})+\mathrm{He}(\delta_1\boldsymbol{B}_i\boldsymbol{Y}_{i1})$$

$$\hat{\boldsymbol{\Phi}}_{1,2}=\hat{\boldsymbol{P}}_i-\delta_1\hat{\mathbf{N}}^{\mathrm{T}}+\hat{\mathbf{N}}\boldsymbol{A}_i^{\mathrm{T}}+\boldsymbol{Y}_{i1}^{\mathrm{T}}\boldsymbol{B}_i^{\mathrm{T}}$$

$$\hat{\boldsymbol{\Phi}}_{1,3}=\hat{\boldsymbol{R}}+\delta_1\boldsymbol{A}_{di}\hat{\mathbf{N}}^{\mathrm{T}}+\delta_2\hat{\mathbf{N}}\boldsymbol{A}_i^{\mathrm{T}}+\delta_2\boldsymbol{Y}_{i1}^{\mathrm{T}}\boldsymbol{B}_i^{\mathrm{T}},\quad \hat{\boldsymbol{\Phi}}_{1,4}=\delta_1\boldsymbol{W}_i-(1-\alpha)\hat{\mathbf{N}}\boldsymbol{C}_i^{\mathrm{T}}$$

$$\hat{\boldsymbol{\Phi}}_{2,2}=\overline{d}^2\hat{\boldsymbol{R}}-\mathrm{He}(\hat{\mathbf{N}}),\quad \hat{\boldsymbol{\Phi}}_{2,3}=\boldsymbol{A}_{di}\hat{\mathbf{N}}^{\mathrm{T}}-\delta_2\hat{\mathbf{N}}$$

$$\hat{\boldsymbol{\Phi}}_{3,3}=-(1-h)\hat{\boldsymbol{Q}}-\hat{\boldsymbol{R}}+\mathrm{He}(\delta_2\boldsymbol{A}_{di}\hat{\mathbf{N}}^{\mathrm{T}})$$

$$\hat{\boldsymbol{\mathcal{A}}}=\Big[\sqrt{\pi_{i\sigma_1^i}}\hat{\boldsymbol{P}}_{\sigma_1^i},\sqrt{\pi_{i\sigma_2^i}}\hat{\boldsymbol{P}}_{\sigma_2^i},\cdots,\sqrt{\pi_{i\sigma_m^i}}\hat{\boldsymbol{P}}_{\sigma_m^i}\Big],\quad \hat{\boldsymbol{\mathcal{B}}}=\Big[\sqrt{\lambda}\hat{\boldsymbol{P}}_{\rho_1^i},\sqrt{\lambda}\hat{\boldsymbol{P}}_{\rho_2^i},\cdots,\sqrt{\lambda}\hat{\boldsymbol{P}}_{\rho_n^i}\Big]$$

$$\hat{\boldsymbol{\mathcal{C}}}=-\mathrm{diag}\{\hat{\boldsymbol{P}}_{\sigma_1^i},\hat{\boldsymbol{P}}_{\sigma_2^i},\cdots,\hat{\boldsymbol{P}}_{\sigma_m^i}\},\quad \hat{\boldsymbol{\mathcal{D}}}=-\mathrm{diag}\{\hat{\boldsymbol{P}}_{\rho_1^i},\hat{\boldsymbol{P}}_{\rho_2^i},\cdots,\hat{\boldsymbol{P}}_{\rho_n^i}\}$$

证明:将等式 $\overline{\boldsymbol{K}}_i=\boldsymbol{K}_{i1}$ 代入公式(4-11),左乘矩阵 $\mathrm{diag}\{\hat{\mathbf{N}},\hat{\mathbf{N}},\hat{\mathbf{N}},\boldsymbol{I}\}$,右乘

矩阵 $\mathrm{diag}\{\hat{\boldsymbol{N}}^{\mathrm{T}},\hat{\boldsymbol{N}}^{\mathrm{T}},\hat{\boldsymbol{N}}^{\mathrm{T}},\boldsymbol{I}\}$。记 $\hat{\boldsymbol{N}}=\boldsymbol{N}^{-1}$，$\hat{\boldsymbol{N}}\boldsymbol{P}_i\hat{\boldsymbol{N}}^{\mathrm{T}}=\hat{\boldsymbol{P}}_i$，$\hat{\boldsymbol{N}}\boldsymbol{Q}_i\hat{\boldsymbol{N}}^{\mathrm{T}}=\hat{\boldsymbol{Q}}$、$\hat{\boldsymbol{N}}\boldsymbol{R}\hat{\boldsymbol{N}}^{\mathrm{T}}=\hat{\boldsymbol{R}}$。具体证明与定理 4-1 类似，此处略。定理 4-3 证明完毕。

针对系统(4-6)，根据执行器故障发生的类型，可以分三种情况讨论。

①当系统(4-4) 只发生能被弥补的执行器偏移故障而不发生执行器部分失效故障，即系统(4-6) 不发生执行器部分失效故障时，我们可以代入 $\overline{\boldsymbol{K}}_i=\boldsymbol{K}_{i2}$ 和 $\overline{\boldsymbol{F}}[\boldsymbol{x}(t),t]=\boldsymbol{F}[\boldsymbol{x}(t),t]$，则系统(4-6) 可以重新写成

$$\begin{cases}\dot{\boldsymbol{x}}(t)=(\boldsymbol{A}_i+\boldsymbol{B}_i\boldsymbol{K}_{i2})\boldsymbol{x}(t)+\boldsymbol{A}_{di}\boldsymbol{x}[t-d(t)]+\boldsymbol{D}_i\boldsymbol{\mu}(t)\\ \boldsymbol{y}(t)=\boldsymbol{C}_i\boldsymbol{x}(t)\\ \boldsymbol{x}(t)=\boldsymbol{\varphi}\end{cases}$$
$$\forall t\in[-\overline{d},0] \tag{4-14}$$

假设 4-1 $\boldsymbol{F}[\boldsymbol{x}(t),t]$ 为未知的，但满足范数有界条件，即

$$\|\boldsymbol{F}[\boldsymbol{x}(t),t]\|\leqslant F_\alpha+F_\beta\|\boldsymbol{x}(t)\|\leqslant F_{\max}$$

其中，F_α，F_β 和 $F_{\max}$ 均为已知的正常数。此外，我们假设 $\boldsymbol{F}[\boldsymbol{x}(t),t]$ 的 b 阶微分是有界的，其中，$b=1,2,\cdots,r$。给出如下定理来设计控制器增益 $\boldsymbol{K}_{i2}$。

定理 4-4 对于给定的正数 δ_1 和 δ_2，若存在矩阵 $\hat{\boldsymbol{P}}_i$，$\hat{\boldsymbol{Q}}$，$\hat{\boldsymbol{R}}$，具有合适维度的可逆矩阵 $\hat{\boldsymbol{N}}$，以及 $\gamma'>0$，使得对于所有的 $i\in\mathbb{S}$，不等式(4-15) 和(4-16) 成立，控制器增益为 $\boldsymbol{K}_{i2}=\boldsymbol{Y}_{i2}\hat{\boldsymbol{N}}^{-\mathrm{T}}$，其余参数均与定理 4-3 的描述相同，则系统(4-14) 具有 H_∞ 性能指标 γ'。

$$\begin{bmatrix}\hat{\hat{\boldsymbol{\Psi}}}_{1,1}+\hat{\boldsymbol{\Phi}}_k & \sqrt{\alpha}\hat{\boldsymbol{\Psi}}_{1,2} & \hat{\boldsymbol{\Psi}}_{1,3} & \hat{\boldsymbol{\Psi}}_{1,4}\\ * & -\gamma'\boldsymbol{I} & \boldsymbol{0} & \boldsymbol{0}\\ * & * & \hat{\mathcal{C}} & \boldsymbol{0}\\ * & * & * & \hat{\mathcal{D}}\end{bmatrix}<0,\quad i\in\mathbb{S}_k^i \tag{4-15}$$

$$\begin{cases}\begin{bmatrix}\hat{\hat{\boldsymbol{\Psi}}}_{1,1}+\hat{\boldsymbol{\Phi}}_{uk} & \sqrt{\alpha}\hat{\boldsymbol{\Psi}}_{1,2} & \hat{\boldsymbol{\Psi}}_{1,3}\\ * & -\gamma\boldsymbol{I} & \boldsymbol{0}\\ * & * & \hat{\mathcal{C}}\end{bmatrix}<0\\ \hat{\boldsymbol{P}}_j-\hat{\boldsymbol{P}}_i\leqslant 0\end{cases}\quad i\in\mathbb{S}_{uk}^i,\quad j\in\mathbb{Z}_{uk}^i \tag{4-16}$$

其中，

$$\hat{\hat{\boldsymbol{\Psi}}}_{1,1}=\begin{bmatrix}\hat{\boldsymbol{\Phi}}'_{1,1} & \hat{\boldsymbol{\Phi}}'_{1,2} & \hat{\boldsymbol{\Phi}}'_{1,3} & \delta_1\boldsymbol{D}_i\\ * & \hat{\boldsymbol{\Phi}}_{2,2} & \hat{\boldsymbol{\Phi}}_{2,3} & \boldsymbol{D}_i\\ * & * & \hat{\boldsymbol{\Phi}}_{3,3} & \delta_2\boldsymbol{D}_i\\ * & * & * & -\gamma'\boldsymbol{I}\end{bmatrix}$$

$$\hat{\boldsymbol{\Phi}}'_{1,1}=\hat{\boldsymbol{Q}}-\hat{\boldsymbol{R}}+\mathrm{He}(\delta_1\boldsymbol{A}_i\hat{\boldsymbol{N}}^{\mathrm{T}})+\mathrm{He}(\delta_1\boldsymbol{B}_i\boldsymbol{Y}_{i2})$$

$$\hat{\boldsymbol{\Phi}}'_{1,2}=\hat{\boldsymbol{P}}_i-\delta_1\hat{\boldsymbol{N}}^{\mathrm{T}}+\hat{\boldsymbol{N}}\boldsymbol{A}_i^{\mathrm{T}}+\boldsymbol{Y}_{i2}^{\mathrm{T}}\boldsymbol{B}_i^{\mathrm{T}}$$

$$\hat{\boldsymbol{\Phi}}'_{1,3}=\hat{\boldsymbol{R}}+\delta_1\boldsymbol{A}_{di}\hat{\boldsymbol{N}}^{\mathrm{T}}+\delta_2\hat{\boldsymbol{N}}\boldsymbol{A}_i^{\mathrm{T}}+\delta_2\boldsymbol{Y}_{i2}^{\mathrm{T}}\boldsymbol{B}_i^{\mathrm{T}}$$

证明：类似定理 4-3 的证明，令 $\alpha=1$，并且将 $\boldsymbol{W}_i$，$\boldsymbol{\omega}(t)$ 和 γ 替换为 $\boldsymbol{D}_i$，$\boldsymbol{\mu}(t)$ 和 γ'，可得相应结果。定理 4-4 证明完毕。

②当系统(4-4) 只发生执行器部分失效故障而不发生未知的执行器偏移故障，即系统(4-5) 发生执行器部分失效故障时，可以将控制器增益矩阵设计成$\overline{\boldsymbol{K}}_i=\boldsymbol{M}\boldsymbol{K}_{i3}$，其中，$\boldsymbol{M}=\mathrm{diag}\{m_1,m_2,\cdots,m_m\}$ 为执行器部分失效率矩阵且满足

$$0\leqslant m_i^{\min}\leqslant m_i\leqslant m_i^{\max}\leqslant 1,\quad i=1,2,\cdots,m$$

当 $m_i=1$ 时，控制器的第 i 个执行器运行正常；当 $m_i=0$ 时，控制器的第 i 个执行器完全失效；当 $0<m_i<1$ 时，控制器的第 i 个执行器发生部分失效故障。定义 $\boldsymbol{M}=\boldsymbol{M}_0(\boldsymbol{I}+\boldsymbol{G})$ 以及 $|\boldsymbol{G}|\leqslant\boldsymbol{H}\leqslant\boldsymbol{I}$ 来解决 $\boldsymbol{M}$ 未知时产生的问题，其中，

$$m_{0i}=\frac{m_i^{\max}+m_i^{\min}}{2},\quad h_i=\frac{m_i^{\max}-m_i^{\min}}{m_i^{\max}+m_i^{\min}}$$

$$g_i=\frac{m_i-m_{0i}}{m_{0i}},\quad i=1,2,\cdots,m$$

$$\boldsymbol{M}_0=\mathrm{diag}\{m_{01},m_{02},\cdots,m_{0m}\},\quad \boldsymbol{H}=\mathrm{diag}\{h_1,h_2,\cdots,h_m\}$$

$$\boldsymbol{G}=\mathrm{diag}\{g_1,g_2,\cdots,g_m\},\quad |\boldsymbol{G}|=\mathrm{diag}\{|g_1|,|g_2|,\cdots,|g_m|\}$$

故而系统(4-5) 可以重新写成

$$\begin{cases}\dot{\boldsymbol{x}}(t)=(\boldsymbol{A}_i+\boldsymbol{B}_i\boldsymbol{M}\boldsymbol{K}_{i3})\boldsymbol{x}(t)+\boldsymbol{A}_{di}\boldsymbol{x}[t-d(t)]+\boldsymbol{W}_i\boldsymbol{\omega}(t)\\ \boldsymbol{y}(t)=\boldsymbol{C}_i\boldsymbol{x}(t)\\ \boldsymbol{x}(t)=\boldsymbol{\varphi}\end{cases}$$

$$\forall t\in[-\bar{d},0]\tag{4-17}$$

定理 4-5　对于给定的正数 δ_1 和 δ_2，若存在正定矩阵 $\hat{\boldsymbol{P}}_i$，$\hat{\boldsymbol{Q}}$，$\hat{\boldsymbol{R}}$，具有合适维度的可逆矩阵 $\hat{\mathbf{N}}$，以及 $\gamma>0$ 和 $\varepsilon_{i,m}>0(m=1,2,3)$，使得对于所有的 $i\in\mathbb{S}$，不等式(4-18) 和(4-19) 成立，控制器增益为 $\boldsymbol{K}_{i3}=\boldsymbol{Y}_{i3}\hat{\boldsymbol{N}}^{-\mathrm{T}}$，则系统(4-17) 具有混合无源 $/H_\infty$ 性能指标 γ。

$$\begin{bmatrix} \boldsymbol{\Theta}_1+\hat{\boldsymbol{\Phi}}_k & \sqrt{\alpha}\hat{\boldsymbol{\Psi}}_{1,2} & \hat{\boldsymbol{\Psi}}_{1,3} & \hat{\boldsymbol{\Psi}}_{1,4} & \boldsymbol{\Theta}_2 \\ * & -\gamma\boldsymbol{I} & \boldsymbol{0} & \boldsymbol{0} & \boldsymbol{0} \\ * & * & \hat{\mathcal{C}} & \boldsymbol{0} & \boldsymbol{0} \\ * & * & * & \hat{\mathcal{D}} & \boldsymbol{0} \\ * & * & * & * & -\boldsymbol{\Theta}_3 \end{bmatrix}<0,\quad i\in\mathbb{S}_k^i \tag{4-18}$$

$$\begin{cases} \begin{bmatrix} \boldsymbol{\Theta}_1+\hat{\boldsymbol{\Phi}}_{uk} & \sqrt{\alpha}\hat{\boldsymbol{\Psi}}_{1,2} & \hat{\boldsymbol{\Psi}}_{1,3} & \boldsymbol{\Theta}_2 \\ * & -\gamma\boldsymbol{I} & \boldsymbol{0} & \boldsymbol{0} \\ * & * & \hat{\mathcal{C}} & \boldsymbol{0} \\ * & * & * & -\boldsymbol{\Theta}_3 \end{bmatrix}<0 \\ \hat{\boldsymbol{P}}_j-\hat{\boldsymbol{P}}_i\leqslant 0 \end{cases}\quad i\in\mathbb{S}_{uk}^i,\quad j\in\mathbb{Z}_{uk}^i \tag{4-19}$$

其中，

$$\boldsymbol{\Theta}_1=\begin{bmatrix} \widetilde{\boldsymbol{\Phi}}_{1,1} & \widetilde{\boldsymbol{\Phi}}_{1,2} & \widetilde{\boldsymbol{\Phi}}_{1,3} & \hat{\boldsymbol{\Phi}}_{1,4} \\ * & \hat{\boldsymbol{\Phi}}_{2,2} & \hat{\boldsymbol{\Phi}}_{2,3} & \boldsymbol{W}_i \\ * & * & \hat{\boldsymbol{\Phi}}_{3,3} & \delta_2\boldsymbol{W}_i \\ * & * & * & -\gamma\boldsymbol{I} \end{bmatrix}+\hat{\boldsymbol{\Theta}}_3\boldsymbol{\Theta}_4$$

$$\boldsymbol{\Theta}_2=\begin{bmatrix} \delta_1\boldsymbol{Y}_{i2}^{\mathrm{T}}\boldsymbol{M}_0^{\mathrm{T}} & \boldsymbol{Y}_{i2}^{\mathrm{T}}\boldsymbol{M}_0^{\mathrm{T}} & \delta_2\boldsymbol{Y}_{i2}^{\mathrm{T}}\boldsymbol{M}_0^{\mathrm{T}} \\ \boldsymbol{0} & \boldsymbol{0} & \boldsymbol{0} \\ \boldsymbol{0} & \boldsymbol{0} & \boldsymbol{0} \\ \boldsymbol{0} & \boldsymbol{0} & \boldsymbol{0} \end{bmatrix}$$

$$\boldsymbol{\Theta}_3=\mathrm{diag}\{\varepsilon_{i,1},\varepsilon_{i,2},\varepsilon_{i,3}\},\quad \hat{\boldsymbol{\Theta}}_3=\mathrm{diag}\{\boldsymbol{\Theta}_3,\boldsymbol{0}\}$$

$$\boldsymbol{\Theta}_4=\mathrm{diag}\{\boldsymbol{B}_i\boldsymbol{H}\boldsymbol{H}^{\mathrm{T}}\boldsymbol{B}_i^{\mathrm{T}},\boldsymbol{B}_i\boldsymbol{H}\boldsymbol{H}^{\mathrm{T}}\boldsymbol{B}_i^{\mathrm{T}},\boldsymbol{B}_i\boldsymbol{H}\boldsymbol{H}^{\mathrm{T}}\boldsymbol{B}_i^{\mathrm{T}},\boldsymbol{0}\}$$

$$\widetilde{\boldsymbol{\Phi}}_{1,1}=\hat{\boldsymbol{Q}}-\hat{\boldsymbol{R}}+\mathrm{He}(\delta_1\boldsymbol{A}_i\hat{\boldsymbol{N}}^{\mathrm{T}})+\mathrm{He}(\delta_1\boldsymbol{B}_i\boldsymbol{M}_0\boldsymbol{Y}_{i3})$$

$$\widetilde{\boldsymbol{\Phi}}_{1,2}=\hat{\boldsymbol{P}}_i-\delta_1\hat{\boldsymbol{N}}^{\mathrm{T}}+\hat{\boldsymbol{N}}\boldsymbol{A}_i^{\mathrm{T}}+\boldsymbol{Y}_{i3}^{\mathrm{T}}\boldsymbol{M}_0^{\mathrm{T}}\boldsymbol{B}_i^{\mathrm{T}}$$

$$\widetilde{\boldsymbol{\Phi}}_{1,3}=\hat{\boldsymbol{R}}+\delta_1\boldsymbol{A}_{di}\hat{\boldsymbol{N}}^{\mathrm{T}}+\delta_2\hat{\boldsymbol{N}}\boldsymbol{A}_i^{\mathrm{T}}+\delta_2\boldsymbol{Y}_{i3}^{\mathrm{T}}\boldsymbol{M}_0^{\mathrm{T}}\boldsymbol{B}_i^{\mathrm{T}}$$

证明：将等式$\overline{\boldsymbol{K}}_i=\boldsymbol{M}\boldsymbol{K}_{i3}$代入不等式(4-9)，左乘矩阵 $\mathrm{diag}\{\hat{\boldsymbol{N}},\hat{\boldsymbol{N}},\hat{\boldsymbol{N}},\boldsymbol{I}\}$，右乘矩阵 $\mathrm{diag}\{\hat{\boldsymbol{N}}^{\mathrm{T}},\hat{\boldsymbol{N}}^{\mathrm{T}},\hat{\boldsymbol{N}}^{\mathrm{T}},\boldsymbol{I}\}$。我们可以得到

$$\breve{\boldsymbol{\Xi}}=\begin{bmatrix}\breve{\boldsymbol{\Phi}}_{1,1}+\breve{\boldsymbol{\Phi}}_P+\gamma^{-1}\alpha\hat{\boldsymbol{N}}\boldsymbol{C}_i^{\mathrm{T}}\boldsymbol{C}_i\hat{\boldsymbol{N}}^{\mathrm{T}} & \breve{\boldsymbol{\Phi}}_{1,2} & \breve{\boldsymbol{\Phi}}_{1,3} & \hat{\boldsymbol{\Phi}}_{1,4}\\ * & \hat{\boldsymbol{\Phi}}_{2,2} & \hat{\boldsymbol{\Phi}}_{2,3} & \boldsymbol{W}_i\\ * & * & \hat{\boldsymbol{\Phi}}_{3,3} & \delta_2\boldsymbol{W}_i\\ * & * & * & -\gamma\boldsymbol{I}\end{bmatrix}$$

其中，

$$\breve{\boldsymbol{\Phi}}_{1,1}=\hat{Q}-\hat{\boldsymbol{R}}+\mathrm{He}(\delta_1\boldsymbol{A}_i\hat{\boldsymbol{N}}^{\mathrm{T}})+\mathrm{He}(\delta_1\boldsymbol{B}_i\boldsymbol{Y}_{i3})$$

$$\breve{\boldsymbol{\Phi}}_{1,2}=\hat{\boldsymbol{P}}_i-\delta_1\hat{\boldsymbol{N}}^{\mathrm{T}}+\hat{\boldsymbol{N}}\boldsymbol{A}_i^{\mathrm{T}}+\boldsymbol{Y}_{i3}^{\mathrm{T}}\boldsymbol{M}^{\mathrm{T}}\boldsymbol{B}_i^{\mathrm{T}}$$

$$\breve{\boldsymbol{\Phi}}_{1,3}=\hat{\boldsymbol{R}}+\delta_1\boldsymbol{A}_{di}\hat{\boldsymbol{N}}^{\mathrm{T}}+\delta_2\hat{\boldsymbol{N}}\boldsymbol{A}_i^{\mathrm{T}}+\delta_2\boldsymbol{Y}_{i3}^{\mathrm{T}}\boldsymbol{M}^{\mathrm{T}}\boldsymbol{B}_i^{\mathrm{T}},\quad \breve{\boldsymbol{\Phi}}_P=\sum_{j=1}^{s}\pi_{ij}\hat{\boldsymbol{P}}_i$$

因为 $\boldsymbol{M}=\boldsymbol{M}_0(\boldsymbol{I}+\boldsymbol{G})$ 且 $|\boldsymbol{G}|\leqslant\boldsymbol{H}\leqslant\boldsymbol{I}$，我们可以得到

$$\breve{\boldsymbol{\Xi}}=\breve{\boldsymbol{\Xi}}'+\sum_{m=1}^{3}[\mathrm{He}(\boldsymbol{\Gamma}_m\boldsymbol{F}\boldsymbol{\Lambda}_m)],\quad \boldsymbol{\Gamma}_m\boldsymbol{\Gamma}_m^{\mathrm{T}}\leqslant\bar{\boldsymbol{\Gamma}}_m\bar{\boldsymbol{\Gamma}}_m^{\mathrm{T}},\quad m=1,2,3$$

其中，

$$\breve{\boldsymbol{\Xi}}'=\begin{bmatrix}\tilde{\boldsymbol{\Phi}}_{1,1}+\breve{\boldsymbol{\Phi}}_P+\gamma^{-1}\alpha\hat{\boldsymbol{N}}\boldsymbol{C}_i^{\mathrm{T}}\boldsymbol{C}_i\hat{\boldsymbol{N}}^{\mathrm{T}} & \tilde{\boldsymbol{\Phi}}_{1,2} & \tilde{\boldsymbol{\Phi}}_{1,3} & \hat{\boldsymbol{\Phi}}_{1,4}\\ * & \hat{\boldsymbol{\Phi}}_{2,2} & \hat{\boldsymbol{\Phi}}_{2,3} & \boldsymbol{W}_i\\ * & * & \hat{\boldsymbol{\Phi}}_{3,3} & \delta_2\boldsymbol{W}_i\\ * & * & * & -\gamma\boldsymbol{I}\end{bmatrix}$$

$$\boldsymbol{\Gamma}=[\boldsymbol{\Gamma}_1,\boldsymbol{\Gamma}_2,\boldsymbol{\Gamma}_3],\qquad \bar{\boldsymbol{\Gamma}}=[\bar{\boldsymbol{\Gamma}}_1,\bar{\boldsymbol{\Gamma}}_2,\bar{\boldsymbol{\Gamma}}_3]$$

$$\boldsymbol{\Gamma}_1^{\mathrm{T}}=[\boldsymbol{G}^{\mathrm{T}}\boldsymbol{B}_i^{\mathrm{T}},\boldsymbol{0},\boldsymbol{0},\boldsymbol{0}],\quad \bar{\boldsymbol{\Gamma}}_1^{\mathrm{T}}=[\boldsymbol{H}^{\mathrm{T}}\boldsymbol{B}_i^{\mathrm{T}},\boldsymbol{0},\boldsymbol{0},\boldsymbol{0}]$$

$$\boldsymbol{\Gamma}_2^{\mathrm{T}}=[\boldsymbol{0},\boldsymbol{G}^{\mathrm{T}}\boldsymbol{B}_i^{\mathrm{T}},\boldsymbol{0},\boldsymbol{0}],\quad \bar{\boldsymbol{\Gamma}}_2^{\mathrm{T}}=[\boldsymbol{0},\boldsymbol{H}^{\mathrm{T}}\boldsymbol{B}_i^{\mathrm{T}},\boldsymbol{0},\boldsymbol{0}]$$

$$\boldsymbol{\Gamma}_3^{\mathrm{T}}=[\boldsymbol{0},\boldsymbol{0},\boldsymbol{G}^{\mathrm{T}}\boldsymbol{B}_i^{\mathrm{T}},\boldsymbol{0}],\quad \bar{\boldsymbol{\Gamma}}_1^{\mathrm{T}}=[\boldsymbol{0},\boldsymbol{0},\boldsymbol{H}^{\mathrm{T}}\boldsymbol{B}_i^{\mathrm{T}},\boldsymbol{0}]$$

$$\boldsymbol{\Lambda}^{\mathrm{T}}=[\boldsymbol{\Lambda}_1^{\mathrm{T}},\boldsymbol{\Lambda}_2^{\mathrm{T}},\boldsymbol{\Lambda}_3^{\mathrm{T}}]_2,\quad \boldsymbol{\Lambda}_1=[\delta_1\boldsymbol{M}_0\boldsymbol{Y}_{i3},\boldsymbol{0},\boldsymbol{0},\boldsymbol{0}],\quad \boldsymbol{\Lambda}_2=[\boldsymbol{M}_0\boldsymbol{Y}_{i3},\boldsymbol{0},\boldsymbol{0},\boldsymbol{0}]$$

$$\boldsymbol{\Lambda}_3=[\delta_2\boldsymbol{M}_0\boldsymbol{Y}_{i3},\boldsymbol{0},\boldsymbol{0},\boldsymbol{0}],\quad \boldsymbol{F}=\boldsymbol{I}$$

根据不等式(4-18)和(4-19)，无论 $i\in\mathbb{S}_k^i$ 还是 $i\in\mathbb{S}_{uk}^i$，不等式

$$\breve{\boldsymbol{\Xi}}'+\hat{\boldsymbol{\Theta}}_3\boldsymbol{\Theta}_4+\boldsymbol{\Theta}_3^{-1}\boldsymbol{\Theta}_2\boldsymbol{\Theta}_2^{\mathrm{T}}=\breve{\boldsymbol{\Xi}}'+\sum_{m=1}^{3}\{\varepsilon_{i,m}\bar{\boldsymbol{\Gamma}}_m\bar{\boldsymbol{\Gamma}}_m^{\mathrm{T}}+\varepsilon_{i,m}^{-1}\boldsymbol{\Lambda}_m^{\mathrm{T}}\boldsymbol{\Lambda}_m\}<0$$

始终成立。根据引理 2-2，对于 $\boldsymbol{F}^{\mathrm{T}}\boldsymbol{F}\leqslant\boldsymbol{I}$，

$$\breve{\boldsymbol{\Xi}}'+\sum_{m=1}^{3}[\mathrm{He}(\boldsymbol{\Gamma}_m\boldsymbol{F}\boldsymbol{\Lambda}_m)]<0$$

始终成立。因此，$H'[r(t),t]=\boldsymbol{\xi}(t)\breve{\boldsymbol{\Xi}}\boldsymbol{\xi}^{\mathrm{T}}(t)<0$。根据定义 2-3，系统(4-17)具有混合无源 $/H_\infty$ 性能指标 γ。定理 4-5 证明完毕。

③当系统(4-4)同时具有两种执行器故障，即系统(4-6)具有执行器部分失效故障时，$\overline{\boldsymbol{K}}_i=\boldsymbol{M}\boldsymbol{K}_{i4}$ 和 $\overline{\boldsymbol{F}}[\boldsymbol{x}(t),t]=\boldsymbol{M}\boldsymbol{F}[\boldsymbol{x}(t),t]$ 成立，则系统(4-6)可以重新写成

$$\begin{cases}\dot{\boldsymbol{x}}(t)=(\boldsymbol{A}_i+\boldsymbol{B}_i\boldsymbol{M}\boldsymbol{K}_{i4})\boldsymbol{x}(t)+\boldsymbol{A}_{di}\boldsymbol{x}[t-d(t)]+\boldsymbol{D}_i\boldsymbol{\mu}(t)\\ \boldsymbol{y}(t)=\boldsymbol{C}_i\boldsymbol{x}(t)\\ \boldsymbol{x}(t)=\boldsymbol{\varphi}\end{cases}$$

$$\forall t\in[-\overline{d},0] \tag{4-20}$$

定理 4-6 对于给定的正数 δ_1 和 δ_2，若存在正定矩阵 $\hat{\boldsymbol{P}}_i$，$\hat{\boldsymbol{Q}}$，$\hat{\boldsymbol{R}}$，具有合适维度的可逆矩阵 $\hat{\boldsymbol{N}}$，以及 $\gamma'>0$ 和 $\varepsilon_{i,m}>0(m=1,2,3)$，使得对于所有的 $i\in\mathbb{S}$，不等式(4-21)和(4-22)成立，控制器增益为 $\boldsymbol{K}_{i4}=\boldsymbol{Y}_{i4}\hat{\boldsymbol{N}}^{-\mathrm{T}}$，其余参数均与定理 4-5 的描述相同，则系统(4-20)具有 H_∞ 性能指标 γ'。

$$\begin{bmatrix}\overline{\boldsymbol{\Theta}}_1+\hat{\boldsymbol{\Phi}}_k & \hat{\boldsymbol{\Psi}}_{1,2} & \hat{\boldsymbol{\Psi}}_{1,3} & \hat{\boldsymbol{\Psi}}_{1,4} & \boldsymbol{\Theta}_2'\\ * & -\gamma'\boldsymbol{I} & \boldsymbol{0} & \boldsymbol{0} & \boldsymbol{0}\\ * & * & \hat{\mathcal{C}} & \boldsymbol{0} & \boldsymbol{0}\\ * & * & * & \hat{\mathcal{D}} & \boldsymbol{0}\\ * & * & * & * & -\boldsymbol{\Theta}_3\end{bmatrix}<0,\quad i\in\mathbb{S}_k^i \tag{4-21}$$

$$\begin{cases}\begin{bmatrix}\overline{\boldsymbol{\Theta}}_1+\hat{\boldsymbol{\Phi}}_{uk} & \hat{\boldsymbol{\Psi}}_{1,2} & \hat{\boldsymbol{\Psi}}_{1,3} & \boldsymbol{\Theta}_2'\\ * & -\gamma'\boldsymbol{I} & \boldsymbol{0} & \boldsymbol{0}\\ * & * & \hat{\mathcal{C}} & \boldsymbol{0}\\ * & * & * & -\boldsymbol{\Theta}_3\end{bmatrix}<0 & i\in\mathbb{S}_{uk}^i,\quad j\in\mathbb{Z}_{uk}^i\\ \hat{\boldsymbol{P}}_j-\hat{\boldsymbol{P}}_i\leqslant 0\end{cases} \tag{4-22}$$

其中，

$$\overline{\boldsymbol{\Theta}}_1=\begin{bmatrix}\widetilde{\boldsymbol{\Phi}}'_{1,1} & \widetilde{\boldsymbol{\Phi}}'_{1,2} & \widetilde{\boldsymbol{\Phi}}'_{1,3} & \delta_1\boldsymbol{D}_i\\ * & \hat{\boldsymbol{\Phi}}_{2,2} & \hat{\boldsymbol{\Phi}}_{2,3} & \boldsymbol{D}_i\\ * & * & \hat{\boldsymbol{\Phi}}_{3,3} & \delta_2\boldsymbol{D}_i\\ * & * & * & -\gamma'\boldsymbol{I}\end{bmatrix}+\hat{\boldsymbol{\Theta}}_3\boldsymbol{\Theta}_4$$

$$\boldsymbol{\Theta}'_2 = \begin{bmatrix} \delta_1 \boldsymbol{Y}_{i4}^{\mathrm{T}} \boldsymbol{M}_0^{\mathrm{T}} & \boldsymbol{Y}_{i4}^{\mathrm{T}} \boldsymbol{M}_0^{\mathrm{T}} & \delta_2 \boldsymbol{Y}_{i4}^{\mathrm{T}} \boldsymbol{M}_0^{\mathrm{T}} \\ \boldsymbol{0} & \boldsymbol{0} & \boldsymbol{0} \\ \boldsymbol{0} & \boldsymbol{0} & \boldsymbol{0} \\ \boldsymbol{0} & \boldsymbol{0} & \boldsymbol{0} \end{bmatrix}$$

$$\widetilde{\boldsymbol{\Phi}}'_{1,1} = \hat{\boldsymbol{Q}} - \hat{\boldsymbol{R}} + \mathrm{He}(\delta_1 \boldsymbol{A}_i \hat{\boldsymbol{N}}^{\mathrm{T}}) + \mathrm{He}(\delta_1 \boldsymbol{B}_i \boldsymbol{M}_0 \boldsymbol{Y}_{i4})$$

$$\widetilde{\boldsymbol{\Phi}}'_{1,2} = \hat{\boldsymbol{P}}_i - \delta_1 \hat{\boldsymbol{N}}^{\mathrm{T}} + \hat{\boldsymbol{N}} \boldsymbol{A}_i^{\mathrm{T}} + \boldsymbol{Y}_{i4}^{\mathrm{T}} \boldsymbol{M}_0^{\mathrm{T}} \boldsymbol{B}_i^{\mathrm{T}}$$

$$\widetilde{\boldsymbol{\Phi}}'_{1,3} = \hat{\boldsymbol{R}} + \delta_1 \boldsymbol{A}_{di} \hat{\boldsymbol{N}}^{\mathrm{T}} + \delta_2 \hat{\boldsymbol{N}} \boldsymbol{A}_i^{\mathrm{T}} + \delta_2 \boldsymbol{Y}_{i4}^{\mathrm{T}} \boldsymbol{M}_0^{\mathrm{T}} \boldsymbol{B}_i^{\mathrm{T}}$$

证明：类似定理 4-5 的证明，令 $\alpha = 1$，并且将 $\boldsymbol{W}_i$，$\boldsymbol{\omega}(t)$ 和 γ 替换为 $\boldsymbol{D}_i$，$\boldsymbol{\mu}(t)$ 和 γ'，可得相应结果。定理 4-6 证明完毕。

下一步，对于未知的偏移故障，需要设计故障观测器，根据是否存在执行器部分失效故障，可以分如下两种情况进行分析。

① 对于系统(4-14)，令 $\boldsymbol{F}_i = \boldsymbol{F}^{(r-i)}[\boldsymbol{x}(t), t]$ $(i = 1, 2, \cdots, r)$，建立如下形式的增广系统：

$$\begin{cases} \dot{\overline{\boldsymbol{x}}}(t) = \overline{\boldsymbol{A}}_i \overline{\boldsymbol{x}}(t) + \overline{\boldsymbol{A}}_{di} \overline{\boldsymbol{x}}[t - d(t)] + \overline{\boldsymbol{B}}_i \boldsymbol{K}_{i2} \boldsymbol{x}(t) - \overline{\boldsymbol{B}}_i \hat{\boldsymbol{f}}(t) + \overline{\boldsymbol{W}}_i \boldsymbol{\omega}(t) \\ \boldsymbol{y}(t) = \overline{\boldsymbol{C}}_i \overline{\boldsymbol{x}}(t) \\ \overline{\boldsymbol{x}}(t) = \overline{\boldsymbol{\varphi}} \end{cases}$$
$$\forall t \in [-\overline{d}, 0] \tag{4-23}$$

其中，

$$\overline{\boldsymbol{x}}(t) = [\boldsymbol{x}^{\mathrm{T}}(t), \boldsymbol{F}_1^{\mathrm{T}}, \boldsymbol{F}_2^{\mathrm{T}}, \cdots, \boldsymbol{F}_r^{\mathrm{T}}] \in \mathbf{R}^{n+m\times r}$$

$$\overline{\boldsymbol{A}}_i = \begin{bmatrix} \boldsymbol{A}_i & \boldsymbol{0} & \cdots & \boldsymbol{0} & \boldsymbol{B}_i \\ \boldsymbol{0} & \boldsymbol{0} & \cdots & \boldsymbol{0} & \boldsymbol{0} \\ \boldsymbol{0} & \boldsymbol{I} & \cdots & \boldsymbol{0} & \boldsymbol{0} \\ \vdots & \vdots & \ddots & \vdots & \vdots \\ \boldsymbol{0} & \boldsymbol{0} & \cdots & \boldsymbol{I} & \boldsymbol{0} \end{bmatrix} \in \mathbf{R}^{(n+m\times r)^2}$$

$$\overline{\boldsymbol{B}}_i = [\boldsymbol{B}_i^{\mathrm{T}}, \boldsymbol{0}, \cdots, \boldsymbol{0}]^{\mathrm{T}} \in \mathbf{R}^{(n+m\times r)\times m}, \quad \overline{\boldsymbol{W}}_i = [\boldsymbol{W}_i^{\mathrm{T}}, \boldsymbol{0}, \cdots, \boldsymbol{0}] \in \mathbf{R}^{(n+m\times r)\times q}$$

$$\overline{\boldsymbol{C}}_i = [\boldsymbol{C}_i, \boldsymbol{0}, \cdots, \boldsymbol{0}] \in \mathbf{R}^{p\times(n+m\times r)}, \qquad \overline{\boldsymbol{\varphi}} = [\boldsymbol{\varphi}^{\mathrm{T}}, \boldsymbol{0}, \cdots, \boldsymbol{0}]^{\mathrm{T}} \in \mathbf{R}^{n+m\times r}$$

设计如下故障观测器：

$$\begin{cases}\dot{\hat{\bar{x}}}(t)=\bar{A}_i\hat{\bar{x}}(t)+\bar{A}_{di}\hat{\bar{x}}[t-d(t)]+\bar{B}_i\boldsymbol{u}(t)-\bar{B}_i\hat{\boldsymbol{f}}(t)+\boldsymbol{L}_{i2}[\boldsymbol{y}(t)-\hat{\boldsymbol{y}}(t)]\\ \hat{\boldsymbol{y}}(t)=\bar{C}_i\hat{\bar{x}}(t)\\ \hat{\bar{x}}(t)=\boldsymbol{0}\end{cases}$$

$$\forall t\in[-\bar{d},0] \tag{4-24}$$

其中，$\hat{\bar{x}}(t)=[\hat{x}^{\mathrm{T}}(t),\hat{F}_1^{\mathrm{T}},\hat{F}_2^{\mathrm{T}},\cdots,\hat{F}_r^{\mathrm{T}}]\in\mathbf{R}^{n+m\times r}$，$\hat{x}(t)\in\mathbf{R}^n$ 为观测器状态，$\hat{F}_i\in\mathbf{R}^m$ 为 F_i 的估计值，$\hat{y}(t)\in\mathbf{R}^p$ 为观测器输出，$L_{i2}\in\mathbf{R}^{(n+m\times r)\times p}$ 为观测器增益。在这种情况下，$u(t)=K_{i2}x(t)$。定义状态估计误差和输出估计误差分别为$\tilde{\bar{x}}(t)=\bar{x}(t)-\hat{\bar{x}}(t)$ 和 $e(t)=y(t)-\hat{y}(t)$。根据系统(4-23)和(4-24)，可以得到

$$\begin{cases}\dot{\tilde{\bar{x}}}(t)=(\bar{A}_i-L_{i2}\bar{C}_i)\tilde{\bar{x}}(t)+\bar{A}_{di}\tilde{\bar{x}}[t-d(t)]+\bar{W}_i\boldsymbol{\omega}(t)\\ \boldsymbol{e}(t)=\bar{C}_i\tilde{\bar{x}}(t)\\ \hat{\bar{x}}(t)=\bar{\boldsymbol{\varphi}}\end{cases}$$

$$\forall t\in[-\bar{d},0] \tag{4-25}$$

在假设 4-1 的前提下，$\hat{f}(t)$ 满足如下条件：

$$\hat{\boldsymbol{f}}(t)=\begin{cases}\hat{\boldsymbol{f}}(t), & \|\hat{\boldsymbol{f}}(t)\|\leqslant F_\alpha+F_\beta\|\boldsymbol{x}(t)\|\\ \dfrac{F_\alpha+F_\beta\|\boldsymbol{x}(t)\|}{\|\hat{\boldsymbol{f}}(t)\|}\hat{\boldsymbol{f}}(t), & F_\alpha+F_\beta\|\boldsymbol{x}(t)\|<\|\hat{\boldsymbol{f}}(t)\|\leqslant F_{\max}\\ \dfrac{F_{\max}}{\|\hat{\boldsymbol{f}}(t)\|}\hat{\boldsymbol{f}}(t), & \|\hat{\boldsymbol{f}}(t)\|>F_{\max}\end{cases}$$

定理 4-7 对于给定的正数 δ_1 和 δ_2，若存在正定矩阵 P_i,Q,R，具有合适维度的可逆矩阵 $\mathbf{N}$，以及 $\gamma>0$，使得对于所有的 $i\in\mathbb{S}$，不等式(4-26)和(4-27)成立，观测器增益为 $L_{i2}=\mathbf{N}^{-1}Z_{i2}$，则系统(4-25)具有混合无源 $/H_\infty$ 性能指标 γ。

$$\begin{bmatrix}\boldsymbol{\Upsilon}+\boldsymbol{\Phi}_k & \sqrt{\alpha}\,\boldsymbol{\Upsilon}_{1,2} & \boldsymbol{\Psi}_{1,3} & \boldsymbol{\Psi}_{1,4}\\ * & -\gamma\boldsymbol{I} & \boldsymbol{0} & \boldsymbol{0}\\ * & * & \mathcal{C} & \boldsymbol{0}\\ * & * & * & \mathcal{D}\end{bmatrix}<0,\quad i\in\mathbb{S}_k^i \tag{4-26}$$

$$\begin{cases}\begin{bmatrix}\boldsymbol{\Upsilon}+\boldsymbol{\Phi}_{uk} & \sqrt{\alpha}\,\boldsymbol{\Upsilon}_{1,2} & \boldsymbol{\Psi}_{1,3}\\ * & -\gamma\boldsymbol{I} & \boldsymbol{0}\\ * & * & \boldsymbol{\mathcal{C}}\end{bmatrix}<0 \\ \boldsymbol{P}_j-\boldsymbol{P}_i\leqslant 0\end{cases}\quad i\in\mathbb{S}_{uk}^{i},\quad j\in\mathbb{Z}_{uk}^{i} \tag{4-27}$$

其中，

$$\boldsymbol{\Upsilon}=\begin{bmatrix}\boldsymbol{\Omega}_{1,1} & \boldsymbol{\Omega}_{1,2} & \boldsymbol{\Omega}_{1,3} & \boldsymbol{\Omega}_{1,4}\\ * & \boldsymbol{\Omega}_{2,2} & \boldsymbol{\Omega}_{2,3} & \boldsymbol{N}\overline{\boldsymbol{W}}_i\\ * & * & \boldsymbol{\Omega}_{3,3} & \delta_2\boldsymbol{N}\overline{\boldsymbol{W}}_i\\ * & * & * & -\gamma\boldsymbol{I}\end{bmatrix},\quad \boldsymbol{\Upsilon}_{1,2}=[\overline{\boldsymbol{C}}_i,\boldsymbol{0},\boldsymbol{0},\boldsymbol{0}]^{\mathrm{T}}$$

$$\boldsymbol{\Omega}_{1,1}=\boldsymbol{Q}-\boldsymbol{R}+\mathrm{He}(\delta_1\boldsymbol{N}\overline{\boldsymbol{A}}_i)-\mathrm{He}(\delta_1\boldsymbol{Z}_{i2}\overline{\boldsymbol{C}}_i),\quad \boldsymbol{\Omega}_{1,2}=\boldsymbol{P}_i-\delta_1\boldsymbol{N}+\overline{\boldsymbol{A}}_i^{\mathrm{T}}\boldsymbol{N}^{\mathrm{T}}-\overline{\boldsymbol{C}}_i^{\mathrm{T}}\boldsymbol{Z}_{i2}^{\mathrm{T}}$$

$$\boldsymbol{\Omega}_{1,3}=\boldsymbol{R}+\delta_1\boldsymbol{N}\overline{\boldsymbol{A}}_{di}+\delta_2\overline{\boldsymbol{A}}_i^{\mathrm{T}}\boldsymbol{N}^{\mathrm{T}}-\delta_2\overline{\boldsymbol{C}}_i^{\mathrm{T}}\boldsymbol{Z}_{i2}^{\mathrm{T}},\quad \boldsymbol{\Omega}_{1,4}=\delta_1\boldsymbol{N}\overline{\boldsymbol{W}}_i-(1-\alpha)\overline{\boldsymbol{C}}_i^{\mathrm{T}}$$

$$\boldsymbol{\Omega}_{2,2}=\overline{d}^2\boldsymbol{R}-\mathrm{He}(\boldsymbol{N}),\quad \boldsymbol{\Omega}_{2,3}=\boldsymbol{N}\overline{\boldsymbol{A}}_{di}-\delta_2\boldsymbol{N}^{\mathrm{T}},\quad \boldsymbol{\Omega}_{3,3}=-(1-h)\boldsymbol{Q}-\boldsymbol{R}+\mathrm{He}(\delta_2\boldsymbol{N}\overline{\boldsymbol{A}}_{di})$$

证明：具体证明与定理 4-1 类似，此处略。定理 4-7 证明完毕。

②当系统(4-14) 发生执行器部分失效故障时，执行器的输出可以表达为 $\boldsymbol{MK}_{ik}\boldsymbol{x}(t)+\boldsymbol{MF}[\boldsymbol{x}(t),t](k=3,4)$。因此，系统(4-11) 可以重新写成

$$\begin{cases}\dot{\boldsymbol{x}}(t)=(\boldsymbol{A}_i+\boldsymbol{B}_i\boldsymbol{MK}_{ik})\boldsymbol{x}(t)+\boldsymbol{A}_{di}\boldsymbol{x}[t-d(t)]+\boldsymbol{W}_i\boldsymbol{\omega}(t)\\ \qquad +\boldsymbol{B}_i\{\boldsymbol{MF}[\boldsymbol{x}(t),t]-\hat{\boldsymbol{f}}(t)\}\\ \boldsymbol{y}(t)=\boldsymbol{C}_i\boldsymbol{x}(t)\\ \boldsymbol{x}(t)=\boldsymbol{\varphi}\end{cases}$$

$$\forall t\in[-\overline{d},0] \tag{4-28}$$

且对应的增广系统(4-23) 可以重构为

$$\begin{cases}\dot{\overline{\boldsymbol{x}}}'(t)=\overline{\boldsymbol{A}}_i\overline{\boldsymbol{x}}'(t)+\overline{\boldsymbol{A}}_{di}\overline{\boldsymbol{x}}'[t-d(t)]+\overline{\boldsymbol{B}}_i\boldsymbol{MK}_{ik}\boldsymbol{x}(t)-\overline{\boldsymbol{B}}_i\hat{\boldsymbol{f}}(t)+\overline{\boldsymbol{W}}_i\boldsymbol{\omega}(t)\\ \boldsymbol{y}(t)=\overline{\boldsymbol{C}}_i\overline{\boldsymbol{x}}'(t)\\ \overline{\boldsymbol{x}}'(t)=\overline{\boldsymbol{\varphi}}\end{cases}$$

$$\forall t\in[-\overline{d},0] \tag{4-29}$$

其中，$\overline{\boldsymbol{x}}'(t)=[\boldsymbol{x}^{\mathrm{T}}(t),\boldsymbol{F}_1^{\mathrm{T}}\boldsymbol{M}^{\mathrm{T}},\boldsymbol{F}_2^{\mathrm{T}}\boldsymbol{M}^{\mathrm{T}},\cdots,\boldsymbol{F}_r^{\mathrm{T}}\boldsymbol{M}^{\mathrm{T}}]^{\mathrm{T}}\in\mathbf{R}^{n+m\times r}$。

对应的观测器可以设计成

$$\begin{cases}\dot{\hat{\boldsymbol{x}}}(t)=\overline{\boldsymbol{A}}_i\hat{\boldsymbol{x}}(t)+\overline{\boldsymbol{A}}_{di}\hat{\boldsymbol{x}}[t-d(t)]+\overline{\boldsymbol{B}}_i\boldsymbol{M}_0\boldsymbol{u}(t)-\overline{\boldsymbol{B}}_i\hat{\boldsymbol{f}}(t)+\boldsymbol{L}_{ik}[\boldsymbol{y}(t)-\hat{\boldsymbol{y}}(t)]\\ \hat{\boldsymbol{y}}(t)=\overline{\boldsymbol{C}}_i\hat{\boldsymbol{x}}(t)\\ \hat{\boldsymbol{x}}(t)=\boldsymbol{0}\end{cases}$$

$$\forall t\in[-\overline{d},0] \tag{4-30}$$

其中，$\boldsymbol{L}_{ik}\in\mathbf{R}^{(n+m\times r)\times p}$ 为观测器增益。在这种情况下，$\boldsymbol{u}(t)=\boldsymbol{K}_{ik}\boldsymbol{x}(t)$。定义状态估计误差为$\tilde{\boldsymbol{x}}'(t)=\overline{\boldsymbol{x}}'(t)-\hat{\boldsymbol{x}}(t)$，得到如下增广误差动态系统：

$$\begin{cases}\dot{\tilde{\boldsymbol{x}}}'(t)=(\overline{\boldsymbol{A}}_i-\boldsymbol{L}_{ik}\overline{\boldsymbol{C}}_i)\tilde{\boldsymbol{x}}'(t)+\overline{\boldsymbol{A}}_{di}\tilde{\boldsymbol{x}}'[t-d(t)]+\overline{\boldsymbol{B}}_i\boldsymbol{M}_0\boldsymbol{G}\boldsymbol{K}_{ik}\boldsymbol{x}(t)+\overline{\boldsymbol{W}}_i\boldsymbol{\omega}(t)\\ \boldsymbol{e}(t)=\overline{\boldsymbol{C}}_i\tilde{\boldsymbol{x}}'(t)\\ \hat{\boldsymbol{x}}'(t)=\overline{\boldsymbol{\varphi}}\end{cases}$$

$$\forall t\in[-\overline{d},0] \tag{4-31}$$

$\hat{\boldsymbol{f}}(t)$ 满足如下条件：

$$\hat{\boldsymbol{f}}(t)=\begin{cases}\hat{\boldsymbol{f}}(t), & \|\hat{\boldsymbol{f}}(t)\|\leqslant f_{bd1}\\ \dfrac{f_{bd1}}{\|\hat{\boldsymbol{f}}(t)\|}\hat{\boldsymbol{f}}(t), & f_{bd1}<\|\hat{\boldsymbol{f}}(t)\|\leqslant f_{bd2}\\ \dfrac{f_{bd2}}{\|\hat{\boldsymbol{f}}(t)\|}\hat{\boldsymbol{f}}(t), & \|\hat{\boldsymbol{f}}(t)\|>f_{bd2}\end{cases}$$

其中，$f_{bd1}=\|\overline{\boldsymbol{M}}\|[F_\alpha+F_\beta\|\boldsymbol{x}(t)\|]$ 且 $f_{bd2}=\|\overline{\boldsymbol{M}}\|F_{\max}$。

定理 4-8 对于给定的正数 δ_1 和 δ_2，若存在正定矩阵 $\boldsymbol{P}_i,\boldsymbol{Q},\boldsymbol{R}$，具有合适维度的可逆矩阵 $\mathbf{N}$，以及 $\gamma>0$ 和 $\varepsilon>0$，使得对于所有的 $i\in\mathbb{S}$，不等式(4-32)和(4-33)成立，观测器增益为 $\boldsymbol{L}_{ik}=\mathbf{N}^{-1}\boldsymbol{Z}_{ik}(k=3,4)$，则系统(4-31)具有 H_∞ 性能指标 γ。

$$\begin{bmatrix}\overline{\boldsymbol{\varUpsilon}}+\boldsymbol{\Phi}_k & \boldsymbol{\varUpsilon}_{1,2} & \boldsymbol{\Psi}_{1,3} & \boldsymbol{\Psi}_{1,4} & \mathfrak{S}\\ * & -\gamma\boldsymbol{I} & \boldsymbol{0} & \boldsymbol{0} & \boldsymbol{0}\\ * & * & \boldsymbol{\mathcal{C}} & \boldsymbol{0} & \boldsymbol{0}\\ * & * & * & \boldsymbol{\mathcal{D}} & \boldsymbol{0}\\ * & * & * & * & -\varepsilon\boldsymbol{I}\end{bmatrix}<0,\quad i\in\mathbb{S}_k^i \tag{4-32}$$

$$\begin{cases}\begin{bmatrix}\overline{\boldsymbol{\varUpsilon}}+\boldsymbol{\Phi}_{uk} & \boldsymbol{\varUpsilon}_{1,2} & \boldsymbol{\Psi}_{1,3} & \mathfrak{S} \\ * & -\gamma\boldsymbol{I} & \boldsymbol{0} & \boldsymbol{0} \\ * & * & \mathcal{C} & \boldsymbol{0} \\ * & * & * & -\varepsilon\boldsymbol{I}\end{bmatrix}<0 & i\in\mathbb{S}_{uk}^{i},\quad j\in\mathbb{Z}_{uk}^{i} \\ \boldsymbol{P}_j-\boldsymbol{P}_i\leqslant 0\end{cases}\tag{4-33}$$

其中，

$$\overline{\boldsymbol{\varUpsilon}}=\begin{bmatrix}\overline{\boldsymbol{\Omega}}_{1,1} & \overline{\boldsymbol{\Omega}}_{1,2} & \overline{\boldsymbol{\Omega}}_{1,3} & \delta_1\boldsymbol{N}\overline{\boldsymbol{D}}_i \\ * & \boldsymbol{\Omega}_{2,2} & \boldsymbol{\Omega}_{2,3} & \boldsymbol{N}\overline{\boldsymbol{D}}_i \\ * & * & \boldsymbol{\Omega}_{3,3} & \delta_2\boldsymbol{N}\overline{\boldsymbol{D}}_i \\ * & * & * & -\gamma\boldsymbol{I}\end{bmatrix},\quad \mathfrak{S}=\begin{bmatrix}\delta_1\boldsymbol{N}\overline{\boldsymbol{B}}_i\boldsymbol{M}_0 \\ \boldsymbol{N}\overline{\boldsymbol{B}}_i\boldsymbol{M}_0 \\ \delta_2\boldsymbol{N}\overline{\boldsymbol{B}}_i\boldsymbol{M}_0 \\ \boldsymbol{0}\end{bmatrix}$$

$$\overline{\boldsymbol{\Omega}}_{1,1}=\boldsymbol{Q}-\boldsymbol{R}+\mathrm{He}(\delta_1\boldsymbol{N}\overline{\boldsymbol{A}}_i)-\mathrm{He}(\delta_1\boldsymbol{Z}_{ik}\overline{\boldsymbol{C}}_i)+\varepsilon\boldsymbol{K}_{ik}^{\mathrm{T}}\boldsymbol{H}^{\mathrm{T}}\boldsymbol{H}\boldsymbol{K}_{ik}$$

$$\overline{\boldsymbol{\Omega}}_{1,2}=\boldsymbol{P}_i-\delta_1\boldsymbol{N}+\overline{\boldsymbol{A}}_i^{\mathrm{T}}\boldsymbol{N}^{\mathrm{T}}-\overline{\boldsymbol{C}}_i^{\mathrm{T}}\boldsymbol{Z}_{ik}^{\mathrm{T}},\quad \overline{\boldsymbol{\Omega}}_{1,3}=\boldsymbol{R}+\delta_1\boldsymbol{N}\overline{\boldsymbol{A}}_{di}+\delta_2\overline{\boldsymbol{A}}_i^{\mathrm{T}}\boldsymbol{N}^{\mathrm{T}}-\delta_2\overline{\boldsymbol{C}}_i^{\mathrm{T}}\boldsymbol{Z}_{ik}^{\mathrm{T}}$$

证明：为了简便，将 $\overline{\boldsymbol{B}}_i\boldsymbol{M}_0\boldsymbol{G}\boldsymbol{K}_{ik}\boldsymbol{x}(t)$ 考虑成一种扰动输入，因此，令 $\overline{\boldsymbol{D}}_i=[\overline{\boldsymbol{W}}_i,\overline{\boldsymbol{B}}_i\boldsymbol{M}_0\boldsymbol{G}\boldsymbol{K}_{ik}]$ 以及 $\overline{\boldsymbol{\mu}}(t)=[\boldsymbol{\omega}^{\mathrm{T}}(t),\boldsymbol{x}^{\mathrm{T}}(t)]^{\mathrm{T}}$。因为 $\boldsymbol{G}$ 为未知的，我们采用与定理 4-5 类似的证明方法，即可得到相应结论，此处略。定理 4-8 证明完毕。

为了及时准确地调用容错控制器和移除执行器偏移故障的估计值，本章提出了一种多阈值故障报警系统。该系统不同的阈值设计如下。

(1) 执行器偏移故障阈值设计

当系统(4-4)的状态收敛至原点附近的一个小邻域时，$\boldsymbol{x}(t)$ 和 $\boldsymbol{x}[t-d(t)]$ 都可以被近似成$\boldsymbol{0}$。与此同时，若没有发生未知的执行器偏移故障，即 $\boldsymbol{F}[\boldsymbol{x}(t),t]=\boldsymbol{0}$，则 $\boldsymbol{\omega}(t)$ 与 $\hat{\boldsymbol{f}}(t)$ 的临界关系可以表达为 $\boldsymbol{B}_i\hat{\boldsymbol{f}}(t)=\boldsymbol{W}_i\boldsymbol{\omega}(t)$。从而可以得到 $\|\boldsymbol{B}_i\hat{\boldsymbol{f}}(t)\|\leqslant\|\boldsymbol{W}_i\|\|\overline{\boldsymbol{\omega}}\|$，其中 $\|\overline{\boldsymbol{\omega}}\|$ 为 $\boldsymbol{\omega}(t)$ 的范数上界。定义

$$\boldsymbol{J}_{\mathrm{bth}}=\max_{i\in\mathbb{S}}\{\|\boldsymbol{W}_i\|\|\overline{\boldsymbol{\omega}}\|\}$$

为执行器偏移故障阈值。考虑到执行器偏移故障存在时，$\hat{\boldsymbol{f}}(t)$ 的值可能会发生振荡从而导致其值小于执行器偏移故障阈值，显然这时候不能移除 $\hat{\boldsymbol{f}}(t)$。为此，我们在其工作逻辑中加入如下延时判据条件：

$$OB_w(t)=\begin{cases}0, & \|\boldsymbol{B}_i\hat{\boldsymbol{f}}(s)\|\leqslant J_{\mathrm{bth}}, \quad 移除\ \hat{\boldsymbol{f}}(t) \\ 1, & 其他, \quad 调用\ \hat{\boldsymbol{f}}(t)\end{cases}\tag{4-34}$$

其中，$s\in[t-t_l,t]$ 且 t_l 为预先设定的持续时间范围。

(2) 执行器部分失效故障阈值设计

当 $\hat{f}(t)$ 没有被调用时，如果只发生未知的执行器偏移故障，$\boldsymbol{e}(t)$ 将会在一小段时间内发散。这是由于 $\hat{f}(t)$ 没有及时地被调用，或者即使被调用了也没能非常快速准确地估计 $\overline{\boldsymbol{F}}[\boldsymbol{x}(t),t]$。这一小段时间过去后，$\boldsymbol{e}(t)$ 又将收敛至原点附近的一个小邻域内。相反，如果执行器部分失效故障发生或者两种执行器故障同时发生的话，无论过了多久，$\boldsymbol{e}(t)$ 都会一直发散下去。因此，设计一个合适的阈值来防止错误的切换是非常重要的。

由针对微小型故障的观测器系统，我们可以得到如下等式：

$$\dot{\tilde{\boldsymbol{x}}}(t)=(\boldsymbol{A}_i-\boldsymbol{L}_{xi1}\boldsymbol{C}_i)\tilde{\boldsymbol{x}}(t)+\boldsymbol{A}_{di}\tilde{\boldsymbol{x}}[t-d(t)]+\boldsymbol{B}_i\boldsymbol{F}[\boldsymbol{x}(t),t]-\boldsymbol{B}_i\hat{\boldsymbol{f}}(t)+\boldsymbol{W}_i\boldsymbol{\omega}(t)$$

其中，$\boldsymbol{L}_{xi1}$ 为 $\boldsymbol{L}_{i1}$ 的前 n 行元素所组成的矩阵。$\tilde{\boldsymbol{x}}(t)$，$F[\boldsymbol{x}(t),t]$ 和 $\hat{\boldsymbol{f}}(t)$ 之间的临界关系可以表示如下：

$$(\boldsymbol{L}_{xi1}\boldsymbol{C}_i-\boldsymbol{A}_i)\tilde{\boldsymbol{x}}(t)-\boldsymbol{A}_{di}\tilde{\boldsymbol{x}}[t-d(t)]=\boldsymbol{B}_i\boldsymbol{F}[\boldsymbol{x}(t),t]-\boldsymbol{B}_i\hat{\boldsymbol{f}}(t)+\boldsymbol{W}_i\boldsymbol{\omega}(t)$$

当 $d(t)$ 较大时，$\tilde{\boldsymbol{x}}[t-d(t)]$ 可忽略，因此可以得到

$$\|\boldsymbol{e}(t)\|\leqslant\|\breve{\boldsymbol{B}}_i\|\|\boldsymbol{F}[\boldsymbol{x}(t),t]\|+\|\breve{\boldsymbol{C}}\|J_{\mathrm{bth}}+\|\breve{\boldsymbol{W}}_i\|\|\overline{\boldsymbol{\omega}}\|=J_{\mathrm{th1}}$$

其中，$\breve{\boldsymbol{B}}_i=\boldsymbol{C}_i(\boldsymbol{L}_{xi1}\boldsymbol{C}_i-\boldsymbol{A}_i)^{-1}\boldsymbol{B}_i$，$\breve{\boldsymbol{C}}=\boldsymbol{C}_i(\boldsymbol{L}_{xi1}\boldsymbol{C}_i-\boldsymbol{A}_i)^{-1}$，$\breve{\boldsymbol{W}}_i=\boldsymbol{C}_i(\boldsymbol{L}_{xi1}\boldsymbol{C}_i-\boldsymbol{A}_i)^{-1}\boldsymbol{W}_i$。

当 $d(t)$ 较小时，$\tilde{\boldsymbol{x}}[t-d(t)]$ 可以近似成 $\tilde{\boldsymbol{x}}(t)$，因此可以得到

$$\|\boldsymbol{e}(t)\|\leqslant\|\breve{\boldsymbol{B}}_i'\|\|\boldsymbol{F}[\boldsymbol{x}(t),t]\|+\|\breve{\boldsymbol{C}}'\|J_{\mathrm{bth}}+\|\breve{\boldsymbol{W}}_i'\|\|\overline{\boldsymbol{\omega}}\|=J_{\mathrm{th2}}$$

并且满足

$$\breve{\boldsymbol{B}}_i'=\boldsymbol{C}_i(\boldsymbol{L}_{xi1}\boldsymbol{C}_i-\boldsymbol{A}_i-\boldsymbol{A}_{di})^{-1}\boldsymbol{B}_i$$

$$\breve{\boldsymbol{C}}'=\boldsymbol{C}_i(\boldsymbol{L}_{xi1}\boldsymbol{C}_i-\boldsymbol{A}_i-\boldsymbol{A}_{di})^{-1}$$

$$\breve{\boldsymbol{W}}_i'=\boldsymbol{C}_i(\boldsymbol{L}_{xi1}\boldsymbol{C}_i-\boldsymbol{A}_i-\boldsymbol{A}_{di})^{-1}\boldsymbol{W}_i$$

综上分析，我们定义 $J_{\mathrm{th}}=\max\limits_{i\in\mathbf{S}}\{J_{\mathrm{th1}},J_{\mathrm{th2}}\}$ 为所谓的执行器部分失效故障阈值，且其逻辑算法遵循如下原则：

$$S_w(t)=\begin{cases}0, & \|\boldsymbol{e}(t)\|\leqslant J_{\mathrm{th}}\\ 1, & \|\boldsymbol{e}(t)\|>J_{\mathrm{th}}\end{cases}\tag{4-35}$$

基于公式(4-34)和(4-35)，混合容错控制器可以表示为

$$\begin{aligned}\boldsymbol{u}^{\mathrm{A}}(t)=&[1-OB_w(t)]\{[1-S_w(t)]\boldsymbol{K}_{i1}\boldsymbol{x}(t)+S_w(t)\boldsymbol{K}_{i3}\boldsymbol{x}(t)\}\\&+OB_w(t)\{[1-S_w(t)]\boldsymbol{K}_{i2}\boldsymbol{x}(t)+S_w(t)\boldsymbol{K}_{i4}\boldsymbol{x}(t)-\hat{\boldsymbol{f}}(t)\}\end{aligned}\tag{4-36}$$

且混合残差观测系统可以表示为

$$\begin{cases}\dot{\hat{\boldsymbol{x}}}(t)=\overline{\boldsymbol{A}}_i\,\hat{\boldsymbol{x}}(t)+\overline{\boldsymbol{A}}_{di}\,\hat{\boldsymbol{x}}[t-d(t)]+\overline{\boldsymbol{B}}_i\boldsymbol{u}^A(t)+\boldsymbol{L}_i[\boldsymbol{y}(t)-\hat{\boldsymbol{y}}(t)]\\ \hat{\boldsymbol{y}}(t)=\overline{\boldsymbol{C}}_i\,\hat{\boldsymbol{x}}(t)\\ \hat{\boldsymbol{x}}(t)=\boldsymbol{0}\end{cases}$$

$$\forall t\in[-\overline{d},0] \tag{4-37}$$

其中，

$$\begin{aligned}\boldsymbol{L}_i&=[1-S_w(t)]\{[1-OB_w(t)]\boldsymbol{L}_{i1}+OB_w(t)\boldsymbol{L}_{i2}\}+S_w(t)\{[1-OB_w(t)]\boldsymbol{L}_{i3}+OB_w(t)\boldsymbol{L}_{i4}\}\\&=[1-S_w(t)]\boldsymbol{L}_{i1}+S_w(t)\{[1-OB_w(t)]\boldsymbol{L}_{i3}+OB_w(t)\boldsymbol{L}_{i4}\}\end{aligned}$$

此外，设计一种故障报警信号来提高切换系统的稳定性。定义 $A_{\mathrm{th}}=\min\limits_{i\in \mathrm{S}}\{J_{\mathrm{th1}},J_{\mathrm{th2}}\}$ 为报警阈值，其工作原理为

$$A_w(t)=\begin{cases}\text{不报警}, & \|\boldsymbol{e}(t)\|\leqslant A_{\mathrm{th}}\\ \text{报警}, & \|\boldsymbol{e}(t)\|>A_{\mathrm{th}}\end{cases}$$

多级阈值的例子如图 4-1 和图 4-2 所示。在图 4-1 中，$\|\boldsymbol{e}(t)\|$ 的值超过了故障报警阈值 A_{th} 几次，但是始终没有达到执行器部分失效故障阈值 J_{th}，因此，系统会触发故障预警信号但不会切换控制器，从而避免干扰引起的误报警。而在图 4-2 中，当 $\|\boldsymbol{e}(t)\|$ 的值超过执行器部分失效故障阈值 J_{th} 时，系统将调用合适的容错控制器，进一步而言，之前的预警信号也给了系统充足时间来为执行器部分失效故障做准备。

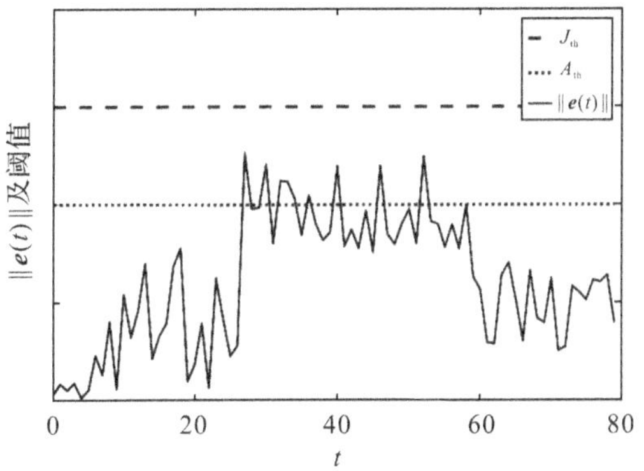

图 4-1　多级阈值的例子(1)

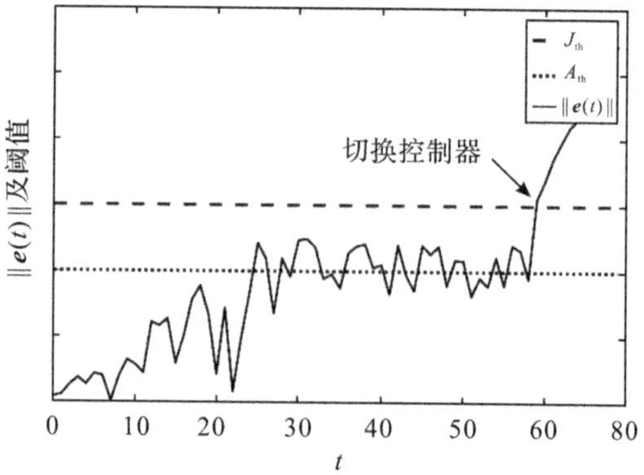

图 4-2 多级阈值的例子(2)

4.3 仿真算例

本节给出两个仿真算例,以验证我们所设计的方法的实用性和有效性。

算例 4-1 考虑如下系统:

$$\boldsymbol{A}_1=\begin{bmatrix}-0.6 & 1.6\\ 0 & 1.5\end{bmatrix},\quad \boldsymbol{B}_1=\begin{bmatrix}-0.05 & -1.2\\ -1 & 0.21\end{bmatrix},\quad \boldsymbol{A}_{d1}=\begin{bmatrix}0.3 & -0.2\\ 0.1 & 0.9\end{bmatrix}$$

$$\boldsymbol{A}_2=\begin{bmatrix}-0.4 & 1.2\\ 0 & 1.7\end{bmatrix},\quad \boldsymbol{B}_2=\begin{bmatrix}-0.1 & -1.4\\ -0.8 & 0.25\end{bmatrix},\quad \boldsymbol{A}_{d2}=\begin{bmatrix}0.2 & -0.1\\ 0.3 & 0.7\end{bmatrix}$$

$$\boldsymbol{A}_3=\begin{bmatrix}-0.8 & 1\\ 0 & 1.2\end{bmatrix},\quad \boldsymbol{B}_3=\begin{bmatrix}-0.03 & -1\\ -1.2 & 0.18\end{bmatrix},\quad \boldsymbol{A}_{d3}=\begin{bmatrix}0.35 & -0.2\\ 0.15 & 1\end{bmatrix}$$

$$\boldsymbol{C}_1=\boldsymbol{C}_2=\boldsymbol{C}_3=\boldsymbol{I},\quad \boldsymbol{W}_1=\boldsymbol{W}_2=\boldsymbol{W}_3=\boldsymbol{I},\quad \delta_1=0.13,\quad \delta_2=0.3$$

$$d(t)=0.62\,|\sin(t)|,\quad \overline{d}=0.62,\quad h=0.7$$

$$\boldsymbol{\omega}^{\mathrm{T}}(t)=\begin{cases}[\sin(t),\cos(t)]^{\mathrm{T}}, & t\leqslant 400\\ \boldsymbol{0}, & t>400\end{cases}$$

随机过程$\{r(t)\}$的转移概率矩阵为

$$\boldsymbol{Tr}=\begin{bmatrix}-0.2 & ? & ?\\ ? & ? & \alpha_{23}\\ ? & \alpha_{32} & ?\end{bmatrix}$$

其中,$\alpha_{23}\in[0.1,0.3]$,$\alpha_{32}\in[0.1,0.25]$。开环系统的输出响应如图 4-3 所

示。$\boldsymbol{y}(t)=\boldsymbol{C}\boldsymbol{x}(t)$，$\boldsymbol{y}(t)=[y_1(t)\quad y_2(t)]^{\mathrm{T}}$。可以发现，开环系统是不稳定的，因此，需要引入一个合适的控制器来镇定系统。

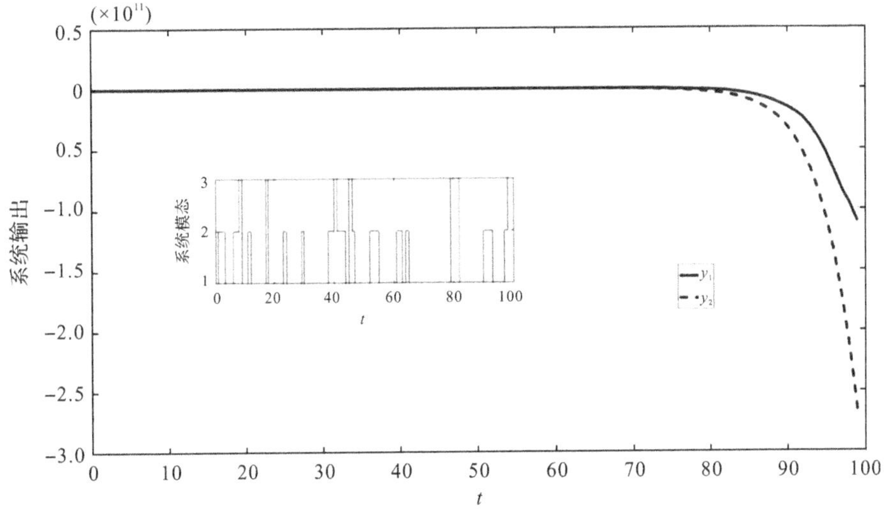

图 4-3　开环系统的输出响应

选择执行器偏移故障为 $\boldsymbol{F}[\boldsymbol{x}(t),t]^{\mathrm{T}}=[f_1,f_2]^{\mathrm{T}}$，$F_{\alpha}=11.5$，$F_{\beta}=0.5$ 以及 $F_{\max}=15$。其中，$f_1=f_2=10+\mathrm{diag}\{0.5,0.3\}\boldsymbol{x}(t)+1.5\mathrm{rand}(t)$。rand$(t)$ 表示 0～1 的随机数。通过定理 4-3、定理 4-4 和定理 4-7，我们可以得到如下容错控制器增益以及相应的观测器增益：

$$\boldsymbol{K}_{11}=\begin{bmatrix}0.4932 & 4.4916\\ 1.1997 & 1.1210\end{bmatrix},\quad \boldsymbol{K}_{21}=\begin{bmatrix}0.9827 & 6.4352\\ 1.5259 & 0.4702\end{bmatrix}$$

$$\boldsymbol{K}_{31}=\begin{bmatrix}0.5481 & 4.0067\\ 1.8314 & 0.9170\end{bmatrix},\quad \boldsymbol{K}_{12}=\begin{bmatrix}0.4879 & 4.4556\\ 1.1535 & 1.1276\end{bmatrix}$$

$$\boldsymbol{K}_{22}=\begin{bmatrix}0.9698 & 6.3584\\ 1.4635 & 0.4824\end{bmatrix},\quad \boldsymbol{K}_{32}=\begin{bmatrix}0.5389 & 3.9573\\ 1.7475 & 0.9249\end{bmatrix}$$

$$\boldsymbol{L}_{11}=\boldsymbol{L}_{12}=\begin{bmatrix}4.043 & -0.113 & -0.135 & -1.37 & -0.404 & -3.304\\ 1.065 & 7.094 & -1.338 & 0.184 & -4.016 & 0.454\end{bmatrix}$$

$$\boldsymbol{L}_{21}=\boldsymbol{L}_{22}=\begin{bmatrix}5.197 & -0.169 & -0.166 & -1.78 & -0.466 & -4.011\\ 0.612 & 8.013 & -1.707 & 0.250 & -4.839 & 0.588\end{bmatrix}$$

$$\boldsymbol{L}_{31}=\boldsymbol{L}_{32}=\begin{bmatrix}4.520 & -0.128 & -0.166 & -1.74 & -0.446 & -3.962\\ 0.366 & 7.844 & -1.724 & 0.248 & -4.804 & 0.569\end{bmatrix}$$

执行器部分失效故障为 $M=\mathrm{diag}\{0.27,0.33\}$，其上界为 $\mathrm{diag}\{0.3,0.4\}$，下界为 $\mathrm{diag}\{0.25,0.2\}$。根据定理 4-5、定理 4-6 和定理 4-8，我们可以得到如下容错控制器增益以及相应的观测器增益：

$$\boldsymbol{K}_{13}=\begin{bmatrix}2.0124 & 19.4152\\ 2.6373 & 0.7148\end{bmatrix},\quad \boldsymbol{K}_{23}=\begin{bmatrix}4.2222 & 27.9026\\ 3.1902 & -0.6893\end{bmatrix}$$

$$\boldsymbol{K}_{33}=\begin{bmatrix}2.0841 & 16.8038\\ 2.7786 & 0.1258\end{bmatrix},\quad \boldsymbol{K}_{14}=\begin{bmatrix}1.9796 & 19.4075\\ 2.4944 & 0.5942\end{bmatrix}$$

$$\boldsymbol{K}_{24}=\begin{bmatrix}4.1964 & 27.9385\\ 3.0831 & -0.7497\end{bmatrix},\quad \boldsymbol{K}_{34}=\begin{bmatrix}2.0513 & 16.7653\\ 2.6191 & 0.0301\end{bmatrix}$$

$$\boldsymbol{L}_{13}=\begin{bmatrix}5.410 & 0.592 & -0.238 & -0.652 & -1.231 & -3.226\\ 1.704 & 10.202 & -1.363 & 0.056 & -7.021 & 0.294\end{bmatrix}$$

$$\boldsymbol{L}_{23}=\begin{bmatrix}9.030 & 0.450 & -0.325 & -1.081 & -1.651 & -5.274\\ 1.367 & 12.840 & -1.936 & 0.108 & -9.788 & 0.562\end{bmatrix}$$

$$\boldsymbol{L}_{33}=\begin{bmatrix}5.954 & 1.156 & -0.379 & -0.741 & -1.934 & -3.959\\ 1.869 & 13.086 & -2.061 & 0.031 & -10.488 & 0.188\end{bmatrix}$$

$$\boldsymbol{L}_{14}=\begin{bmatrix}5.376 & 0.611 & -0.241 & -0.640 & -1.245 & -3.190\\ 1.704 & 10.202 & -1.361 & 0.056 & -7.027 & 0.300\end{bmatrix}$$

$$\boldsymbol{L}_{24}=\begin{bmatrix}8.998 & 0.466 & -0.329 & -1.062 & -1.667 & -5.229\\ 1.360 & 12.817 & -1.932 & 0.109 & -9.785 & 0.581\end{bmatrix}$$

$$\boldsymbol{L}_{34}=\begin{bmatrix}5.924 & 1.179 & -0.383 & -0.728 & -1.953 & -3.624\\ 1.880 & 13.100 & -2.064 & 0.031 & -10.524 & 0.199\end{bmatrix}$$

发生执行器偏移故障的闭环系统的输出响应如图 4-4 所示。可以发现，正常情况下的闭环系统是稳定的，但是当系统发生未知的执行器偏移故障时，若系统继续调用同样的容错控制器，则系统输出响应会收敛至一个邻域内。这个邻域的位置是由位置执行器偏移故障和外部扰动共同决定的。

同时发生两种执行器故障的闭环系统的输出响应如图 4-5 所示。可以发现，若系统调用了合适的容错控制器 $\boldsymbol{K}_{i2}$ 以及执行器偏移故障的估计值 $\hat{f}(t)$，则图 4-4 中的问题将较好地得到解决。但是，当系统发生执行器部分失效故障时，若系统不调用容错控制器 $\boldsymbol{K}_{i3}$ 或 $\boldsymbol{K}_{i4}$，则系统将重新变成不稳定的。

混合容错控制器作用下闭环系统的输出响应如图 4-6 所示。通过使用混合容错控制器，上述问题得到解决，这也体现了我们所设计的方法的优越性。在前期，容错控制器 $\boldsymbol{K}_{i1}$ 可以比较好地镇定系统，直到系统发生执行器偏移故

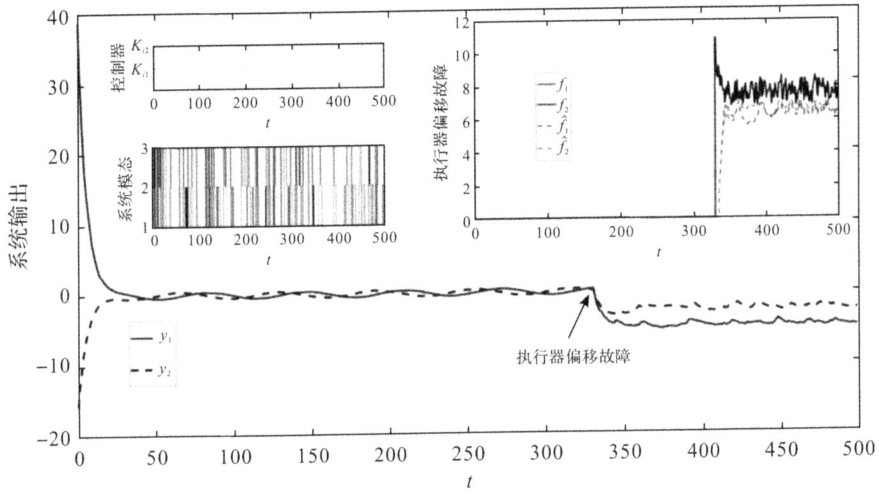

图 4-4　发生执行器偏移故障的闭环系统的输出响应(容错控制器不变)

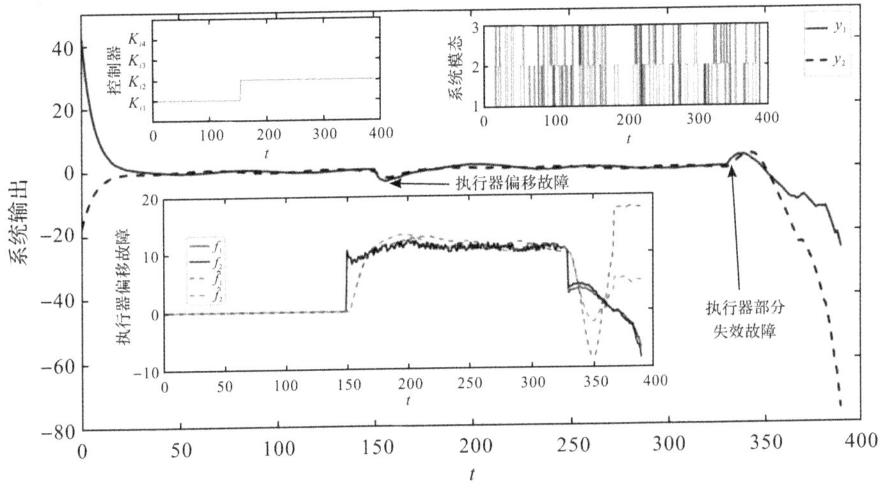

图 4-5　同时发生两种执行器故障的闭环系统的输出响应(不调用 $\boldsymbol{K}_{i3}$ 或 $\boldsymbol{K}_{i4}$)

障,系统性能下降。此时,系统的输出以及 $\hat{\boldsymbol{f}}(t)$ 的值都开始发散。当 $\|\boldsymbol{B}_i\hat{\boldsymbol{f}}(s)\|$ 超过执行器偏移故障阈值 J_{bth} 时,$\|\boldsymbol{e}(t)\|$ 并未超过执行器部分失效故障阈值 J_{th},所以切换系统判定被控系统内有可能只存在执行器偏移故障,容错控制器 $\boldsymbol{K}_{i2}$ 以及 $\hat{\boldsymbol{f}}(t)$ 得以调用,$\|\boldsymbol{e}(t)\|$ 再一次收敛。当系统发生执行器部分失效故障时,$\|\boldsymbol{e}(t)\|$ 再一次发散,并且其数值很快就达到了执

行器部分失效故障阈值 J_{th}。此时，系统立即调用容错控制器 $\boldsymbol{K}_{i4}$，使得闭环系统再次稳定。

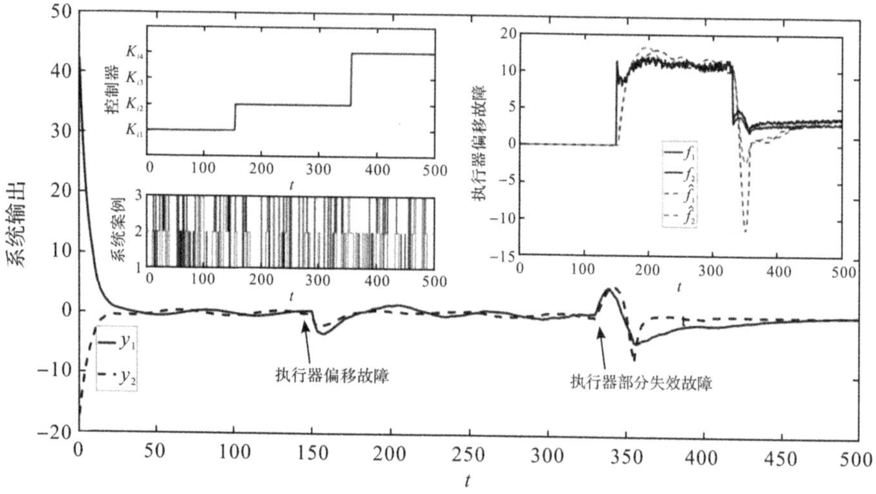

图 4-6　混合容错控制器作用下闭环系统的输出响应

算例 4-2　考虑一类单连杆机械臂系统[121]，如下所示：

$$\ddot{\theta}(t)=-\frac{M_i gL}{J_i}\sin[\theta(t)]-\frac{D}{J_i}\dot{\theta}(t)+\frac{1}{J_i}[u(t)+d_1(t)]+\frac{1}{J_i}d_2(t) \tag{4-38}$$

其中，$\theta(t)$ 为机器人手臂的角度位置，$u(t)$ 为控制输入，$d_1(t)$ 为执行器的偏移故障，$d_2(t)$ 为外部扰动，M_i 为有效载荷的质量，g 为重力加速度，L 为机械臂的长度，J_i 为惯性矩，D 为黏性摩擦力。假设 $g=9.8$，$L=0.4$ 且 $D=2$。

定义 $x_1(t)=\theta(t)$，$x_2(t)=\dot{\theta}(t)$，控制输出 $\boldsymbol{y}(t)=[x_1(t),x_2(t)]^{\mathrm{T}}$，则单连杆机械臂系统(4-38)可以重新写成

$$\begin{cases}\dot{\boldsymbol{x}}(t)=\begin{bmatrix}0 & 1\\ 0 & -\dfrac{1}{J_i}\end{bmatrix}\boldsymbol{x}(t)+\begin{bmatrix}0\\ \dfrac{1}{J_i}\end{bmatrix}\{u(t)+\{d_1(t)-M_i gL\sin[x_1(t)]\}\}\\ \qquad +\begin{bmatrix}0 & 0\\ \dfrac{1}{J_i} & 0\end{bmatrix}\begin{bmatrix}d_2(t)\\ 0\end{bmatrix}\\ \boldsymbol{y}(t)=\boldsymbol{x}(t)\end{cases} \tag{4-39}$$

各个模态的参数为

$$J_1 = 1.0,\quad M_1 = 1.0,\quad J_2 = 1.2,\quad M_2 = 0.4$$
$$J_3 = 2.0,\quad M_3 = 1.0,\quad J_4 = 1.5,\quad M_4 = 0.5$$

转移概率矩阵为

$$\boldsymbol{Tr} = \begin{bmatrix} -0.9 & ? & ? & 0.4 \\ 0.1 & ? & 0.4 & ? \\ ? & ? & -0.7 & ? \\ 0.2 & 0.2 & 0.4 & -0.8 \end{bmatrix}$$

执行器偏移故障 $d_1(t)$ 和外部扰动 $d_2(t)$ 分别选择为 $2+\mathrm{e}^{-t}\sin(t)$ 和 $\mathrm{e}^{-t}\sin(t)$。执行器部分失效故障为 $M=0.2$，其已知上下界分别为 0.25 和 0.15。

根据本章的相关定理，我们可以得到

$$\boldsymbol{K}_{11} = \begin{bmatrix} -1.6907 \\ -0.7989 \end{bmatrix},\quad \boldsymbol{K}_{21} = \begin{bmatrix} -1.3791 \\ -0.7686 \end{bmatrix},\quad \boldsymbol{K}_{31} = \begin{bmatrix} -4.3945 \\ -3.3467 \end{bmatrix}$$

$$\boldsymbol{K}_{41} = \begin{bmatrix} -1.4543 \\ -0.9866 \end{bmatrix},\quad \boldsymbol{K}_{12} = \begin{bmatrix} -1.4715 \\ -0.6509 \end{bmatrix},\quad \boldsymbol{K}_{22} = \begin{bmatrix} -1.1982 \\ -0.6319 \end{bmatrix}$$

$$\boldsymbol{K}_{32} = \begin{bmatrix} -3.8156 \\ -2.9789 \end{bmatrix},\quad \boldsymbol{K}_{42} = \begin{bmatrix} -1.2623 \\ -0.8379 \end{bmatrix},\quad \boldsymbol{K}_{13} = \begin{bmatrix} -5.7474 \\ -5.7043 \end{bmatrix}$$

$$\boldsymbol{K}_{23} = \begin{bmatrix} -5.1096 \\ -5.5239 \end{bmatrix},\quad \boldsymbol{K}_{33} = \begin{bmatrix} -16.9406 \\ -21.3480 \end{bmatrix},\quad \boldsymbol{K}_{43} = \begin{bmatrix} -4.1696 \\ -5.1275 \end{bmatrix}$$

$$\boldsymbol{K}_{14} = \begin{bmatrix} -5.0899 \\ -5.2401 \end{bmatrix},\quad \boldsymbol{K}_{24} = \begin{bmatrix} -4.5393 \\ -5.0842 \end{bmatrix},\quad \boldsymbol{K}_{34} = \begin{bmatrix} -15.0541 \\ -20.1389 \end{bmatrix}$$

$$\boldsymbol{K}_{44} = \begin{bmatrix} -3.6636 \\ -4.6661 \end{bmatrix}$$

$$\boldsymbol{L}_{11} = \boldsymbol{L}_{12} = \begin{bmatrix} 2.5427 & 1.0017 \\ -0.0054 & 6.0541 \\ -0.0007 & 2.7493 \\ -0.0009 & 5.4088 \end{bmatrix},\quad \boldsymbol{L}_{13} = \begin{bmatrix} 2.5530 & 0.9989 \\ -0.0051 & 8.6973 \\ 0.0002 & 2.9126 \\ 0.0008 & 6.6978 \end{bmatrix}$$

$$\boldsymbol{L}_{14} = \begin{bmatrix} 2.5537 & 0.9991 \\ -0.0043 & 8.4975 \\ 0.0002 & 2.9354 \\ 0.0007 & 6.6527 \end{bmatrix},\quad \boldsymbol{L}_{21} = \boldsymbol{L}_{22} = \begin{bmatrix} 1.8004 & 1.0012 \\ -0.0046 & 4.1880 \\ -0.0006 & 1.8878 \\ -0.0009 & 3.8662 \end{bmatrix}$$

$$L_{23}=\begin{bmatrix}1.8123 & 0.9992\\ -0.0045 & 5.9265\\ 0.0002 & 1.9768\\ 0.0007 & 4.6985\end{bmatrix},\quad L_{24}=\begin{bmatrix}1.8135 & 0.9994\\ -0.0038 & 5.8069\\ 0.0002 & 1.9960\\ 0.0006 & 4.6796\end{bmatrix}$$

$$L_{31}=L_{32}=\begin{bmatrix}3.2707 & 1.0023\\ -0.0038 & 8.4668\\ -0.0009 & 3.5966\\ -0.0012 & 7.1209\end{bmatrix},\quad L_{33}=\begin{bmatrix}3.2762 & 0.9985\\ -0.0014 & 11.8737\\ 0.0003 & 3.7834\\ 0.0012 & 8.7539\end{bmatrix}$$

$$L_{34}=\begin{bmatrix}3.2775 & 0.9988\\ -0.0011 & 11.6055\\ 0.0003 & 3.8149\\ 0.0011 & 8.6976\end{bmatrix},\quad L_{41}=L_{42}=\begin{bmatrix}1.8956 & 1.0012\\ -0.0037 & 4.4826\\ -0.0006 & 1.9942\\ -0.0008 & 4.0447\end{bmatrix}$$

$$L_{43}=\begin{bmatrix}1.9058 & 0.9992\\ -0.0033 & 6.2347\\ 0.0001 & 2.0793\\ 0.0005 & 4.8874\end{bmatrix},\quad L_{44}=\begin{bmatrix}1.9060 & 0.9994\\ -0.0028 & 6.1023\\ 0.0001 & 2.0975\\ 0.0005 & 4.8634\end{bmatrix}$$

混合容错控制器作用下闭环系统的输出响应如图 4-7 所示。执行器偏移故障总是存在的，因此系统会非常迅速地调用 $\boldsymbol{K}_{i2}$。当 $t=50$ 时，系统发生执行器部分失效故障，这会导致系统状态发散。接着，系统调用容错控制器 $\boldsymbol{K}_{i4}$ 以及相应的观测器 $\boldsymbol{L}_{i4}$，使得闭环系统再次稳定。

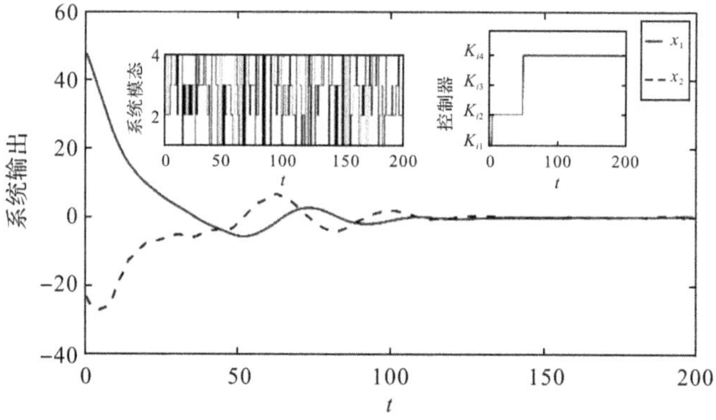

图 4-7 混合容错控制器作用下闭环系统的输出响应

第5章　网络化系统的模态异步容错控制

就目前针对随机网络化系统的控制方法来看，大多数控制器的设计方法不依赖原系统的模态（即模态独立控制器），或者与系统的模态完全相同（即模态同步控制器）。然而诸如干扰、网络诱导时延以及执行器故障等因素都会导致原系统的模态信息不能完全传输至控制器。模态信息的不完全传输会造成系统的模态与控制器的模态不相同，这种现象被称为模态异步现象。为了解决这类问题，Wu等[122]使用隐Markov模型描述异步现象并以此来设计异步控制器。Shen等[123]设计了一种用于Markov跳变系统的异步状态反馈控制器，其亮点在于状态反馈被对数量化器量化，控制器和量化器的跳变模态都与系统的跳变模态异步运行。

本章针对模态异步网络化系统，首先设计了一种模态依赖事件触发机制，以减轻不必要的通信负担；随后分别基于鲁棒控制理论和自适应控制理论，提出了 H_∞ 模态异步容错控制方法和自适应模态异步控制方法，不仅有效地削弱了故障对系统的影响，而且解决了系统中存在的模态异步问题。

5.1　H_∞ 模态异步容错控制

5.1.1　问题描述

模态依赖事件触发机制下存在执行器故障和外部扰动的Markov跳变系统结构如图5-1所示。

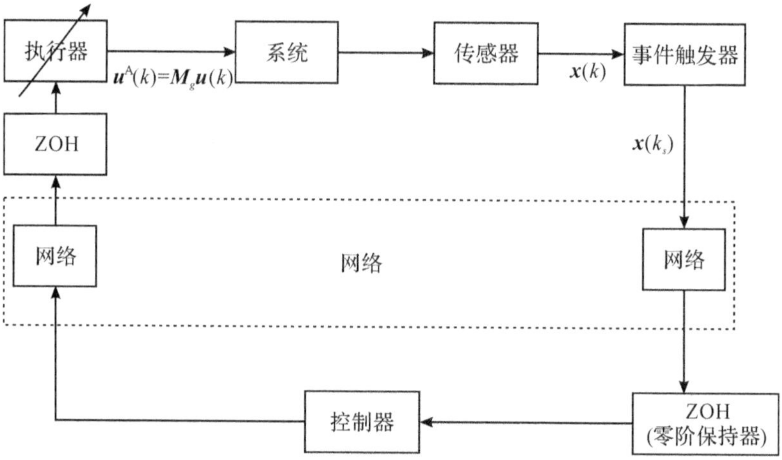

图 5-1　模态依赖事件触发机制下 Markov 跳变系统结构

离散 Markov 跳变系统模型表示如下：

$$\begin{cases} \boldsymbol{x}(k+1)=\boldsymbol{A}(r_k)\boldsymbol{x}(k)+\boldsymbol{B}(r_k)\boldsymbol{u}^{\mathrm{A}}(k)+\boldsymbol{W}_1(r_k)\boldsymbol{\omega}(k) \\ \boldsymbol{y}(k)=\boldsymbol{C}(r_k)\boldsymbol{x}(k)+\boldsymbol{D}(r_k)\boldsymbol{u}^{\mathrm{A}}(k)+\boldsymbol{W}_2(r_k)\boldsymbol{\omega}(k) \end{cases} \tag{5-1}$$

其中，$\boldsymbol{x}(k)\in\mathbf{R}^n$ 为系统状态，$\boldsymbol{u}^{\mathrm{A}}(k)\in\mathbf{R}^m$ 为被控对象的控制输入信号，$\boldsymbol{y}(k)\in\mathbf{R}^p$ 为被控对象的控制输出信号，$\boldsymbol{\omega}(k)\in L_2[0,\infty)\in\mathbf{R}^q$ 为外部的扰动输入，并且假设扰动是有界的但是上下界未知。$\boldsymbol{A}(r_k)$，$\boldsymbol{B}(r_k)$，$\boldsymbol{C}(r_k)$，$\boldsymbol{D}(r_k)$，$\boldsymbol{W}_1(r_k)$，$\boldsymbol{W}_2(r_k)$ 均为已知的实常数系统矩阵且具有合适的维度。系统的转移概率 S_{ij} 受到 Markov 参数 $r_k\in\mathbb{N}=\{1,2,\cdots,N\}$ 的控制且受到转移概率矩阵 $\boldsymbol{S}=\{S_{ij}\}$的影响。$S_{ij}$ 满足

$$S_{ij}=\mathrm{Prob}\{r_{k+1}=j\mid r_k=i\},\quad \forall\, i,j\in\mathbb{N} \tag{5-2}$$

其中，S_{ij} 表示从时刻 k 的模态 i 到时刻 $k+1$ 的模态 j 的跳变概率，并且满足约束条件

$$S_{ij}\in[0,\ 1],\quad \sum_{j=1}^{S}S_{ij}=1$$

采用如下事件检测器以接收采样数据，并进一步验证是否将当前数据传输至控制器，若满足不等式(5-3)，则事件将被触发：

$$\begin{aligned}&[\boldsymbol{x}(k_s+q)-\boldsymbol{x}(k_s)]^{\mathrm{T}}\boldsymbol{E}(r_k)[\boldsymbol{x}(k_s+q)-\boldsymbol{x}(k_s)]\\&\geqslant\alpha(r_k)\boldsymbol{x}^{\mathrm{T}}(k_s+q)\boldsymbol{E}(r_k)\boldsymbol{x}(k_s+q)\end{aligned} \tag{5-3}$$

其中，$\alpha(r_k) \in [0, 1]$ 为已知的模态依赖触发阈值，$\boldsymbol{E}(r_k)$ 为模态依赖触发矩阵，$\boldsymbol{x}(k_s)$ 为采样时刻 $k_s(k_s \in \boldsymbol{U}_2 \triangleq \{k_s\}_{s=0}^{\infty})$ 的最新一次触发的状态，且假设第一个触发的采样时刻 $k_0 = 0$。由分析可知，采样时刻和触发时刻两者之间的关系可表示为 $\boldsymbol{U}_2 \in \boldsymbol{U}_1 \triangleq \{k\}_0^{\infty}$。此外，$\forall q = 1, 2, \cdots, Q$，定义数据传输误差 $\boldsymbol{e}(k) = \boldsymbol{x}(k_s + q) - \boldsymbol{x}(k_s)$。$q$ 表示从当前信息被传输的采样时刻 k_s 到下一个信息被传输的采样时刻 k_{s+1} 的时间间隔，且当条件(5-3)成立时，$k_{s+1} = k_s + q$。定义如下时间间隔：

$$[k_s + \tau_{k_s}, k_{s+1} + \tau_{k_{s+1}}] = \bigcup_{q=0}^{Q} K_{q,k_s} \tag{5-4}$$

其中，

$$\bigcup_{q=0}^{Q} K_{q,k_s} = [k_s + (q-1) + \tau_{k_s+(q-1)},\ k_s + q + \tau_{k_s+q})$$

定义网络诱导时延为

$$\tau(k) = k - k_s - q, \quad k \in \bigcup_{q=0}^{Q} K_{q,k_s} \tag{5-5}$$

并且满足上下界约束

$$\tau_{\mathrm{m}} = \min\{\tau_{k_s}\} \leqslant \tau(k) \leqslant \tau_{\mathrm{M}}, \quad k \in \bigcup_{q=0}^{Q} K_{q,k_s} \tag{5-6}$$

其中，τ_{m} 和 τ_{M} 分别为网络诱导时延的下界和上界。

基于以上分析，触发条件(5-3)可进一步改写为

$$\boldsymbol{e}^{\mathrm{T}}(k)\boldsymbol{E}(r_k)\boldsymbol{e}(k) \geqslant \alpha(r_k)\boldsymbol{x}^{\mathrm{T}}[k - \tau(k)]\boldsymbol{E}(r_k)\boldsymbol{x}[k - \tau(k)] \tag{5-7}$$

注 5-1　本章所设计的模态依赖的事件触发条件(5-7)中的阈值参数 $\alpha(r_k)$ 与触发矩阵 $\boldsymbol{E}(r_k)$ 都依赖系统跳变模态信息，这一点在大多数现有研究成果中都没有被考虑到。值得注意的是，本章所提出的模态依赖的离散事件触发机制不仅可以有效减少网络传输中的数据丢失、增大网络资源利用效率，而且能避免 Zeno(芝诺)行为的发生。

下一步，将基于事件触发条件(5-7)，考虑被控对象、控制器及执行器的模态异步问题，设计相应的容错控制算法。

5.1.2　主要结果

本节在设计控制器时考虑了执行器故障。依赖模态的控制输入和执行器故障模型设计如下：

$$\boldsymbol{u}(k) = \boldsymbol{K}(\varphi_k)\boldsymbol{x}(k_s) \tag{5-8}$$

$$\boldsymbol{u}^{\mathrm{A}}(k) = \boldsymbol{M}(\xi_k)\boldsymbol{u}(k) \tag{5-9}$$

其中，$\boldsymbol{u}(k)$ 为待设计的控制信号，$\boldsymbol{u}^{\mathrm{A}}(k)$ 为系统的输入信号，$\boldsymbol{K}(\varphi_k)$ 和 $\boldsymbol{M}(\xi_k)$ 分别为依赖模态的控制器增益矩阵和执行器部分失效故障矩阵，Markov 参数 φ_k 和 ξ_k 分别表示控制器和执行器的模态信息。$\forall i \in \mathbb{N}$，$f \in \mathbb{F}=\{1,2,\cdots,F\}$，$g \in \mathbb{G}=\{1,2,\cdots,G\}$，$\varphi_k$ 和 ζ_k 分别通过条件概率矩阵 $\boldsymbol{C}=\{C_{if}\}$ 和 $\boldsymbol{A}=\{A_{ig}\}$ 受到系统模态 r_k 的影响。条件概率 A_{ig}，C_{if} 分别表示控制器以跳变模态 f，执行器以跳变模态 g 与系统跳变模态 i 异步运行，且满足

$$\begin{aligned} &\mathrm{Prob}\{\varphi_k=f \mid r_k=i\}=C_{if}, \qquad \forall i \in \mathbb{N},\ f \in \mathbb{F} \\ &\mathrm{Prob}\{\xi_k=g \mid r_k=i\}=A_{ig}, \qquad \forall i \in \mathbb{N},\ g \in \mathbb{G} \end{aligned} \tag{5-10}$$

其中，条件概率 C_{if} 和 A_{ig} 分别满足约束条件

$$C_{if} \in [0,1],\ \sum_{f=1}^{F} C_{if}=1 \text{ 和 } A_{ig} \in [0,1],\ \sum_{g=1}^{G} A_{ig}=1$$

注 5-2 值得注意的是，系统、控制器和执行器的跳变模态 r_k，φ_k 和 ξ_k 互不相等，但是控制器的模态跳变过程是由 Markov 参数 φ_k 直接控制的，且通过条件概率矩阵 $\boldsymbol{C}=\{C_{if}\}$ 间接被系统的 Markov 参数 r_k（满足转移概率矩阵 $\boldsymbol{S}$）所影响。同理，执行器的模态跳变过程是由 Markov 参数 ξ_k 直接控制的，且通过条件概率矩阵 $\boldsymbol{A}=\{A_{ig}\}$ 间接被系统的 Markov 参数 r_k 所影响。因此，我们建立了隐 Markov 模型 $[r_k, \varphi_k, \boldsymbol{S}, \boldsymbol{C}]$ 以表示控制器与系统两者模态之间的异步现象。同理，执行器和与系统两者模态之间的异步现象由隐 Markov 模型 $[r_k, \xi_k, \boldsymbol{S}, \boldsymbol{A}]$ 来描述。

注 5-3 通过隐 Markov 模型 $[r_k, \varphi_k, \boldsymbol{S}, \boldsymbol{C}]$ 中参数取值的不同，结果可分为如下三种情况。①模态独立：$\varphi_k \in \{1\}$，$\boldsymbol{C}=[1 \ \cdots \ 1]^{\mathrm{T}}$，此情况不需要考虑系统的跳变模态信息。②模态同步：$\boldsymbol{C}=\boldsymbol{I}$，系统的跳变模态信息与控制器的跳变模态信息完全同步。③聚类：系统的 Markov 参数 r_k 被分为几个聚类，并且在每个聚类中，控制器的 Markov 参数 φ_k 的条件概率仅仅取决于 r_k 属于哪个聚类。有一种极端的只有一个聚类的情况，此时条件概率矩阵 $\boldsymbol{A}$ 具有相同的行。

为了简便描述，我们用 i, j, f, g 代替 Markov 参数 $r_k, r_{k+1}, \varphi_k, \xi_k$。因此，执行器故障模型(5-9)可重新表示为

$$\boldsymbol{u}^{\mathrm{A}}(k)=\boldsymbol{M}_g \boldsymbol{u}(k) \tag{5-11}$$

其中，矩阵 $\boldsymbol{M}_g=\mathrm{diag}\{m_{g1}, m_{g2}, \cdots, m_{gn_u}\}$ 为执行器部分失效故障矩阵，且每个部分失效故障系数都满足如下条件：

$$0 \leqslant m_{gl}^{\min} \leqslant m_{gl} \leqslant m_{gl}^{\max} \leqslant 1, \quad \forall l = 1,2,\cdots,n_u$$

根据部分失效故障系数 m_{gl} 取值的不同，执行器故障模型(5-11) 可分为如下三种情况。①$m_{gl}=1$：第 l 个执行器是正常运作的，此时 $\boldsymbol{u}^{\mathrm{A}}(k)=\boldsymbol{u}(k)$。②$0<m_{gl}<1$：部分失效故障出现在第 l 个执行器中。③$m_{gl}=0$：第 l 个执行器完全失效，即发生了停机故障。

注 5-4　对于任意一个执行器部分失效系数 m_{gl}，$\forall l=1,2,\cdots,n_u$，至少有一个执行器不发生停机故障。

由于本章讨论的执行器的部分失效故障是未知的，因此直接使用部分失效故障矩阵 $\boldsymbol{M}_g$ 会使我们设计的容错控制器具有很大的保守性。为了克服这个问题，定义 $\boldsymbol{M}_g=(\boldsymbol{I}+\boldsymbol{Z})\overline{\boldsymbol{M}}_g$ 和 $|\boldsymbol{Z}|\leqslant \boldsymbol{H}\leqslant \boldsymbol{I}$，其中，

$$\overline{\boldsymbol{M}}_g=\operatorname{diag}\{\overline{m}_{g1},\overline{m}_{g2},\cdots,\overline{m}_{gn_u}\},\quad \boldsymbol{H}=\operatorname{diag}\{h_1,h_2,\cdots,h_{\bar{\omega}}\}$$

$$\boldsymbol{Z}=\operatorname{diag}\{z_1,z_2,\cdots,z_{\bar{\omega}}\},\quad |\boldsymbol{Z}|=\operatorname{diag}\{|z_1|,|z_2|,\cdots,|z_{\bar{\omega}}|\}$$

$$\overline{m}_{gl}=\frac{m_{gl}^{\max}+m_{gl}^{\min}}{2},\quad h_l=\frac{m_{gl}^{\max}-m_{gl}^{\min}}{m_{gl}^{\min}+m_{gl}^{\max}},\quad z_l=\frac{m_{gl}-\overline{m}_{gl}}{\overline{m}_{gl}}$$

基于以上分析，闭环系统的状态空间方程可以写成如下形式：

$$\begin{cases}\boldsymbol{x}(k+1)=\boldsymbol{A}_i\boldsymbol{x}(k)+\boldsymbol{B}_i\boldsymbol{M}_g\boldsymbol{K}_f\boldsymbol{x}[k-\tau(k)]-\boldsymbol{B}_i\boldsymbol{M}_g\boldsymbol{K}_f\boldsymbol{e}(k)+\boldsymbol{W}_{1i}\boldsymbol{\omega}(k)\\ \boldsymbol{y}(k)=\boldsymbol{C}_i\boldsymbol{x}(k)+\boldsymbol{D}_i\boldsymbol{M}_g\boldsymbol{K}_f\boldsymbol{x}[k-\tau(k)]-\boldsymbol{D}_i\boldsymbol{M}_g\boldsymbol{K}_f\boldsymbol{e}(k)+\boldsymbol{W}_{2i}\boldsymbol{\omega}(k)\end{cases} \tag{5-12}$$

接下来，我们先给出使闭环系统(5-12) 带有 H_∞ 扰动抑制性能的均方渐近稳定的充分条件，然后基于该充分条件，设计异步 H_∞ 容错控制器。

定理 5-1　$\forall i\in\mathbb{N}$，$f\in\mathbb{F}$，$g\in\mathbb{G}$，给定标量 $\gamma>0$ 和 α_i，若存在正数 τ_{M} 和 τ_{m}，矩阵 $\boldsymbol{K}_f$ 和 $\boldsymbol{M}_g$，正定的对称矩阵 $\boldsymbol{R},\boldsymbol{P}_i,\boldsymbol{E}_i$ 和 $\boldsymbol{Y}_{ifg}$，使得条件(5-13) 和(5-14) 成立，则闭环 Markov 跳变系统(5-12) 是随机均方稳定的，并且具有 H_∞ 性能指标 γ。

$$\sum_{f=1}^{F}\sum_{g=1}^{G}C_{if}A_{ig}\boldsymbol{Y}_{ifg}<\boldsymbol{P}_i \tag{5-13}$$

$$\begin{bmatrix}\boldsymbol{\Xi}_{1,1} & \boldsymbol{\Xi}_{ifg}\\ * & \boldsymbol{\Xi}_{2,2}\end{bmatrix}<0 \tag{5-14}$$

其中，

$$\boldsymbol{\Xi}_{1,1}=\operatorname{diag}\{-\tilde{\boldsymbol{P}}_i^{-1},-\boldsymbol{I}\},\quad \tilde{\boldsymbol{P}}_i=\sum_{j=1}^{N}S_{ij}\boldsymbol{P}_j,\quad \delta_\tau=\tau_{\mathrm{M}}-\tau_{\mathrm{m}}+1$$

$$\boldsymbol{\Xi}_{2,2} = \operatorname{diag}\{\delta_\tau \boldsymbol{R} - \boldsymbol{Y}_{ifg},\ \alpha_i \boldsymbol{E}_i - \boldsymbol{R},\ -\boldsymbol{E}_i,\ -\gamma^2 \boldsymbol{I}\}$$

$$\boldsymbol{\Xi}_{ifg} = \begin{bmatrix} \boldsymbol{A}_i & \boldsymbol{B}_i \boldsymbol{M}_g \boldsymbol{K}_f & -\boldsymbol{B}_i \boldsymbol{M}_g \boldsymbol{K}_f & \boldsymbol{W}_{1i} \\ \boldsymbol{C}_i & \boldsymbol{D}_i \boldsymbol{M}_g \boldsymbol{K}_f & -\boldsymbol{B}_i \boldsymbol{M}_g \boldsymbol{K}_f & \boldsymbol{W}_{2i} \end{bmatrix}$$

证明:条件(5-13) 等价于

$$\widetilde{\boldsymbol{Y}}_i = \sum_{f=1}^{F} \sum_{g=1}^{G} C_{if} A_{ig} \boldsymbol{Y}_{ifg} - \boldsymbol{P}_i < 0 \tag{5-15}$$

从条件(5-14) 可导出如下不等式:

$$\begin{bmatrix} -\widetilde{\boldsymbol{P}}_i^{-1} & \boldsymbol{A}_i & \boldsymbol{B}_i \boldsymbol{M}_g \boldsymbol{K}_f & -\boldsymbol{B}_i \boldsymbol{M}_g \boldsymbol{K}_f \\ * & \delta_\tau \boldsymbol{R} - \boldsymbol{Y}_{ifg} & \boldsymbol{0} & \boldsymbol{0} \\ * & * & \alpha_i \boldsymbol{E}_i - \boldsymbol{R} & \boldsymbol{0} \\ * & * & * & -\boldsymbol{E}_i \end{bmatrix} < 0 \tag{5-16}$$

基于引理 2-1,结合不等式(5-14) 和(5-16),可得如下结论:

$$\boldsymbol{V} + \boldsymbol{W}_{ifg}^{\mathrm{T}} \boldsymbol{P}_i \boldsymbol{W}_{ifg} < \widetilde{\boldsymbol{Y}}_{ifg} \tag{5-17}$$

$$\boldsymbol{\Xi}_{2,2} + \boldsymbol{\Xi}_{ifg}^{\mathrm{T}} \boldsymbol{\Xi}_{1,1}^{-1} \boldsymbol{\Xi}_{ifg} < \hat{\boldsymbol{Y}}_{ifg} \tag{5-18}$$

其中,

$$\boldsymbol{V} = \operatorname{diag}\{\delta_\tau \boldsymbol{R},\ \alpha_i \boldsymbol{E}_i - \boldsymbol{R},\ -\boldsymbol{E}_i\}$$

$$\boldsymbol{W}_{ifg} = [\boldsymbol{A}_i\ \boldsymbol{B}_i \boldsymbol{M}_g \boldsymbol{K}_f - \boldsymbol{B}_i \boldsymbol{M}_g \boldsymbol{K}_f]$$

$$\widetilde{\boldsymbol{Y}}_{ifg} = \operatorname{diag}\{\boldsymbol{Y}_{ifg}, \boldsymbol{0}, \boldsymbol{0}\},\quad \hat{\boldsymbol{Y}}_{ifg} = \operatorname{diag}\{\boldsymbol{Y}_{ifg}, \boldsymbol{0}, \boldsymbol{0}, \boldsymbol{0}\}$$

构造如下模态依赖的 Lyapunov-Krasovskii 函数:

$$V[\boldsymbol{x}(k), k] = V_1[\boldsymbol{x}(k), k] + V_2[\boldsymbol{x}(k), k] \tag{5-19}$$

其中,

$$V_1[\boldsymbol{x}(k), k] = \boldsymbol{x}^{\mathrm{T}}(k) \boldsymbol{P}_i \boldsymbol{x}(k)$$

$$V_2[\boldsymbol{x}(k), k] = \sum_{b=-\tau_M+1}^{-\tau_m+1} \sum_{a=k-1+b}^{k-1} \boldsymbol{x}^{\mathrm{T}}(a) \boldsymbol{R} \boldsymbol{x}(a)$$

$\boldsymbol{P}_i$ 为模态依赖的正定对称矩阵,$\boldsymbol{R}$ 为正定对称矩阵。

设 $\Delta V[\boldsymbol{x}(k), k]$ 为 Lyapunov-Krasovskii 函数 $V[\boldsymbol{x}(k), k]$ 的前向差分。基于系统(5-12),可得

$$E\{\Delta V[\boldsymbol{x}(k), k]\} = E\{\Delta V_1[\boldsymbol{x}(k), k]\} + E\{\Delta V_2[\boldsymbol{x}(k), k]\} \tag{5-20}$$

一方面,

$$E\{\Delta V_1[\boldsymbol{x}(k),\ k]\} = E\{V_1[\boldsymbol{x}(k+1),\ k+1] - V_1[\boldsymbol{x}(k),\ k]\}$$
$$= E\{\boldsymbol{x}^{\mathrm{T}}(k+1)\widetilde{\boldsymbol{P}}_i\boldsymbol{x}(k+1) - \boldsymbol{x}^{\mathrm{T}}(k)\boldsymbol{P}_i\boldsymbol{x}(k)\} \tag{5-21}$$

为了便于分析，我们引入向量 $\boldsymbol{\varphi}_1(k) = [\boldsymbol{x}^{\mathrm{T}}(k)\quad \boldsymbol{x}^{\mathrm{T}}[k-\tau(k)]\quad \boldsymbol{e}^{\mathrm{T}}(k)]^{\mathrm{T}}$ 和向量 $\boldsymbol{\varphi}_2(k) = [\boldsymbol{\varphi}_1(k)\quad \boldsymbol{\omega}(k)]^{\mathrm{T}}$。结合闭环系统方程(5-12)，则有

$$E\{\boldsymbol{x}^{\mathrm{T}}(k+1)\widetilde{\boldsymbol{P}}_i\boldsymbol{x}(k+1)\} = E\left\{\sum_{f=1}^{F}\sum_{g=1}^{G} C_{if}A_{ig}\boldsymbol{\varphi}_2^{\mathrm{T}}(k)\begin{bmatrix}\boldsymbol{W}_{ifg}^{\mathrm{T}}\\ \boldsymbol{W}_{1i}^{\mathrm{T}}\end{bmatrix}\widetilde{\boldsymbol{P}}_i[\boldsymbol{W}_{ifg}\quad \boldsymbol{W}_{1i}]\boldsymbol{\varphi}_2(k)\right\} \tag{5-22}$$

另一方面，

$$E\{\Delta V_2[\boldsymbol{x}(k),\ k]\} = E\{V_2[\boldsymbol{x}(k+1),\ k+1] - V_2[\boldsymbol{x}(k),\ k]\}$$
$$= E\left\{\sum_{b=-\tau_M+1}^{-\tau_m+1}\sum_{a=k+b}^{k}\boldsymbol{x}^{\mathrm{T}}(a)\boldsymbol{R}\boldsymbol{x}(a) - \sum_{b=-\tau_M+1}^{-\tau_m+1}\sum_{a=k-1+b}^{k-1}\boldsymbol{x}^{\mathrm{T}}(a)\boldsymbol{R}\boldsymbol{x}(a)\right\}$$
$$= E\left\{\sum_{b=-\tau_M+1}^{-\tau_m+1}[\boldsymbol{x}^{\mathrm{T}}(k)\boldsymbol{R}\boldsymbol{x}(k) - \boldsymbol{x}^{\mathrm{T}}(k-1+b)\boldsymbol{R}\boldsymbol{x}(k-1+b)]\right\} \tag{5-23}$$

由方程(5-23)的前半部分可得

$$\sum_{b=-\tau_M+1}^{-\tau_m+1}\boldsymbol{x}^{\mathrm{T}}(k)\boldsymbol{R}\boldsymbol{x}(k) = \boldsymbol{x}^{\mathrm{T}}(k)\delta_\tau\boldsymbol{R}\boldsymbol{x}(k)$$

由方程(5-23)的后半部分可得

$$\sum_{b=-\tau_M+1}^{-\tau_m+1}\boldsymbol{x}^{\mathrm{T}}(k-1+b)\boldsymbol{R}\boldsymbol{x}(k-1+b) = \sum_{b=k-\tau_M}^{k-\tau_m}\boldsymbol{x}^{\mathrm{T}}(b)\boldsymbol{R}\boldsymbol{x}(b)$$
$$\geqslant \boldsymbol{x}^{\mathrm{T}}[k-\tau(k)]\boldsymbol{R}\boldsymbol{x}[k-\tau(k)]$$

因此，

$$E\{\Delta V_2[\boldsymbol{x}(k),\ k]\} \leqslant E\{\boldsymbol{x}^{\mathrm{T}}(k)\delta_\tau\boldsymbol{R}\boldsymbol{x}(k) - \boldsymbol{x}^{\mathrm{T}}[k-\tau(k)]\boldsymbol{R}\boldsymbol{x}[k-\tau(k)]\}$$
$$= E\{\boldsymbol{\varphi}_1^{\mathrm{T}}(k)\widetilde{\boldsymbol{R}}\boldsymbol{\varphi}_1(k)\} \tag{5-24}$$

其中，$\widetilde{\boldsymbol{R}} = \mathrm{diag}\{\delta_\tau\boldsymbol{R},\ -\boldsymbol{R},\ 0\}$。

结合公式(5-14)、(5-17)、(5-20)至(5-24)以及事件触发条件(5-7)和执行器故障(5-11)，当 $\boldsymbol{\omega}(k) = \boldsymbol{0}$ 时，如下不等式成立：

$$
\begin{aligned}
&E\{\Delta V[\boldsymbol{x}(k),\ k]\}\\
&\leqslant E\{\Delta V_1[\boldsymbol{x}(k),k]\}+E\{\Delta V_2[\boldsymbol{x}(k),k]\}\\
&\quad -\boldsymbol{e}^{\mathrm{T}}(k)\boldsymbol{E}_i\boldsymbol{e}(k)+\alpha_i\boldsymbol{x}^{\mathrm{T}}[k-\tau(k)]\boldsymbol{E}_i\boldsymbol{x}[k-\tau(k)]\\
&\leqslant E\Big\{\boldsymbol{\varphi}_1^{\mathrm{T}}(k)\Big[\sum_{f=1}^{F}\sum_{g=1}^{G}C_{if}A_{ig}(V+\boldsymbol{W}_{ifg}^{\mathrm{T}}\widetilde{\boldsymbol{P}}_i\boldsymbol{W}_{ifg})\Big]\boldsymbol{\varphi}_1(k)-\boldsymbol{x}^{\mathrm{T}}(k)\boldsymbol{P}_i\boldsymbol{x}(k)\Big\}\\
&< E\Big\{\boldsymbol{\varphi}_1^{\mathrm{T}}(k)\Big(\sum_{f=1}^{J}\sum_{g=1}^{S}C_{if}A_{ig}\widetilde{\boldsymbol{Y}}_{ifg}\Big)\boldsymbol{\varphi}_1(k)-\boldsymbol{x}^{\mathrm{T}}(k)\boldsymbol{P}_i\boldsymbol{x}(k)\Big\}\\
&= E\{\boldsymbol{x}^{\mathrm{T}}(k)\boldsymbol{Y}_i\,\boldsymbol{x}(k)\}\\
&\leqslant \lambda_{\max}(\boldsymbol{Y}_i)\ E\{\boldsymbol{x}^{\mathrm{T}}(k)\boldsymbol{x}(k)\}
\end{aligned}
\tag{5-25}
$$

其中,$\lambda_{\max}$ 是矩阵$\boldsymbol{Y}_i$的最大特征值,由公式(5-15)可知$\lambda_{\max}(\boldsymbol{Y}_i)<0$,由此可得

$$
\begin{aligned}
E\Big\{\sum_{k=0}^{\infty}\boldsymbol{x}^{\mathrm{T}}(k)\boldsymbol{x}(k)\Big\}&<\frac{1}{\lambda_{\max}(\boldsymbol{Y}_i)}E\Big\{\sum_{k=0}^{\infty}\Delta V[\boldsymbol{x}(k),\ k]\Big\}\\
&=\frac{1}{\lambda_{\max}(\boldsymbol{Y}_i)}E\{\Delta V[\boldsymbol{x}(\infty),\ \infty]-\boldsymbol{\Delta} V[\boldsymbol{x}(0),\ 0]\}\\
&\leqslant-\frac{1}{\lambda_{\max}(\boldsymbol{Y}_i)}E\{\Delta V[\boldsymbol{x}(0),\ 0]\}\\
&<\infty
\end{aligned}
\tag{5-26}
$$

由定义 2-5 可知,闭环系统(5-12)是均方渐近稳定的。

接下来我们分析系统的 H_∞ 扰动抑制性能。基于零初始条件,如下条件成立:

$$
\begin{aligned}
J&=\sum_{k=0}^{\infty}E\{\boldsymbol{y}^{\mathrm{T}}(k)\boldsymbol{y}(k)-\gamma^2\boldsymbol{\omega}^{\mathrm{T}}(k)\boldsymbol{\omega}(k)\}\\
&\leqslant\sum_{k=0}^{\infty}E\Big\{\boldsymbol{y}^{\mathrm{T}}(k)\boldsymbol{y}(k)-\gamma^2\boldsymbol{\omega}^{\mathrm{T}}(k)\boldsymbol{\omega}(k)+E\{\Delta V[x(k),\ k]\}\\
&\quad-\boldsymbol{e}^{\mathrm{T}}(k)\boldsymbol{E}_i\boldsymbol{e}(k)+\alpha_i\boldsymbol{x}^{\mathrm{T}}[k-\tau(k)]\boldsymbol{E}_i\boldsymbol{x}[k-\tau(k)]\Big\}\\
&\leqslant\sum_{k=0}^{\infty}E\Big\{\boldsymbol{\varphi}_2^{\mathrm{T}}(k)\Big[\sum_{f=1}^{F}\sum_{g=1}^{G}C_{if}A_{ig}(\boldsymbol{\Xi}_{2,2}+\boldsymbol{\Xi}_{ifg}^{\mathrm{T}}\boldsymbol{\Xi}_{1,1}^{-1}\boldsymbol{\Xi}_{ifg})\Big]\boldsymbol{\varphi}_2(k)-\boldsymbol{x}^{\mathrm{T}}(k)\boldsymbol{P}_i\boldsymbol{x}(k)\Big\}\\
&<E\Big\{\boldsymbol{\varphi}_2^{\mathrm{T}}(k)\Big(\sum_{f=1}^{F}\sum_{g=1}^{G}C_{if}A_{ig}\hat{\boldsymbol{Y}}_{ifg}\Big)\boldsymbol{\varphi}_2(k)-\boldsymbol{x}^{\mathrm{T}}(k)\boldsymbol{P}_i\boldsymbol{x}(k)\Big\}\\
&=E\{\boldsymbol{x}^{\mathrm{T}}(k)\boldsymbol{Y}_i\boldsymbol{x}(k)\}
\end{aligned}
\tag{5-27}
$$

类似公式(5-26)的分析方法,最终可以得到

$$
J=\sum_{k=0}^{\infty}E\{\boldsymbol{x}^{\mathrm{T}}(k)\boldsymbol{Y}_i\boldsymbol{x}(k)\}<0 \tag{5-28}
$$

由定义 2-1 可知,闭环 Markov 跳变系统(5-12)是随机均方稳定的,并且具有

H_∞ 性能指标 γ。定理 5-1 证明完毕。

定理 5-2　$\forall i \in \mathbb{N}$，$f \in \mathbb{F}$，$g \in \mathbb{G}$，若存在正数 $\bar{\gamma}$ 和 $\varepsilon_c(c=1,2,\cdots,N+5)$，矩阵 $\bar{\boldsymbol{K}}_f$，$\bar{\boldsymbol{M}}_g$ 和 $\boldsymbol{L}$，正定的对称矩阵 $\bar{\boldsymbol{R}}$，$\bar{\boldsymbol{P}}_i$，$\bar{\boldsymbol{E}}_i$ 和 $\bar{\boldsymbol{Y}}_{ifg}$，使得条件(5-29)和(5-30)成立，则闭环 Markov 跳变系统(5-12)是随机均方稳定的，并且具有 H_∞ 性能指标 γ。

$$\begin{bmatrix} -\bar{\boldsymbol{P}}_i & \boldsymbol{\Omega}_i \\ * & \boldsymbol{\Lambda}_i \end{bmatrix} < 0 \tag{5-29}$$

$$\begin{bmatrix} \boldsymbol{\Upsilon}_{ifg} & \boldsymbol{\Upsilon}_{1,2} \\ * & -\boldsymbol{\Upsilon}_{2,2} \end{bmatrix} < 0 \tag{5-30}$$

其中，

$$\boldsymbol{\Upsilon}_{ifg} = \begin{bmatrix} \boldsymbol{\Theta}_{1,1} & \boldsymbol{\Theta}_{1,2} & \boldsymbol{\Theta}_{1,3} \\ * & \boldsymbol{\Theta}_{2,2} & \boldsymbol{0} \\ * & * & \boldsymbol{\Theta}_{3,3} \end{bmatrix}, \quad \boldsymbol{\Upsilon}_{1,2} = \begin{bmatrix} \boldsymbol{0}_{4\times4} & \bar{\boldsymbol{\Upsilon}}_{1,2} \\ * & \boldsymbol{0}_{(N+1)\times(N+1)} \end{bmatrix}_{(N+5)\times(N+5)}$$

$$\bar{\boldsymbol{\Upsilon}}_{1,2} = \begin{bmatrix} \boldsymbol{0} & \boldsymbol{0} & \cdots & \boldsymbol{0} \\ \bar{\boldsymbol{K}}_f^{\mathrm{T}}\bar{\boldsymbol{M}}_g^{\mathrm{T}} & \sqrt{S_{i1}}\,\bar{\boldsymbol{K}}_f^{\mathrm{T}}\bar{\boldsymbol{M}}_g^{\mathrm{T}} & \cdots & \sqrt{S_{iN}}\,\bar{\boldsymbol{K}}_f^{\mathrm{T}}\bar{\boldsymbol{M}}_g^{\mathrm{T}} \\ -\bar{\boldsymbol{K}}_f^{\mathrm{T}}\bar{\boldsymbol{M}}_g^{\mathrm{T}} & -\sqrt{S_{i1}}\,\bar{\boldsymbol{K}}_f^{\mathrm{T}}\bar{\boldsymbol{M}}_g^{\mathrm{T}} & \cdots & -\sqrt{S_{iN}}\,\bar{\boldsymbol{K}}_f^{\mathrm{T}}\bar{\boldsymbol{M}}_g^{\mathrm{T}} \\ \boldsymbol{0} & \boldsymbol{0} & \cdots & \boldsymbol{0} \end{bmatrix}$$

$$\boldsymbol{\Upsilon}_{2,2} = \mathrm{diag}\{\varepsilon_1, \varepsilon_2, \cdots, \varepsilon_{N+5}\}$$

$$\boldsymbol{\Theta}_{1,1} = \mathrm{diag}\{\boldsymbol{\Theta}_{1,1}^{(1)}, \boldsymbol{\Theta}_{1,1}^{(2)}, \boldsymbol{\Theta}_{1,1}^{(3)}, \boldsymbol{\Theta}_{1,1}^{(4)}\}$$

$$\boldsymbol{\Theta}_{1,1}^{(1)} = \delta_\tau\bar{\boldsymbol{R}} + \bar{\boldsymbol{Y}}_{ifg} - \boldsymbol{L} - \boldsymbol{L}^{\mathrm{T}} + \varepsilon_1\boldsymbol{D}_i\boldsymbol{H}\boldsymbol{H}^{\mathrm{T}}\boldsymbol{D}_i^{\mathrm{T}}$$

$$\boldsymbol{\Theta}_{1,1}^{(2)} = \alpha_i\bar{\boldsymbol{E}}_i - \bar{\boldsymbol{R}} + \varepsilon_2\boldsymbol{D}_i\boldsymbol{H}\boldsymbol{H}^{\mathrm{T}}\boldsymbol{D}_i^{\mathrm{T}}$$

$$\boldsymbol{\Theta}_{1,1}^{(3)} = -\boldsymbol{E}_i + \varepsilon_3\boldsymbol{D}_i\boldsymbol{H}\boldsymbol{H}^{\mathrm{T}}\boldsymbol{D}_i^{\mathrm{T}}$$

$$\boldsymbol{\Theta}_{1,1}^{(4)} = -\bar{\gamma}\boldsymbol{I} + \varepsilon_4\boldsymbol{D}_i\boldsymbol{H}\boldsymbol{H}^{\mathrm{T}}\boldsymbol{D}_i^{\mathrm{T}}$$

$$\boldsymbol{\Theta}_{1,2} = \begin{bmatrix} \boldsymbol{C}_i\boldsymbol{L} & \boldsymbol{D}_i\bar{\boldsymbol{M}}_g\bar{\boldsymbol{K}}_f & -\boldsymbol{D}_i\bar{\boldsymbol{M}}_g\bar{\boldsymbol{K}}_f & \boldsymbol{W}_{2i} \end{bmatrix}^{\mathrm{T}}$$

$$\boldsymbol{\Theta}_{1,3} = \begin{bmatrix} \sqrt{S_{i1}}\boldsymbol{L}^{\mathrm{T}}\boldsymbol{A}_i^{\mathrm{T}} & \sqrt{S_{i2}}\boldsymbol{L}^{\mathrm{T}}\boldsymbol{A}_i^{\mathrm{T}} & \cdots & \sqrt{S_{iN}}\boldsymbol{L}^{\mathrm{T}}\boldsymbol{A}_i^{\mathrm{T}} \\ \sqrt{S_{i1}}\,\bar{\boldsymbol{K}}_f^{\mathrm{T}}\bar{\boldsymbol{M}}_g^{\mathrm{T}}\boldsymbol{B}_i^{\mathrm{T}} & \sqrt{S_{i2}}\,\bar{\boldsymbol{K}}_f^{\mathrm{T}}\bar{\boldsymbol{M}}_g^{\mathrm{T}}\boldsymbol{B}_i^{\mathrm{T}} & \cdots & \sqrt{S_{iN}}\,\bar{\boldsymbol{K}}_f^{\mathrm{T}}\bar{\boldsymbol{M}}_g^{\mathrm{T}}\boldsymbol{B}_i^{\mathrm{T}} \\ -\sqrt{S_{i1}}\,\bar{\boldsymbol{K}}_f^{\mathrm{T}}\bar{\boldsymbol{M}}_g^{\mathrm{T}}\boldsymbol{B}_i^{\mathrm{T}} & -\sqrt{S_{i2}}\,\bar{\boldsymbol{K}}_f^{\mathrm{T}}\bar{\boldsymbol{M}}_g^{\mathrm{T}}\boldsymbol{B}_i^{\mathrm{T}} & \cdots & -\sqrt{S_{iN}}\,\bar{\boldsymbol{K}}_f^{\mathrm{T}}\bar{\boldsymbol{M}}_g^{\mathrm{T}}\boldsymbol{B}_i^{\mathrm{T}} \\ \sqrt{S_{i1}}\boldsymbol{W}_{1i}^{\mathrm{T}} & \sqrt{S_{i2}}\boldsymbol{W}_{1i}^{\mathrm{T}} & \cdots & \sqrt{S_{iN}}\boldsymbol{W}_{1i}^{\mathrm{T}} \end{bmatrix}$$

$$\boldsymbol{\Theta}_{2,2}=-\boldsymbol{I}+\varepsilon_5\boldsymbol{D}_i\boldsymbol{H}\boldsymbol{H}^{\mathrm{T}}\boldsymbol{D}_i^{\mathrm{T}}$$

$$\boldsymbol{\Theta}_{3,3}=\mathrm{diag}\{-\overline{\boldsymbol{P}}_1+\varepsilon_6\boldsymbol{B}_i\boldsymbol{H}\boldsymbol{H}^{\mathrm{T}}\boldsymbol{B}_i^{\mathrm{T}},\cdots,-\overline{\boldsymbol{P}}_N+\varepsilon_{N+5}\boldsymbol{B}_i\boldsymbol{H}\boldsymbol{H}^{\mathrm{T}}\boldsymbol{B}_i^{\mathrm{T}}\}$$

$$\boldsymbol{\Omega}_i=\left[\sqrt{C_{i1}A_{i1}}\overline{\boldsymbol{P}}_i\quad\cdots\quad\sqrt{C_{if}A_{ig}}\overline{\boldsymbol{P}}_i\quad\cdots\quad\sqrt{C_{iF}A_{iG}}\overline{\boldsymbol{P}}_i\right]$$

$$\boldsymbol{\Lambda}_i=\mathrm{diag}\{-\overline{\boldsymbol{Y}}_{i11},\cdots,-\overline{\boldsymbol{Y}}_{ifg},\cdots,-\overline{\boldsymbol{Y}}_{iFG}\}$$

因此,若线性矩阵不等式(5-29)和(5-30)是可行的,则控制器增益可以设计为

$$\boldsymbol{K}_f=\overline{\boldsymbol{K}}_f\boldsymbol{L}^{-1}\tag{5-31}$$

证明:首先,定义变量

$$\overline{\boldsymbol{P}}_i=\boldsymbol{P}_i^{-1},\quad\overline{\boldsymbol{Y}}_{ifg}=\boldsymbol{Y}_{ifg}^{-1},\quad\overline{\boldsymbol{K}}_f=\boldsymbol{K}_f\boldsymbol{L},\quad\overline{\gamma}=\gamma^2$$

$$\overline{\boldsymbol{R}}=\boldsymbol{L}^{\mathrm{T}}\boldsymbol{R}\boldsymbol{L},\quad\overline{\boldsymbol{E}}_i=\boldsymbol{L}^{\mathrm{T}}\boldsymbol{E}_i\boldsymbol{L}$$

对不等式(5-13)进行 Schur-complement(舒尔补),可得

$$\begin{bmatrix}-\boldsymbol{P}_i & \overline{\boldsymbol{\Omega}}_i\\ * & \boldsymbol{\Lambda}_i\end{bmatrix}<0\tag{5-32}$$

其中,$\overline{\boldsymbol{\Omega}}_i=\left[\sqrt{C_{i1}A_{i1}}\boldsymbol{I}\quad\cdots\quad\sqrt{C_{if}A_{ig}}\boldsymbol{I}\quad\cdots\quad\sqrt{C_{iF}A_{iG}}\boldsymbol{I}\right]$。在不等式(5-32)的左右两侧同乘矩阵 $\mathrm{diag}\{\boldsymbol{P}_i^{-1},\boldsymbol{I},\cdots,\boldsymbol{I}\}$,即可得出不等式(5-29)。同样,对不等式(5-14)进行 Schur-complement,可得

$$\widetilde{\boldsymbol{\Theta}}_{ifg}=\begin{bmatrix}\boldsymbol{\Theta}_{ifg}^{1,1} & \boldsymbol{\Theta}_{ifg}^{1,2} & \boldsymbol{\Theta}_{ifg}^{1,3}\\ * & -\boldsymbol{I} & \boldsymbol{0}\\ * & * & \hat{\boldsymbol{P}}\end{bmatrix}<0\tag{5-33}$$

其中,

$$\boldsymbol{\Theta}_{ifg}^{1,1}=\mathrm{diag}\{\delta_\tau\boldsymbol{R}-\boldsymbol{Y}_{ifg},\ \alpha_i\boldsymbol{E}_i-\boldsymbol{R},\ -\boldsymbol{E}_i,\ -\overline{\gamma}\boldsymbol{I}\}$$

$$\boldsymbol{\Theta}_{ifg}^{1,2}=\left[\boldsymbol{C}_i\quad\boldsymbol{D}_i\boldsymbol{M}_g\boldsymbol{K}_f\quad-\boldsymbol{D}_i\boldsymbol{M}_g\boldsymbol{K}_f\quad\boldsymbol{W}_{2i}\right]^{\mathrm{T}}$$

$$\boldsymbol{\Theta}_{ifg}^{1,3}=\begin{bmatrix}\sqrt{S_{i1}}\boldsymbol{A}_i^{\mathrm{T}} & \sqrt{S_{i2}}\boldsymbol{A}_i^{\mathrm{T}} & \cdots & \sqrt{S_{iN}}\boldsymbol{A}_i^{\mathrm{T}}\\ \sqrt{S_{i1}}\boldsymbol{K}_f^{\mathrm{T}}\boldsymbol{M}_g^{\mathrm{T}}\boldsymbol{B}_i^{\mathrm{T}} & \sqrt{S_{i2}}\boldsymbol{K}_f^{\mathrm{T}}\boldsymbol{M}_g^{\mathrm{T}}\boldsymbol{B}_i^{\mathrm{T}} & \cdots & \sqrt{S_{iN}}\boldsymbol{K}_f^{\mathrm{T}}\boldsymbol{M}_g^{\mathrm{T}}\boldsymbol{B}_i^{\mathrm{T}}\\ -\sqrt{S_{i1}}\boldsymbol{K}_f^{\mathrm{T}}\boldsymbol{M}_g^{\mathrm{T}}\boldsymbol{B}_i^{\mathrm{T}} & -\sqrt{S_{i2}}\boldsymbol{K}_f^{\mathrm{T}}\boldsymbol{M}_g^{\mathrm{T}}\boldsymbol{B}_i^{\mathrm{T}} & \cdots & -\sqrt{S_{iN}}\boldsymbol{K}_f^{\mathrm{T}}\boldsymbol{M}_g^{\mathrm{T}}\boldsymbol{B}_i^{\mathrm{T}}\\ \sqrt{S_{i1}}\boldsymbol{W}_{1i}^{\mathrm{T}} & \sqrt{S_{i2}}\boldsymbol{W}_{1i}^{\mathrm{T}} & \cdots & \sqrt{S_{iN}}\boldsymbol{W}_{1i}^{\mathrm{T}}\end{bmatrix}$$

$$\hat{\boldsymbol{P}}=\mathrm{diag}\{-\overline{\boldsymbol{P}}_1,-\overline{\boldsymbol{P}}_2,\cdots,-\overline{\boldsymbol{P}}_n\}$$

令 $\boldsymbol{\mathcal{R}}=\mathrm{diag}\{\boldsymbol{R}^{\mathrm{T}},\boldsymbol{R}^{\mathrm{T}},\boldsymbol{R}^{\mathrm{T}},\boldsymbol{I},\cdots,\boldsymbol{I}\}$,在不等式(5-33)的左右两侧分别乘上矩阵 $\boldsymbol{\mathcal{R}}$ 和 $\boldsymbol{\mathcal{R}}^{\mathrm{T}}$,可得

$$\hat{\boldsymbol{\Theta}}_{ifg}=\begin{bmatrix}\hat{\boldsymbol{\Theta}}_{ifg}^{1,1} & \overline{\boldsymbol{\Theta}}_{ifg}^{1,2} & \overline{\boldsymbol{\Theta}}_{ifg}^{1,3}\\ * & -\boldsymbol{I} & \boldsymbol{0}\\ * & * & \hat{\boldsymbol{P}}\end{bmatrix}<0 \tag{5-34}$$

其中，

$$\hat{\boldsymbol{\Theta}}_{ifg}^{1,1}=\mathrm{diag}\{\delta_\tau\overline{\boldsymbol{R}}-\boldsymbol{L}^{\mathrm{T}}\boldsymbol{Y}_{ifg}\boldsymbol{L},\ \alpha_i\overline{\boldsymbol{E}}_i-\overline{\boldsymbol{R}},\ -\overline{\boldsymbol{E}}_i,\ -\overline{\gamma}\boldsymbol{I}\}$$

$$\overline{\boldsymbol{\Theta}}_{ifg}^{1,2}=\begin{bmatrix}\boldsymbol{C}_i\boldsymbol{L} & \boldsymbol{D}_i\boldsymbol{M}_g\overline{\boldsymbol{K}}_f & -\boldsymbol{D}_i\boldsymbol{M}_g\overline{\boldsymbol{K}}_f & \boldsymbol{W}_{2i}\end{bmatrix}^{\mathrm{T}}$$

$$\overline{\boldsymbol{\Theta}}_{ifg}^{1,3}=\begin{bmatrix}\sqrt{S_{i1}}\boldsymbol{L}^{\mathrm{T}}\boldsymbol{A}_i^{\mathrm{T}} & \sqrt{S_{i2}}\boldsymbol{L}^{\mathrm{T}}\boldsymbol{A}_i^{\mathrm{T}} & \cdots & \sqrt{S_{iN}}\boldsymbol{L}^{\mathrm{T}}\boldsymbol{A}_i^{\mathrm{T}}\\ \sqrt{S_{i1}}\,\overline{\boldsymbol{K}}_f^{\mathrm{T}}\boldsymbol{M}_g^{\mathrm{T}}\boldsymbol{B}_i^{\mathrm{T}} & \sqrt{S_{i2}}\,\overline{\boldsymbol{K}}_f^{\mathrm{T}}\boldsymbol{M}_g^{\mathrm{T}}\boldsymbol{B}_i^{\mathrm{T}} & \cdots & \sqrt{S_{iN}}\,\overline{\boldsymbol{K}}_f^{\mathrm{T}}\boldsymbol{M}_g^{\mathrm{T}}\boldsymbol{B}_i^{\mathrm{T}}\\ -\sqrt{S_{i1}}\,\overline{\boldsymbol{K}}_f^{\mathrm{T}}\boldsymbol{M}_g^{\mathrm{T}}\boldsymbol{B}_i^{\mathrm{T}} & -\sqrt{S_{i2}}\,\overline{\boldsymbol{K}}_f^{\mathrm{T}}\boldsymbol{M}_g^{\mathrm{T}}\boldsymbol{B}_i^{\mathrm{T}} & \cdots & -\sqrt{S_{iN}}\,\overline{\boldsymbol{K}}_f^{\mathrm{T}}\boldsymbol{M}_g^{\mathrm{T}}\boldsymbol{B}_i^{\mathrm{T}}\\ \sqrt{S_{i1}}\boldsymbol{W}_{1i}^{\mathrm{T}} & \sqrt{S_{i2}}\boldsymbol{W}_{1i}^{\mathrm{T}} & \cdots & \sqrt{S_{iN}}\boldsymbol{W}_{1i}^{\mathrm{T}}\end{bmatrix}$$

由不等式$(\overline{\boldsymbol{Y}}_{ifg}-\boldsymbol{L})^{\mathrm{T}}\boldsymbol{Y}_{ifg}(\overline{\boldsymbol{Y}}_{ifg}-\boldsymbol{L})\geqslant 0$可得

$$-\boldsymbol{L}^{\mathrm{T}}\boldsymbol{Y}_{ifg}\boldsymbol{L}\leqslant\overline{\boldsymbol{Y}}_{ifg}-\boldsymbol{L}-\boldsymbol{L}^{\mathrm{T}}$$

由此，便可得出

$$\overline{\boldsymbol{\Theta}}_{ifg}^{1,1}=\mathrm{diag}\{\delta_\tau\overline{\boldsymbol{R}}+\overline{\boldsymbol{Y}}_{ifg}-\boldsymbol{L}-\boldsymbol{L}^{\mathrm{T}},\ \alpha_i\overline{\boldsymbol{E}}_i-\overline{\boldsymbol{R}},\ -\overline{\boldsymbol{E}}_i,\ -\overline{\gamma}\boldsymbol{I}\} \tag{5-35}$$

故

$$\overline{\boldsymbol{\Theta}}_{ifg}=\begin{bmatrix}\overline{\boldsymbol{\Theta}}_{ifg}^{1,1} & \overline{\boldsymbol{\Theta}}_{ifg}^{1,2} & \overline{\boldsymbol{\Theta}}_{ifg}^{1,3}\\ * & -\boldsymbol{I} & \boldsymbol{0}\\ * & * & \hat{\boldsymbol{P}}\end{bmatrix}<0 \tag{5-36}$$

因为$\boldsymbol{M}_g=(\boldsymbol{I}+\boldsymbol{Z})\overline{\boldsymbol{M}}_g$且$|\boldsymbol{Z}|\leqslant\boldsymbol{H}\leqslant\boldsymbol{I}$，由不等式(5-36)，我们可推导出如下不等式：

$$\overline{\boldsymbol{\Theta}}_{ifg}=\overline{\boldsymbol{\Theta}}'_{ifg}+\boldsymbol{\Gamma}\boldsymbol{F}(k)\boldsymbol{\Lambda}+\boldsymbol{\Lambda}^{\mathrm{T}}\boldsymbol{F}(k)\boldsymbol{\Gamma}^{\mathrm{T}},\quad \boldsymbol{\Gamma}\boldsymbol{\Gamma}^{\mathrm{T}}\leqslant\overline{\boldsymbol{\Gamma}}\overline{\boldsymbol{\Gamma}}^{\mathrm{T}} \tag{5-37}$$

其中，

$$\hat{\boldsymbol{\Theta}}'_{ifg}=\begin{bmatrix}\overline{\boldsymbol{\Theta}}_{ifg}^{1,1} & \boldsymbol{\Theta}_{1,2} & \boldsymbol{\Theta}_{1,3}\\ * & -\boldsymbol{I} & \boldsymbol{0}\\ * & * & \hat{\boldsymbol{P}}\end{bmatrix}<0$$

$$\boldsymbol{\Gamma}^{\mathrm{T}}=\mathrm{diag}\{\underbrace{\boldsymbol{Z}^{\mathrm{T}}\boldsymbol{D}_i^{\mathrm{T}},\cdots,\boldsymbol{Z}^{\mathrm{T}}\boldsymbol{D}_i^{\mathrm{T}}}_{5},\underbrace{\boldsymbol{Z}^{\mathrm{T}}\boldsymbol{B}_i^{\mathrm{T}},\cdots,\boldsymbol{Z}^{\mathrm{T}}\boldsymbol{B}_i^{\mathrm{T}}}_{N}\}$$

$$\overline{\boldsymbol{\Gamma}}^{\mathrm{T}}=\mathrm{diag}\{\underbrace{\boldsymbol{H}^{\mathrm{T}}\boldsymbol{D}_i^{\mathrm{T}},\cdots,\boldsymbol{H}^{\mathrm{T}}\boldsymbol{D}_i^{\mathrm{T}}}_{5},\underbrace{\boldsymbol{H}^{\mathrm{T}}\boldsymbol{B}_i^{\mathrm{T}},\cdots,\boldsymbol{H}^{\mathrm{T}}\boldsymbol{B}_i^{\mathrm{T}}}_{N}\}$$

$$\boldsymbol{\Lambda}^{\mathrm{T}}=\boldsymbol{\Upsilon}_{1,2},\quad \boldsymbol{F}(k)=\boldsymbol{I}$$

根据引理 2-2，对于 $\boldsymbol{F}^{\mathrm{T}}(k)\boldsymbol{F}(k)\leqslant\boldsymbol{I}$，若存在一个标量矩阵$\boldsymbol{\Upsilon}_{2,2}>0$ 且不等式(5-37) 成立，则有

$$\overline{\boldsymbol{\Theta}}'_{ifg}+\boldsymbol{\Upsilon}_{2,2}\overline{\boldsymbol{\Gamma}}\overline{\boldsymbol{\Gamma}}^{\mathrm{T}}+\boldsymbol{\Upsilon}_{2,2}^{-1}\boldsymbol{\Lambda}^{\mathrm{T}}\boldsymbol{\Lambda}<0 \tag{5-38}$$

基于引理 2-1，不等式(5-30) 可由公式(5-33) 至(5-38) 得出。定理 5-2 证明完毕。

注 5-5 定理 5-2 为模态依赖的事件触发条件(5-7) 中的触发矩阵 $\boldsymbol{E}_i$ 和异步 H_∞ 容错控制器(5-8) 中的增益矩阵 $\boldsymbol{K}_f$ 提供了充分条件。如果线性矩阵不等式(5-29) 和(5-30) 是可行的，那么便可求解出异步 H_∞ 容错控制器增益矩阵和模态依赖事件触发矩阵。

5.1.3 仿真算例

本节通过两个仿真算例来证明我们所提出的 H_∞ 异步容错控制方法的有效性。

算例 5-1 考虑具有二维工作模态的 Markov 跳变系统，其中，系统跳变模态个数满足 $r_k\in\{1,2\}$，控制器跳变模态个数满足 $\varphi_k\in\{1,2\}$，执行器跳变模态个数满足 $\xi_k\in\{1,2\}$，且相应的系统参数可描述为

$$\boldsymbol{A}_1=\begin{bmatrix}1.45 & 1\\ 0.1 & -0.6\end{bmatrix},\quad \boldsymbol{A}_2=\begin{bmatrix}1 & 0.8\\ 0.3 & -1.1\end{bmatrix}$$

$$\boldsymbol{B}_1=\begin{bmatrix}-1 & -0.1\\ -0.1 & 0.1\end{bmatrix},\quad \boldsymbol{B}_2=\begin{bmatrix}-0.9 & -0.2\\ -0.2 & 0.1\end{bmatrix}$$

$$\boldsymbol{C}_1=\begin{bmatrix}1.6 & 0.6\\ 0 & 0.2\end{bmatrix},\quad \boldsymbol{C}_2=\begin{bmatrix}1.4 & 0.3\\ 0 & 1.4\end{bmatrix}$$

$$\boldsymbol{D}_1=\begin{bmatrix}0.2 & 0\\ 0 & 0.2\end{bmatrix},\quad \boldsymbol{D}_2=\begin{bmatrix}0.1 & 0\\ 0 & 0.1\end{bmatrix}$$

$$\boldsymbol{W}_{11}=\begin{bmatrix}0.1 & 0\\ 0 & 0.1\end{bmatrix},\quad \boldsymbol{W}_{12}=\begin{bmatrix}0.02 & 0.1\\ 0.1 & 0.1\end{bmatrix}$$

$$\boldsymbol{W}_{21}=\begin{bmatrix}0.3 & 0\\ 0 & 0.3\end{bmatrix},\quad \boldsymbol{W}_{22}=\begin{bmatrix}0.4 & 0\\ 0 & 0.4\end{bmatrix}$$

系统跳变模态的转移概率矩阵、控制器跳变模态的条件概率矩阵以及执行器跳变模态的条件概率矩阵分别为

$$\boldsymbol{S}=\begin{bmatrix}0.5 & 0.5\\ 0.36 & 0.64\end{bmatrix},\quad \boldsymbol{A}=\begin{bmatrix}0.6 & 0.4\\ 0.7 & 0.3\end{bmatrix},\quad \boldsymbol{C}=\begin{bmatrix}0.65 & 0.35\\ 0.75 & 0.25\end{bmatrix}$$

执行器部分失效故障矩阵为

$$\begin{bmatrix}0 & 0\\0 & 0\end{bmatrix} \leqslant \boldsymbol{M}_1 \leqslant \begin{bmatrix}0.8 & 0\\0 & 0.9\end{bmatrix},\quad \begin{bmatrix}0 & 0\\0 & 0\end{bmatrix} \leqslant \boldsymbol{M}_2 \leqslant \begin{bmatrix}0.6 & 0\\0 & 0.86\end{bmatrix}$$

将模态依赖的触发阈值设置为 $\alpha_1 = \alpha_2 = 0.3$，网络诱导时延的值可以从 1 和 2 中随机选择。

通过求解定理 5-2 的线性矩阵不等式，可以得到异步 H_∞ 容错控制器增益矩阵

$$\boldsymbol{K}_1 = \begin{bmatrix}1.4607 & 0.4384\\0.3548 & 0.7793\end{bmatrix},\quad \boldsymbol{K}_2 = \begin{bmatrix}1.4551 & 0.4370\\0.3558 & 0.7787\end{bmatrix}$$

和模态依赖事件触发矩阵

$$\boldsymbol{E}_1 = \begin{bmatrix}0.9254 & -0.1958\\-0.1958 & 1.0898\end{bmatrix},\quad \boldsymbol{E}_2 = \begin{bmatrix}0.9816 & -0.1892\\-0.1892 & 1.1384\end{bmatrix}$$

为进一步模拟系统的动态性能，假设初始条件为 $\boldsymbol{x}(0) = [0.9 \quad -0.7]^{\mathrm{T}}$，系统遭受的外部扰动为 $\boldsymbol{\omega}(k) = [0.8^k \sin(k) \quad 0.9^k \sin(k)]^{\mathrm{T}}$。基于这些参数，可以得到图 5-2 至图 5-5。系统、控制器和执行器的跳变模态如图 5-2 所示。不难发现，控制器和执行器的模态都与受控系统的模态异步运行。模态依赖事件触发机制(5-3) 的触发瞬态与触发间隔如图 5-3 所示。

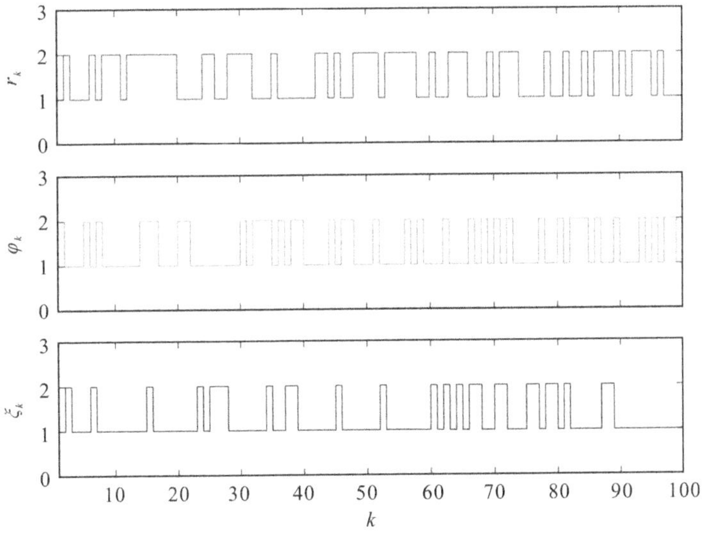

图 5-2　系统、控制器和执行器的跳变模态

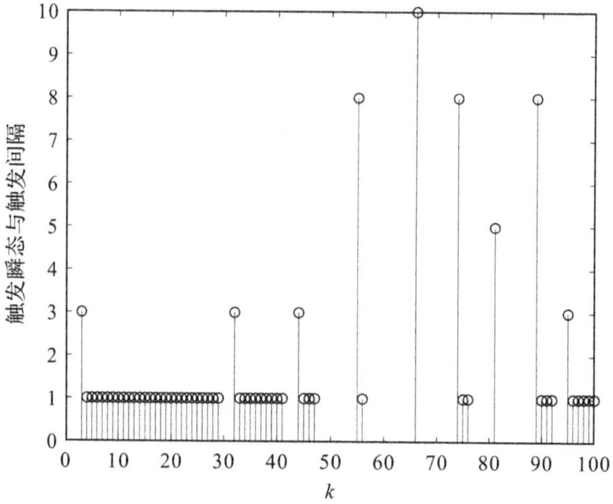

图 5-3　模态依赖事件触发机制的触发瞬态与触发间隔

Markov 跳变系统(5-12) 的开环和闭环的状态响应分别如图 5-4 和图 5-5 所示。由图 5-4 可知,开环系统是不稳定的。与图 5-4 相比,由图 5-5 可以看出,当采用定理 5-2 所提出的异步 H_∞ 容错控制器时,Markov 跳变系统的闭环状态反馈轨迹逐渐收敛至稳定水平,这说明我们设计的事件触发异步 H_∞ 容错控制器是正确且有效的。

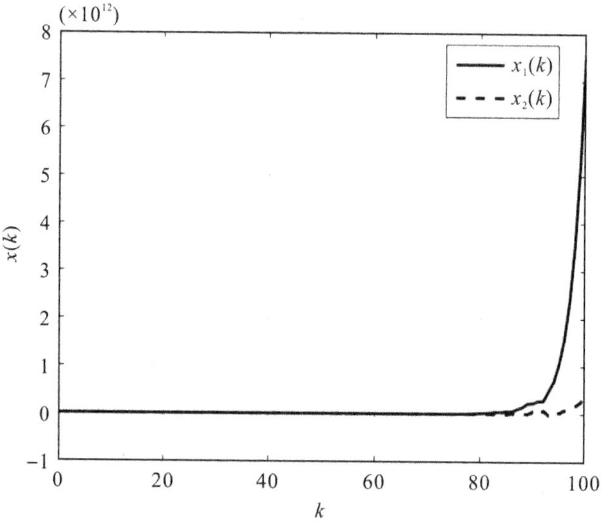

图 5-4　Markov 跳变系统的开环状态响应

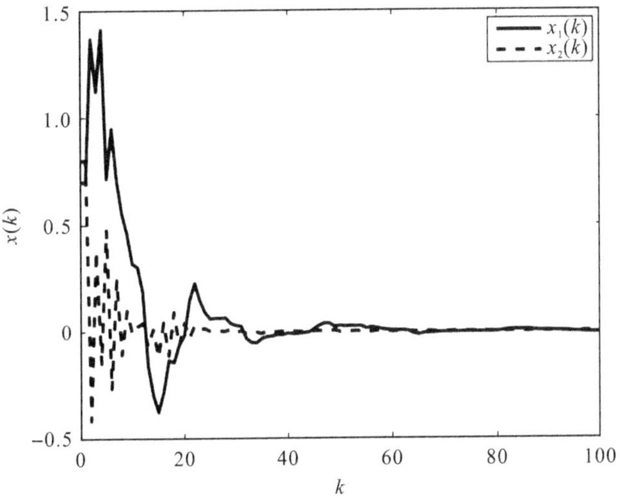

图 5-5　Markov 跳变系统的闭环状态响应

算例 5-2　考虑文献[124]中的 PWMDBC(Pulse-Width-Modulation-Driven Boost Converter,脉冲宽度调制驱动的 Boost 变换器)模型,其结构如图 5-6 所示。

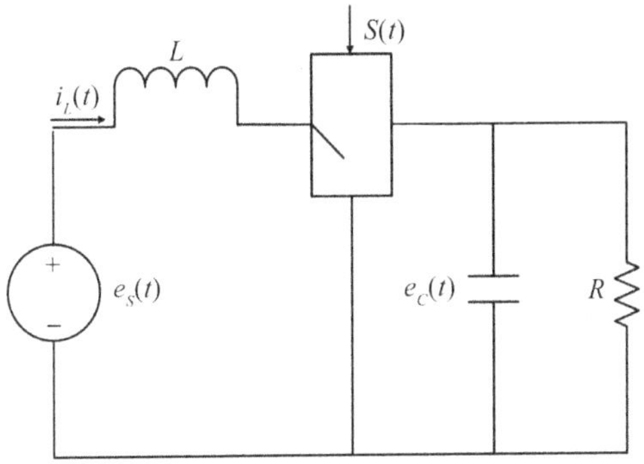

图 5-6　PWMDBC 模型结构图

其中,$e_S(t)$, L, $e_C(t)$, R 分别表示电压源、电感、电容和电阻,开关 $S(t)$ 由设备控制,并且每个周期 T 最多可以开关一次。我们引入变量 $\tau = t/T$,$L_1 = L/T$ 和 $C_1 = C/T$,则 PWMDBC 模型可描述为

$$\begin{cases} \dot{e}_C(\tau) = -\dfrac{1}{RC_1}e_C(\tau) + [1 - S(\tau)]\dfrac{1}{C_1}i_L(\tau) \\ \dot{i}_L(\tau) = -[1 - S(\tau)]\dfrac{1}{L_1}e_C(\tau) + S(\tau)\dfrac{1}{L_1}e_S(\tau) \end{cases} \tag{5-39}$$

公式(5-39)可进一步表述为

$$\dot{\boldsymbol{x}}(\tau)=\overline{\boldsymbol{A}}_i\boldsymbol{x}(\tau),\quad i\in\{1,2\} \tag{5-40}$$

其中，

$$\boldsymbol{x}(\tau)=[e_C(\tau)\quad i_L(\tau)\quad 1]^{\mathrm{T}}$$

$$\overline{\boldsymbol{A}}_1=\begin{bmatrix}-1/(RC_1) & 1/C_1 & 0\\ -1/L_1 & 0 & 0\\ 0 & 0 & 0\end{bmatrix}$$

$$\overline{\boldsymbol{A}}_2=\begin{bmatrix}-1/(RC_1) & 0 & 0\\ 0 & 0 & 1/L_1\\ 0 & 0 & 0\end{bmatrix}$$

使用文献[124]的方法，我们可得到

$$\boldsymbol{A}_1=\begin{bmatrix}-0.94 & 0.10 & 0.06\\ -0.30 & 0.95 & -0.30\\ -0.25 & -0.06 & 0.63\end{bmatrix},\quad \boldsymbol{A}_2=\begin{bmatrix}0.93 & 0.08 & 0.07\\ -0.14 & 0.66 & -0.20\\ -0.16 & -0.40 & 0.66\end{bmatrix}$$

除此之外，假设 PWMDBC 模型的其他参数为

$$\boldsymbol{B}_1=\begin{bmatrix}-0.7 & -0.6 & 0\\ 0.6 & -0.7 & 0.9\\ 0.9 & -1.5 & -1.2\end{bmatrix},\quad \boldsymbol{B}_2=\begin{bmatrix}-0.8 & -0.7 & 0\\ 0.8 & -0.8 & 0.3\\ 0.8 & -1.2 & -1.3\end{bmatrix}$$

$$\boldsymbol{C}_1=\begin{bmatrix}-1.4 & 1 & 1\\ -1.3 & -0.8 & 1.8\\ 1 & 0.3 & -1.3\end{bmatrix},\quad \boldsymbol{C}_2=\begin{bmatrix}-0.9 & 2 & 0\\ -0.7 & -0.3 & 1.5\\ -1 & 0.5 & -1.7\end{bmatrix}$$

$$\boldsymbol{D}_1=0.2,\quad \boldsymbol{D}_2=0.1,\quad \boldsymbol{W}_{11}=0.1,\quad \boldsymbol{W}_{21}=0.2,\quad \boldsymbol{W}_{12}=0.15,\quad \boldsymbol{W}_{22}=0.3$$

执行器部分失效故障矩阵可选择为

$$\begin{bmatrix}0&0&0\\0&0&0\\0&0&0\end{bmatrix}\leqslant\boldsymbol{M}_1\leqslant\begin{bmatrix}0.8&0&0\\0&0.7&0\\0&0&0.9\end{bmatrix},\quad \begin{bmatrix}0&0&0\\0&0&0\\0&0&0\end{bmatrix}\leqslant\boldsymbol{M}_2\leqslant\begin{bmatrix}0.9&0&0\\0&0.6&0\\0&0&0.86\end{bmatrix}$$

其他参数与算例5-1相同。通过求解定理5-2的线性矩阵不等式，可得到我们所设计的异步 H_∞ 容错控制器增益矩阵

$$\boldsymbol{K}_1=\begin{bmatrix}3.2785 & -0.7714 & -0.8648\\ -0.5909 & 2.8483 & -1.7546\\ -1.1013 & -1.3431 & 6.1496\end{bmatrix}$$

$$
\boldsymbol{K}_2 = \begin{bmatrix} 3.2658 & -0.7668 & -0.8821 \\ -0.5761 & 2.8303 & -1.7720 \\ -1.1100 & -1.3320 & 6.1310 \end{bmatrix}
$$

和模态依赖事件触发矩阵

$$
\boldsymbol{E}_1 = \begin{bmatrix} 1.3715 & 0.0631 & 0.0973 \\ 0.0631 & 1.5537 & 0.2120 \\ 0.0973 & 0.2120 & 2.0087 \end{bmatrix}, \quad \boldsymbol{E}_2 = \begin{bmatrix} 1.4644 & 0.0601 & 0.0975 \\ 0.0601 & 1.6530 & 0.2114 \\ 0.0975 & 0.2114 & 2.1115 \end{bmatrix}
$$

假设初始状态为 $\boldsymbol{x}(0) = [0.7 \quad 0.8 \quad -0.7]^{\mathrm{T}}$，系统遭受的外部扰动为 $\boldsymbol{\omega}(k) = [0.2\sin(2k) \quad 0.2\sin(3k) \quad 0.4\cos(4k)]^{\mathrm{T}}$。基于这些参数，可以得到图 5-7 至图 5-10。PWMDBC 模型、控制器和执行器的跳变模态如图 5-7 所示，控制器和执行器的模态均与 PWMDBC 模型的模态异步运行。模态依赖事件触发机制(5-3)的触发瞬态与触发间隔如图 5-8 所示。PWMDBC 模型(5-39)的开环和闭环的状态响应分别如图 5-9 和图 5-10 所示。由图 5-9 可以发现，开环系统是不稳定的。然而由图 5-10 可知，当采用定理 5-2 所提出的异步 H_∞ 容错控制器时，系统(5-39)的闭环状态反馈轨迹逐渐收敛至稳定水平，这说明我们设计的事件触发异步 H_∞ 容错控制器能有效抑制异步现象、执行器故障和外部扰动对系统造成的影响。

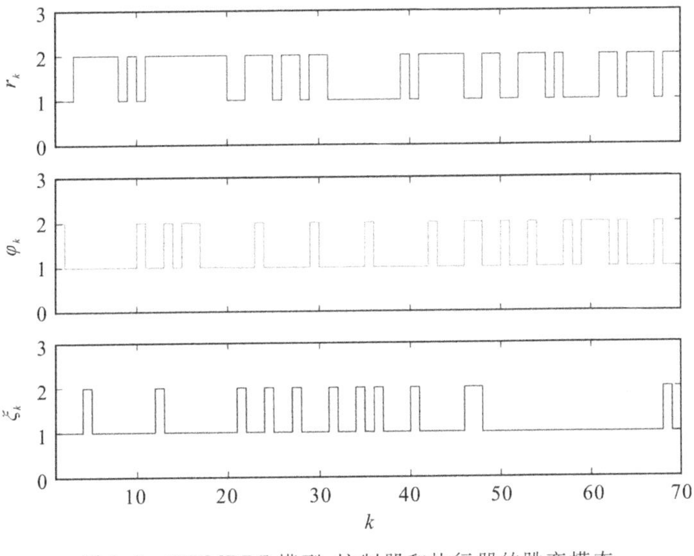

图 5-7　PWMDBC 模型、控制器和执行器的跳变模态

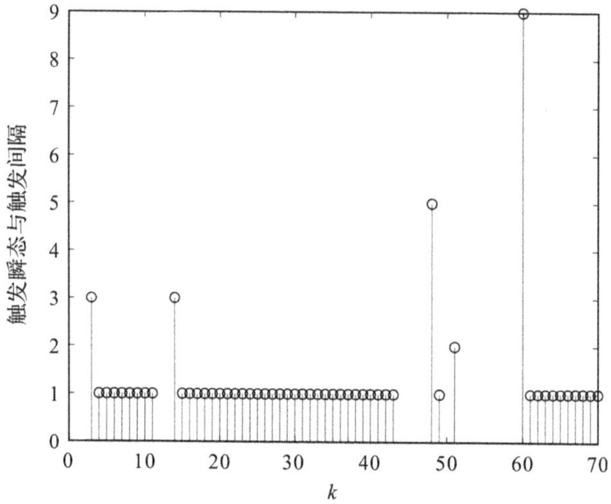

图 5-8 模态依赖事件触发机制的触发瞬态与触发间隔

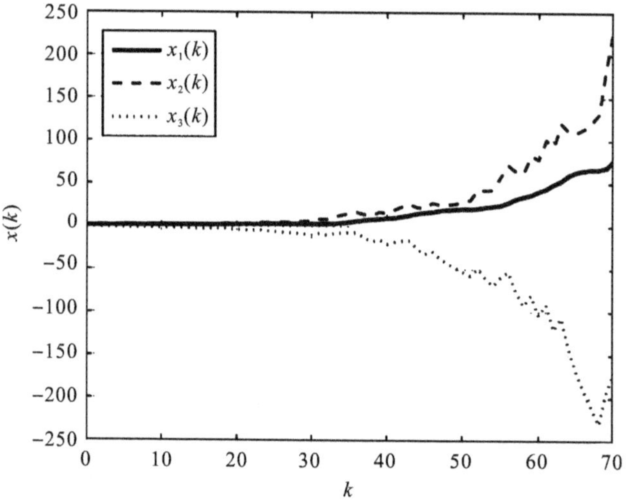

图 5-9 PWMDBC 模型的开环状态响应

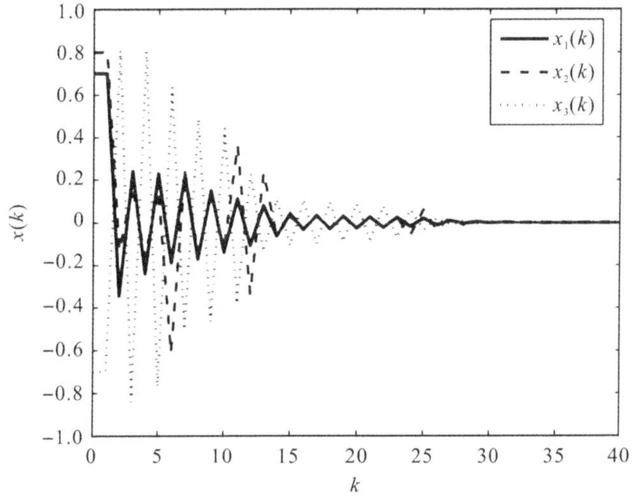

图 5-10　PWMDBC 模型的闭环状态响应

5.2　自适应模态异步容错控制

5.2.1　问题描述

自适应事件触发机制下多类型执行器故障随机网络化系统的结构如图 5-11 所示。

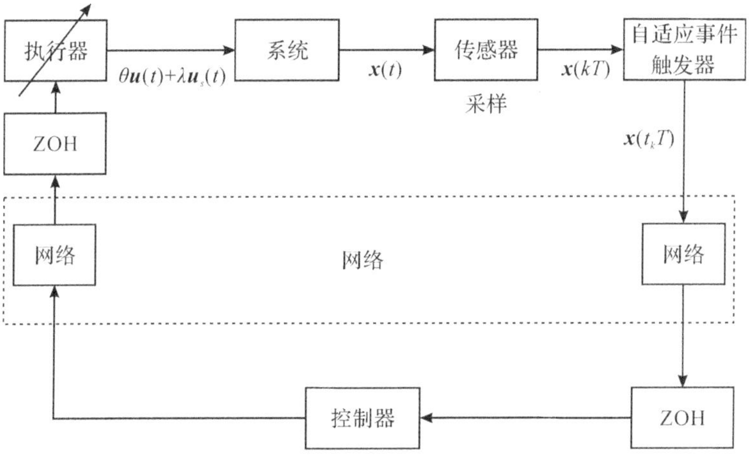

图 5-11　自适应事件触发机制下多类型执行器故障随机网络化系统结构

系统的状态方程如下所示：

$$\dot{\boldsymbol{x}}(t)=\boldsymbol{A}(r_t)\boldsymbol{x}(t)+\boldsymbol{B}(r_t)\boldsymbol{u}^{\mathrm{F}}(t)+\boldsymbol{C}(r_t)\boldsymbol{d}(t) \tag{5-41}$$

其中，$\boldsymbol{x}(t)\in\mathbf{R}^n$ 为系统状态，$\boldsymbol{u}^{\mathrm{F}}(t)\in\mathbf{R}^p$ 为被控对象的控制输入，$\boldsymbol{d}(t)\in\mathbf{R}^q$ 为有界的外部扰动，且其上下界都是未知的。$\boldsymbol{A}(r_t)$，$\boldsymbol{B}(r_t)$ 和 $\boldsymbol{C}(r_t)$ 是具有合适维度的系统参数矩阵。Markov 跳变参数 $\{r_t,t\geqslant 0\}$ 是具有右连续轨迹的随机 Markov 过程，$r_t\in\mathbb{N}=\{1,2,\cdots,N\}$，这些值附于转移概率矩阵 $\boldsymbol{\Pi}=\{\pi_{ij}\}$，$i,j\in\mathbb{N}$，并且满足

$$\mathrm{Prob}\{r_{t+\Delta t}=j\mid r_t=i\}=\begin{cases}\pi_{ij}\Delta t+o(\Delta t), & i\neq j\\ 1+\pi_{ij}\Delta t+o(\Delta t), & i=j\end{cases} \tag{5-42}$$

其中，$\Delta t>0$，$\lim\limits_{\Delta t\to\infty}[o(\Delta t)/\Delta t]=0$，$\pi_{ij}$ 表示系统从时刻 t 的模态 i 到时刻 $t+\Delta t$ 的模态 j 的跳变概率，并且满足约束条件

$$\pi_{ij}\geqslant 0,\quad \sum_{j=1}^{N}\pi_{ij}=0$$

基于系统(5-41)，设计如下自适应触发控制规则：

$$\begin{aligned}&[\boldsymbol{x}(t_kT+vT)-\boldsymbol{x}(t_kT)]^{\mathrm{T}}\boldsymbol{F}(r_t)[\boldsymbol{x}(t_kT+vT)-\boldsymbol{x}(t_kT)]\\ &\geqslant\rho(t)\boldsymbol{x}^{\mathrm{T}}(t_kT+vT)\boldsymbol{F}(r_t)\boldsymbol{x}(t_kT+vT)\end{aligned} \tag{5-43}$$

其中，$\boldsymbol{F}(r_t)$ 为本章待设计的模态依赖事件触发矩阵，$\boldsymbol{x}(kT)$ 为采样时刻 $kT(kT\in\boldsymbol{H}_1\triangleq\{0T,1T,2T,\cdots\})$ 的状态，$\boldsymbol{x}(t_kT)$ 为在采样时刻 $t_kT(t_kT\in\boldsymbol{H}_2\triangleq\{t_0T,t_1T,t_2T,\cdots\})$ 的最新一次触发的状态，且假设第一个触发的采样时刻 $t_0=0$。由分析可知，采样时刻和触发时刻两者之间的关系可表示为 $\boldsymbol{H}_2\in\boldsymbol{H}_1$。此外，$\forall v=1,2,\cdots,\mathcal{V}$，定义误差为

$$\boldsymbol{e}(t)=\boldsymbol{x}(t_kT+vT)-\boldsymbol{x}(t_kT) \tag{5-44}$$

其中，vT 表示从当前信息被传输的采样时刻 t_kT 到下一个信息被传输的采样时刻 $t_{k+1}T$ 的时间间隔，且当条件(5-43)成立时，$t_{k+1}T=t_kT+vT$。另一方面，$\rho(t)$ 为自适应事件触发机制的阈值变量，存在充分小的正数 ε，满足如下自适应律：

$$\dot{\rho}(t)\triangleq\begin{cases}0, & \rho(t)<\varepsilon\\ \dfrac{1}{\rho(t)}\left[\dfrac{1}{\rho(t)}-\zeta\right]\boldsymbol{e}^{\mathrm{T}}(t)\boldsymbol{F}(r_t)\boldsymbol{e}(t), & \rho(t)>\varepsilon\end{cases} \tag{5-45}$$

其中，$0<\rho(t)<1$，$\zeta>0$。

类似公式(5-4)至(5-6)的分析，可以得到如下约束条件：

$$\tau_{\mathrm{m}}=\min\{\tau_{t_k}\}\leqslant\tau(t)\leqslant 1+\bar{\tau}=\tau_{\mathrm{M}} \tag{5-46}$$

其中，τ_m 和 τ_M 分别为网络诱导时延的下界和上界。

基于以上分析，触发条件(5-43)可进一步表示为

$$\boldsymbol{e}^{\mathrm{T}}(t)\boldsymbol{F}(r_t)\boldsymbol{e}(t) \geqslant \rho(t)\boldsymbol{x}^{\mathrm{T}}[t-\tau(t)]\boldsymbol{F}(r_t)\boldsymbol{x}[t-\tau(t)] \tag{5-47}$$

注 5-6　当 $\dot{\rho}(t)=0$ 时，我们设计的自适应事件触发机制将退化为传统的事件触发机制，即触发阈值是一个预设的常数，形式如下：

$$\boldsymbol{e}^{\mathrm{T}}(t)\boldsymbol{F}(r_t)\boldsymbol{e}(t) \geqslant \rho_0\boldsymbol{x}^{\mathrm{T}}[t-\tau(t)]\boldsymbol{F}(r_t)\boldsymbol{x}[t-\tau(t)] \tag{5-48}$$

其中，$\rho_0 \in [0,1]$。当 $\rho(t) < \varepsilon$ 时，同样满足不等式(5-48)。当 $\rho_0=0$ 时，事件触发机制将变成普通的时间触发的方法。

注 5-7　本章所采用的模态依赖自适应事件触发机制的最小事件触发时间间隔等于采样周期 T，因此不存在 Zeno 行为[125]。

5.2.2　主要结果

在系统(5-41)中，设 $\boldsymbol{u}_\beta^{\mathrm{F}}(t)$ 表示可能存在故障的执行器的输出信号，$\beta=1,2,\cdots,m$。多类型执行器故障模型可表示为

$$\boldsymbol{u}_\beta^{\mathrm{F}}(t)=\theta_\beta\boldsymbol{u}_\beta(t)+\lambda_\beta\boldsymbol{u}_{s\beta}(t) \tag{5-49}$$

其中，$\boldsymbol{u}_\beta(t)$ 为待设计的控制信号，$\boldsymbol{u}_{s\beta}(t)$ 为第 β 个执行器发生未知时变有界卡死故障，θ_β 为执行器部分失效故障系数且为上下界未知的有界常数，其上下界分别为 $\theta_\beta^{\max}$ 与 $\theta_\beta^{\min}$，即有

$$0 \leqslant \theta_\beta^{\min} \leqslant \theta_\beta \leqslant \theta_\beta^{\max} \leqslant 1,\quad \forall\beta=1,2,\cdots,m$$

且 λ_β 为卡死故障系数，定义如下：

$$\lambda_\beta=\begin{cases}0, & \theta_\beta>0\\ 0\ \text{或}\ 1, & \theta_\beta=0\end{cases}$$

根据 θ_β 和 λ_β 的取值的不同，执行器故障模型(5-49)可分为如下四种情况，如表 5-1 所示。

表 5-1　多类型执行器故障

故障类型	θ_β	λ_β
无故障	1	0
部分失效故障	(0, 1)	0
卡死故障	0	1
停机故障	0	0

①$\theta_\beta=1$, $\lambda_\beta=0$:第 β 个执行器处于正常运行状态,此时 $\boldsymbol{u}^{\mathrm{F}}(t)=\boldsymbol{u}(t)$。

②$\theta_\beta\in(0,1)$, $\lambda_\beta=0$:第 β 个执行器发生部分失效故障。

③$\theta_\beta=0$, $\lambda_\beta=1$:第 β 个执行器发生卡死故障。

④$\theta_\beta=0$, $\lambda_\beta=0$:第 β 个执行器完全失效,即第 β 个执行器发生停机故障。

为了方便描述,多类型执行器故障模型可表述为

$$\boldsymbol{u}^{\mathrm{F}}(t)=\boldsymbol{\theta u}(t)+\boldsymbol{\lambda u}_s(t) \tag{5-50}$$

其中,

$$\boldsymbol{u}^{\mathrm{F}}(t)=[u_1^{\mathrm{F}}(t)\quad u_2^{\mathrm{F}}(t)\quad \cdots\quad u_m^{\mathrm{F}}(t)]^{\mathrm{T}}$$
$$\boldsymbol{u}(t)=[u_1(t)\quad u_2(t)\quad \cdots\quad u_m(t)]^{\mathrm{T}}$$
$$\boldsymbol{u}_s(t)=[u_{s1}(t)\quad u_{s2}(t)\quad \cdots\quad u_{sm}(t)]^{\mathrm{T}}$$
$$\boldsymbol{\theta}=\mathrm{diag}\{\theta_1,\theta_2,\cdots,\theta_m\}$$
$$\boldsymbol{\lambda}=\mathrm{diag}\{\lambda_1,\lambda_2,\cdots,\lambda_m\}$$

注 5-8 $\forall\beta=1,2,\cdots,m$,至少有一个执行器不发生卡死或停机故障。

由于部分失效故障系数 $\boldsymbol{\theta}$ 未知,为了降低保守性,我们定义 $\boldsymbol{\theta}=(\boldsymbol{I}+\boldsymbol{Z})\bar{\boldsymbol{\theta}}$ 和 $|\boldsymbol{Z}|\leqslant\boldsymbol{H}\leqslant\boldsymbol{I}$,并且 $\forall\beta=1,2,\cdots,m$,有

$$\bar{\boldsymbol{\theta}}=\mathrm{diag}\{\bar{\theta}_1,\bar{\theta}_2,\cdots,\bar{\theta}_m\},\quad \boldsymbol{H}=\mathrm{diag}\{h_1,h_2,\cdots,h_m\}$$
$$\boldsymbol{Z}=\mathrm{diag}\{z_1,z_2,\cdots,z_m\},\quad |\boldsymbol{Z}|=\mathrm{diag}\{|z_1|,|z_2|,\cdots,|z_m|\}$$
$$\bar{\theta}_\beta=\frac{\theta_\beta^{\max}+\theta_\beta^{\min}}{2},\quad h_\beta=\frac{\theta_\beta^{\max}-\theta_\beta^{\min}}{\theta_\beta^{\min}+\theta_\beta^{\max}},\quad z_\beta=\frac{\theta_\beta-\bar{\theta}_\beta}{\bar{\theta}_\beta}$$

为了便于下一步的研究,系统需要如下假设。

假设 5-1 对于系统(5-41),为了使扰动和输入信号满足匹配条件,假设存在具有合适维度的常数矩阵 $\boldsymbol{C}_i$,使得 $\boldsymbol{D}_i=\boldsymbol{B}_i\boldsymbol{C}_i$。

假设 5-2 对于任意的部分失效故障矩阵 $\boldsymbol{\theta}=\mathrm{diag}\{\theta_1,\theta_2,\cdots,\theta_m\}$,都有

$$\mathrm{rank}(\boldsymbol{B}_i\boldsymbol{\theta})=\mathrm{rank}(\boldsymbol{B}_i)$$

假设 5-3 定义如下增广扰动:

$$\boldsymbol{\omega}(t)=\boldsymbol{\lambda u}_s(t)+\boldsymbol{D}_i\boldsymbol{d}(t)\triangleq[\omega_1(t)\quad \omega_2(t)\quad \cdots\quad \omega_m(t)]^{\mathrm{T}} \tag{5-51}$$

其中,$\underline{\omega}_\beta\leqslant\omega_\beta(t)\leqslant\bar{\omega}_\beta(\beta=1,2,\cdots,m)$,$\underline{\omega}_\beta$ 和 $\bar{\omega}_\beta$ 为未知的常数且定义为

$$\underline{\boldsymbol{\omega}}=[\underline{\omega}_1(t)\quad \bar{\omega}_2(t)\quad \cdots\quad \underline{\omega}_m(t)]^{\mathrm{T}}$$
$$\bar{\boldsymbol{\omega}}=[\bar{\omega}_1(t)\quad \bar{\omega}_2(t)\quad \cdots\quad \bar{\omega}_m(t)]^{\mathrm{T}}$$
$$W=\|\underline{\boldsymbol{\omega}}+\bar{\boldsymbol{\omega}}\|$$

设 $\hat{\theta}_\beta(t)$，$\hat{W}(t)$，$\hat{\overline{\omega}}_\beta(t)$，$\hat{\underline{\omega}}_\beta(t)$ 为 θ_β，W，$\overline{\omega}_\beta$，$\underline{\omega}_\beta$ 实时的估计值。定义矩阵

$$\begin{aligned}\hat{\underline{\boldsymbol{\omega}}} &= [\hat{\underline{\omega}}_1(t) \quad \hat{\underline{\omega}}_2(t) \quad \cdots \quad \hat{\underline{\omega}}_m(t)]^{\mathrm{T}} \\ \hat{\overline{\boldsymbol{\omega}}} &= [\hat{\overline{\omega}}_1(t) \quad \hat{\overline{\omega}}_2(t) \quad \cdots \quad \hat{\overline{\omega}}_m(t)]^{\mathrm{T}}\end{aligned} \tag{5-52}$$

和

$$\boldsymbol{\eta}_\beta = \boldsymbol{P}_i \mathrm{col}_\beta(\boldsymbol{B}_i) \tag{5-53}$$

其中，$\boldsymbol{P}_i$ 为模态依赖的正定矩阵，col 表示列向量。

此外，定义变量

$$\partial_\beta(t) = \begin{cases} 0, & \boldsymbol{x}^{\mathrm{T}}(t)\boldsymbol{\eta}_\beta\hat{\theta}_\beta(t)\zeta_\beta^{-1}(t) > 0 \\ 1, & \boldsymbol{x}^{\mathrm{T}}(t)\boldsymbol{\eta}_\beta\hat{\theta}_\beta(t)\zeta_\beta^{-1}(t) \leqslant 0 \end{cases} \tag{5-54}$$

$\zeta_\beta(t) = \hat{\theta}_\beta(t) + \delta(t)$，$\delta(t)$ 为指数函数且满足

$$\delta(t) = a_1 \mathrm{e}^{-b_1 t} \tag{5-55}$$

其中，a_1 和 b_1 都是有界正常数且满足

$$\int_0^\infty \delta(\tau)\mathrm{d}\tau \leqslant \delta_{\max} < \infty$$

设 $\bar{\boldsymbol{\delta}}(t) = \mathrm{diag}\{\delta_1(t), \delta_2(t), \cdots, \delta_m(t)\}$，$\hat{\boldsymbol{\theta}}(t) = \mathrm{diag}\{\hat{\theta}_1(t), \hat{\theta}_2(t), \cdots, \hat{\theta}_m(t)\}$，可得

$$\boldsymbol{\zeta}(t) = \hat{\boldsymbol{\theta}}(t) + \bar{\boldsymbol{\delta}}(t) \tag{5-56}$$

注 5-9　这里研究的多类型执行器故障模型包含了执行器的卡死故障以及停机故障，即讨论了 $\theta_\beta = 0$ 的情况。然而当 $\hat{\boldsymbol{\theta}}(t) = \boldsymbol{0}$ 时，$\hat{\boldsymbol{\theta}}^{-1}(t)$ 的含义将无法准确描述。为了解决这个问题，我们引入了一个有界的正参数 $\delta(t)$，这样就可以用非零量 $\boldsymbol{\zeta}^{-1}(t) = [\hat{\boldsymbol{\theta}}(t) + \bar{\boldsymbol{\delta}}(t)]^{-1}$ 去代替有可能为零的量 $\hat{\boldsymbol{\theta}}(t)$ 的逆 $\hat{\boldsymbol{\theta}}^{-1}(t)$。此外，值得一提的是，本章考虑了部分失效故障系数为零时的情况，这是十分有必要的。

接下来，我们定义向量值函数

$$\boldsymbol{\mu}(t) = \hat{\overline{\boldsymbol{\omega}}}(t) + \boldsymbol{\partial}(t)[\hat{\underline{\boldsymbol{\omega}}}(t) - \hat{\overline{\boldsymbol{\omega}}}(t)] \tag{5-57}$$

其中，$\boldsymbol{\partial}(t) = \mathrm{diag}\{\partial_1(t), \partial_2(t)\cdots, \partial_m(t)\}$。自适应异步容错控制器可设计为

$$\boldsymbol{u}(t) = [\boldsymbol{K}_1(\varphi_t) + \boldsymbol{K}_2(\varphi_t)]\boldsymbol{x}(t_k T) + \boldsymbol{K}_3(\varphi_t)\boldsymbol{\mu}(t) \tag{5-58}$$

其中，$\boldsymbol{K}_1(\varphi_t)$，$\boldsymbol{K}_2(\varphi_t)$，$\boldsymbol{K}_3(\varphi_t)$ 都为异步容错控制器增益矩阵，将在下文中设计或者求解得到。Markov 参数 φ_t 直接控制控制器的模态跳变过程，且通过条件概率矩阵 $\boldsymbol{\Phi} = \{\varphi_{if}\}$，$i \in \mathbb{N}$，$f \in \mathbb{F} = \{1,2,\cdots,F\}$ 间接被系统的 Markov 参数 r_t（满足转移概率矩阵 $\boldsymbol{\Pi} = \{\pi_{ij}\}$）所影响。条件概率 φ_{if} 表示控

制器在给定系统的跳变模态信息 i 的情况下以跳变模态信息 f 的概率，并且可定义为

$$\mathrm{Prob}\{\varphi_t = f \mid r_t = i\} = \varphi_{if} \tag{5-59}$$

其中，条件概率 φ_{if} 满足约束条件 $\varphi_{if} \in (0, 1]$，$\sum_{f=1}^{F} \varphi_{if} = 1$。

注 5-10 Markov 参数 φ_t 表示控制器的跳变模态信息，其与表示系统的跳变模态信息的 Markov 参数 r_t 互不相等。然而，r_t 通过转移概率矩阵 $\boldsymbol{\Pi}$ 间接影响满足条件概率矩阵 $\boldsymbol{\Phi}$ 的 φ_t。为了进一步描述系统与控制器两者模态之间的异步现象，我们创建了隐 Markov 模型 $[r_t, \varphi_t, \boldsymbol{\Pi}, \boldsymbol{\Phi}]$。

为了简便描述，我们用符号 i,j,f 代替系统的 Markov 参数 r_t 和 r_{t+1} 以及控制器的 Markov 参数 φ_t。例如，$\boldsymbol{A}(r_t)$ 缩写为 $\boldsymbol{A}_i$，$\boldsymbol{K}_1(\varphi_t)$ 缩写为 $\boldsymbol{K}_{1f}$。因此，闭环 Markov 跳变系统的状态方程可以写成

$$\begin{aligned}\dot{\boldsymbol{x}}(t) = &\boldsymbol{A}_i\boldsymbol{x}(t) + \boldsymbol{B}_i\boldsymbol{\theta}\boldsymbol{K}_{1f}\boldsymbol{x}[t-\tau(t)] - \boldsymbol{B}_i\boldsymbol{\theta}\boldsymbol{K}_{1f}\boldsymbol{e}(t)\\ &+ \boldsymbol{B}_i\boldsymbol{\theta}\boldsymbol{K}_{2f}\boldsymbol{x}(t_kT) + \boldsymbol{B}_i\boldsymbol{\theta}\boldsymbol{K}_{3f}\boldsymbol{\mu}(t) + \boldsymbol{B}_i\boldsymbol{\omega}(t)\end{aligned} \tag{5-60}$$

接下来，设计部分失效故障系数的估计值 $\hat{\theta}_\beta(t)$ 的自适应律为

$$\dot{\hat{\theta}}_\beta(t) \triangleq \mathrm{Proj}_{[\min\{\theta_\beta\},\max\{\theta_\beta\}]}\{\tilde{L}_\beta(t)\} = \begin{cases} 0, & \left(\hat{\theta}_\beta = \min\{\theta_\beta\} \text{ 且 } \tilde{L}_\beta(t) \leqslant 0\right) \text{ 或} \\ & \left(\hat{\theta}_\beta = \max\{\theta_\beta\} \text{ 且 } \tilde{L}_\beta(t) > 0\right) \\ \tilde{L}_\beta(t), & \text{其他} \end{cases} \tag{5-61}$$

其中，

$$\tilde{L}_\beta(t) = -\mathcal{L}_\beta \sum_{\beta=1}^{m} \boldsymbol{x}^{\mathrm{T}}(t)\boldsymbol{\eta}_\beta\zeta_\beta^{-1}(t)\mu_\beta(t)$$

$\hat{W}(t)$，$\hat{\bar{\omega}}_\beta(t)$，$\hat{\underline{\omega}}_\beta(t)$ 的自适应律可分别设计为

$$\begin{aligned}\dot{\hat{W}}(t) &= \mathcal{S}_{\mathrm{W}} \|\boldsymbol{x}(t)\| \|\boldsymbol{P}_i\boldsymbol{B}_i\| \|\bar{\boldsymbol{\delta}}(t)\boldsymbol{\zeta}^{-1}(t)\|\\ \dot{\hat{\underline{\omega}}}_\beta(t) &= \mathcal{J}_\beta[1-\partial_\beta(t)]\boldsymbol{x}^{\mathrm{T}}(t)\boldsymbol{\eta}_\beta\hat{\theta}_\beta(t)\zeta_\beta^{-1}(t)\\ \dot{\hat{\bar{\omega}}}_\beta(t) &= \mathcal{J}_\beta\partial_\beta(t)\boldsymbol{x}^{\mathrm{T}}(t)\boldsymbol{\eta}_\beta\hat{\theta}_\beta(t)\zeta_\beta^{-1}(t)\end{aligned} \tag{5-62}$$

其中，$\mathcal{S}_\beta$，$\mathcal{L}_\beta$，$\mathcal{J}_\beta(\beta = 1,2,\cdots,m)$ 为待设计的自适应律的增益。除了这些参数以外，$\boldsymbol{K}_{2f}$ 和 $\boldsymbol{K}_{3f}$ 设计如下：

$$\boldsymbol{K}_{2f}=-\frac{\|\bar{\boldsymbol{\delta}}(t)\boldsymbol{\zeta}^{-1}(t)\|^2\|\boldsymbol{P}_i\boldsymbol{B}_i\|^2W^2(t)}{\bar{\omega}\|\boldsymbol{x}(t_kT)\|\|\bar{\boldsymbol{\delta}}(t)\boldsymbol{\zeta}^{-1}(t)\|\|\boldsymbol{P}_i\boldsymbol{B}_i\|W(t)+\delta(t)}\boldsymbol{B}_i^{\mathrm{T}}\boldsymbol{P}_i^{\mathrm{T}}$$
$$\boldsymbol{K}_{3f}=-\boldsymbol{\zeta}^{-1}(t) \tag{5-63}$$

其中，$\bar{\omega}=\lambda_{\min}(\boldsymbol{P}_i\boldsymbol{B}_i\boldsymbol{\theta}\boldsymbol{B}_i^{\mathrm{T}}\boldsymbol{P}_i^{\mathrm{T}})$。

本章中，我们的主要目的是设计一个基于自适应事件触发机制(5-48)和增广干扰的估计值方程(5-57)的自适应异步容错控制器，以确保系统在遭受干扰和故障时仍然可以保证闭环系统(5-60)的解是一致终极有界的。

首先我们给出系统(5-60)的解是一致终极有界的充分条件。

定理 5-3　$\forall i\in\mathbb{N}$，$f\in\mathbb{F}$，在给定正数 τ_{M}，τ_{m}，ζ 以及矩阵 $\boldsymbol{K}_{1f}$ 和 $\boldsymbol{\theta}$ 的条件下，若存在正定矩阵 $\boldsymbol{F}_i$，$\boldsymbol{P}_i$ 和 $\boldsymbol{Q}$，使得条件(5-64)成立，则系统(5-60)的解在自适应律(5-45)、(5-61)、(5-62)和(5-63)下一致终极有界。

$$\boldsymbol{\Xi}=\begin{bmatrix}\boldsymbol{\Xi}_{11} & \sum_{f=1}^{F}\varphi_{if}\boldsymbol{P}_i\boldsymbol{B}_i\boldsymbol{\theta}\boldsymbol{K}_{1f} & -\sum_{f=1}^{F}\varphi_{if}\boldsymbol{P}_i\boldsymbol{B}_i\boldsymbol{\theta}\boldsymbol{K}_{1f}\\ * & \boldsymbol{F}_i-\boldsymbol{Q} & \boldsymbol{0}\\ * & * & -\zeta\boldsymbol{F}_i\end{bmatrix}<0 \tag{5-64}$$

其中，

$$\boldsymbol{\Xi}_{11}=\boldsymbol{P}_i\boldsymbol{A}_i+\boldsymbol{A}_i^{\mathrm{T}}\boldsymbol{P}_i+(\tau_{\mathrm{M}}-\tau_{\mathrm{m}})\boldsymbol{Q}+\sum_{j=1}^{N}\pi_{ij}\boldsymbol{P}_j$$

证明：首先，定义如下误差变量：

$$\tilde{\boldsymbol{\theta}}(t)=\hat{\boldsymbol{\theta}}(t)-\boldsymbol{\theta},\quad \tilde{W}(t)=\hat{W}(t)-W$$
$$\tilde{\bar{\boldsymbol{\omega}}}(t)=\hat{\bar{\boldsymbol{\omega}}}(t)-\bar{\boldsymbol{\omega}},\quad \tilde{\underline{\boldsymbol{\omega}}}(t)=\hat{\underline{\boldsymbol{\omega}}}(t)-\underline{\boldsymbol{\omega}} \tag{5-65}$$

其中，参数 W 在假设 5-3 中被定义。选择如下模态依赖 Lyapunov-Krasovskii 函数：

$$V(t)=\sum_{\kappa=1}^{6}V_{\kappa}(t) \tag{5-66}$$

其中，

$$
\begin{aligned}
V_1(t) &= \boldsymbol{x}^{\mathrm{T}}(t)\boldsymbol{P}_i\boldsymbol{x}(t)\\
V_2(t) &= \int_{t-\tau_M}^{t-\tau_m}\int_{t-1+\vartheta}^{t}\boldsymbol{x}^{\mathrm{T}}(\nu)\boldsymbol{Q}\boldsymbol{x}(\nu)\mathrm{d}\nu\mathrm{d}\vartheta\\
V_3(t) &= \frac{1}{2}\rho^2(t)\\
V_4(t) &= \sum_{\beta=1}^{m}\frac{\tilde{\theta}_\beta^2(t)}{\mathcal{L}_\beta}\\
V_5(t) &= \frac{\tilde{W}^2(t)}{\mathcal{S}_W}\\
V_6(t) &= \sum_{\beta=1}^{m}\frac{1}{\mathcal{J}_\beta}\left[\tilde{\bar{\omega}}_\beta^2(t)+\tilde{\underline{\omega}}_\beta^2(t)\right]
\end{aligned}
\tag{5-67}
$$

其次,用 $\mathfrak{A}$ 表示 Markov 过程 $\{r_t, t\geqslant 0\}$ 的弱无穷小微分算子,可以得到

$$
\begin{aligned}
\mathfrak{A}\{V_1(t)\} = {}& \boldsymbol{x}^{\mathrm{T}}(t)\left(\boldsymbol{A}_i^{\mathrm{T}}\boldsymbol{P}_i+\boldsymbol{P}_i\boldsymbol{A}_i\right)\boldsymbol{x}(t)+\boldsymbol{x}^{\mathrm{T}}(t)\sum_{j}^{N}\pi_{ij}\boldsymbol{P}_j\boldsymbol{x}(t)\\
&+2\sum_{f=1}^{F}\varphi_{if}\boldsymbol{x}^{\mathrm{T}}(t)\boldsymbol{P}_i\boldsymbol{B}_i\boldsymbol{\theta}\boldsymbol{K}_{1f}\boldsymbol{x}[t-\tau(t)]-2\sum_{f=1}^{F}\varphi_{if}\boldsymbol{x}^{\mathrm{T}}(t)\boldsymbol{P}_i\boldsymbol{B}_i\boldsymbol{\theta}\boldsymbol{K}_{1f}\boldsymbol{e}(t)\\
&+2\sum_{f=1}^{F}\varphi_{if}\boldsymbol{x}^{\mathrm{T}}(t)\boldsymbol{P}_i\boldsymbol{B}_i\boldsymbol{\theta}\boldsymbol{K}_{2f}\boldsymbol{x}(t_kT)+2\boldsymbol{x}^{\mathrm{T}}(t)\boldsymbol{P}_i\boldsymbol{B}_i\boldsymbol{\omega}(t)\\
&+2\sum_{f=1}^{F}\varphi_{if}\boldsymbol{x}^{\mathrm{T}}(t)\boldsymbol{P}_i\boldsymbol{B}_i\boldsymbol{\theta}\boldsymbol{K}_{3f}\{\hat{\bar{\boldsymbol{\omega}}}(t)+\boldsymbol{\partial}(t)[\hat{\underline{\boldsymbol{\omega}}}(t)-\hat{\bar{\boldsymbol{\omega}}}(t)]\}
\end{aligned}
\tag{5-68}
$$

其中,

$$
2\boldsymbol{x}^{\mathrm{T}}(t)\boldsymbol{P}_i\boldsymbol{B}_i\boldsymbol{\omega}(t)=2\boldsymbol{x}^{\mathrm{T}}(t)\boldsymbol{P}_i\boldsymbol{B}_i\frac{\hat{\boldsymbol{\theta}}(t)}{\hat{\boldsymbol{\theta}}(t)+\bar{\boldsymbol{\delta}}(t)}\boldsymbol{\omega}(t)+2\boldsymbol{x}^{\mathrm{T}}(t)\boldsymbol{P}_i\boldsymbol{B}_i\frac{\bar{\boldsymbol{\delta}}(t)}{\hat{\boldsymbol{\theta}}(t)+\bar{\boldsymbol{\delta}}(t)}\boldsymbol{\omega}(t)
\tag{5-69}
$$

再次,

$$
\mathfrak{A}\{V_2(t)\}=\boldsymbol{x}^{\mathrm{T}}(k)[(\tau_{\mathrm{M}}-\tau_{\mathrm{m}})\boldsymbol{Q}]\boldsymbol{x}(k)-\int_{-\tau_M+1}^{-\tau_m+1}\boldsymbol{x}^{\mathrm{T}}(t-1+\vartheta)\boldsymbol{R}\boldsymbol{x}(t-1+\vartheta)\mathrm{d}\vartheta
\tag{5-70}
$$

其中,

$$
\begin{aligned}
\int_{-\tau_M+1}^{-\tau_m+1}\boldsymbol{x}^{\mathrm{T}}(t-1+\vartheta)\boldsymbol{Q}\boldsymbol{x}(t-1+\vartheta)\mathrm{d}\vartheta &= \int_{t-\tau_M}^{t-\tau_m}\boldsymbol{x}^{\mathrm{T}}(\vartheta)\boldsymbol{Q}\boldsymbol{x}(\vartheta)\mathrm{d}\vartheta\\
&\geqslant \boldsymbol{x}^{\mathrm{T}}[t-\tau(t)]\boldsymbol{Q}\boldsymbol{x}[t-\tau(t)]
\end{aligned}
$$

因此,可得

$$\mathfrak{A}\{V_3(t)\} \leqslant \boldsymbol{x}^{\mathrm{T}}(k)[(\tau_{\mathrm{M}}-\tau_{\mathrm{m}})\boldsymbol{Q}]\boldsymbol{x}(k)-\boldsymbol{x}^{\mathrm{T}}[t-\tau(t)]\boldsymbol{Q}\boldsymbol{x}[t-\tau(t)] \tag{5-71}$$

然后，我们得到

$$\begin{aligned}\mathfrak{A}\{V_3(t)\} &= \rho(t)\dot{\rho}(t) \\ &= \frac{1}{\rho(t)}\boldsymbol{e}^{\mathrm{T}}(t)\boldsymbol{F}_i\boldsymbol{e}(t)-\zeta\boldsymbol{e}^{\mathrm{T}}(t)\boldsymbol{F}_i\boldsymbol{e}(t) \\ &\leqslant \boldsymbol{x}^{\mathrm{T}}[t-\tau(t)]\boldsymbol{F}_i\boldsymbol{x}[t-\tau(t)]-\zeta\boldsymbol{e}^{\mathrm{T}}(t)\boldsymbol{F}_i\boldsymbol{e}(t)\end{aligned} \tag{5-72}$$

同样，可得

$$\mathfrak{A}\{V_4(t)\} = 2\sum_{\beta=1}^{m}\frac{\tilde{\theta}_\beta(t)\ \dot{\tilde{\theta}}_\beta(t)}{\mathcal{L}_\beta} = -2\sum_{\beta=1}^{m}\tilde{\theta}_\beta(t)\boldsymbol{x}^{\mathrm{T}}(t)\boldsymbol{\eta}_\beta\zeta_\beta^{-1}(t)\mu_\beta(t) \tag{5-73}$$

和

$$\mathfrak{A}\{V_5(t)\} = 2\frac{\tilde{W}(t)\ \dot{\tilde{W}}(t)}{\mathcal{S}_{\mathrm{W}}} = 2\tilde{W}(t)\ \|\boldsymbol{x}(t)\|\ \|\boldsymbol{P}_i\boldsymbol{B}_i\|\ \|\bar{\boldsymbol{\delta}}(t)\boldsymbol{\zeta}^{-1}(t)\| \tag{5-74}$$

最后，可得

$$\begin{aligned}\mathfrak{A}\{V_6(t)\} &= 2\sum_{\beta=1}^{m}\left[\frac{\tilde{\bar{\omega}}_\beta(t)\ \dot{\tilde{\bar{\omega}}}_\beta(t)}{\mathcal{J}_\beta}+\frac{\tilde{\underline{\omega}}_\beta(t)\ \dot{\tilde{\underline{\omega}}}_\beta(t)}{\mathcal{J}_\beta}\right] \\ &= 2\sum_{\beta=1}^{m}\left\{\frac{\tilde{\bar{\omega}}_\beta(t)\ \mathcal{J}_\beta[1-\partial_\beta(t)]\boldsymbol{x}^{\mathrm{T}}(t)\boldsymbol{\eta}_\beta\hat{\theta}_\beta(t)\zeta_\beta^{-1}(t)}{\mathcal{J}_\beta}\right. \\ &\quad\left.+\frac{\tilde{\underline{\omega}}_\beta(t)\ \mathcal{J}_\beta\partial_\beta(t)\boldsymbol{x}^{\mathrm{T}}(t)\boldsymbol{\eta}_\beta\hat{\theta}_\beta(t)\zeta_\beta^{-1}(t)}{\mathcal{J}_\beta}\right\} \\ &= 2\sum_{\beta=1}^{m}\hat{\theta}_\beta(t)\zeta_\beta^{-1}(t)\{\tilde{\bar{\omega}}_\beta(t)+\partial_\beta(t)[\tilde{\underline{\omega}}_\beta(t)-\tilde{\bar{\omega}}_\beta(t)]\}\ \boldsymbol{x}^{\mathrm{T}}(t)\boldsymbol{\eta}_\beta \\ &= 2\sum_{\beta=1}^{m}\hat{\theta}_\beta(t)\zeta_\beta^{-1}(t)\{\hat{\bar{\omega}}_\beta(t)+\partial_\beta(t)[\hat{\underline{\omega}}_\beta(t)-\hat{\bar{\omega}}_\beta(t)]\}\ \boldsymbol{x}^{\mathrm{T}}(t)\boldsymbol{\eta}_\beta \\ &\quad-2\sum_{\beta=1}^{m}\hat{\theta}_\beta(t)\zeta_\beta^{-1}(t)\{\bar{\omega}_\beta(t)+\partial_\beta(t)[\underline{\omega}_\beta(t)-\bar{\omega}_\beta(t)]\}\ \boldsymbol{x}^{\mathrm{T}}(t)\boldsymbol{\eta}_\beta\end{aligned} \tag{5-75}$$

结合上述讨论，根据 $W = \|\underline{\boldsymbol{\omega}}+\bar{\boldsymbol{\omega}}\|$，分析可得

$$2\boldsymbol{x}^{\mathrm{T}}(t)\boldsymbol{P}_i\boldsymbol{B}_i\frac{\bar{\boldsymbol{\delta}}(t)}{\hat{\boldsymbol{\theta}}(t)+\bar{\boldsymbol{\delta}}(t)}\boldsymbol{\omega}(t)+2\sum_{f=1}^{F}\varphi_{if}\boldsymbol{x}^{\mathrm{T}}(t)\boldsymbol{P}_i\boldsymbol{B}_i\boldsymbol{\theta}\boldsymbol{K}_{2f}\boldsymbol{x}(t_kT)+\mathfrak{A}\{V_5(t)\}$$

$$=\frac{2\boldsymbol{x}^{\mathrm{T}}(t)\boldsymbol{P}_i\boldsymbol{B}_i\bar{\boldsymbol{\delta}}(t)\boldsymbol{\zeta}^{-1}(t)\boldsymbol{\omega}(t)[\bar{\omega}\ \|\boldsymbol{x}(t_kT)\|\ \|\bar{\boldsymbol{\delta}}(t)\boldsymbol{\zeta}^{-1}(t)\|\ \|\boldsymbol{P}_i\boldsymbol{B}_i\|\ \hat{W}(t)+\delta(t)]}{\bar{\omega}\ \|\boldsymbol{x}(t_kT)\|\ \|\bar{\boldsymbol{\delta}}(t)\boldsymbol{\zeta}^{-1}(t)\|\ \|\boldsymbol{P}_i\boldsymbol{B}_i\|\ \hat{W}(t)+\delta(t)}$$

$$
-2\sum_{f=1}^{F}\varphi_{if}\boldsymbol{x}^{\mathrm{T}}(t)\boldsymbol{P}_i\boldsymbol{B}_i\boldsymbol{\theta}\frac{\|\bar{\boldsymbol{\delta}}(t)\boldsymbol{\zeta}^{-1}(t)\|^2\ \|\boldsymbol{P}_i\boldsymbol{B}_i\|^2\hat{W}^2(t)}{\tilde{\omega}\|\boldsymbol{x}(t_kT)\|\|\bar{\boldsymbol{\delta}}(t)\boldsymbol{\zeta}^{-1}(t)\|\|\boldsymbol{P}_i\boldsymbol{B}_i\|\hat{W}(t)+\delta(t)}\boldsymbol{B}_i^{\mathrm{T}}\boldsymbol{P}_i^{\mathrm{T}}\boldsymbol{x}(t_kT)
$$

$$
+\frac{2\tilde{W}(t)\|\boldsymbol{x}(t)\|\|\boldsymbol{P}_i\boldsymbol{B}_i\|\|\bar{\boldsymbol{\delta}}(t)\boldsymbol{\zeta}^{-1}(t)\|[\tilde{\omega}\|\boldsymbol{x}(t_kT)\|\|\bar{\boldsymbol{\delta}}(t)\boldsymbol{\zeta}^{-1}(t)\|\|\boldsymbol{P}_i\boldsymbol{B}_i\|\hat{W}(t)+\delta(t)]}{\tilde{\omega}\|\boldsymbol{x}(t_kT)\|\|\bar{\boldsymbol{\delta}}(t)\boldsymbol{\zeta}^{-1}(t)\|\|\boldsymbol{P}_i\boldsymbol{B}_i\|\hat{W}(t)+\delta(t)}
$$

$$
\leqslant\frac{2\hat{W}(t)\|\boldsymbol{x}(t)\|\|\boldsymbol{P}_i\boldsymbol{B}_i\|\|\bar{\boldsymbol{\delta}}(t)\boldsymbol{\zeta}^{-1}(t)\|\delta(t)}{\tilde{\omega}\|\boldsymbol{x}(t_kT)\|\|\bar{\boldsymbol{\delta}}(t)\boldsymbol{\zeta}^{-1}(t)\|\|\boldsymbol{P}_i\boldsymbol{B}_i\|\hat{W}(t)+\delta(t)}
$$

$$
\leqslant\frac{2\hat{W}(t)\|\boldsymbol{x}(t)\|\|\boldsymbol{P}_i\boldsymbol{B}_i\|\|\bar{\boldsymbol{\delta}}(t)\boldsymbol{\zeta}^{-1}(t)\|\delta(t)}{\tilde{\omega}\|\boldsymbol{x}(t)\|\|\bar{\boldsymbol{\delta}}(t)\boldsymbol{\zeta}^{-1}(t)\|\|\boldsymbol{P}_i\boldsymbol{B}_i\|\hat{W}(t)+\delta(t)}
$$

$$
\leqslant 2\tilde{\omega}^{-1}\delta(t) \tag{5-76}
$$

另外，

$$
2\boldsymbol{x}^{\mathrm{T}}(t)\boldsymbol{P}_i\boldsymbol{B}_i\frac{\hat{\boldsymbol{\theta}}(t)}{\hat{\boldsymbol{\theta}}(t)+\bar{\boldsymbol{\delta}}(t)}\boldsymbol{\omega}(t)+2\sum_{f=1}^{F}\varphi_{if}\boldsymbol{x}^{\mathrm{T}}(t)\boldsymbol{P}_i\boldsymbol{B}_i\boldsymbol{\theta}\boldsymbol{K}_{3f}\boldsymbol{\mu}(t)+\mathfrak{A}\{V_6(t)\}
$$

$$
\leqslant 2\boldsymbol{x}^{\mathrm{T}}(t)\boldsymbol{P}_i\boldsymbol{B}_i\hat{\boldsymbol{\theta}}(t)\boldsymbol{\zeta}^{-1}(t)\boldsymbol{\omega}(t)
$$

$$
-2\sum_{f=1}^{F}\varphi_{if}\boldsymbol{x}^{\mathrm{T}}(t)\boldsymbol{P}_i\boldsymbol{B}_i\hat{\boldsymbol{\theta}}(t)\boldsymbol{\zeta}^{-1}(t)\{\hat{\bar{\boldsymbol{\omega}}}(t)+\boldsymbol{\partial}(t)[\hat{\underline{\boldsymbol{\omega}}}(t)-\hat{\bar{\boldsymbol{\omega}}}(t)]\}
$$

$$
+2\sum_{f=1}^{F}\varphi_{if}\boldsymbol{x}^{\mathrm{T}}(t)\boldsymbol{P}_i\boldsymbol{B}_i\tilde{\boldsymbol{\theta}}(t)\boldsymbol{\zeta}^{-1}(t)\{\hat{\bar{\boldsymbol{\omega}}}(t)+\boldsymbol{\partial}(t)[\hat{\underline{\boldsymbol{\omega}}}(t)-\hat{\bar{\boldsymbol{\omega}}}(t)]\}
$$

$$
+2\sum_{\beta=1}^{m}\hat{\theta}_\beta(t)\zeta_\beta^{-1}(t)\{\hat{\bar{\omega}}_\beta(t)+\partial_\beta(t)[\hat{\underline{\omega}}_\beta(t)-\hat{\bar{\omega}}_\beta(t)]\}\boldsymbol{x}^{\mathrm{T}}(t)\boldsymbol{\eta}_\beta
$$

$$
-2\sum_{\beta=1}^{m}\hat{\theta}_\beta(t)\zeta_\beta^{-1}(t)\{\bar{\omega}_\beta(t)+\partial_\beta(t)[\underline{\omega}_\beta(t)-\bar{\omega}_\beta(t)]\}\boldsymbol{x}^{\mathrm{T}}(t)\boldsymbol{\eta}_\beta
$$

$$
\leqslant 2\sum_{\beta=1}^{m}\boldsymbol{x}^{\mathrm{T}}(t)\boldsymbol{\eta}_\beta\hat{\theta}_\beta(t)\zeta_\beta^{-1}(t)\{\bar{\omega}_\beta(t)+\partial_\beta(t)[\underline{\omega}_\beta(t)-\bar{\omega}_\beta(t)]\}
$$

$$
+2\sum_{f=1}^{F}\varphi_{if}\boldsymbol{x}^{\mathrm{T}}(t)\boldsymbol{P}_i\boldsymbol{B}_i\tilde{\boldsymbol{\theta}}(t)\boldsymbol{\zeta}^{-1}(t)\{\hat{\bar{\boldsymbol{\omega}}}(t)+\boldsymbol{\partial}(t)[\hat{\underline{\boldsymbol{\omega}}}(t)-\hat{\bar{\boldsymbol{\omega}}}(t)]\}
$$

$$
-2\sum_{\beta=1}^{m}\hat{\theta}_\beta(t)\zeta_\beta^{-1}(t)\{\bar{\omega}_\beta(t)+\partial_\beta(t)[\underline{\omega}_\beta(t)-\bar{\omega}_\beta(t)]\}\boldsymbol{x}^{\mathrm{T}}(t)\boldsymbol{\eta}_\beta
$$

$$
=2\sum_{f=1}^{F}\varphi_{if}\boldsymbol{x}^{\mathrm{T}}(t)\boldsymbol{P}_i\boldsymbol{B}_i\tilde{\boldsymbol{\theta}}(t)\boldsymbol{\zeta}^{-1}(t)\{\hat{\bar{\boldsymbol{\omega}}}(t)+\boldsymbol{\partial}(t)[\hat{\underline{\boldsymbol{\omega}}}(t)-\hat{\bar{\boldsymbol{\omega}}}(t)]\} \tag{5-77}
$$

为了便于分析，定义增广状态

$$
\boldsymbol{\chi}(t)=[\boldsymbol{x}^{\mathrm{T}}(t)\quad \boldsymbol{x}^{\mathrm{T}}[t-\tau(t)]\quad \boldsymbol{e}^{\mathrm{T}}(t)]^{\mathrm{T}}
$$

由公式(5-66)至(5-77)，我们可导出如下不等式：

$$
\begin{aligned}
\mathfrak{A}\{V(t)\} &= \mathfrak{A}\Big\{\sum_{\kappa=1}^{6} V_\kappa(t)\Big\} \leqslant \boldsymbol{\chi}^{\mathrm{T}}(t)\boldsymbol{\Xi}\boldsymbol{\chi}(t) + 2\sum_{\beta=1}^{m}\frac{\tilde{\theta}_\beta(t)\dot{\tilde{\theta}}_\beta(t)}{\mathcal{L}_\beta} + 2\bar{\omega}^{-1}\delta(t) \\
&\quad + 2\sum_{f=1}^{F}\varphi_{if}\boldsymbol{x}^{\mathrm{T}}(t)\boldsymbol{P}_i\boldsymbol{B}_i\tilde{\boldsymbol{\theta}}(t)\boldsymbol{\zeta}^{-1}(t)\{\hat{\bar{\boldsymbol{\omega}}}(t) + \boldsymbol{\partial}(t)[\hat{\underline{\boldsymbol{\omega}}}(t) - \hat{\bar{\boldsymbol{\omega}}}(t)]\} \\
&\leqslant \boldsymbol{\chi}^{\mathrm{T}}(t)\boldsymbol{\Xi}\boldsymbol{\chi}(t) + 2\bar{\omega}^{-1}\delta(t)
\end{aligned}
\tag{5-78}
$$

因此，欲使 $\mathfrak{A}\{V(t)\} < 0$，只需满足

$$
\|\boldsymbol{\chi}(t)\| > \sqrt{\frac{2\bar{\omega}^{-1}\delta(t)}{-\lambda_{\min}(\boldsymbol{\Xi})}} = \gamma
$$

由此可知在压缩集合 $\boldsymbol{\Upsilon}_\chi \triangleq \{\boldsymbol{\chi} \mid \|\boldsymbol{\chi}(t)\| \geqslant \gamma\}$ 外，$\mathfrak{A}\{V(t)\}$ 是小于零的，这表明无论 $\|\boldsymbol{\chi}(t)\|$ 是否离开集合 $\boldsymbol{\Upsilon}_\chi$，函数 $V(t)$ 的走势是衰减的，且 $\|\boldsymbol{\chi}(t)\|$ 是有界的。因此，根据定义 2-6，我们可以得出系统(5-60) 的解是一致终极有界的。定理 5-3 证明完毕。

接下来，我们为系统(5-60) 设计异步容错控制器增益 $\boldsymbol{K}_{1f}$。

定理 5-4　$\forall i \in \mathbb{N}$，$f \in \mathbb{F}$，在给定正数 τ_{M}，τ_{m}，ζ，ε_1，ε_2，ε_3 以及矩阵 $\boldsymbol{Y}_f$ 和 $\bar{\boldsymbol{\theta}}$ 的条件下，若存在正定矩阵 $\bar{\boldsymbol{F}}_i$，$\bar{\boldsymbol{P}}_j$，$\bar{\boldsymbol{Q}}$ 和 $\boldsymbol{\mathcal{X}}$，使得条件(5-79) 成立，则系统(5-60) 的解在自适应律(5-45)、(5-61)、(5-62) 和(5-63) 下一致终极有界。

$$
\tilde{\boldsymbol{\Xi}} = \begin{bmatrix} \tilde{\boldsymbol{\Xi}}_{11} & \tilde{\boldsymbol{\Xi}}_{12} \\ * & -\tilde{\boldsymbol{\Xi}}_{22} \end{bmatrix} < 0 \tag{5-79}
$$

其中，

$$
\tilde{\boldsymbol{\Xi}}_{11} = \begin{bmatrix} \bar{\boldsymbol{\Xi}}_{11} + \varepsilon_1\boldsymbol{B}_i\boldsymbol{H}_i\boldsymbol{H}_i^{\mathrm{T}}\boldsymbol{B}_i^{\mathrm{T}} & \sum\limits_{f=1}^{m}\varphi_{if}\boldsymbol{B}_i\bar{\boldsymbol{\theta}}\boldsymbol{Y}_f & -\sum\limits_{f=1}^{m}\varphi_{if}\boldsymbol{B}_i\bar{\boldsymbol{\theta}}\boldsymbol{Y}_f \\ * & \bar{\boldsymbol{F}}_i - \bar{\boldsymbol{Q}} + \varepsilon_2\boldsymbol{B}_i\boldsymbol{H}_i\boldsymbol{H}_i^{\mathrm{T}}\boldsymbol{B}_i^{\mathrm{T}} & \boldsymbol{0} \\ * & * & -\zeta\bar{\boldsymbol{F}}_i + \varepsilon_3\boldsymbol{B}_i\boldsymbol{H}_i\boldsymbol{H}_i^{\mathrm{T}}\boldsymbol{B}_i^{\mathrm{T}} \end{bmatrix}
$$

$$
\tilde{\boldsymbol{\Xi}}_{12} = \begin{bmatrix} \boldsymbol{0} & \sum\limits_{f=1}^{m}\varphi_{if}\boldsymbol{Y}_f^{\mathrm{T}}\bar{\boldsymbol{\theta}}^{\mathrm{T}} & -\sum\limits_{f=1}^{m}\varphi_{if}\boldsymbol{Y}_f^{\mathrm{T}}\bar{\boldsymbol{\theta}}^{\mathrm{T}} \\ * & \boldsymbol{0} & \boldsymbol{0} \\ * & * & \boldsymbol{0} \end{bmatrix}
$$

$$
\tilde{\boldsymbol{\Xi}}_{22} = \mathrm{diag}\{\varepsilon_1, \varepsilon_2, \varepsilon_3\}, \quad \bar{\boldsymbol{\Xi}}_{11} = \boldsymbol{A}_i\boldsymbol{\mathcal{X}} + \boldsymbol{\mathcal{X}}\boldsymbol{A}_i^{\mathrm{T}} + (\tau_{\mathrm{M}} - \tau_{\mathrm{m}})\bar{\boldsymbol{Q}} + \sum_{j=1}^{N}\pi_{ij}\bar{\boldsymbol{P}}_j
$$

所以，闭环系统的控制器增益 $\boldsymbol{K}_{1f}$ 可设计为

$$\boldsymbol{K}_{1f}=\boldsymbol{Y}_f\boldsymbol{\mathcal{X}}^{-1} \tag{5-80}$$

证明：首先，定义如下变量：

$$\begin{aligned}&\boldsymbol{\mathcal{X}}=\boldsymbol{P}_i^{-1},\quad \boldsymbol{Y}_f=\boldsymbol{K}_f\boldsymbol{\mathcal{X}},\overline{\boldsymbol{Q}}=\boldsymbol{\mathcal{X}}^{\mathrm{T}}\boldsymbol{Q}\boldsymbol{\mathcal{X}}\\&\overline{\boldsymbol{F}}_i=\boldsymbol{\mathcal{X}}^{\mathrm{T}}\boldsymbol{F}_i\boldsymbol{\mathcal{X}},\quad \overline{\boldsymbol{P}}_j=\boldsymbol{\mathcal{X}}^{\mathrm{T}}\boldsymbol{P}_j\boldsymbol{\mathcal{X}}\end{aligned} \tag{5-81}$$

在不等式(5-79)的左右两侧同乘矩阵 $\mathrm{diag}\{\boldsymbol{\mathcal{X}},\boldsymbol{\mathcal{X}},\boldsymbol{\mathcal{X}}\}$，可得

$$\overline{\boldsymbol{\Xi}}=\begin{bmatrix}\overline{\boldsymbol{\Xi}}_{11} & \sum_{f=1}^{F}\varphi_{if}\boldsymbol{B}_i\boldsymbol{\theta}\boldsymbol{Y}_f & -\sum_{f=1}^{F}\varphi_{if}\boldsymbol{B}_i\boldsymbol{\theta}\boldsymbol{Y}_f\\ * & \overline{\boldsymbol{F}}_i-\overline{\boldsymbol{Q}} & \boldsymbol{0}\\ * & * & -\zeta\overline{\boldsymbol{F}}_i\end{bmatrix}<0 \tag{5-82}$$

因为 $\boldsymbol{\theta}=(\boldsymbol{I}+\boldsymbol{Z})\overline{\boldsymbol{\theta}}$ 且 $|\boldsymbol{Z}|\leqslant\boldsymbol{H}\leqslant\boldsymbol{I}$，代入公式(5-82)，可得

$$\overline{\boldsymbol{\Xi}}=\tilde{\overline{\boldsymbol{\Xi}}}+\boldsymbol{\Theta}\boldsymbol{F}(t)\boldsymbol{\Lambda}+\boldsymbol{\Lambda}^{\mathrm{T}}\boldsymbol{F}^{\mathrm{T}}(t)\boldsymbol{\Theta}^{\mathrm{T}},\quad \boldsymbol{\Theta}\boldsymbol{\Theta}^{\mathrm{T}}\leqslant\overline{\boldsymbol{\Theta}\boldsymbol{\Theta}}^{\mathrm{T}} \tag{5-83}$$

其中，

$$\tilde{\overline{\boldsymbol{\Xi}}}=\begin{bmatrix}\overline{\boldsymbol{\Xi}}_{11} & \sum_{f=1}^{F}\varphi_{if}\boldsymbol{B}_i\overline{\boldsymbol{\theta}}\boldsymbol{Y}_f & -\sum_{f=1}^{F}\varphi_{if}\boldsymbol{B}_i\overline{\boldsymbol{\theta}}\boldsymbol{Y}_f\\ * & \overline{\boldsymbol{F}}_i-\overline{\boldsymbol{Q}} & \boldsymbol{0}\\ * & * & -\zeta\overline{\boldsymbol{F}}\end{bmatrix},\quad \boldsymbol{\Lambda}^{\mathrm{T}}=\begin{bmatrix}\boldsymbol{0} & \sum_{f=1}^{F}\varphi_{if}\boldsymbol{Y}_f^{\mathrm{T}}\overline{\boldsymbol{\theta}}^{\mathrm{T}} & -\sum_{f=1}^{F}\varphi_{if}\boldsymbol{Y}_f^{\mathrm{T}}\overline{\boldsymbol{\theta}}^{\mathrm{T}}\\ * & \boldsymbol{0} & \boldsymbol{0}\\ * & * & \boldsymbol{0}\end{bmatrix}$$

$$\boldsymbol{\Theta}^{\mathrm{T}}=\mathrm{diag}\{\boldsymbol{Z}_i^{\mathrm{T}}\boldsymbol{B}_i^{\mathrm{T}},\boldsymbol{Z}_i^{\mathrm{T}}\boldsymbol{B}_i^{\mathrm{T}},\boldsymbol{Z}_i^{\mathrm{T}}\boldsymbol{B}_i^{\mathrm{T}}\},\quad \overline{\boldsymbol{\Theta}}^{\mathrm{T}}=\mathrm{diag}\{\boldsymbol{H}_i^{\mathrm{T}}\boldsymbol{B}_i^{\mathrm{T}},\boldsymbol{H}_i^{\mathrm{T}}\boldsymbol{B}_i^{\mathrm{T}},\boldsymbol{H}_i^{\mathrm{T}}\boldsymbol{B}_i^{\mathrm{T}}\},\quad \boldsymbol{F}(t)=\boldsymbol{I}$$

根据引理 2-2，对于 $\boldsymbol{F}^{\mathrm{T}}(t)\boldsymbol{F}(t)\leqslant\boldsymbol{I}$，若存在一个标量矩阵 $\tilde{\boldsymbol{\Xi}}_{22}>0$ 且公式(5-83)成立，则有

$$\hat{\overline{\boldsymbol{\Xi}}}+\tilde{\boldsymbol{\Xi}}_{22}\overline{\boldsymbol{\Theta}\boldsymbol{\Theta}}^{\mathrm{T}}+\tilde{\boldsymbol{\Xi}}_{22}^{-1}\boldsymbol{\Lambda}^{\mathrm{T}}\boldsymbol{\Lambda}<0 \tag{5-84}$$

利用引理 2-1，可直接得出不等式(5-79)。定理 5-4 证明完毕。

5.2.3 仿真算例

算例 5-3 考虑 Markov 跳变系统有两个不同的工作模态，其中，系统跳变模态个数满足 $r_t\in\{1,2\}$，控制器跳变模态个数满足 $\varphi_t\in\{1,2\}$，且相应的系统参数可描述为

$$\boldsymbol{A}_1=\begin{bmatrix}-1.45 & 1\\ 0.1 & -0.6\end{bmatrix},\quad \boldsymbol{A}_2=\begin{bmatrix}-1 & 0.8\\ 0.3 & -0.6\end{bmatrix},\quad \boldsymbol{B}_1=\begin{bmatrix}-1 & -0.1\\ -0.1 & 0.1\end{bmatrix}$$

$$\boldsymbol{B}_2=\begin{bmatrix}-0.9 & -0.2\\ -0.2 & 0.1\end{bmatrix},\quad \boldsymbol{D}_1=\begin{bmatrix}0.13 & 0.13\\ 0.25 & 0.2\end{bmatrix},\quad \boldsymbol{D}_2=\begin{bmatrix}0.17 & 0.13\\ 0.21 & 0.23\end{bmatrix}$$

系统模态的转移概率矩阵以及控制器模态的条件概率矩阵分别为

$$\boldsymbol{\Pi}=\begin{bmatrix}-0.8 & 0.8\\ 0.7 & -0.7\end{bmatrix},\quad \boldsymbol{\Phi}=\begin{bmatrix}0.55 & 0.45\\ 0.4 & 0.7\end{bmatrix}$$

未知的执行器部分失效系数为

$$0\leqslant\theta_1(t)\leqslant 0.7,\quad 0.4\leqslant\theta_2(t)\leqslant 0.6$$

卡死故障的形式如下：

$$u_{s1}(t)=\begin{cases}0, & 0\leqslant t<9\\ 0.1\sin[0.3(t-9)], & t\geqslant 9\end{cases}$$

$$u_{s2}(t)=\begin{cases}0, & 0\leqslant t<9\\ 0.2\sin[0.29(t-9)], & t\geqslant 9\end{cases}$$

此外，网络诱导时延的值可以从 0.01 和 0.21 中随机选择。

通过求解定理 5-4 的线性矩阵不等式，可以得到异步容错控制器增益矩阵

$$\boldsymbol{K}_{11}=\begin{bmatrix}0.1962 & -0.1651\\ -0.0420 & 0.2627\end{bmatrix},\quad \boldsymbol{K}_{12}=\begin{bmatrix}0.2931 & -0.2473\\ -0.0536 & 0.3296\end{bmatrix}$$

和模态依赖的自适应事件触发矩阵

$$\boldsymbol{F}_1=\begin{bmatrix}2.6526 & 0.0047\\ 0.0047 & 2.5857\end{bmatrix},\quad \boldsymbol{F}_2=\begin{bmatrix}2.6438 & 0.0104\\ 0.0104 & 2.5882\end{bmatrix}$$

为进一步模拟系统的动态性能，假设初始条件 $\boldsymbol{x}(0)=[9\quad -12]^{\mathrm{T}}$，系统遭受的外部扰动为 $\boldsymbol{d}(t)=[0.2\sin(3t)\quad 0.4\cos(4t)]^{\mathrm{T}}$。将自适应协议(5-61)和(5-62)中的自适应增益设为 $\mathcal{L}_1=0.5$，$\mathcal{L}_2=0.5$，$\mathcal{J}_1=0.3$，$\mathcal{J}_2=0.3$，$\mathcal{S}_W=0.1$；将参数 a_1 和 b_1 设为 $a_1=1$，$b_1=0.01$。基于这些参数，Markov 系统和控制器的跳变模态如图 5-12 所示。不难发现，控制器的模态与受控系统的模态异步运行。模态依赖的自适应事件触发机制(5-43)的触发瞬态与触发间隔如图 5-13 所示。由此可知，我们提出的自适应事件触发机制在避免网络拥塞的同时大大提升了网络资源的利用效率且不会存在 Zeno 行为。自适应事件触发机制的阈值 $\rho(t)$ 响应轨迹如图 5-14 所示。由此可知，$\rho(t)$ 最终收敛到 0.053，这对应着 $\rho(t)<\varepsilon$ 的情况。

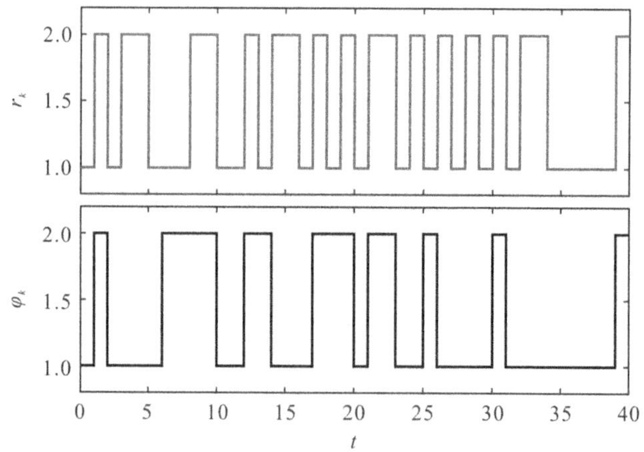

图 5-12　系统和控制器的跳变模态

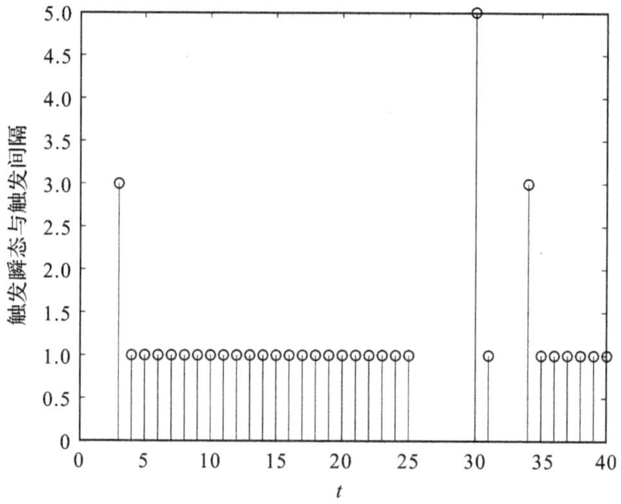

图 5-13　模态依赖的自适应事件触发机制的触发瞬态与触发间隔

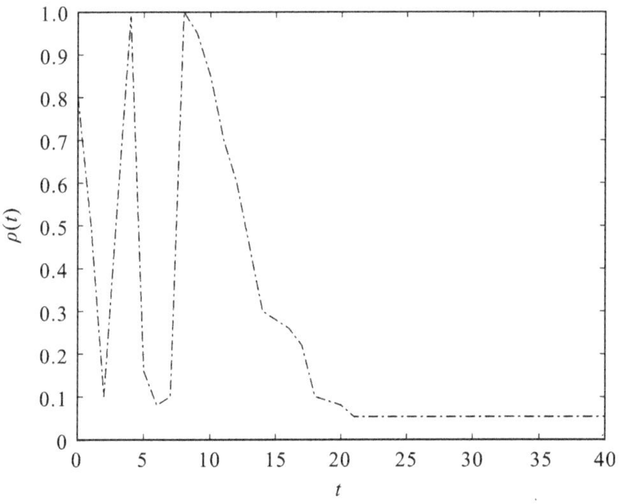

图 5-14　自适应事件触发机制的阈值响应轨迹

Markov 跳变系统(5-60) 的开环和闭环状态响应分别如图 5-15 和图 5-16 所示。由图 5-15 可知，系统的状态是发散的，因此开环系统是不稳定的。由图 5-16 可知，自适应异步容错控制器得到应用后，即使系统遭受多类型执行器故障和外部扰动，随机网络控制系统的闭环状态反馈轨迹也能逐渐收敛至稳定水平。

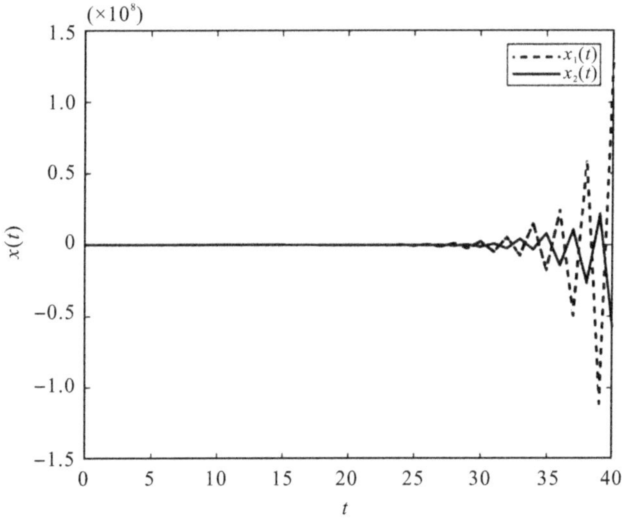

图 5-15　Markov 跳变系统的开环状态响应

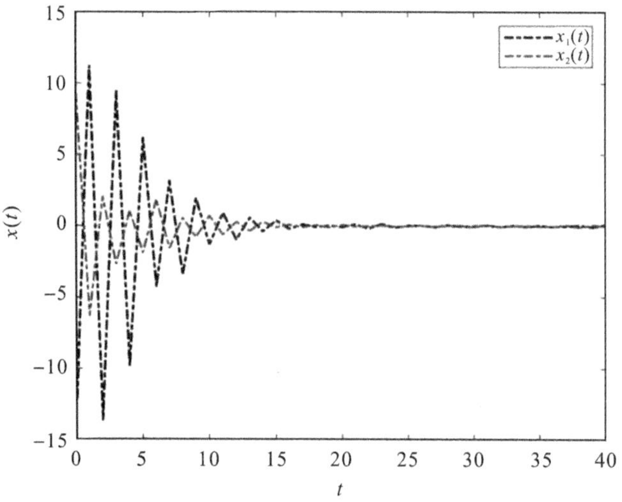

图 5-16 Markov 跳变系统的闭环状态响应

执行器部分失效故障系数及其估计值和执行器卡死故障系数及其上下界的估计值分别如图 5-17 和图 5-18 所示。由图 5-17 可知，当 $t < 3$ 时，两个执行器的部分失效故障系数都是 1，即为正常运行状态；当 $t = 3$ 时，执行器开始发生部分失效故障；当 $t = 5$ 时，两个执行器的部分失效故障系数不再改变，即 $\theta_1 = 0.7$，$\theta_2 = 0.6$。不难发现，当 $t = 9$ 时，第一个执行器的部分失效故障系数变为 0，因为此时第一个执行器发生了卡死故障。由图 5-18 可知，执行器的卡死故障的上下界的跟踪性能达到了理想的性能。

通过算例 5-3 可知，我们所设计的自适应异步容错控制器及自适应事件触发机制能够有效控制随机网络控制系统，能够有效避免网络拥塞，大大提升了网络资源的利用效率，在有效补偿未知的外部扰动及多类型执行器故障的基础上，保证了闭环系统的解是一致终极有界的。

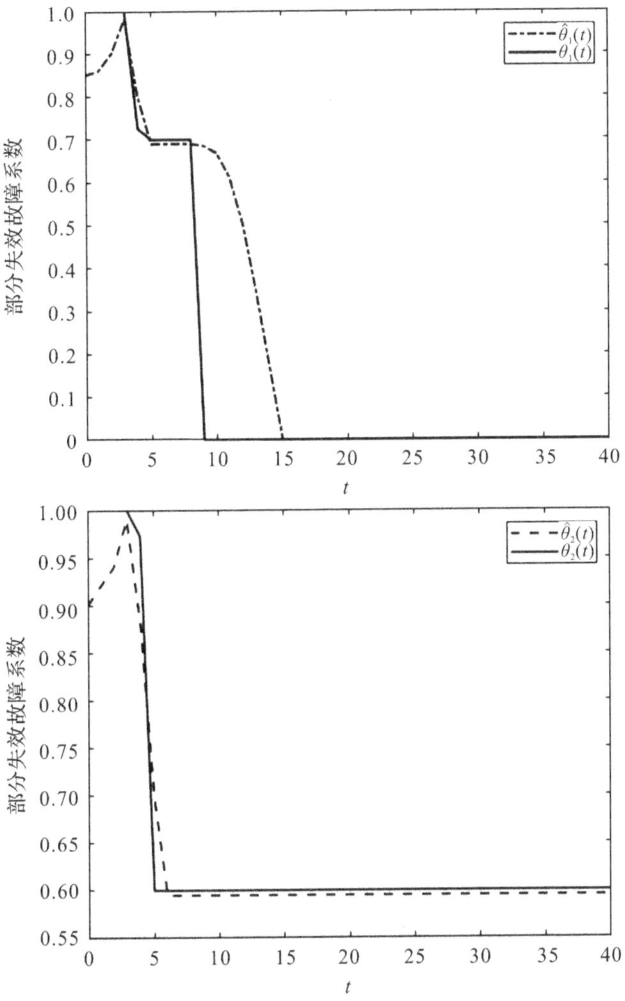

图 5-17　执行器部分失效故障系数及其估计值

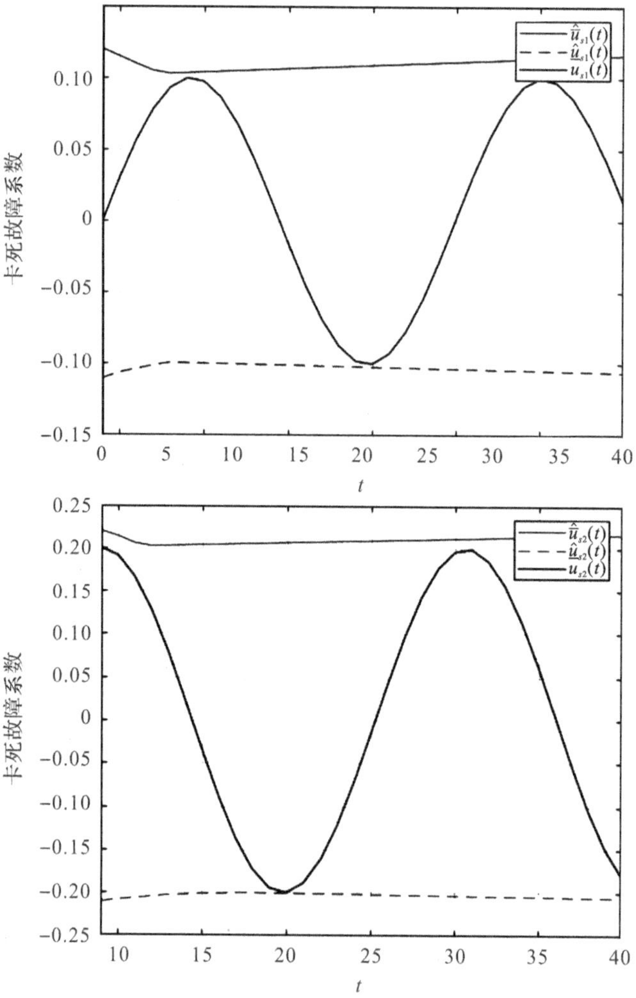

图 5-18　执行器卡死故障系数及其上下界的估计值

第 6 章　网络化系统的非脆弱容错控制

在实际应用中，参数摄动常常导致设计的控制器难以准确地达到目的，这种控制器所表现出来的脆弱性问题极有可能使得其对系统性能的优化效果大打折扣。因此，非脆弱控制正逐渐成为一个热门话题。Hakimzadeh 等[126]针对不确定系统，考虑系统参数和控制器增益的摄动问题，设计了一类模型预测控制器，得到的结果相比其他传统的方法更加切实有效。针对离散时间模糊系统，Kavikumar 等[127]将控制器增益的加性摄动作为不确定项，结合相应的非线性加权函数和上下界约束来表示隶属函数，并由此设计相应的非脆弱控制器以满足系统的性能要求。针对无限分布时延与随机丢包情形下的非线性不确定网络控制系统，一种基于事件触发的非脆弱控制器被用于分析有限时间下系统的性能要求[128]。考虑到观测器与控制器的加性摄动，Kchaou 等[129]设计了非脆弱控制方案来解决具有不确定性以及状态变量不可测情况下的模糊系统的稳定性问题。

总体而言，控制器的脆弱性问题往往是影响控制效果的主要因素之一。本章围绕网络化系统中控制器的脆弱性问题展开研究，以多区域电力系统和水面无人艇为例，分别考虑系统中的磨损故障和舵机故障，提出了适用于加性摄动和乘性摄动的非脆弱容错控制方法，从而有效地克服了参数摄动及故障对闭环系统的影响，保证了系统的安全可靠运行。

6.1　多区域电力系统的非脆弱容错控制

6.1.1　问题描述

本章主要开展多区域互联电力系统的非脆弱容错负荷频率控制方法研究，多区域互联电力系统结构如图 6-1 所示。

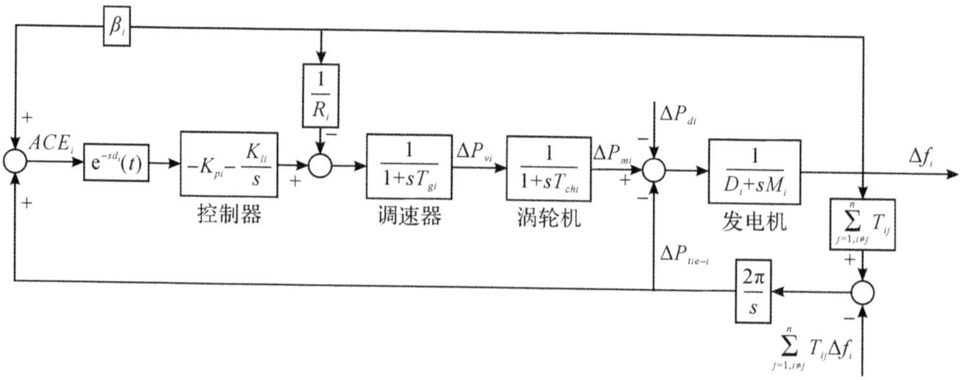

图 6-1　多区域互联电力系统结构(第 i 个区域)

由图 6-1 可知,每个区域的负荷频率控制的详细描述为

$$
\begin{aligned}
\Delta \dot{f}_i &= \frac{1}{M_i}\Delta P_{mi} - \frac{1}{M_i}\Delta P_{di} - \frac{D_i}{M_i}\Delta f_i - \frac{1}{M_i}\Delta P_{tie\text{-}i} \\
\Delta \dot{P}_{mi} &= \frac{1}{T_{chi}}\Delta P_{vi} - \frac{1}{T_{chi}}\Delta P_{mi} \\
\Delta \dot{P}_{vi} &= -\frac{1}{T_{gi}}\Delta P_{vi} + \frac{1}{T_{gi}}\left[u_i^{\mathrm{F}}(t) - \frac{1}{R_i}\Delta f_i\right] \\
\Delta \dot{P}_{tie\text{-}i} &= 2\pi \sum_{j=1,i\neq j}^{n} T_{ij}(\Delta f_i - \Delta f_j) \\
ACE_i &= \beta_i \Delta f_i + \Delta P_{tie\text{-}i}
\end{aligned}
\tag{6-1}
$$

其中,ΔP_{vi},ΔP_{mi},ΔP_{di},Δf_i 分别为第 i 个区域的阀门开度、涡轮机功率输出、负荷和频率的变化量;R_i,T_{gi},T_{chi},M_i,D_i 分别为第 i 个区域的转速下降率、调速器时间常数、涡轮机时间常数、发电机惯性转矩和发电机阻尼系数;$\Delta P_{tie\text{-}i}$ 为第 i 个区域和其他区域之间的联络线交换功率;T_{ij} 为第 i 个区域和第 j 个区域之间的联络线同步系数。ACE_i 表示第 i 个区域的频率偏差和第 i 个区域与其他区域之间联络线交换功率的和。因此,闭环多区域电力系统的系统方程可写成

$$
\begin{cases}
\dot{\boldsymbol{x}}(t) = \boldsymbol{A}\boldsymbol{x}(t) + \boldsymbol{B}\boldsymbol{u}^{\mathrm{F}}(t) + \boldsymbol{D}\boldsymbol{\omega}(t) \\
\boldsymbol{y}(t) = \boldsymbol{C}\boldsymbol{x}(t)
\end{cases}
\tag{6-2}
$$

其中,

$$
\boldsymbol{x}(t) = [\boldsymbol{x}_1(t)\ \boldsymbol{x}_2(t)\ \cdots\ \boldsymbol{x}_n(t)]^{\mathrm{T}},\quad \boldsymbol{x}_i(t) = \left[\Delta f_i \quad \Delta P_{mi} \quad \Delta P_{vi} \quad \int ACE_i \Delta P_{tie\text{-}i}\right]^{\mathrm{T}}
$$

$$\boldsymbol{\omega}(t)=[\Delta P_{d1}(t)\ \Delta P_{d2}(t)\ \cdots\ \Delta P_{dn}(t)]^{\mathrm{T}},\quad \boldsymbol{u}^{\mathrm{F}}(t)=[\boldsymbol{u}_1^{\mathrm{F}}(t)\ \boldsymbol{u}_2^{\mathrm{F}}(t)\ \cdots\ \boldsymbol{u}_n^{\mathrm{F}}(t)]^{\mathrm{T}}$$

$$\boldsymbol{y}(t)=[\boldsymbol{y}_1(t)\ \boldsymbol{y}_2(t)\ \cdots\ \boldsymbol{y}_n(t)]^{\mathrm{T}},\quad \boldsymbol{y}_i(t)=\begin{bmatrix}ACE_i & \int ACE_i\end{bmatrix}^{\mathrm{T}}$$

$$\boldsymbol{A}=\begin{bmatrix}\boldsymbol{A}_{11} & \boldsymbol{A}_{12} & \cdots & \boldsymbol{A}_{1n}\\ \boldsymbol{A}_{21} & \boldsymbol{A}_{22} & \cdots & \boldsymbol{A}_{2n}\\ \vdots & \vdots & \ddots & \vdots\\ \boldsymbol{A}_{n1} & \boldsymbol{A}_{n2} & \cdots & \boldsymbol{A}_{nn}\end{bmatrix},\quad \boldsymbol{A}_{ij}=\begin{bmatrix}0 & 0 & 0 & 0 & 0\\ 0 & 0 & 0 & 0 & 0\\ 0 & 0 & 0 & 0 & 0\\ 0 & 0 & 0 & 0 & 1\\ -2\pi T_{ij} & 0 & 0 & 0 & 0\end{bmatrix}$$

$$\boldsymbol{A}_{ii}=\begin{bmatrix}-\dfrac{D_i}{M_i} & \dfrac{1}{M_i} & 0 & 0 & -\dfrac{1}{M_i}\\ 0 & -\dfrac{1}{T_{chi}} & \dfrac{1}{T_{chi}} & 0 & 0\\ -\dfrac{1}{R_i T_{gi}} & 0 & -\dfrac{1}{T_{gi}} & 0 & 0\\ \beta_i & 0 & 0 & 0 & 1\\ 2\pi\sum\limits_{j=1,i\neq j}^{n} T_{ij} & 0 & 0 & 0 & 0\end{bmatrix}$$

$$\boldsymbol{B}=\mathrm{diag}[\boldsymbol{B}_1\quad \boldsymbol{B}_2\quad \cdots\quad \boldsymbol{B}_n],\quad \boldsymbol{B}_i=\begin{bmatrix}0 & 0 & \dfrac{1}{T_{gi}} & 0 & 0\end{bmatrix}^{\mathrm{T}}$$

$$\boldsymbol{C}=\mathrm{diag}[\boldsymbol{C}_1\quad \boldsymbol{C}_2\quad \cdots\quad \boldsymbol{C}_n],\quad \boldsymbol{C}_i=\begin{bmatrix}\beta_i & 0 & 0 & 0 & 1\\ 0 & 0 & 0 & 1 & 0\end{bmatrix}$$

$$\boldsymbol{D}=\mathrm{diag}[\boldsymbol{D}_1\quad \boldsymbol{D}_2\quad \cdots\quad \boldsymbol{D}_n],\quad \boldsymbol{D}_i=\begin{bmatrix}-\dfrac{1}{M_i} & 0 & 0 & 0 & 0\end{bmatrix}^{\mathrm{T}}$$

图 6-1 所示为一类比例积分型控制器，控制器中的时延源自 ACE 信号的传输且可以表示为 $\mathrm{e}^{-sd_i(t)}$。令 $\boldsymbol{K}_i=[K_{Pi}\quad K_{Ii}]$，$\Delta\boldsymbol{K}_i=[\Delta K_{Pi}\quad \Delta K_{Ii}]$，则非脆弱 H_∞ 容错控制器可以被设计为

$$\boldsymbol{u}_i^{\mathrm{F}}(t)=-\rho_i(t)(\boldsymbol{K}_i+\Delta\boldsymbol{K}_i)\boldsymbol{y}_i[t-d_i(t)] \tag{6-3}$$

其中，$\boldsymbol{K}_i$ 为第 i 个区域的控制器增益；$\Delta\boldsymbol{K}_i$ 为相应的增益摄动；$d_i(t)$ 为信息传输时延，并且满足 $\underline{d}_i(t)\leqslant d_i(t)\leqslant\overline{d}_i(t)$，$\dot{d}_i(t)\leqslant\mu\leqslant 1$；$\rho_i(t)$ 为第 i 个区域的执行器部分失效故障系数，其满足

$$0<\rho_i^{\min}\leqslant\rho_i(t)\leqslant\rho_i^{\max}\leqslant 1,\quad i=1,2,\cdots,n \tag{6-4}$$

其中，$\rho_i^{\max}$ 和 $\rho_i^{\min}$ 分别为部分失效故障系数的上下边界值。由于不同区域的电

力运行状况各有差异，不同区域往往呈现出不同的故障分布特性，因此我们得到部分失效矩阵

$$\boldsymbol{\rho}(t) = \mathrm{diag}\{\rho_1(t), \rho_2(t), \cdots, \rho_n(t)\} \tag{6-5}$$

其中，

$$\rho_i(t) = \delta_i(t)\rho_{i1}(t) + [1-\delta_i(t)]\rho_{i2}(t)$$

$$\begin{cases} \rho_i^{\min} \leqslant \rho_{i1}(t) < \tilde{\rho}_i, & \delta_i(t) = 1 \\ \tilde{\rho}_i \leqslant \rho_{i2}(t) \leqslant \rho_i^{\max}, & \delta_i(t) = 0 \end{cases}$$

中间值 $\tilde{\rho}_i$ 为已知的标量。假设 $\delta_i(t)(i = 1,2,\cdots,n)$ 服从 Bernoulli 分布，$E\{\delta_i(t) = 1\} = \delta'_i$，其中，$\delta'_i$ 为区间[0,1]内的常数标量。此时控制器(6-3) 可以被重新设计为

$$\begin{aligned} \boldsymbol{u}_i^{\mathrm{F}}(t) &= -\delta_i(t)\rho_{i1}(t)(\boldsymbol{K}_i + \Delta\boldsymbol{K}_i)\boldsymbol{y}_i[t - d_i(t)] \\ &\quad - [1-\delta_i(t)]\rho_{i2}(t)(\boldsymbol{K}_i + \Delta\boldsymbol{K}_i)\boldsymbol{y}_i[t - d_i(t)] \\ &= -\delta_i(t)\rho_{i1}(t)(\boldsymbol{K}_i + \Delta\boldsymbol{K}_i)\boldsymbol{C}_i\boldsymbol{x}_i[t - d_i(t)] \\ &\quad - [1-\delta_i(t)]\rho_{i2}(t)(\boldsymbol{K}_i + \Delta\boldsymbol{K}_i)\boldsymbol{C}_i\boldsymbol{x}_i[t - d_i(t)] \end{aligned} \tag{6-6}$$

针对传输时延 $d_i(t)$，Xiong 等[130] 给出了理想的假设条件，即默认所有区域的传输时延均相同。然而，这种假设严格来说并不符合电力系统的实际情况。由于不同区域之间存在不同的系统参数及传输时延，多时延模型的建立更为合理。将公式(6-6) 代入系统(6-2)，得到如下闭环系统状态方程：

$$\begin{cases} \dot{\boldsymbol{x}}(t) = \boldsymbol{A}\boldsymbol{x}(t) + \sum_{i=1}^{n} \boldsymbol{A}_{mi}\boldsymbol{x}[t - d_i(t)] + \boldsymbol{D}\boldsymbol{\omega}(t) \\ \boldsymbol{y}(t) = \boldsymbol{C}\boldsymbol{x}(t) \end{cases} \tag{6-7}$$

其中，

$$\begin{aligned} \boldsymbol{A}_{mi} = \mathrm{diag}\Big\{ & \boldsymbol{0}_{5(i-1)\times 5(i-1)}, -\delta_i(t)\rho_{i1}(t)\boldsymbol{B}_i(\boldsymbol{K}_i + \Delta\boldsymbol{K}_i)\boldsymbol{C}_i \\ & - [1-\delta_i(t)]\rho_{i2}(t)\boldsymbol{B}_i(\boldsymbol{K}_i + \Delta\boldsymbol{K}_i)\boldsymbol{C}_i, \boldsymbol{0}_{5(n-i)\times 5(n-i)} \Big\} \end{aligned}$$

6.1.2 主要结果

本节针对多区域电力系统中的故障、多时延、参数不确定等问题，对系统(6-7) 开展非脆弱容错负荷频率控制方法研究。

定理 6-1 给定正数 $\underline{d}_i, \overline{d}_i, \mu, \delta'_i, \rho'_{i1}, \rho'_{i2}$，具有合适维度的常数矩阵 $\boldsymbol{H}_i$ 和 $\boldsymbol{E}_i$，充分小的正数 ε，若存在正定矩阵 $\boldsymbol{P}_a, \boldsymbol{Q}_{ia}, \boldsymbol{W}_{ia}, \boldsymbol{V}_{ia}(i = 1,2,\cdots,n)$，具有合

适维度的对称矩阵 $\boldsymbol{X}$，正数 $\gamma, \sigma_i'(i=1,2,\cdots,n), \sigma_m(m=1,2,\cdots,2n)$，以及矩阵 $\boldsymbol{T}_{ja}, \boldsymbol{U}_{ja}, \boldsymbol{T}_3, \boldsymbol{U}_3$，使得线性矩阵不等式(6-8)至(6-11)成立，同时将 H_∞ 非脆弱容错负荷频率控制增益设计为 $\boldsymbol{K}=\boldsymbol{M}\boldsymbol{N}^{-1}$（$\boldsymbol{N}$ 为满秩矩阵），则闭环系统(6-7)是均方稳定的，并且具有 H_∞ 性能指标 γ。

$$\boldsymbol{\Pi}=\begin{bmatrix}\boldsymbol{\Pi}_1 & \boldsymbol{\Pi}_2\\ * & \boldsymbol{\Psi}_2\end{bmatrix}<0 \tag{6-8}$$

$$\begin{cases}\begin{bmatrix}-\varepsilon\boldsymbol{I} & (\boldsymbol{N}\boldsymbol{C}_i-\boldsymbol{C}_i\boldsymbol{X})^{\mathrm{T}}\\ * & -\boldsymbol{I}\end{bmatrix}<0 \quad i=1,2,\cdots,n\\ \varepsilon\rightarrow 0\end{cases} \tag{6-9}$$

$$\begin{bmatrix}\boldsymbol{T}_{ja} & \boldsymbol{U}_{ja}\\ * & \boldsymbol{T}_{ja}\end{bmatrix}>0,\quad j=1,2 \tag{6-10}$$

$$\begin{bmatrix}\boldsymbol{T}_3 & \boldsymbol{U}_3\\ * & \boldsymbol{T}_3\end{bmatrix}>0 \tag{6-11}$$

其中，

$$\boldsymbol{\Pi}_1=\begin{bmatrix}\widetilde{\boldsymbol{\Pi}}_1 & \widetilde{\boldsymbol{\Pi}}_2\\ * & \boldsymbol{\psi}_2\end{bmatrix},\quad \boldsymbol{\Pi}_2=\begin{bmatrix}\boldsymbol{\Pi}_{21} & \boldsymbol{\Pi}_{22} & \cdots & \boldsymbol{\Pi}_{2n}\end{bmatrix},\quad \boldsymbol{\Psi}_2=\mathrm{diag}\{\boldsymbol{b}_1,\boldsymbol{b}_2,\cdots,\boldsymbol{b}_n\}$$

$$\widetilde{\boldsymbol{\Pi}}_1=\begin{bmatrix}\widetilde{\boldsymbol{\Pi}}_{11} & \widetilde{\boldsymbol{\Pi}}_{12} & \widetilde{\boldsymbol{\Pi}}_{13} & \boldsymbol{0} & \widetilde{\boldsymbol{\Pi}}_{14} & \boldsymbol{D} & \boldsymbol{X}\boldsymbol{C}^{\mathrm{T}}\\ * & \widetilde{\boldsymbol{\Pi}}_{15} & \widetilde{\boldsymbol{\Pi}}_{13} & \boldsymbol{0} & \boldsymbol{0} & \boldsymbol{D} & \boldsymbol{0}\\ * & * & \widetilde{\boldsymbol{\Pi}}_{16} & \boldsymbol{0} & \boldsymbol{0} & \boldsymbol{0} & \boldsymbol{0}\\ * & * & * & \widetilde{\boldsymbol{\Pi}}_{17} & \widetilde{\boldsymbol{\Pi}}_{18} & \boldsymbol{0} & \boldsymbol{0}\\ * & * & * & * & \widetilde{\boldsymbol{\Pi}}_{19} & \boldsymbol{0} & \boldsymbol{0}\\ * & * & * & * & * & -\gamma^2\boldsymbol{I} & \boldsymbol{0}\\ * & * & * & * & * & * & -\boldsymbol{I}\end{bmatrix},\ \widetilde{\boldsymbol{\Pi}}_2=\begin{bmatrix}\widetilde{\boldsymbol{\Pi}}_{21} & \widetilde{\boldsymbol{\Pi}}_{22} & \cdots & \widetilde{\boldsymbol{\Pi}}_{2n}\end{bmatrix}$$

$$\widetilde{\boldsymbol{\psi}}_2=\mathrm{diag}\{\widetilde{\boldsymbol{\psi}}_{21},\widetilde{\boldsymbol{\psi}}_{22}\},\ \boldsymbol{\Pi}_{2i}=\begin{bmatrix}\widetilde{\boldsymbol{\Pi}}_{i1} & \widetilde{\boldsymbol{\Pi}}_{i2}\end{bmatrix},\ \boldsymbol{b}_i=\mathrm{diag}\{-\sigma_i'\boldsymbol{I},-\sigma_i'\boldsymbol{I}\}\ (i=1,2,\cdots,n)$$

$$\widetilde{\boldsymbol{\Pi}}_{11}=\sum_{i=1}^{n}\boldsymbol{Q}_{ia}-\sum_{i=1}^{n}\boldsymbol{W}_{ia}+\boldsymbol{A}\boldsymbol{X}+\boldsymbol{X}\boldsymbol{A}^{\mathrm{T}}+\widetilde{\boldsymbol{Y}}+2\boldsymbol{T}_{1a}-\boldsymbol{U}_{1a}-\boldsymbol{U}_{1a}^{\mathrm{T}}$$

$$\widetilde{\boldsymbol{\Pi}}_{12}=\boldsymbol{P}_a-\boldsymbol{X}+\boldsymbol{X}\boldsymbol{A}^{\mathrm{T}}+\widetilde{\boldsymbol{Y}}-2\boldsymbol{T}_{1a}+\boldsymbol{U}_{1a}+\boldsymbol{U}_{1a}^{\mathrm{T}}$$

$$\widetilde{\boldsymbol{\Pi}}_{13}=\begin{bmatrix}\widetilde{\boldsymbol{A}}_{m1}\boldsymbol{X} & \widetilde{\boldsymbol{A}}_{m2}\boldsymbol{X} & \cdots & \widetilde{\boldsymbol{A}}_{mn}\boldsymbol{X}\end{bmatrix},\quad \widetilde{\boldsymbol{\Pi}}_{14}=\begin{bmatrix}\boldsymbol{W}_{1a} & \boldsymbol{W}_{2a} & \cdots & \boldsymbol{W}_{na}\end{bmatrix}$$

$$\widetilde{\boldsymbol{\Pi}}_{15}=\sum_{i=1}^{n}\overline{d}_i^{\,2}\boldsymbol{W}_{ia}+\sum_{i=1}^{n}(\overline{d}_i-\underline{d}_i)^2\boldsymbol{V}_{ia}-2\boldsymbol{X}+2\boldsymbol{T}_{1a}-\boldsymbol{U}_{1a}-\boldsymbol{U}_{1a}^{\mathrm{T}}$$

$$\widetilde{\boldsymbol{\Pi}}_{16}=\mathrm{diag}[(\mu-1)\boldsymbol{Q}_{1a}\quad(\mu-1)\boldsymbol{Q}_{2a}\quad\cdots\quad(\mu-1)\boldsymbol{Q}_{na}]$$

$$\widetilde{\boldsymbol{\Pi}}_{17}=\mathrm{diag}[-\boldsymbol{V}_{1a}\quad-\boldsymbol{V}_{2a}\quad\cdots\quad-\boldsymbol{V}_{na}],\quad\widetilde{\boldsymbol{\Pi}}_{18}=\mathrm{diag}[\boldsymbol{V}_{1a}\quad\boldsymbol{V}_{2a}\quad\cdots\quad\boldsymbol{V}_{na}]$$

$$\widetilde{\boldsymbol{\Pi}}_{19}=\begin{bmatrix}\hat{\boldsymbol{\Pi}}_1 & \boldsymbol{0}\\ * & \hat{\boldsymbol{\Pi}}_2\end{bmatrix},\ \hat{\boldsymbol{\Pi}}_1=\mathrm{diag}[-\boldsymbol{W}_{1a}-\boldsymbol{V}_{1a}\quad-\boldsymbol{W}_{2a}-\boldsymbol{V}_{2a}\quad\cdots\quad-\boldsymbol{W}_{(n-2)a}-\boldsymbol{V}_{(n-2)a}]$$

$$\hat{\boldsymbol{\Pi}}_2=\begin{bmatrix}-\boldsymbol{W}_{(n-1)a}-\boldsymbol{V}_{(n-1)a}+2\boldsymbol{T}_{2a}-\boldsymbol{U}_{2a}-\boldsymbol{U}_{2a}^{\mathrm{T}} & -2\boldsymbol{T}_{2a}+\boldsymbol{U}_{2a}+\boldsymbol{U}_{2a}^{\mathrm{T}}\\ * & -\boldsymbol{W}_{na}-\boldsymbol{V}_{na}+2\boldsymbol{T}_{2a}-\boldsymbol{U}_{2a}-\boldsymbol{U}_{2a}^{\mathrm{T}}\end{bmatrix}$$

$$\boldsymbol{\alpha}_{ik}=[\boldsymbol{0}_{n\times5(i-1)}\quad\boldsymbol{\alpha}'_{ik}\quad\boldsymbol{0}_{n\times5(n-i)}]\quad(k=1,2)$$

$$\boldsymbol{\alpha}'_{i1}=[\boldsymbol{0}_{5\times(i-1)}\quad\boldsymbol{B}_i\boldsymbol{H}_i\quad\boldsymbol{0}_{5\times(n-i)}]^{\mathrm{T}},\quad\boldsymbol{\alpha}'_{i2}=[\boldsymbol{0}_{5\times(i-1)}\quad\boldsymbol{E}_i\boldsymbol{K}_i\boldsymbol{C}_i\quad\boldsymbol{0}_{5\times(n-i)}]^{\mathrm{T}}$$

$$\widetilde{\boldsymbol{Y}}=\sigma_1\boldsymbol{Y}_{11}\boldsymbol{Y}_{11}^{\mathrm{T}}+\sigma_2\boldsymbol{Y}_{12}\boldsymbol{Y}_{12}^{\mathrm{T}}+\cdots+\sigma_{2n-1}\boldsymbol{Y}_{n1}\boldsymbol{Y}_{n1}^{\mathrm{T}}+\sigma_{2n}\boldsymbol{Y}_{n2}\boldsymbol{Y}_{n2}^{\mathrm{T}}$$

$$\boldsymbol{Y}_{ik}=\mathrm{diag}\{\boldsymbol{0}_{5(i-1)\times5(i-1)},\boldsymbol{y}_{ik},\boldsymbol{0}_{5(n-i)\times5(n-i)}\}$$

$$\boldsymbol{y}_{ik}=\begin{cases}\mathrm{diag}\{\boldsymbol{a}_i^{\mathrm{T}}\boldsymbol{a}_i,\cdots,\boldsymbol{a}_i^{\mathrm{T}}\boldsymbol{a}_i\}, & k=1\\ \mathrm{diag}\{(\boldsymbol{a}'_i)^{\mathrm{T}}(\boldsymbol{a}'_i),\cdots,(\boldsymbol{a}'_i)^{\mathrm{T}}(\boldsymbol{a}'_i)\}, & k=2\end{cases}$$

$$\boldsymbol{a}_i=-\delta'_i\rho'_{i1}\boldsymbol{Z}_{i1},\quad\boldsymbol{a}'_i=-(1-\delta'_i)\rho'_{i2}\boldsymbol{Z}_{i2},\quad\widetilde{\boldsymbol{\psi}}_{21}=\mathrm{diag}\{-\sigma_1\boldsymbol{I},-\sigma_2\boldsymbol{I},\cdots,-\sigma_{2n-2}\boldsymbol{I}\}$$

$$\widetilde{\boldsymbol{\psi}}_{22}=\begin{bmatrix}-\sigma_{2n-1}\boldsymbol{I}+2\boldsymbol{T}_3-\boldsymbol{U}_3-\boldsymbol{U}_3^{\mathrm{T}} & -2\boldsymbol{T}_3+\boldsymbol{U}_3+\boldsymbol{U}_3^{\mathrm{T}}\\ * & -\sigma_{2n}\boldsymbol{I}+2\boldsymbol{T}_3-\boldsymbol{U}_3-\boldsymbol{U}_3^{\mathrm{T}}\end{bmatrix}$$

$$\widetilde{\boldsymbol{\Pi}}_{2i}=\begin{bmatrix}\boldsymbol{0}_{5n\times5n(i+1)} & \boldsymbol{\lambda}'_i\boldsymbol{X} & \boldsymbol{0}_{5n\times(15n^2-5ni+3n)}\\ \boldsymbol{0}_{5n\times5n(i+1)} & \boldsymbol{\lambda}'_i\boldsymbol{X} & \boldsymbol{0}_{5n\times(15n^2-5ni+3n)}\end{bmatrix}^{\mathrm{T}}$$

$$\boldsymbol{\lambda}'_i=\mathrm{diag}\{\boldsymbol{0}_{5(i-1)\times5(i-1)},\boldsymbol{B}_i\boldsymbol{K}_i\boldsymbol{C}_i,\boldsymbol{0}_{5(n-i)\times5(n-i)}\}$$

$$\widetilde{\boldsymbol{\Pi}}_{i1}=[-\rho'_i\sigma'_i\boldsymbol{X}\boldsymbol{\alpha}_{i1}\quad-\rho'_i\sigma'_i\boldsymbol{X}\boldsymbol{\alpha}_{i1}\quad\boldsymbol{0}_{n\times(15n^2+10ni+10n)}\quad\sigma'_i\boldsymbol{\alpha}_{i1}\quad\sigma'_i\boldsymbol{\alpha}_{i1}\quad\boldsymbol{0}_{n\times(10n^2-10ni)}]^{\mathrm{T}}$$

$$\widetilde{\boldsymbol{\Pi}}_{i2}=[\boldsymbol{0}_{n\times(5n+5ni)}\quad\boldsymbol{\alpha}_{i2}\boldsymbol{X}\quad\boldsymbol{0}_{n\times(15n^2+3n-5ni)}]^{\mathrm{T}},\quad\rho'_i=\delta'_i\rho'_{i1}+(1-\delta'_i)\rho'_{i2}$$

证明:选择如下 Lyapunov 函数:

$$\begin{aligned}V(t)=&\ \boldsymbol{x}^{\mathrm{T}}(t)\boldsymbol{P}\boldsymbol{x}(t)+\sum_{i=1}^{n}\int_{t-d_i(t)}^{t}\boldsymbol{x}^{\mathrm{T}}(s)\boldsymbol{Q}_i\boldsymbol{x}(s)\mathrm{d}s\\&+\sum_{i=1}^{n}\overline{d}_i\int_{-\overline{d}_i}^{0}\int_{t+\theta}^{t}\dot{\boldsymbol{x}}^{\mathrm{T}}(s)\boldsymbol{W}_i\dot{\boldsymbol{x}}(s)\mathrm{d}s\mathrm{d}\theta\\&+\sum_{i=1}^{n}(\overline{d}_i-\underline{d}_i)\int_{-\overline{d}_i}^{-\underline{d}_i}\int_{t+v}^{t}\dot{\boldsymbol{x}}^{\mathrm{T}}(s)\boldsymbol{V}_i\dot{\boldsymbol{x}}(s)\mathrm{d}s\mathrm{d}v\end{aligned}\qquad(6\text{-}12)$$

在系统(6-7)的基础上,对 $V(t)$ 求导,可得

$$
\begin{aligned}
E\{\dot{V}(t)\} = E\Big\{ & 2\boldsymbol{x}^{\mathrm{T}}(t)\boldsymbol{P}\dot{\boldsymbol{x}}(t) + \sum_{i=1}^{n}\boldsymbol{x}^{\mathrm{T}}(t)\boldsymbol{Q}_i\boldsymbol{x}(t) \\
& - \sum_{i=1}^{n}[1-\dot{d}_i(t)]\boldsymbol{x}^{\mathrm{T}}[t-d_i(t)]\boldsymbol{Q}_i\boldsymbol{x}[t-d_i(t)] \\
& + \sum_{i=1}^{n}\overline{d}_i^{\,2}\,\dot{\boldsymbol{x}}^{\mathrm{T}}(t)\boldsymbol{W}_i\dot{\boldsymbol{x}}(t) + \sum_{i=1}^{n}(\overline{d}_i-\underline{d}_i)^2\,\dot{\boldsymbol{x}}^{\mathrm{T}}(t)\boldsymbol{V}_i\dot{\boldsymbol{x}}(t) \\
& - \sum_{i=1}^{n}\overline{d}_i\int_{t-\overline{d}_i}^{t}\dot{\boldsymbol{x}}^{\mathrm{T}}(s)\boldsymbol{W}_i\dot{\boldsymbol{x}}(s)\mathrm{d}s \\
& - \sum_{i=1}^{n}(\overline{d}_i-\underline{d}_i)\int_{t-\overline{d}_i}^{t-\underline{d}_i}\dot{\boldsymbol{x}}^{\mathrm{T}}(s)\boldsymbol{V}_i\dot{\boldsymbol{x}}(s)\mathrm{d}s\Big\}
\end{aligned}
\tag{6-13}
$$

考虑 $E\{\delta_i(t)=1\}=\delta_i'$，基于引理 2-3 和公式(6-13)，可得

$$
\begin{aligned}
E\{\dot{V}(t)\} \leqslant E\{ & 2\boldsymbol{x}^{\mathrm{T}}(t)\boldsymbol{P}\dot{\boldsymbol{x}}(t) + \sum_{i=1}^{n}\boldsymbol{x}^{\mathrm{T}}(t)\boldsymbol{Q}_i\boldsymbol{x}(t) \\
& -(1-\mu)\sum_{i=1}^{n}\boldsymbol{x}^{\mathrm{T}}[t-d_i(t)]\boldsymbol{Q}_i\boldsymbol{x}[t-d_i(t)] \\
& + \sum_{i=1}^{n}\overline{d}_i^{\,2}\,\dot{\boldsymbol{x}}^{\mathrm{T}}(t)\boldsymbol{W}_i\dot{\boldsymbol{x}}(t) + \sum_{i=1}^{n}(\overline{d}_i-\underline{d}_i)^2\,\dot{\boldsymbol{x}}^{\mathrm{T}}(t)\boldsymbol{V}_i\dot{\boldsymbol{x}}(t) \\
& - \sum_{i=1}^{n}[\boldsymbol{x}^{\mathrm{T}}(t-\underline{d}_i)\boldsymbol{V}_i\boldsymbol{x}(t-\underline{d}_i) - \boldsymbol{x}^{\mathrm{T}}(t-\underline{d}_i)\boldsymbol{V}_i\boldsymbol{x}(t-\overline{d}_i) \\
& - \boldsymbol{x}^{\mathrm{T}}(t-\overline{d}_i)\boldsymbol{V}_i\boldsymbol{x}(t-\underline{d}_i) + \boldsymbol{x}^{\mathrm{T}}(t-\overline{d}_i)\boldsymbol{V}_i\boldsymbol{x}(t-\overline{d}_i)] \\
& - \sum_{i=1}^{n}[\boldsymbol{x}^{\mathrm{T}}(t-\overline{d}_i)\boldsymbol{W}_i\boldsymbol{x}(t-\overline{d}_i) - \boldsymbol{x}^{\mathrm{T}}(t-\overline{d}_i)\boldsymbol{W}_i\boldsymbol{x}(t) \\
& + \boldsymbol{x}^{\mathrm{T}}(t)\boldsymbol{W}_i\boldsymbol{x}(t) - \boldsymbol{x}^{\mathrm{T}}(t)\boldsymbol{W}_i\boldsymbol{x}(t-\overline{d}_i)]\}
\end{aligned}
\tag{6-14}
$$

基于自由权矩阵方法，给定任意的对称矩阵 $\boldsymbol{S}$，如下约束条件成立：

$$
0 = [\boldsymbol{x}^{\mathrm{T}}(t)\boldsymbol{S} + \dot{\boldsymbol{x}}^{\mathrm{T}}(t)\boldsymbol{S}]\boldsymbol{L} + \boldsymbol{L}^{\mathrm{T}}[\boldsymbol{x}^{\mathrm{T}}(t)\boldsymbol{S} + \dot{\boldsymbol{x}}^{\mathrm{T}}(t)\boldsymbol{S}]^{\mathrm{T}} \tag{6-15}
$$

其中，

$$
\boldsymbol{L} = \boldsymbol{A}\boldsymbol{x}(t) + \sum_{i=1}^{n}\boldsymbol{A}_{mi}\boldsymbol{x}[t-d_i(t)] + \boldsymbol{D}\boldsymbol{\omega}(t) - \dot{\boldsymbol{x}}(t)
$$

那么如下包含性能指标的不等式成立：

$$
J = E\{\dot{V}(t) + \boldsymbol{y}^{\mathrm{T}}(t)\boldsymbol{y}(t) - \gamma^2\boldsymbol{\omega}^{\mathrm{T}}(t)\boldsymbol{\omega}(t)\} \leqslant E\{\boldsymbol{\eta}^{\mathrm{T}}(t)\boldsymbol{\psi}\boldsymbol{\eta}(t)\} \tag{6-16}
$$

在性能指标(6-16)中，

$$
\begin{aligned}
\boldsymbol{\eta}(t) = [\,& \boldsymbol{x}^{\mathrm{T}}(t) \quad \dot{\boldsymbol{x}}^{\mathrm{T}}(t) \quad \boldsymbol{x}^{\mathrm{T}}[t-d_1(t)] \quad \cdots \quad \boldsymbol{x}^{\mathrm{T}}[t-d_n(t)] \quad \boldsymbol{x}^{\mathrm{T}}(t-\underline{d}_1) \\
& \cdots \quad \boldsymbol{x}^{\mathrm{T}}(t-\underline{d}_n) \quad \boldsymbol{x}^{\mathrm{T}}(t-\overline{d}_1) \quad \cdots \quad \boldsymbol{x}^{\mathrm{T}}(t-\overline{d}_n) \quad \boldsymbol{\omega}^{\mathrm{T}}(t)\,]^{\mathrm{T}}
\end{aligned}
$$

$$\boldsymbol{\psi}=\begin{bmatrix}\boldsymbol{\psi}_1 & \boldsymbol{\psi}_2 & \boldsymbol{\psi}_3 & \mathbf{0} & \boldsymbol{\psi}_4 & \boldsymbol{SD}\\ * & \boldsymbol{\psi}_5 & \boldsymbol{\psi}_3 & \mathbf{0} & \mathbf{0} & \boldsymbol{SD}\\ * & * & \boldsymbol{\psi}_6 & \mathbf{0} & \mathbf{0} & \mathbf{0}\\ * & * & * & \boldsymbol{\psi}_7 & \boldsymbol{\psi}_8 & \mathbf{0}\\ * & * & * & * & \boldsymbol{\psi}_9 & \mathbf{0}\\ * & * & * & * & * & -\gamma^2\boldsymbol{I}\end{bmatrix}<0$$

$$\boldsymbol{\psi}_1=\sum_{i=1}^{n}\boldsymbol{Q}_i-\sum_{i=1}^{n}\boldsymbol{W}_i+\boldsymbol{SA}+\boldsymbol{A}^{\mathrm{T}}\boldsymbol{S}+\boldsymbol{C}^{\mathrm{T}}\boldsymbol{C}+2\boldsymbol{T}_1-\boldsymbol{U}_1-\boldsymbol{U}_1^{\mathrm{T}}$$

$$\boldsymbol{\psi}_2=\boldsymbol{P}-\boldsymbol{S}+\boldsymbol{A}^{\mathrm{T}}\boldsymbol{S}-2\boldsymbol{T}_1+\boldsymbol{U}_1+\boldsymbol{U}_1^{\mathrm{T}},\quad \boldsymbol{\psi}_3=[\boldsymbol{S}\hat{\boldsymbol{A}}_{m1}\quad \boldsymbol{S}\hat{\boldsymbol{A}}_{m2}\quad \cdots\quad \boldsymbol{S}\hat{\boldsymbol{A}}_{mn}]$$

$$\boldsymbol{\psi}_4=[\boldsymbol{W}_1\quad \boldsymbol{W}_2\quad \cdots\quad \boldsymbol{W}_n]$$

$$\boldsymbol{\psi}_5=\sum_{i=1}^{n}\bar{d}_i^{\,2}\boldsymbol{W}_i+\sum_{i=1}^{n}(\bar{d}_i-\underline{d}_i)^2\boldsymbol{V}_i-2\boldsymbol{S}+2\boldsymbol{T}_1-\boldsymbol{U}_1-\boldsymbol{U}_1^{\mathrm{T}}$$

$$\boldsymbol{\psi}_6=\mathrm{diag}[(\mu-1)\boldsymbol{Q}_1\quad (\mu-1)\boldsymbol{Q}_2\quad \cdots\quad (\mu-1)\boldsymbol{Q}_n]$$

$$\boldsymbol{\psi}_7=\mathrm{diag}[-\boldsymbol{V}_1\quad -\boldsymbol{V}_2\quad \cdots\quad -\boldsymbol{V}_n],\quad \boldsymbol{\psi}_8=\mathrm{diag}[\boldsymbol{V}_1\quad \boldsymbol{V}_2\quad \cdots\quad \boldsymbol{V}_n]$$

$$\boldsymbol{\psi}_9=\begin{bmatrix}\boldsymbol{\psi}_{91} & 0\\ * & \boldsymbol{\psi}_{92}\end{bmatrix},\quad \boldsymbol{\psi}_{91}=\mathrm{diag}[-\boldsymbol{W}_1-\boldsymbol{V}_1\quad -\boldsymbol{W}_2-\boldsymbol{V}_2\quad \cdots\quad -\boldsymbol{W}_{n-2}-\boldsymbol{V}_{n-2}]$$

$$\boldsymbol{\psi}_{92}=\begin{bmatrix}-\boldsymbol{W}_{n-1}-\boldsymbol{V}_{n-1}+2\boldsymbol{T}_2-\boldsymbol{U}_2-\boldsymbol{U}_2^{\mathrm{T}} & -2\boldsymbol{T}_2+\boldsymbol{U}_2+\boldsymbol{U}_2^{\mathrm{T}}\\ * & -\boldsymbol{W}_n-\boldsymbol{V}_n+2\boldsymbol{T}_2-\boldsymbol{U}_2-\boldsymbol{U}_2^{\mathrm{T}}\end{bmatrix}$$

$$\hat{\boldsymbol{A}}_{mi}=\mathrm{diag}\{\mathbf{0}_{5(i-1)\times 5(i-1)},-\hat{\rho}_i\boldsymbol{B}_i(\boldsymbol{K}_i+\Delta\boldsymbol{K}_i)\boldsymbol{C}_i,\mathbf{0}_{5(n-i)\times 5(n-i)}\}$$

$$\hat{\rho}_i=\delta_i'\rho_{i1}(t)+(1-\delta_i')\rho_{i2}(t)$$

由于 $\rho_{i1}(t)$ 和 $\rho_{i2}(t)$ 在实际控制过程中是时变未知的，根据故障分布特性，给出如下等效变换：

$$\rho_{ik}(t)=\rho_{ik}'(1+G_{ik}),\quad i=1,2,\cdots,n,\quad k=1,2 \tag{6-17}$$

其中，

$$\rho_{i1}'=\frac{\rho_i^{\min}+\tilde{\rho}_i}{2},\qquad \rho_{i2}'=\frac{\rho_i^{\max}+\tilde{\rho}_i}{2}$$

$$G_{i1}=\frac{\rho_{i1}(t)-\rho_{i1}'}{\rho_{i1}'},\quad G_{i2}=\frac{\rho_{i2}(t)-\rho_{i2}'}{\rho_{i2}'}$$

$$Z_{i1}=\frac{\tilde{\rho}_i-\rho_i^{\min}}{\rho_i^{\min}+\tilde{\rho}_i},\qquad Z_{i1}=\frac{\rho_i^{\max}-\tilde{\rho}_i}{\rho_i^{\max}+\tilde{\rho}_i}$$

通过上述分析，可以直接得到如下结论：

$$\begin{aligned} \rho_{i1}(t) &= \rho'_{i1}(1+G_{i1}), \quad |G_{i1}| \leqslant Z_{i1} \leqslant 1 \\ \rho_{i2}(t) &= \rho'_{i2}(1+G_{i2}), \quad |G_{i2}| \leqslant Z_{i2} \leqslant 1 \end{aligned} \tag{6-18}$$

将公式(6-18)代入上述矩阵 $\boldsymbol{\psi}$,根据参数是否确定,可以将 $\boldsymbol{\psi}$ 分成两部分:$\boldsymbol{\psi} = \boldsymbol{\Gamma} + \Delta\boldsymbol{\Gamma}$。$\boldsymbol{\Gamma}$ 表示参数确定部分,其表达式为

$$\boldsymbol{\Gamma} = \begin{bmatrix} \boldsymbol{\Gamma}_1 & \boldsymbol{\psi}_2 & \boldsymbol{\Omega}_3 & \mathbf{0} & \boldsymbol{\psi}_4 & \boldsymbol{SD} & \boldsymbol{C}^{\mathrm{T}} \\ * & \boldsymbol{\psi}_5 & \boldsymbol{\Omega}_3 & \mathbf{0} & \mathbf{0} & \boldsymbol{SD} & \mathbf{0} \\ * & * & \boldsymbol{\psi}_6 & \mathbf{0} & \mathbf{0} & \mathbf{0} & \mathbf{0} \\ * & * & * & \boldsymbol{\psi}_7 & \boldsymbol{\psi}_8 & \mathbf{0} & \mathbf{0} \\ * & * & * & * & \boldsymbol{\psi}_9 & \mathbf{0} & \mathbf{0} \\ * & * & * & * & * & -\gamma^2\boldsymbol{I} & \mathbf{0} \\ * & * & * & * & * & * & -\boldsymbol{I} \end{bmatrix} \tag{6-19}$$

其中,

$$\boldsymbol{\Gamma}_1 = \sum_{i=1}^{n}\boldsymbol{Q}_i - \sum_{i=1}^{n}\boldsymbol{W}_i + \boldsymbol{SA} + \boldsymbol{A}^{\mathrm{T}}\boldsymbol{S}, \quad \boldsymbol{\Omega}_3 = \begin{bmatrix} \boldsymbol{S}\hat{\boldsymbol{A}}_{m1} & \boldsymbol{S}\hat{\boldsymbol{A}}_{m2} & \cdots & \boldsymbol{S}\hat{\boldsymbol{A}}_{mn} \end{bmatrix}$$

$\Delta\boldsymbol{\Gamma}$ 表示参数不确定部分,其表达式为

$$\Delta\boldsymbol{\Gamma} = \mathrm{He}\Big(\sum_{i=1}^{n}\begin{bmatrix}\Delta\boldsymbol{\Gamma}_{i1} & \mathbf{0}_{n\times(15n^2+3n)}\end{bmatrix}^{\mathrm{T}}\boldsymbol{G}_{i1}\boldsymbol{\lambda}_i^{\mathrm{T}} + \sum_{i=1}^{n}\begin{bmatrix}\Delta\boldsymbol{\Gamma}_{i2} & \mathbf{0}_{n\times(15n^2+3n)}\end{bmatrix}^{\mathrm{T}}\boldsymbol{G}_{i2}\boldsymbol{\lambda}_i^{\mathrm{T}}\Big) \tag{6-20}$$

其中,

$$\begin{aligned} \Delta\boldsymbol{\Gamma}_{i1} &= \begin{bmatrix}\boldsymbol{\gamma}_{i1}\boldsymbol{S}^{\mathrm{T}} & \boldsymbol{\gamma}_{i1}\boldsymbol{S}^{\mathrm{T}}\end{bmatrix}, \quad \Delta\boldsymbol{\Gamma}_{i2} = \begin{bmatrix}\boldsymbol{\gamma}_{i2}\boldsymbol{S}^{\mathrm{T}} & \boldsymbol{\gamma}_{i2}\boldsymbol{S}^{\mathrm{T}}\end{bmatrix} \\ \boldsymbol{\gamma}_{i1} &= \mathrm{diag}\{\mathbf{0}_{5n(i-1)\times 5(i-1)}, \boldsymbol{d}_{i1}, \mathbf{0}_{5n(n-i)\times 5(n-i)}\} \\ \boldsymbol{\gamma}_{i2} &= \mathrm{diag}\{\mathbf{0}_{5n(i-1)\times 5(i-1)}, \boldsymbol{d}_{i2}, \mathbf{0}_{5n(n-i)\times 5(n-i)}\} \\ \boldsymbol{d}_{i1} &= \mathrm{diag}\{-\delta'_i\rho'_{i1}, -\delta'_i\rho'_{i1}, -\delta'_i\rho'_{i1}, -\delta'_i\rho'_{i1}, -\delta'_i\rho'_{i1}\} \\ \boldsymbol{d}_{i2} &= \mathrm{diag}\Big\{-(1-\delta'_i)\rho'_{i2}, -(1-\delta'_i)\rho'_{i2}, -(1-\delta'_i)\rho'_{i2}, \\ &\qquad -(1-\delta'_i)\rho'_{i2}, -(1-\delta'_i)\rho'_{i2}\Big\} \end{aligned}$$

结合引理 2-2 和引理 2-3,$\boldsymbol{\psi}$ 可以转化为如下约束条件:

$$\tilde{\boldsymbol{\psi}} = \begin{bmatrix} \boldsymbol{\Omega} & \tilde{\boldsymbol{\psi}}_1 \\ * & \tilde{\boldsymbol{\psi}}_2 \end{bmatrix} < 0 \tag{6-21}$$

其中,

$$\boldsymbol{\Omega}=\begin{bmatrix}\boldsymbol{\Omega}_1 & \boldsymbol{\Omega}_2 & \boldsymbol{\Omega}_3 & \mathbf{0} & \boldsymbol{\psi}_4 & \boldsymbol{SD} & \boldsymbol{C}^{\mathrm{T}}\\ * & \boldsymbol{\Omega}_4 & \boldsymbol{\Omega}_3 & \mathbf{0} & \mathbf{0} & \boldsymbol{SD} & \mathbf{0}\\ * & * & \boldsymbol{\psi}_6 & \mathbf{0} & \mathbf{0} & \mathbf{0} & \mathbf{0}\\ * & * & * & \boldsymbol{\psi}_7 & \boldsymbol{\psi}_8 & \mathbf{0} & \mathbf{0}\\ * & * & * & * & \boldsymbol{\psi}_9 & \mathbf{0} & \mathbf{0}\\ * & * & * & * & * & -\gamma^2\boldsymbol{I} & \mathbf{0}\\ * & * & * & * & * & * & -\boldsymbol{I}\end{bmatrix}$$

$$\boldsymbol{\Omega}_1=\sum_{i=1}^{n}\boldsymbol{Q}_i-\sum_{i=1}^{n}\boldsymbol{W}_i+\boldsymbol{SA}+\boldsymbol{A}^{\mathrm{T}}\boldsymbol{S}+\boldsymbol{Y}+2\boldsymbol{T}_1-\boldsymbol{U}_1-\boldsymbol{U}_1^{\mathrm{T}}$$

$$\boldsymbol{\Omega}_2=\boldsymbol{P}-\boldsymbol{S}+\boldsymbol{A}^{\mathrm{T}}\boldsymbol{S}+\boldsymbol{Y}-2\boldsymbol{T}_1+\boldsymbol{U}_1+\boldsymbol{U}_1^{\mathrm{T}},\quad \tilde{\boldsymbol{\psi}}_1=\begin{bmatrix}\tilde{\boldsymbol{\psi}}_{11} & \tilde{\boldsymbol{\psi}}_{12} & \cdots & \tilde{\boldsymbol{\psi}}_{1n}\end{bmatrix}$$

$$\boldsymbol{\Omega}_4=\sum_{i=1}^{n}\bar{d}_i{}^2\boldsymbol{W}_i+\sum_{i=1}^{n}(\bar{d}_i-\underline{d}_i)^2\boldsymbol{V}_i-2\boldsymbol{S}+\boldsymbol{Y}+2\boldsymbol{T}_1-\boldsymbol{U}_1-\boldsymbol{U}_1^{\mathrm{T}}$$

$$\tilde{\boldsymbol{A}}_{mi}=\mathrm{diag}\{\mathbf{0}_{5(i-1)\times5(i-1)},-\rho_i'\boldsymbol{B}_i(\boldsymbol{K}_i+\Delta\boldsymbol{K}_i)\boldsymbol{C}_i,\mathbf{0}_{5(n-i)\times5(n-i)}\}$$

$$\tilde{\boldsymbol{\psi}}_{1i}=\begin{bmatrix}\mathbf{0}_{5n\times5n(i+1)} & \boldsymbol{\lambda}_i & \mathbf{0}_{5n\times(15n^2-5ni+3n)}\\ \mathbf{0}_{5n\times5n(i+1)} & \boldsymbol{\lambda}_i & \mathbf{0}_{5n\times(15n^2-5ni+3n)}\end{bmatrix}^{\mathrm{T}}$$

$$\boldsymbol{\lambda}_i=\mathrm{diag}\{\mathbf{0}_{5(i-1)\times5(i-1)},\boldsymbol{B}_i(\boldsymbol{K}_i+\Delta\boldsymbol{K}_i)\boldsymbol{C}_i,\mathbf{0}_{5(n-i)\times5(n-i)}\}$$

下面进一步分析控制器的脆弱性问题。首先,假设控制器增益摄动的形式为乘性摄动且满足 $\Delta\boldsymbol{K}_i=\boldsymbol{H}_i\boldsymbol{F}_i(t)\boldsymbol{E}_i\boldsymbol{K}_i$,其中,$\boldsymbol{F}_i^{\mathrm{T}}(t)\boldsymbol{F}_i(t)\leqslant\boldsymbol{I}$,$\boldsymbol{H}_i$ 和 $\boldsymbol{E}_i$ 为已知的常数矩阵。将 $\tilde{\boldsymbol{\psi}}$ 拆分为 $\bar{\boldsymbol{\Lambda}}$ 和 $\Delta\boldsymbol{\Lambda}$,即参数确定部分和包含控制器增益摄动的参数不确定部分。$\bar{\boldsymbol{\Lambda}}$ 的表达式为

$$\bar{\boldsymbol{\Lambda}}=\begin{bmatrix}\bar{\boldsymbol{\Lambda}}_1 & \bar{\boldsymbol{\Lambda}}_2\\ * & \tilde{\boldsymbol{\psi}}_2\end{bmatrix}\tag{6-22}$$

$$\Delta\boldsymbol{\Lambda}=\mathrm{He}\Big(\sum_{i=0}^{n}\tilde{\boldsymbol{\psi}}_{i1}\boldsymbol{\Delta}_i\boldsymbol{\psi}_{i2}^{\mathrm{T}}\Big)\tag{6-23}$$

其中,

$$\bar{\boldsymbol{\Lambda}}_1 = \begin{bmatrix} \boldsymbol{\Omega}_1 & \boldsymbol{\Omega}_2 & \bar{\boldsymbol{\Lambda}}_{11} & \mathbf{0} & \boldsymbol{\psi}_4 & \boldsymbol{SD} & \boldsymbol{C}^{\mathrm{T}} \\ * & \boldsymbol{\Omega}_4 & \bar{\boldsymbol{\Lambda}}_{11} & \mathbf{0} & \mathbf{0} & \boldsymbol{SD} & \mathbf{0} \\ * & * & \boldsymbol{\psi}_6 & \mathbf{0} & \mathbf{0} & \mathbf{0} & \mathbf{0} \\ * & * & * & \boldsymbol{\psi}_7 & \boldsymbol{\psi}_8 & \mathbf{0} & \mathbf{0} \\ * & * & * & * & \boldsymbol{\psi}_9 & \mathbf{0} & \mathbf{0} \\ * & * & * & * & * & -\gamma^2\boldsymbol{I} & \mathbf{0} \\ * & * & * & * & * & * & -\boldsymbol{I} \end{bmatrix}$$

$$\bar{\boldsymbol{\Lambda}}_2 = [\bar{\boldsymbol{\Lambda}}_{21} \quad \bar{\boldsymbol{\Lambda}}_{22} \quad \cdots \quad \bar{\boldsymbol{\Lambda}}_{2n}], \bar{\boldsymbol{\Lambda}}_{11} = [\boldsymbol{S}\bar{\boldsymbol{A}}_{m1} \quad \boldsymbol{S}\bar{\boldsymbol{A}}_{m2} \quad \cdots \quad \boldsymbol{S}\bar{\boldsymbol{A}}_{mn}]$$

$$\bar{\boldsymbol{A}}_{mi} = \mathrm{diag}\{\mathbf{0}_{5(i-1)\times 5(i-1)}, -\rho_i'\boldsymbol{B}_i\boldsymbol{K}_i\boldsymbol{C}_i, \mathbf{0}_{5(n-i)\times 5(n-i)}\}$$

$$\bar{\boldsymbol{\Lambda}}_{2i} = \begin{bmatrix} \mathbf{0}_{5n\times 5n(i+1)} & \boldsymbol{\lambda}_i' & \mathbf{0}_{5n\times(15n^2-5ni+3n)} \\ \mathbf{0}_{5n\times 5n(i+1)} & \boldsymbol{\lambda}_i' & \mathbf{0}_{5n\times(15n^2-5ni+3n)} \end{bmatrix}^{\mathrm{T}}$$

$$\boldsymbol{\Delta}_i = \mathrm{diag}\{\mathbf{0}_{(i-1)\times(i-1)}, \boldsymbol{F}_i(t), \mathbf{0}_{(n-i)\times(n-i)}\}$$

$$\tilde{\boldsymbol{\psi}}_{i1} = [-\rho_i'\boldsymbol{\alpha}_{i1}\boldsymbol{S}^{\mathrm{T}} \quad -\rho_i'\boldsymbol{\alpha}_{i1}\boldsymbol{S}^{\mathrm{T}} \quad \mathbf{0}_{n\times(15n^2+10ni+10n)} \quad \boldsymbol{\alpha}_{i1} \quad \boldsymbol{\alpha}_{i1} \quad \mathbf{0}_{n\times(10n^2-10ni)}]^{\mathrm{T}}$$

$$\boldsymbol{\psi}_{i2} = [\mathbf{0}_{n\times(5n+5ni)} \quad \boldsymbol{\alpha}_{i2} \quad \mathbf{0}_{n\times(15n^2+3n-5ni)}]$$

考虑引理 2-2 以及引理 2-3，则公式(6-21)等价于如下条件：

$$\boldsymbol{\Psi} = \begin{bmatrix} \bar{\boldsymbol{\Lambda}} & \boldsymbol{\Psi}_1 \\ * & \boldsymbol{\Psi}_2 \end{bmatrix} < 0 \tag{6-24}$$

其中，

$$\boldsymbol{\Psi}_1 = [\boldsymbol{\Psi}_{11} \quad \boldsymbol{\Psi}_{12} \quad \cdots \quad \boldsymbol{\Psi}_{1n}],\quad \boldsymbol{\Psi}_2 = \mathrm{diag}\{\boldsymbol{b}_1, \boldsymbol{b}_2, \cdots, \boldsymbol{b}_n\},\quad \boldsymbol{\Psi}_{1i} = [\boldsymbol{\psi}_{i1} \quad \boldsymbol{\psi}_{i2}]$$

$$\boldsymbol{\psi}_{i1} = [-\sigma_i'\rho_i'\boldsymbol{\alpha}_{i1}\boldsymbol{S}^{\mathrm{T}} \quad -\sigma_i'\rho_i'\boldsymbol{\alpha}_{i1}\boldsymbol{S}^{\mathrm{T}} \quad \mathbf{0}_{n\times(15n^2+10ni+10n)} \quad \sigma_i'\boldsymbol{\alpha}_{i1} \quad \sigma_i'\boldsymbol{\alpha}_{i1} \quad \mathbf{0}_{n\times(10n^2-10ni)}]^{\mathrm{T}}$$

令 $\boldsymbol{X} = \boldsymbol{S}^{-1}$，$\boldsymbol{XPX} = \boldsymbol{P}_a$，$\boldsymbol{XQ}_i\boldsymbol{X} = \boldsymbol{Q}_{ia}$，$\boldsymbol{XW}_i\boldsymbol{X} = \boldsymbol{W}_{ia}$，$\boldsymbol{XV}_i\boldsymbol{X} = \boldsymbol{V}_{ia}$，$\boldsymbol{XT}_j\boldsymbol{X} = \boldsymbol{T}_{ja}$，$\boldsymbol{XU}_j\boldsymbol{X} = \boldsymbol{U}_{ja}(j = 1,2)$，在不等式(6-24)的左右两侧分别乘以

$$\mathrm{diag}\{\overbrace{\boldsymbol{X}, \cdots, \boldsymbol{X}}^{3n+2}, \boldsymbol{I}, \cdots, \boldsymbol{I}\}$$

及其转置，可以得到新的耦合项 $\boldsymbol{A}_{mi}\boldsymbol{X}$。由于矩阵 $\boldsymbol{B}_i$ 和 $\boldsymbol{C}_i$ 都是奇异矩阵，定义

$$\boldsymbol{KCX} \triangleq \boldsymbol{MC},\quad \boldsymbol{CX} \triangleq \boldsymbol{NC} \tag{6-25}$$

在多区域互联电力系统中，由于系统建模是基于多时延的情况，基于定义(6-25)可以得到如下等式：

$$\begin{aligned} \mathbf{0} = {} & [\boldsymbol{N}\mathrm{diag}\{\mathbf{0}_{2(i-1)\times 5(i-1)}, \boldsymbol{C}_i, \mathbf{0}_{2(n-i)\times 5(n-i)}\} - \mathrm{diag}\{\mathbf{0}_{2(i-1)\times 5(i-1)}, \boldsymbol{C}_i, \mathbf{0}_{2(n-i)\times 5(n-i)}\}\boldsymbol{X}]^{\mathrm{T}} \\ & \times [\boldsymbol{N}\mathrm{diag}\{\mathbf{0}_{2(i-1)\times 5(i-1)}, \boldsymbol{C}_i, \mathbf{0}_{2(n-i)\times 5(n-i)}\} - \mathrm{diag}\{\mathbf{0}_{2(i-1)\times 5(i-1)}, \boldsymbol{C}_i, \mathbf{0}_{2(n-i)\times 5(n-i)}\}\boldsymbol{X}] \end{aligned} \tag{6-26}$$

综上，可以直接得到条件(6-8)和(6-9)。由性能指标(6-16)可知，$\boldsymbol{\psi}<0$意味着$E\{\dot{V}(t)+\boldsymbol{y}^{\mathrm{T}}(t)\boldsymbol{y}(t)-\gamma^{2}\boldsymbol{\omega}^{\mathrm{T}}(t)\boldsymbol{\omega}(t)\}<0$，即$J<0$。由于零初始条件$V(0)=0$且$V(t)>0$，对公式(6-16)左右两边同时求0到$t$的积分，当$t\to\infty$时，如下条件成立：

$$E\left\{\int_0^{\infty}\boldsymbol{y}^{\mathrm{T}}(t)\boldsymbol{y}(t)\mathrm{d}t\right\}<E\left\{\int_0^{\infty}\gamma^{2}\boldsymbol{\omega}^{\mathrm{T}}(t)\boldsymbol{\omega}(t)\mathrm{d}t\right\} \tag{6-27}$$

此时，上述容错控制方法使得闭环系统满足H_{∞}性能要求。定理6-1证明完毕。

从另一方面考虑，我们将加性摄动作为控制器增益不确定性的一种情况来讨论，即$\Delta\boldsymbol{K}_i=\boldsymbol{H}_i\boldsymbol{F}_i(t)\boldsymbol{E}_i$且$\boldsymbol{F}_i^{\mathrm{T}}(t)\boldsymbol{F}_i(t)\leqslant\boldsymbol{I}$，并在此基础上给出符合该条件的非脆弱容错控制器设计方案。

定理 6-2 给定正数$\underline{d}_i,\overline{d}_i,\mu,\delta_i',\rho_{i1}',\rho_{i2}'$，具有合适维度的常数矩阵$\boldsymbol{H}_i$和$\boldsymbol{E}_i$，充分小的正数$\varepsilon$，若存在正定矩阵$\boldsymbol{P}_a,\boldsymbol{Q}_{ia},\boldsymbol{W}_{ia},\boldsymbol{V}_{ia}(i=1,2,\cdots,n)$，具有合适维度的对称矩阵$\boldsymbol{X}$，正数$\gamma,\sigma_i'(i=1,2,\cdots,n),\sigma_m(m=1,2,\cdots,2n),\varepsilon_m(m=1,2,\cdots,2n)$，以及矩阵$\boldsymbol{T}_{ja},\boldsymbol{U}_{ja},\boldsymbol{T}_3,\boldsymbol{U}_3$，使得线性矩阵不等式(6-28)成立，同时将$H_{\infty}$非脆弱容错负荷频率控制增益设计为$\boldsymbol{K}=\boldsymbol{M}\boldsymbol{N}^{-1}$($\boldsymbol{N}$为满秩矩阵)，则闭环系统(6-7)是均方稳定的，并且具有H_{∞}性能指标γ。

$$\boldsymbol{\varphi}=\begin{bmatrix}\boldsymbol{\Pi}_1 & \boldsymbol{\varphi}_1\\ * & \hat{\boldsymbol{\Psi}}_2\end{bmatrix}<0 \tag{6-28}$$

其中，

$$\boldsymbol{\Pi}_1=\begin{bmatrix}\widetilde{\boldsymbol{\Pi}}_1 & \widetilde{\boldsymbol{\Pi}}_2\\ * & \widetilde{\boldsymbol{\psi}}_2\end{bmatrix},\quad \boldsymbol{\varphi}_1=\begin{bmatrix}\boldsymbol{\varphi}_{11} & \boldsymbol{\varphi}_{12} & \cdots & \boldsymbol{\varphi}_{1n}\end{bmatrix},\quad \hat{\boldsymbol{\Psi}}_2=\mathrm{diag}\{\widetilde{\boldsymbol{b}}_1,\widetilde{\boldsymbol{b}}_2,\cdots,\widetilde{\boldsymbol{b}}_{2n}\}$$

$$\widetilde{\boldsymbol{\Pi}}_1=\begin{bmatrix}\widetilde{\boldsymbol{\Pi}}_{11} & \widetilde{\boldsymbol{\Pi}}_{12} & \widetilde{\boldsymbol{\Pi}}_{13} & \boldsymbol{0} & \widetilde{\boldsymbol{\Pi}}_{14} & \boldsymbol{D} & \boldsymbol{X}\boldsymbol{C}^{\mathrm{T}}\\ * & \widetilde{\boldsymbol{\Pi}}_{15} & \widetilde{\boldsymbol{\Pi}}_{13} & \boldsymbol{0} & \boldsymbol{0} & \boldsymbol{D} & \boldsymbol{0}\\ * & * & \widetilde{\boldsymbol{\Pi}}_{16} & \boldsymbol{0} & \boldsymbol{0} & \boldsymbol{0} & \boldsymbol{0}\\ * & * & * & \widetilde{\boldsymbol{\Pi}}_{17} & \widetilde{\boldsymbol{\Pi}}_{18} & \boldsymbol{0} & \boldsymbol{0}\\ * & * & * & * & \widetilde{\boldsymbol{\Pi}}_{19} & \boldsymbol{0} & \boldsymbol{0}\\ * & * & * & * & * & -\gamma^{2}\boldsymbol{I} & \boldsymbol{0}\\ * & * & * & * & * & * & -\boldsymbol{I}\end{bmatrix},\ \widetilde{\boldsymbol{\Pi}}_2=\begin{bmatrix}\widetilde{\boldsymbol{\Pi}}_{21} & \widetilde{\boldsymbol{\Pi}}_{22} & \cdots & \widetilde{\boldsymbol{\Pi}}_{2n}\end{bmatrix}$$

$$\widetilde{\boldsymbol{\Pi}}_{11}=\sum_{i=1}^{n}\boldsymbol{Q}_{ia}-\sum_{i=1}^{n}\boldsymbol{W}_{ia}+\boldsymbol{AX}+\boldsymbol{XA}^{\mathrm{T}}+\widetilde{\boldsymbol{Y}}+2\boldsymbol{T}_{1a}-\boldsymbol{U}_{1a}-\boldsymbol{U}_{1a}^{\mathrm{T}}$$

$$\widetilde{\boldsymbol{\Pi}}_{12}=\boldsymbol{P}_{a}-\boldsymbol{X}+\boldsymbol{XA}^{\mathrm{T}}+\widetilde{\boldsymbol{Y}}-2\boldsymbol{T}_{1a}+\boldsymbol{U}_{1a}+\boldsymbol{U}_{1a}^{\mathrm{T}}$$

$$\widetilde{\boldsymbol{\Pi}}_{13}=\begin{bmatrix}\widetilde{\boldsymbol{A}}_{m1}\boldsymbol{X} & \widetilde{\boldsymbol{A}}_{m2}\boldsymbol{X} & \cdots & \widetilde{\boldsymbol{A}}_{mn}\boldsymbol{X}\end{bmatrix},\quad \widetilde{\boldsymbol{\Pi}}_{14}=\begin{bmatrix}\boldsymbol{W}_{1a} & \boldsymbol{W}_{2a} & \cdots & \boldsymbol{W}_{na}\end{bmatrix}$$

$$\widetilde{\boldsymbol{\Pi}}_{15}=\sum_{i=1}^{n}\overline{d}_i^{\,2}\boldsymbol{W}_{ia}+\sum_{i=1}^{n}(\overline{d}_i-\underline{d}_i)^2\boldsymbol{V}_{ia}-2\boldsymbol{X}+2\boldsymbol{T}_{1a}-\boldsymbol{U}_{1a}-\boldsymbol{U}_{1a}^{\mathrm{T}}$$

$$\widetilde{\boldsymbol{\Pi}}_{16}=\mathrm{diag}\begin{bmatrix}(\mu-1)\boldsymbol{Q}_{1a} & (\mu-1)\boldsymbol{Q}_{2a} & \cdots & (\mu-1)\boldsymbol{Q}_{na}\end{bmatrix}$$

$$\widetilde{\boldsymbol{\Pi}}_{17}=\mathrm{diag}\begin{bmatrix}-\boldsymbol{V}_{1a} & -\boldsymbol{V}_{2a} & \cdots & -\boldsymbol{V}_{na}\end{bmatrix}$$

$$\widetilde{\boldsymbol{\Pi}}_{18}=\mathrm{diag}\begin{bmatrix}\boldsymbol{V}_{1a} & \boldsymbol{V}_{2a} & \cdots & \boldsymbol{V}_{na}\end{bmatrix},\quad \widetilde{\boldsymbol{\Pi}}_{19}=\begin{bmatrix}\hat{\boldsymbol{\Pi}}_1 & \boldsymbol{0}\\ * & \hat{\boldsymbol{\Pi}}_2\end{bmatrix}$$

$$\hat{\boldsymbol{\Pi}}_1=\mathrm{diag}\begin{bmatrix}-\boldsymbol{W}_{1a}-\boldsymbol{V}_{1a} & -\boldsymbol{W}_{2a}-\boldsymbol{V}_{2a} & \cdots & -\boldsymbol{W}_{(n-2)a}-\boldsymbol{V}_{(n-2)a}\end{bmatrix}$$

$$\hat{\boldsymbol{\Pi}}_2=\begin{bmatrix}-\boldsymbol{W}_{(n-1)a}-\boldsymbol{V}_{(n-1)a}+2\boldsymbol{T}_{2a}-\boldsymbol{U}_{2a}-\boldsymbol{U}_{2a}^{\mathrm{T}} & -2\boldsymbol{T}_{2a}+\boldsymbol{U}_{2a}+\boldsymbol{U}_{2a}^{\mathrm{T}}\\ * & -\boldsymbol{W}_{na}-\boldsymbol{V}_{na}+2\boldsymbol{T}_{2a}-\boldsymbol{U}_{2a}-\boldsymbol{U}_{2a}^{\mathrm{T}}\end{bmatrix}$$

$$\widetilde{\boldsymbol{\Pi}}_{2i}=\begin{bmatrix}\boldsymbol{0}_{5n\times 5n(i+1)} & \boldsymbol{\lambda}_i'\boldsymbol{X} & \boldsymbol{0}_{5n\times(15n^2-5ni+3n)}\\ \boldsymbol{0}_{5n\times 5n(i+1)} & \boldsymbol{\lambda}_i'\boldsymbol{X} & \boldsymbol{0}_{5n\times(15n^2-5ni+3n)}\end{bmatrix}^{\mathrm{T}}$$

$$\boldsymbol{\lambda}_i'=\mathrm{diag}\{\boldsymbol{0}_{5(i-1)\times5(i-1)},\boldsymbol{B}_i\boldsymbol{K}_i\boldsymbol{C}_i,\boldsymbol{0}_{5(n-i)\times5(n-i)}\}$$

$$\widetilde{\boldsymbol{\psi}}_2=\mathrm{diag}\{\widetilde{\boldsymbol{\psi}}_{21},\widetilde{\boldsymbol{\psi}}_{22}\},\quad \widetilde{\boldsymbol{\psi}}_{21}=\mathrm{diag}\{-\sigma_1\boldsymbol{I},-\sigma_2\boldsymbol{I},\cdots,-\sigma_{2n-2}\boldsymbol{I}\}$$

$$\widetilde{\boldsymbol{\psi}}_{22}=\begin{bmatrix}-\sigma_{2n-1}\boldsymbol{I}+2\boldsymbol{T}_3-\boldsymbol{U}_3-\boldsymbol{U}_3^{\mathrm{T}} & -2\boldsymbol{T}_3+\boldsymbol{U}_3+\boldsymbol{U}_3^{\mathrm{T}}\\ * & -\sigma_{2n}\boldsymbol{I}+2\boldsymbol{T}_3-\boldsymbol{U}_3-\boldsymbol{U}_3^{\mathrm{T}}\end{bmatrix}$$

$$\widetilde{\boldsymbol{Y}}=\sigma_1\boldsymbol{Y}_{11}\boldsymbol{Y}_{11}^{\mathrm{T}}+\sigma_2\boldsymbol{Y}_{12}\boldsymbol{Y}_{12}^{\mathrm{T}}+\cdots+\sigma_{2n-1}\boldsymbol{Y}_{n1}\boldsymbol{Y}_{n1}^{\mathrm{T}}+\sigma_{2n}\boldsymbol{Y}_{n2}\boldsymbol{Y}_{n2}^{\mathrm{T}}$$

$$\boldsymbol{Y}_{ik}=\mathrm{diag}\{\boldsymbol{0}_{5(i-1)\times5(i-1)},\boldsymbol{y}_{ik},\boldsymbol{0}_{5(n-i)\times5(n-i)}\}$$

$$\boldsymbol{y}_{ik}=\begin{cases}\mathrm{diag}\{\boldsymbol{a}_i^{\,2},\cdots,\boldsymbol{a}_i^{\,2}\}, & k=1\\ \mathrm{diag}\{(\boldsymbol{a}_i')^2,\cdots,(\boldsymbol{a}_i')^2\}, & k=2\end{cases}$$

$$\boldsymbol{a}_i=-\delta_i'\rho_{i1}'\boldsymbol{Z}_{i1},\quad \boldsymbol{a}_i'=-(1-\delta_i')\rho_{i2}'\boldsymbol{Z}_{i2},\quad \boldsymbol{\varphi}_{1i}=\begin{bmatrix}\boldsymbol{\varphi}_{i1} & \boldsymbol{\varphi}_{i2} & \boldsymbol{\varphi}_{i3} & \boldsymbol{\varphi}_{i4}\end{bmatrix}$$

$$\begin{aligned}\boldsymbol{\varphi}_{i1}=\big[&-\rho_i'\varepsilon_{2i-1}\boldsymbol{X}\boldsymbol{\beta}_{i1}\quad -\rho_i'\varepsilon_{2i-1}\boldsymbol{X}\boldsymbol{\beta}_{i1}\quad \boldsymbol{0}_{2n\times(15n^2+10ni+10n)}\\ &\varepsilon_{2i-1}\boldsymbol{\beta}_{i1}\quad \varepsilon_{2i-1}\boldsymbol{\beta}_{i1}\quad \boldsymbol{0}_{2n\times(10n^2-10ni)}\big]^{\mathrm{T}}\end{aligned}$$

$$\boldsymbol{\varphi}_{i2}=\begin{bmatrix}\boldsymbol{0}_{2n\times(5n+5ni)} & \boldsymbol{\beta}_{i2}\boldsymbol{X} & \boldsymbol{0}_{2n\times(15n^2+3n-5ni)}\end{bmatrix}^{\mathrm{T}},\quad \rho_i'=\delta_i'\rho_{i1}'+(1-\delta_i')\rho_{i2}'$$

$$\boldsymbol{\varphi}_{i3}=\begin{bmatrix}-\rho_i'\varepsilon_{2i}\boldsymbol{X}\boldsymbol{\beta}_{i3} & -\rho_i'\varepsilon_{2i}\boldsymbol{X}\boldsymbol{\beta}_{i3} & \boldsymbol{0}_{2n\times(15n^2+10ni+10n)} & \varepsilon_{2i}\boldsymbol{\beta}_{i3} & \varepsilon_{2i}\boldsymbol{\beta}_{i3} & \boldsymbol{0}_{2n\times(10n^2-10ni)}\end{bmatrix}^{\mathrm{T}}$$

$$\boldsymbol{\varphi}_{i4}=\begin{bmatrix}\boldsymbol{0}_{2n\times(5n+5ni)} & \boldsymbol{\beta}_{i4}\boldsymbol{X} & \boldsymbol{0}_{2n\times(15n^2+3n-5ni)}\end{bmatrix}^{\mathrm{T}}$$

$$\boldsymbol{\beta}_{ik}=\begin{bmatrix}\boldsymbol{0}_{2n\times5(i-1)} & \boldsymbol{\beta}_{ik}' & \boldsymbol{0}_{2n\times5(n-i)}\end{bmatrix}\quad(k=1,2,3,4)$$

$$\boldsymbol{\beta}'_{i1} = [\mathbf{0}_{5\times2(i-1)} \quad \boldsymbol{B}_i[\boldsymbol{H}_{i1} \quad \mathbf{0}] \quad \mathbf{0}_{5\times2(n-i)}]^{\mathrm{T}}$$
$$\boldsymbol{\beta}'_{i2} = [\mathbf{0}_{5\times2(i-1)} \quad \mathrm{diag}\{\boldsymbol{F}_{i1},\mathbf{0}\}\boldsymbol{C}_i \quad \mathbf{0}_{5\times2(n-i)}]^{\mathrm{T}}$$
$$\boldsymbol{\beta}'_{i3} = [\mathbf{0}_{5\times2(i-1)} \quad \boldsymbol{B}_i[\mathbf{0} \quad \boldsymbol{H}_{i2}] \quad \mathbf{0}_{5\times2(n-i)}]^{\mathrm{T}}$$
$$\boldsymbol{\beta}'_{i4} = [\mathbf{0}_{5\times2(i-1)} \quad \mathrm{diag}\{\mathbf{0},\boldsymbol{F}_{i2}\}\boldsymbol{C}_i \quad \mathbf{0}_{5\times2(n-i)}]^{\mathrm{T}}$$
$$\tilde{\boldsymbol{b}}_i = \mathrm{diag}\{-\varepsilon_m\boldsymbol{I},-\varepsilon_m\boldsymbol{I}\} \quad (m=1,2,\cdots,2n)$$

证明:定理 6-1 是在控制器增益符合乘性摄动的前提条件下获得的,若控制器增益满足加性摄动条件,即 $\Delta\boldsymbol{K}_i = \boldsymbol{H}_i\boldsymbol{F}_i(t)\boldsymbol{E}_i$,则公式(6-21)中的 $\tilde{\boldsymbol{\psi}}$ 可被分成两部分:$\tilde{\boldsymbol{\psi}} = \boldsymbol{\Lambda} + \Delta\overline{\boldsymbol{\Lambda}}$。$\overline{\boldsymbol{\Lambda}}$ 表示参数确定部分,即公式(6-22);$\Delta\overline{\boldsymbol{\Lambda}}$ 表示参数不确定部分,其表达式为

$$\Delta\overline{\boldsymbol{\Lambda}} = \mathrm{He}\left(\sum_{i=1}^{n}\bar{\boldsymbol{\psi}}_{i1}\bar{\Delta}_{i1}\hat{\boldsymbol{\psi}}_{i2}^{\mathrm{T}} + \sum_{i=1}^{n}\bar{\boldsymbol{\psi}}_{i3}\bar{\Delta}_{i2}\hat{\boldsymbol{\psi}}_{i4}^{\mathrm{T}}\right) \tag{6-29}$$

其中,

$$\bar{\boldsymbol{\psi}}_{i1} = [-\rho'_i\boldsymbol{\beta}_{i1}\boldsymbol{S}^{\mathrm{T}} \quad -\rho'_i\boldsymbol{\beta}_{i1}\boldsymbol{S}^{\mathrm{T}} \quad \mathbf{0}_{2n\times(15n^2+10ni+10n)} \quad \boldsymbol{\beta}_{i1} \quad \boldsymbol{\beta}_{i1} \quad \mathbf{0}_{2n\times(10n^2-10ni)}]^{\mathrm{T}}$$
$$\bar{\boldsymbol{\psi}}_{i3} = [-\rho'_i\boldsymbol{\beta}_{i3}\boldsymbol{S}^{\mathrm{T}} \quad -\rho'_i\boldsymbol{\beta}_{i3}\boldsymbol{S}^{\mathrm{T}} \quad \mathbf{0}_{2n\times(15n^2+10ni+10n)} \quad \boldsymbol{\beta}_{i3} \quad \boldsymbol{\beta}_{i3} \quad \mathbf{0}_{2n\times(10n^2-10ni)}]^{\mathrm{T}}$$
$$\hat{\boldsymbol{\psi}}_{i2} = [\mathbf{0}_{2n\times(5n+5ni)} \quad \boldsymbol{\beta}_{i2} \quad \mathbf{0}_{2n\times(15n^2+3n-5ni)}]^{\mathrm{T}}$$
$$\hat{\boldsymbol{\psi}}_{i4} = [\mathbf{0}_{2n\times(5n+5ni)} \quad \boldsymbol{\beta}_{i4} \quad \mathbf{0}_{2n\times(15n^2+3n-5ni)}]^{\mathrm{T}}$$

根据公式(6-29),可以得到如下结论:

$$\hat{\boldsymbol{\Psi}} = \begin{bmatrix} \overline{\boldsymbol{\Lambda}} & \hat{\boldsymbol{\Psi}}_1 \\ * & \hat{\boldsymbol{\Psi}}_2 \end{bmatrix} < 0 \tag{6-30}$$

其中,

$$\hat{\boldsymbol{\Psi}}_1 = [\hat{\boldsymbol{\Psi}}_{11} \quad \hat{\boldsymbol{\Psi}}_{12} \quad \cdots \quad \hat{\boldsymbol{\Psi}}_{1n}], \quad \hat{\boldsymbol{\Psi}}_{1i} = [\hat{\boldsymbol{\psi}}_{i1} \quad \hat{\boldsymbol{\psi}}_{i2} \quad \hat{\boldsymbol{\psi}}_{i3} \quad \hat{\boldsymbol{\psi}}_{i4}]$$
$$\hat{\boldsymbol{\psi}}_{i1} = [-\rho'_i\varepsilon_{2i-1}\boldsymbol{\beta}_{i1}\boldsymbol{S}^{\mathrm{T}} \quad -\rho'_i\varepsilon_{2i-1}\boldsymbol{\beta}_{i1}\boldsymbol{S}^{\mathrm{T}} \quad \mathbf{0}_{2n\times(15n^2+10ni+10n)} \quad \varepsilon_{2i-1}\boldsymbol{\beta}_{i1} \quad \varepsilon_{2i-1}\boldsymbol{\beta}_{i1} \quad \mathbf{0}_{2n\times(10n^2-10ni)}]^{\mathrm{T}}$$
$$\hat{\boldsymbol{\psi}}_{i3} = [-\rho'_i\varepsilon_{2i}\boldsymbol{\beta}_{i3}\boldsymbol{S}^{\mathrm{T}} \quad -\rho'_i\varepsilon_{2i}\boldsymbol{\beta}_{i3}\boldsymbol{S}^{\mathrm{T}} \quad \mathbf{0}_{2n\times(15n^2+10ni+10n)} \quad \varepsilon_{2i}\boldsymbol{\beta}_{i3} \quad \varepsilon_{2i}\boldsymbol{\beta}_{i3} \quad \mathbf{0}_{2n\times(10n^2-10ni)}]^{\mathrm{T}}$$
$$\boldsymbol{\beta}_{ik} = [\mathbf{0}_{2n\times5(i-1)} \quad \boldsymbol{\beta}'_{ik} \quad \mathbf{0}_{2n\times5(n-i)}] \quad (k=1,2,3,4)$$

同样,使用定理 6-1 中公式(6-25)的方法,可以得到条件(6-28)。根据给出的 H_∞ 性能指标,容易得知系统实现了该性能要求下的稳定性。定理 6-2 证明完毕。

6.1.3 仿真算例

算例 6-1　以三区域电力系统为例，选取如下系统参数：

$T_{ch1}=0.3,\ T_{g1}=0.37,\ \beta_1=21,\ M_1=10,\ D_1=1,\ R_1=0.05$

$T_{ch2}=0.17,\ T_{g2}=0.4,\ \beta_2=21.5,\ M_2=12,\ D_2=1.5,\ R_2=0.05$

$T_{ch3}=0.2,\ T_{g3}=0.35,\ \beta_3=21.8,\ M_3=12,\ D_3=1.8,\ R_3=0.05$

$\mu=0.5,\ \varepsilon=0.01$

$\overline{d}_1=0.8,\ \underline{d}_1=0.1,\ \overline{d}_2=0.8,\ \underline{d}_2=0.2,\ \overline{d}_3=0.9,\ \underline{d}_3=0.2$

当 $0<t<80$ 时，取扰动量

$$\boldsymbol{\omega}(t)=\begin{bmatrix}\dfrac{\sin(0.125t)}{0.01t+0.01} & \dfrac{2.5\sin(0.25t)}{0.2t+0.1} & \dfrac{5\sin(0.1t)}{0.05t+0.01}\end{bmatrix}^{\mathrm{T}}$$

根据故障分布特性，选取如下参数：

$$\rho_1^{\min}=0.1,\quad \rho_1^{\max}=0.9,\quad \tilde{\rho}_1=0.5$$

$$\rho_2^{\min}=0.1,\quad \rho_2^{\max}=0.8,\quad \tilde{\rho}_2=0.45$$

$$\rho_3^{\min}=0.2,\quad \rho_3^{\max}=0.8,\quad \tilde{\rho}_3=0.5$$

$$\delta'_1=0.3,\quad \delta'_2=0.35,\quad \delta'_3=0.4$$

对于控制器增益的乘性摄动，取

$$H_1=1,\quad H_2=0.8,\quad H_3=0.6$$

$$E_1=0.5,\quad E_2=0.4,\quad E_3=0.9,\quad F_i(t)=\sin(t)$$

同时，在控制器增益为加性摄动的情形下，取

$$H_{11}=0.8,H_{12}=0.6,H_{21}=0.5,H_{22}=0.8,H_{31}=0.9,H_{32}=0.7$$

$$E_{11}=0.05,E_{12}=0.4,E_{21}=0.08,E_{22}=0.4,E_{31}=0.04,E_{32}=0.8$$

同样，令不确定项 $F_i(t)=\sin(t)$。

根据定理 6-1 和定理 6-2，可解得

$$\boldsymbol{K}=\mathrm{diag}\{\boldsymbol{K}_1,\boldsymbol{K}_2,\boldsymbol{K}_3\},\quad \boldsymbol{K}'=\mathrm{diag}\{\boldsymbol{K}'_1,\boldsymbol{K}'_2,\boldsymbol{K}'_3\}$$

$\boldsymbol{K}_1=[-0.0342\ 0.4452],\ \boldsymbol{K}_2=[-0.0100\ 0.4505],\ \boldsymbol{K}_3=[0.0037\ 0.4578]$

$\boldsymbol{K}'_1=[-0.0096\ 0.4716],\ \boldsymbol{K}'_2=[-0.0021\ 0.7094],\ \boldsymbol{K}'_3=[-0.0022\ 0.7336]$

其中，$\boldsymbol{K}$ 为针对乘性摄动设计的控制器增益矩阵，$\boldsymbol{K}'$ 为针对加性摄动设计的控制器增益矩阵。控制器增益发生乘性摄动时的状态响应曲线如图 6-2 至图 6-4 所示，控制器增益发生加性摄动时的状态响应曲线如图 6-5 至图 6-7 所示。由图可知，由于系统参数和结构影响，不同的状态分量的幅值变化不尽相

同，尤其是 Δf_i 和 $\Delta P_{tie\text{-}i}$ 的幅值变动相对较小，而 ΔP_{mi}，ΔP_{vi} 以及 $\int ACE_i$ 的幅值变化较大，且 $\int ACE_i$ 的幅值首先朝着负方向变化。特别地，由于负荷频率控制方法中，ΔP_{mi} 和 ΔP_{vi} 由“涡轮机”这一环节所联结，而 T_{chi} 的具体值通常取得较小，因此这两个状态量的变化趋势十分接近。但是不同区域的各个状态分量在 $t=100$ 之前都收敛到 0。综上所述，两种非脆弱容错负荷频率控制器的效果得到验证，系统在故障、多时延和控制器参数不确定性影响下仍然具有稳定性，闭环系统运行的可靠性得以提高。

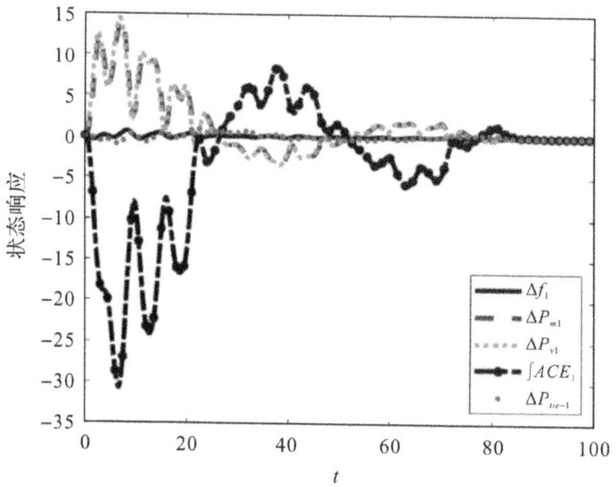

图 6-2　乘性摄动下区域 1 的系统状态响应

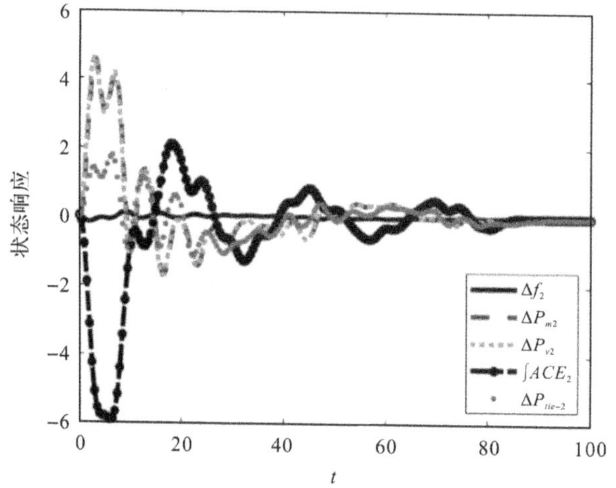

图 6-3　乘性摄动下区域 2 的系统状态响应

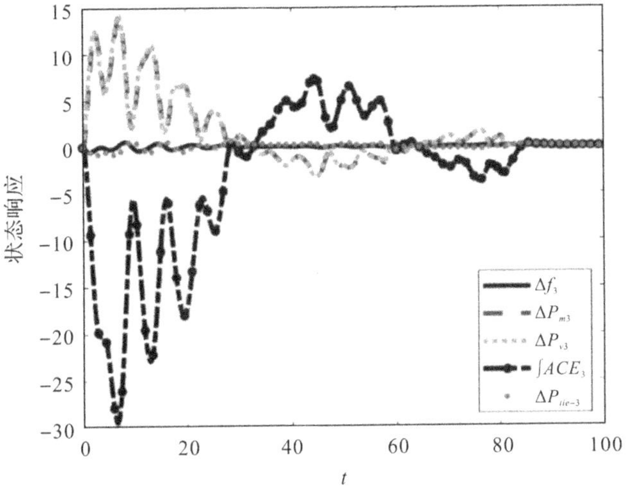

图 6-4　乘性摄动下区域 3 的系统状态响应

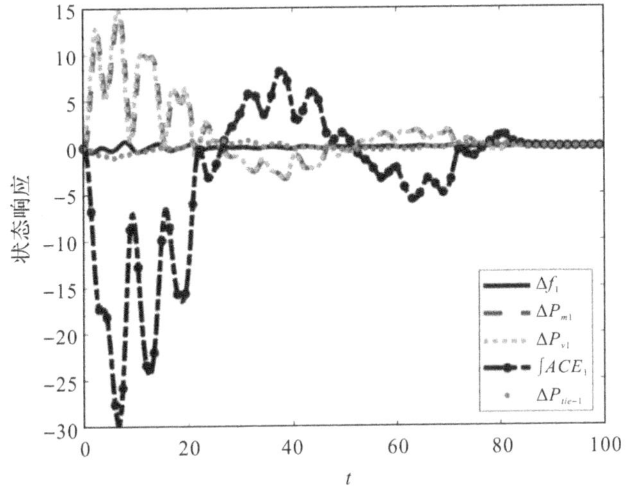

图 6-5　加性摄动下区域 1 的系统状态响应

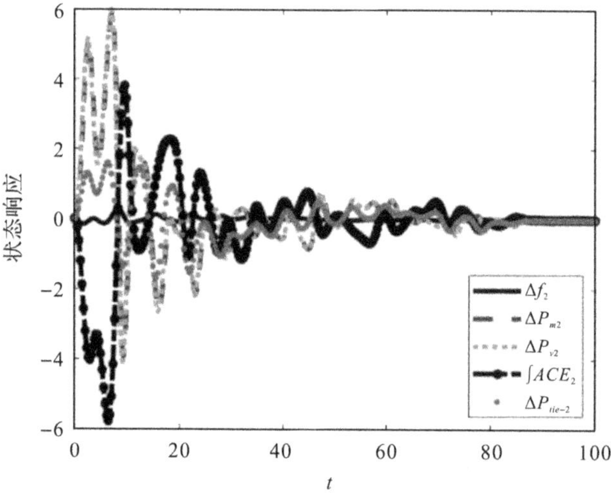

图 6-6 加性摄动下区域 2 的系统状态响应

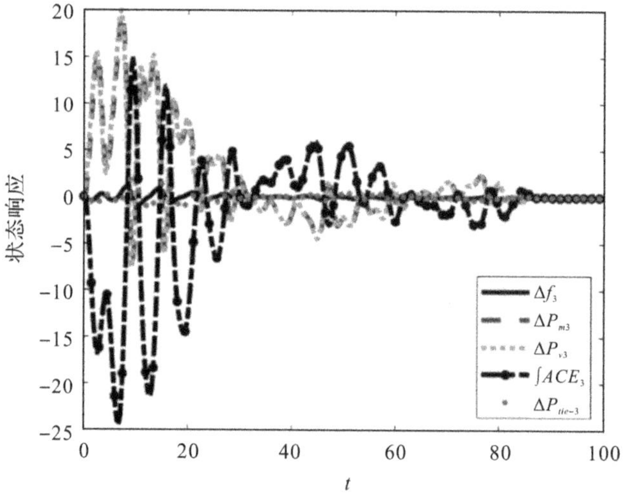

图 6-7 加性摄动下区域 3 的系统状态响应

6.2 网络化水面无人艇系统的非脆弱容错控制

近几十年，无人控制系统逐步进入大众视野。随着人工智能与大数据网络时代的发展，船舶的应用也开始从传统的方式向着无人化、模块化发展，因此无人艇的研究无论对于民众还是军方都相当重要。一方面，相关研究可用于远洋探测、深海打捞、水质勘探、资源发掘等；另一方面，可用于近海防卫、远海巡航、抢滩登陆、海上拦截等。与普通船舶相比，无人艇应用领域更加广泛，模块化程度更高，艇型也更多种多样。但当无人艇暴露于强风、巨浪、激流时，其非线性、内部参数不确定等特点使控制器的设计相当困难。因此，研究具有不确定性的无人艇运动控制具有重要意义[131]。

无人艇系统运行时，难免出现各种各样的故障，这可能会影响到无人艇系统的正常运作，甚至可能令其面临未知的风险。因此，设计针对无人艇的容错航向保持控制方法具有重要意义。在实际运行系统中，一些故障往往服从如下概率分布特征：执行机构大多只会发生微小故障，发生严重故障的概率非常低。基于此，可以根据故障分布，将故障分割在不同的区间，以便进一步研究，从而更加接近执行机构的真实运行情况。除此以外，在实际运行系统中，外部扰动导致的控制器参数不稳定的问题，使得控制器很难精准输出控制信号。脆弱的控制器与一些故障的叠加，可能会导致系统的性能水平严重降低。因此，非脆弱控制已成为网络化无人艇的一个重要研究方向[132]。

本节针对无人艇系统的航向保持非脆弱容错控制问题，根据船舶的运动学特征，建立了带有参数不确定性的无人艇运动学模型；根据故障发生的随机分布特征，建立了部分失效故障的随机分布模型；考虑到控制器增益摄动（包括加性摄动和乘性摄动），提出了一类针对网络化水面无人艇的非脆弱容错控制设计方法。

6.2.1 问题描述

水面无人艇航向控制结构如图 6-8 所示，其中包含 PID 控制器、舵机、无人艇。将期望航向与实际航向所产生的偏差信号 e 输出至PID控制器，产生控制信号 u，作用于舵机并产生实际舵角信号 δ，作用于无人艇来控制航向，使实际航向跟踪期望航向。

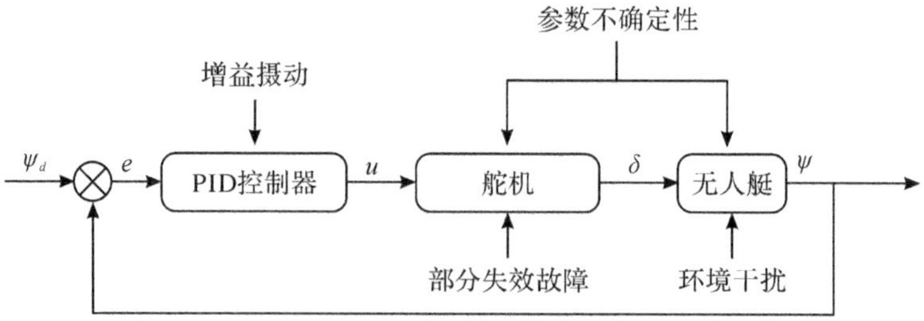

图 6-8 水面无人艇航向控制结构

Fossen[133] 将舵角 $\delta(s)$ 和艏摇角速度 $r(s)$ 的传递函数描述为

$$H(s)=\frac{r(s)}{\delta(s)}=\frac{K(1+T_3s)}{(1+T_1s)(1+T_2s)} \tag{6-31}$$

其中，T_1，T_2，T_3 为时间常数。由于无人艇运动具有低频特性，传递函数在低频下可降阶为一阶模型：

$$H(s)=\frac{r(s)}{\delta(s)}\approx\frac{K}{Ts+1} \tag{6-32}$$

其中，T 为船舶时间常数，$T=T_1+T_2-T_3$。对系统(6-32) 进行 Laplace(拉普拉斯) 反变换，可以得到其时域表达式：

$$T\dot{r}(t)+r(t)=K\delta(t) \tag{6-33}$$

定义 $r(t)=\dot{\psi}(t)$，当系统存在内部参数不确定性和外部扰动时，公式(6-33) 中的无人艇模型可以构造如下：

$$(T+\Delta T)\ddot{\psi}(t)+\dot{\psi}(t)=(K+\Delta K)\delta(t)+\omega(t) \tag{6-34}$$

其中，$\omega(t)$ 为风浪引起的环境干扰，假设其满足能量有界条件，即 $\omega(t)\in L_2[0,\infty)$。

关于舵机特性的大多数文献将舵机特性建模为一类一阶惯性环节。然而，由于方向舵具有效率高和速度快等特性，一阶惯性环节难以充分描述其特点。Qiu 等[134] 分析认为，二阶欠阻尼系统能够较好地描述舵机特性：

$$\ddot{\delta}(t)+2\zeta\omega_n\dot{\delta}(t)+\omega_n^2\delta(t)=K_n\omega_n^2u(t) \tag{6-35}$$

其中，ζ 为阻尼比，ω_n 为自然频率，K_n 为放大倍数，$u(t)$ 为指令舵角，$|\delta(t)|\leqslant 35$，$|\dot{\delta}(t)|\leqslant 3$。定义 $T_{E1}=2\zeta\omega_n$，$T_{E2}=\omega_n^2$，$K_E=K_n\omega_n^2$，在考虑参数不确定性的情况下，舵机系统可改写为

$$\ddot{\delta}(t)+(T_{E1}+\Delta T_{E1})\dot{\delta}(t)+(T_{E2}+\Delta T_{E2})\delta(t)=(K_E+\Delta K_E)u(t) \tag{6-36}$$

基于无人艇模型(6-34)和舵机模型(6-36),定义变量

$$
\begin{aligned}
&e_1(t)=\int[\varphi_d-\psi(t)]\mathrm{d}t,\quad e_2(t)=\psi_d-\psi(t)\\
&e_3(t)=\psi(t),\quad e_4(t)=\delta(t),e_5(t)=\dot{\delta}(t)
\end{aligned}
\tag{6-37}
$$

可得如下系统模型:

$$
\begin{cases}
\dot{e}_1(t)=e_2(t)\\
\dot{e}_2(t)=-e_3(t)\\
\dot{e}_3(t)=\left[-\dfrac{1}{T}+\dfrac{\Delta T}{T(T+\Delta T)}\right]e_3(t)+\left[\dfrac{K}{T}+\dfrac{T\Delta K-K\Delta T}{T(T+\Delta T)}\right]e_4(t)\\
\qquad\qquad+\left[\dfrac{1}{T}-\dfrac{\Delta T}{T(T+\Delta T)}\right]\omega(t)\\
\dot{e}_4(t)=e_5(t)\\
\dot{e}_5(t)=-(T_{E2}+\Delta T_{E2})e_4(t)-(T_{E1}+\Delta T_{E1})e_5(t)+(K_E+\Delta K_E)u(t)\\
y=-e_2(t)
\end{cases}
\tag{6-38}
$$

令 $\boldsymbol{e}(t)=[e_1(t)\quad e_2(t)\quad e_3(t)\quad e_4(t)\quad e_5(t)]^{\mathrm{T}}$,系统(6-38)可以简化为

$$
\begin{cases}
\dot{\boldsymbol{e}}(t)=(\boldsymbol{A}+\Delta\boldsymbol{A})\boldsymbol{e}(t)+(\boldsymbol{B}+\Delta\boldsymbol{B})\boldsymbol{u}(t)+(\boldsymbol{D}+\Delta\boldsymbol{D})\boldsymbol{\omega}(t)\\
\boldsymbol{y}(t)=\boldsymbol{C}\boldsymbol{e}(t)
\end{cases}
\tag{6-39}
$$

其中,

$$
\boldsymbol{A}=\begin{bmatrix}
0 & 1 & 0 & 0 & 0\\
0 & 0 & -1 & 0 & 0\\
0 & 0 & -\dfrac{1}{T} & \dfrac{K}{T} & 0\\
0 & 0 & 0 & 0 & 0\\
0 & 0 & 0 & 0 & 1\\
0 & 0 & 0 & -T_{E2} & -T_{E1}
\end{bmatrix},\quad \boldsymbol{B}=[0\quad 0\quad 0\quad 0\quad K_E\quad]^{\mathrm{T}}
$$

$$
\boldsymbol{C}=[0\ -1\quad 0\quad 0\quad 0],\quad \boldsymbol{D}=\left[0\quad 0\quad \frac{1}{T}\quad 0\quad 0\right]^{\mathrm{T}}
$$

$$\Delta\boldsymbol{A}=\begin{bmatrix}0&0&0&0&0\\0&0&0&0&0\\0&0&a_{33}&a_{34}&0\\0&0&0&0&0\\0&0&0&-a_{54}&-a_{55}\end{bmatrix},\quad \Delta\boldsymbol{B}=\begin{bmatrix}0&0&0&0&b_5\end{bmatrix}^{\mathrm{T}}$$

$$\Delta\boldsymbol{D}=\begin{bmatrix}0&0&d_3&0&0\end{bmatrix}^{\mathrm{T}}$$

$$a_{33}=\frac{\Delta T}{T(T+\Delta T)},\quad a_{34}=\frac{T\Delta K-K\Delta T}{T(T+\Delta T)},\quad a_{54}=-\Delta T_{E2}$$

$$a_{55}=-\Delta T_{E1},\quad b_5=\Delta K_E,\quad d_3=-\frac{\Delta T}{T(T+\Delta T)}$$

6.2.2 主要结果

本节基于系统(6-39),设计了一类非脆弱容错控制器,如下所示:

$$\boldsymbol{u}(t)=\rho(t)(\overline{\boldsymbol{K}}+\Delta\boldsymbol{K})\boldsymbol{e}(t-\tau) \tag{6-40}$$

其中,$\overline{\boldsymbol{K}}$ 为待设计的控制器增益矩阵,$\Delta\boldsymbol{K}$ 为控制器摄动,并且满足如下条件:

$$\overline{\boldsymbol{K}}=\begin{bmatrix}k_i&k_p&k_d&k_{m1}&k_{m2}\end{bmatrix},\quad \Delta\boldsymbol{K}=\begin{bmatrix}\Delta k_i&\Delta k_p&\Delta k_d&\Delta k_{m1}&\Delta k_{m2}\end{bmatrix}$$

其中,$\rho(t)$ 为部分失效故障系数,且 $0<\rho_{\min}\leqslant\rho(t)\leqslant\rho_{\max}\leqslant 1$,$\rho_{\max}$ 和 $\rho_{\min}$ 分别表示 $\rho(t)$ 的上界和下界。根据故障的分布特性,类似公式(6-17),可以得到如下部分失效故障模型:

$$\rho(t)=\theta(t)\rho_1(t)+[1-\theta(t)]\rho_2(t) \tag{6-41}$$

$$\begin{cases}\rho_{\min}\leqslant\rho_1(t)\leqslant\hat{\rho}, & \theta(t)=1\\ \hat{\rho}\leqslant\rho_2(t)\leqslant\rho_{\max}, & \theta(t)=0\end{cases} \tag{6-42}$$

其中,$\hat{\rho}$ 为已知的参数。假设 $\theta(t)$ 服从 Bernoulli 分布,并且

$$E\{\theta(t)=1\}=\theta'$$

由于 $\rho_1(t)$ 和 $\rho_2(t)$ 在实际中是时变未知的,如公式(6-17)和(6-18)分析,可得

$$\rho(t)=\theta(t)\rho_1(t)+[1-\theta(t)]\rho_2(t)=\bar{\rho}+\Delta\rho(t) \tag{6-43}$$

其中,$\bar{\rho}=\theta'\rho'_1+(1-\theta')\rho'_2$,$\Delta\rho=\theta'\rho'_1G_1(t)+(1-\theta')G_2(t)$,具体地,

$$\rho'_1=\frac{\rho_{\min}+\hat{\rho}}{2},\quad \rho'_2=\frac{\rho_{\max}+\hat{\rho}}{2},\quad G_1(t)=\frac{\rho_1(t)-\rho'_1}{\rho'_1}$$

$$G_2(t)=\frac{\rho_2(t)-\rho'_2}{\rho'_2},\quad Z_1=\frac{\hat{\rho}-\rho_{\min}}{\rho_{\min}+\hat{\rho}},\quad Z_2=\frac{\hat{\rho}+\rho_{\max}}{\rho_{\max}+\hat{\rho}}$$

将公式(6-40)和(6-43)代入系统(6-39)，可得无人艇控制系统的闭环表达式：

$$\begin{cases}\dot{\boldsymbol{e}}(t)=\tilde{\boldsymbol{A}}\boldsymbol{e}(t)+\rho(t)\tilde{\boldsymbol{B}}\tilde{\boldsymbol{K}}\boldsymbol{e}(t-\tau)+\tilde{\boldsymbol{D}}\boldsymbol{\omega}(t)\\ \boldsymbol{y}(t)=\boldsymbol{C}\boldsymbol{e}(t)\end{cases} \tag{6-44}$$

其中，$\tilde{\boldsymbol{A}}=\boldsymbol{A}+\Delta\boldsymbol{A}$，$\tilde{\boldsymbol{B}}=\boldsymbol{B}+\Delta\boldsymbol{B}$，$\tilde{\boldsymbol{D}}=\boldsymbol{D}+\Delta\boldsymbol{D}$，$\tilde{\boldsymbol{K}}=\overline{\boldsymbol{K}}+\Delta\boldsymbol{K}$，$\rho(t)=\bar{\rho}+\Delta\rho$。

为了进一步设计非脆弱容错控制器增益$\overline{\boldsymbol{K}}$，提出如下两个假设条件。

假设 6-1　系统内部参数不确定性 $\Delta\boldsymbol{A}$，$\Delta\boldsymbol{B}$，$\Delta\boldsymbol{D}$ 满足

$$[\Delta\boldsymbol{A}\quad\Delta\boldsymbol{B}\quad\Delta\boldsymbol{D}]=\boldsymbol{M}_1\boldsymbol{F}_1(k)[\boldsymbol{E}_1\quad\boldsymbol{E}_2\quad\boldsymbol{E}_3] \tag{6-45}$$

其中，$\boldsymbol{M}_1$，$\boldsymbol{E}_1$，$\boldsymbol{E}_2$，$\boldsymbol{E}_3$ 为已知常数矩阵，$\boldsymbol{F}_1(k)$ 未知且满足 $\boldsymbol{F}_1^{\mathrm{T}}(k)\boldsymbol{F}_1(k)\leqslant\boldsymbol{I}$。

假设 6-2　对于控制器增益参数摄动 $\Delta\boldsymbol{K}$，可以假设成如下两种形式：

$$\begin{aligned}\Delta\overline{\boldsymbol{K}}&=\boldsymbol{M}_2\boldsymbol{F}_2(k)\boldsymbol{E}_4\overline{\boldsymbol{K}}\\ \Delta\overline{\boldsymbol{K}}&=\boldsymbol{M}_3\boldsymbol{F}_3(k)\boldsymbol{E}_5\end{aligned} \tag{6-46}$$

其中，$\boldsymbol{M}_3\boldsymbol{F}_3(k)\boldsymbol{E}_5$ 表示加性不确定性，$\boldsymbol{M}_2\boldsymbol{F}_2(k)\boldsymbol{E}_4\overline{\boldsymbol{K}}$ 表示乘性不确定性，$\boldsymbol{M}_2$，$\boldsymbol{M}_2$，$\boldsymbol{M}_3$，$\boldsymbol{E}_5$ 为已知常数矩阵，$\boldsymbol{F}_2(k)$ 和 $\boldsymbol{F}_3(k)$ 未知且分别满足

$$\boldsymbol{F}_2^{\mathrm{T}}(k)\boldsymbol{F}_2(k)\leqslant\boldsymbol{I},\quad \boldsymbol{F}_3^{\mathrm{T}}(k)\boldsymbol{F}_3(k)\leqslant\boldsymbol{I}$$

首先，针对系统(6-44)，提出闭环系统均方稳定的充分条件。

定理 6-3　给定 $\rho(t)$，若存在正定矩阵 $\boldsymbol{P}$，$\boldsymbol{Q}$，$\boldsymbol{R}$，具有合适维度的矩阵 $\boldsymbol{N}$，以及正数 γ，使得线性矩阵不等式(6-47)成立，则系统(6-44)在控制器增益 $\tilde{\boldsymbol{K}}$ 的作用下是均方稳定的，并且具有 H_∞ 性能指标 γ。

$$\boldsymbol{\Sigma}_2=\begin{bmatrix}\tilde{\boldsymbol{\Theta}}_{11}&\tilde{\boldsymbol{\Theta}}_{12}&\tilde{\boldsymbol{\Theta}}_{13}&\boldsymbol{N}\tilde{\boldsymbol{D}}&\boldsymbol{C}^{\mathrm{T}}\\ *&\tilde{\boldsymbol{\Theta}}_{22}&\tilde{\boldsymbol{\Theta}}_{23}&\boldsymbol{N}\tilde{\boldsymbol{D}}&\boldsymbol{0}\\ *&*&\tilde{\boldsymbol{\Theta}}_{33}&\boldsymbol{N}\tilde{\boldsymbol{D}}&\boldsymbol{0}\\ *&*&*&-\gamma^2\boldsymbol{I}&\boldsymbol{0}\\ *&*&*&*&-\boldsymbol{I}\end{bmatrix}<0 \tag{6-47}$$

其中，

$$\tilde{\boldsymbol{\Theta}}_{11}=\boldsymbol{N}\tilde{\boldsymbol{A}}+\tilde{\boldsymbol{A}}^{\mathrm{T}}\boldsymbol{N}^{\mathrm{T}}+\boldsymbol{Q}-\boldsymbol{R}$$

$$\tilde{\boldsymbol{\Theta}}_{12}=\boldsymbol{P}+\tilde{\boldsymbol{A}}^{\mathrm{T}}\boldsymbol{N}^{\mathrm{T}}-\boldsymbol{N}$$

$$\tilde{\boldsymbol{\Theta}}_{13} = \tilde{\boldsymbol{A}}^{\mathrm{T}}\boldsymbol{N}^{\mathrm{T}} + \rho(t)\boldsymbol{N}\tilde{\boldsymbol{B}}\tilde{\boldsymbol{K}} + \boldsymbol{R}$$

$$\tilde{\boldsymbol{\Theta}}_{22} = \tau^2\boldsymbol{R} - \boldsymbol{N} - \boldsymbol{N}^{\mathrm{T}}$$

$$\tilde{\boldsymbol{\Theta}}_{23} = \rho(t)\boldsymbol{N}\tilde{\boldsymbol{B}}\tilde{\boldsymbol{K}} - \boldsymbol{N}$$

$$\tilde{\boldsymbol{\Theta}}_{33} = \boldsymbol{Q} - \boldsymbol{R} + \rho(t)\boldsymbol{N}\tilde{\boldsymbol{B}}\tilde{\boldsymbol{K}} + [\rho(t)\boldsymbol{N}\tilde{\boldsymbol{B}}\tilde{\boldsymbol{K}}]^{\mathrm{T}}$$

证明:选取如下 Lyapunov 函数:

$$\begin{aligned} V(t) &= V_1(t) + V_2(t) + V_3(t) \\ &= \boldsymbol{e}^{\mathrm{T}}(t)\boldsymbol{P}\boldsymbol{e}(t) + \int_{t-\tau}^{t}\boldsymbol{e}^{\mathrm{T}}(s)\boldsymbol{Q}\boldsymbol{e}(s)\mathrm{d}s + \tau\int_{-\tau}^{0}\int_{t+\theta}^{t}\dot{\boldsymbol{e}}^{\mathrm{T}}(s)\boldsymbol{R}\dot{\boldsymbol{e}}(s)\mathrm{d}s\mathrm{d}\theta \end{aligned} \tag{6-48}$$

基于系统(6-44),对上述 Lyapunov 函数 $V(t)$ 求导,可得

$$\begin{aligned} E\{\dot{V}(t)\} &= E\{\dot{V}_1(t) + \dot{V}_2(t) + \dot{V}_3(t)\} \\ &= E\Big\{\dot{\boldsymbol{e}}^{\mathrm{T}}(t)\boldsymbol{P}\boldsymbol{e}(t) + \boldsymbol{e}^{\mathrm{T}}(t)\boldsymbol{P}\dot{\boldsymbol{e}}(t) + \boldsymbol{e}^{\mathrm{T}}(t)\boldsymbol{Q}\boldsymbol{e}(t) + \boldsymbol{e}^{\mathrm{T}}(t-\tau)\boldsymbol{Q}\boldsymbol{e}(t-\tau) \\ &\quad + \tau^2\dot{\boldsymbol{e}}^{\mathrm{T}}(t)\boldsymbol{R}\dot{\boldsymbol{e}}(t) - \tau\int_{t-\tau}^{1}\dot{\boldsymbol{e}}^{\mathrm{T}}(s)\boldsymbol{R}\dot{\boldsymbol{e}}(s)\mathrm{d}s\Big\} \end{aligned}$$

根据引理 2-5,可以得到如下结论:

$$\begin{aligned} E\{\dot{V}(t)\} &= E\{\dot{V}_1(t) + \dot{V}_2(t) + \dot{V}_3(t)\} \\ &= E\{\dot{\boldsymbol{e}}^{\mathrm{T}}(t)\boldsymbol{P}\boldsymbol{e}(t) + \boldsymbol{e}^{\mathrm{T}}(t)\boldsymbol{P}\dot{\boldsymbol{e}}(t) + \boldsymbol{e}^{\mathrm{T}}(t)\boldsymbol{Q}\boldsymbol{e}(t) + \boldsymbol{e}^{\mathrm{T}}(t-\tau)\boldsymbol{Q}\boldsymbol{e}(t-\tau) \\ &\quad + \tau^2\dot{\boldsymbol{e}}^{\mathrm{T}}(t)\boldsymbol{R}\dot{\boldsymbol{e}}(t) - \tau\int_{t-\tau}^{t}\dot{\boldsymbol{e}}^{\mathrm{T}}(s)\boldsymbol{R}\dot{\boldsymbol{e}}(s)\mathrm{d}s\} \end{aligned} \tag{6-49}$$

结合自由权矩阵方法,给定任意具有合适维度的矩阵 $\boldsymbol{N}$,如下等式成立:

$$[\boldsymbol{e}^{\mathrm{T}}(t)\boldsymbol{N} + \dot{\boldsymbol{e}}^{\mathrm{T}}(t)\boldsymbol{N} + \boldsymbol{e}^{\mathrm{T}}(t-\tau)\boldsymbol{N}]\boldsymbol{L} + \boldsymbol{L}^{\mathrm{T}}[\boldsymbol{e}^{\mathrm{T}}(t)\boldsymbol{N} + \dot{\boldsymbol{e}}^{\mathrm{T}}(t)\boldsymbol{N} + \boldsymbol{e}^{\mathrm{T}}(t-\tau)\boldsymbol{N}]^{\mathrm{T}} = \boldsymbol{0} \tag{6-50}$$

其中,$\boldsymbol{L} = \tilde{\boldsymbol{A}}\boldsymbol{e}(t) + \rho(t)\tilde{\boldsymbol{B}}\tilde{\boldsymbol{K}}\boldsymbol{e}(t-\tau) + \tilde{\boldsymbol{D}}\boldsymbol{\omega}(t) - \dot{\boldsymbol{e}}(t)$。定义

$$\boldsymbol{\eta}(t) = [\boldsymbol{e}^{\mathrm{T}}(t) \quad \dot{\boldsymbol{e}}^{\mathrm{T}}(t) \quad \boldsymbol{e}^{\mathrm{T}}(t-\tau) \quad \boldsymbol{\omega}^{\mathrm{T}}(t)]^{\mathrm{T}}$$

则下列条件成立:

$$J = E\{\dot{V}(t) - \boldsymbol{y}^{\mathrm{T}}(t)\boldsymbol{y}(t) - \gamma^2\boldsymbol{\omega}^{\mathrm{T}}(t)\boldsymbol{\omega}(t)\} \leqslant E\{\boldsymbol{\eta}^{\mathrm{T}}(t)\boldsymbol{\Sigma}_2\boldsymbol{\eta}(t)\}$$

如果公式(6-47)成立,即 $\boldsymbol{\Sigma}_2 < 0$,结合零初始条件 $V(0) = 0$ 及 $V(\infty) = 0$,可以分析得到

$$E\Big\{\int_0^{\infty}\boldsymbol{y}^{\mathrm{T}}(t)\boldsymbol{y}(t)\mathrm{d}t\Big\} < E\Big\{\int_0^{\infty}\gamma^2\boldsymbol{\omega}^{\mathrm{T}}(t)\boldsymbol{\omega}(t)\mathrm{d}t\Big\}$$

闭环系统(6-44)是均方稳定的,并且具有 H_∞ 性能指标 γ。定理 6-3 证明完毕。

下一步,在定理 6-3 的基础上,解决系统参数的不确定性问题($\Delta \boldsymbol{A}$, $\Delta \boldsymbol{B}$, $\Delta \boldsymbol{D}$)。

定理 6-4　给定 $\rho(t)$,若存在正定矩阵 $\hat{\boldsymbol{P}}$, $\hat{\boldsymbol{Q}}$, $\hat{\boldsymbol{R}}$,具有合适维度的矩阵 $\tilde{\boldsymbol{Y}}$, $\hat{\boldsymbol{N}}$,以及正数 γ, σ_1,使得线性矩阵不等式(6-51)成立,则系统(6-44)在控制器增益 $\tilde{\boldsymbol{K}}=\tilde{\boldsymbol{Y}}\hat{\boldsymbol{N}}^{-\mathrm{T}}$ 的作用下是均方稳定的,并且具有 H_∞ 性能指标 γ。

$$\boldsymbol{\Sigma}_4=\begin{bmatrix}\overline{\boldsymbol{\Sigma}}_3+\sigma_0\boldsymbol{\Gamma}_1\boldsymbol{\Gamma}_1^{\mathrm{T}} & \tilde{\boldsymbol{\Lambda}}_1^{\mathrm{T}}\\ * & -\sigma_0\boldsymbol{I}\end{bmatrix}<0 \tag{6-51}$$

其中,

$$\overline{\boldsymbol{\Sigma}}_3=\begin{bmatrix}\boldsymbol{\Theta}'_{11} & \boldsymbol{\Theta}'_{12} & \boldsymbol{\Theta}'_{13} & \boldsymbol{D} & \hat{\boldsymbol{N}}\boldsymbol{C}^{\mathrm{T}}\\ * & \boldsymbol{\Theta}'_{22} & \boldsymbol{\Theta}'_{23} & \boldsymbol{D} & \boldsymbol{0}\\ * & * & \boldsymbol{\Theta}'_{33} & \boldsymbol{D} & \boldsymbol{0}\\ * & * & * & -\gamma^2\boldsymbol{I} & \boldsymbol{0}\\ * & * & * & * & -\boldsymbol{I}\end{bmatrix}$$

$$\boldsymbol{\Theta}'_{11}=\boldsymbol{A}\hat{\boldsymbol{N}}+\hat{\boldsymbol{N}}\boldsymbol{A}^{\mathrm{T}}+\hat{\boldsymbol{Q}}-\hat{\boldsymbol{R}}$$

$$\boldsymbol{\Theta}'_{12}=\hat{\boldsymbol{P}}+\hat{\boldsymbol{N}}\boldsymbol{A}^{\mathrm{T}}-\hat{\boldsymbol{N}}$$

$$\boldsymbol{\Theta}'_{13}=\hat{\boldsymbol{N}}\boldsymbol{A}^{\mathrm{T}}+\rho(t)\boldsymbol{B}\tilde{\boldsymbol{Y}}+\hat{\boldsymbol{R}}$$

$$\boldsymbol{\Theta}'_{22}=\tau^2\boldsymbol{R}-\hat{\boldsymbol{N}}-\hat{\boldsymbol{N}}^{\mathrm{T}}$$

$$\boldsymbol{\Theta}'_{23}=\rho(t)\boldsymbol{B}\tilde{\boldsymbol{Y}}-\hat{\boldsymbol{N}}$$

$$\boldsymbol{\Theta}'_{33}=\hat{\boldsymbol{Q}}-\hat{\boldsymbol{R}}+\rho(t)\boldsymbol{B}\tilde{\boldsymbol{Y}}+\tilde{\boldsymbol{Y}}^{\mathrm{T}}\boldsymbol{B}^{\mathrm{T}}\rho(t)$$

$$\boldsymbol{\Gamma}_1=\begin{bmatrix}\boldsymbol{M}_1 & \boldsymbol{M}_1 & \boldsymbol{M}_1 & \boldsymbol{0} & \boldsymbol{0}\end{bmatrix}^{\mathrm{T}}$$

$$\tilde{\boldsymbol{\Lambda}}_1=\begin{bmatrix}\boldsymbol{E}_1\hat{\boldsymbol{N}} & \boldsymbol{0} & \rho(t)\boldsymbol{E}_2\tilde{\boldsymbol{Y}} & \boldsymbol{E}_3 & \boldsymbol{0}\end{bmatrix}$$

证明:对公式(6-47)左乘矩阵 $\mathrm{diag}\{\hat{\boldsymbol{N}},\hat{\boldsymbol{N}},\hat{\boldsymbol{N}},\boldsymbol{I},\boldsymbol{I}\}$,右乘矩阵 $\mathrm{diag}\{\hat{\boldsymbol{N}}^{\mathrm{T}},\hat{\boldsymbol{N}}^{\mathrm{T}},\hat{\boldsymbol{N}}^{\mathrm{T}},\boldsymbol{I},\boldsymbol{I}\}$,并定义

$$\hat{\boldsymbol{N}}=\boldsymbol{N}^{-1},\quad \hat{\boldsymbol{N}}\boldsymbol{P}\hat{\boldsymbol{N}}^{\mathrm{T}}=\hat{\boldsymbol{P}},\quad \hat{\boldsymbol{N}}\boldsymbol{Q}\hat{\boldsymbol{N}}^{\mathrm{T}}=\hat{\boldsymbol{Q}},\quad \hat{\boldsymbol{N}}\boldsymbol{R}\hat{\boldsymbol{N}}^{\mathrm{T}}=\hat{\boldsymbol{R}},\quad \tilde{\boldsymbol{Y}}=\tilde{\boldsymbol{K}}\hat{\boldsymbol{N}}^{\mathrm{T}}$$

可得如下结论:

$$\tilde{\boldsymbol{\Sigma}}_3=\begin{bmatrix}\tilde{\boldsymbol{\Theta}}'_{11} & \tilde{\boldsymbol{\Theta}}'_{12} & \tilde{\boldsymbol{\Theta}}'_{13} & \tilde{\boldsymbol{D}} & \hat{\boldsymbol{N}}\boldsymbol{C}^{\mathrm{T}}\\ * & \tilde{\boldsymbol{\Theta}}'_{22} & \tilde{\boldsymbol{\Theta}}'_{23} & \tilde{\boldsymbol{D}} & \boldsymbol{0}\\ * & * & \tilde{\boldsymbol{\Theta}}'_{33} & \tilde{\boldsymbol{D}} & \boldsymbol{0}\\ * & * & * & -\gamma^2\boldsymbol{I} & \boldsymbol{0}\\ * & * & * & * & -\boldsymbol{I}\end{bmatrix}$$

$$\begin{aligned}\tilde{\boldsymbol{\Theta}}'_{11}&=\tilde{\boldsymbol{A}}\hat{\boldsymbol{N}}+\hat{\boldsymbol{N}}\tilde{\boldsymbol{A}}^{\mathrm{T}}+\hat{\boldsymbol{Q}}-\hat{\boldsymbol{R}}\\ \tilde{\boldsymbol{\Theta}}'_{12}&=\hat{\boldsymbol{P}}+\hat{\boldsymbol{N}}\tilde{\boldsymbol{A}}^{\mathrm{T}}-\hat{\boldsymbol{N}}\\ \tilde{\boldsymbol{\Theta}}'_{13}&=\hat{\boldsymbol{N}}\tilde{\boldsymbol{A}}^{\mathrm{T}}+\rho(t)\tilde{\boldsymbol{B}}\tilde{\boldsymbol{Y}}+\hat{\boldsymbol{R}}\\ \tilde{\boldsymbol{\Theta}}'_{22}&=\tau^2\boldsymbol{R}-\hat{\boldsymbol{N}}-\hat{\boldsymbol{N}}^{\mathrm{T}}\\ \tilde{\boldsymbol{\Theta}}'_{23}&=\rho(t)\tilde{\boldsymbol{B}}\tilde{\boldsymbol{Y}}-\hat{\boldsymbol{N}}\\ \tilde{\boldsymbol{\Theta}}'_{33}&=\hat{\boldsymbol{Q}}-\hat{\boldsymbol{R}}+\rho(t)\tilde{\boldsymbol{B}}\tilde{\boldsymbol{Y}}+\tilde{\boldsymbol{Y}}^{\mathrm{T}}\tilde{\boldsymbol{B}}^{\mathrm{T}}\rho(t)\end{aligned}\tag{6-52}$$

将 $\tilde{\boldsymbol{A}}=\boldsymbol{A}+\Delta\boldsymbol{A}$，$\tilde{\boldsymbol{B}}=\boldsymbol{B}+\Delta\boldsymbol{B}$，$\tilde{\boldsymbol{D}}=\boldsymbol{D}+\Delta\boldsymbol{D}$ 代入公式(6-52)，考虑假设 6-1，基于引理 2-2，可得如下结果：

$$\tilde{\boldsymbol{\Sigma}}_3=\bar{\boldsymbol{\Sigma}}_3+\Delta\boldsymbol{\Sigma}_3=\bar{\boldsymbol{\Sigma}}_3+\boldsymbol{\Gamma}_1\boldsymbol{F}_1(k)\tilde{\boldsymbol{\Lambda}}_1+\tilde{\boldsymbol{\Lambda}}_1^{\mathrm{T}}\boldsymbol{F}_1^{\mathrm{T}}(k)\boldsymbol{\Gamma}_1^{\mathrm{T}}<0$$

$$\Leftrightarrow\boldsymbol{\Sigma}_4=\bar{\boldsymbol{\Sigma}}_3+\sigma_1\boldsymbol{\Gamma}_1\boldsymbol{\Gamma}_1^{\mathrm{T}}+\sigma_1^{-1}\tilde{\boldsymbol{\Lambda}}_1^{\mathrm{T}}\tilde{\boldsymbol{\Lambda}}_1<0$$

其中，

$$\Delta\boldsymbol{\Sigma}_3=\begin{bmatrix}\Delta\boldsymbol{A}\hat{\boldsymbol{N}}+\hat{\boldsymbol{N}}\Delta\boldsymbol{A}^{\mathrm{T}} & \hat{\boldsymbol{N}}\Delta\boldsymbol{A}^{\mathrm{T}} & \Delta\boldsymbol{X}_1 & \Delta\boldsymbol{D} & \boldsymbol{0}\\ * & \boldsymbol{0} & \Delta\boldsymbol{X}_2 & \Delta\boldsymbol{D} & \boldsymbol{0}\\ * & * & \Delta\boldsymbol{X}_3 & \Delta\boldsymbol{D} & \boldsymbol{0}\\ * & * & * & \boldsymbol{0} & \boldsymbol{0}\\ * & * & * & * & \boldsymbol{0}\end{bmatrix}$$

$$\begin{aligned}\Delta\boldsymbol{X}_1&=\hat{\boldsymbol{N}}\Delta\boldsymbol{A}^{\mathrm{T}}+\rho(t)\Delta\boldsymbol{B}\tilde{\boldsymbol{Y}}\\ \Delta\boldsymbol{X}_2&=\rho(t)\Delta\boldsymbol{B}\tilde{\boldsymbol{Y}}\\ \Delta\boldsymbol{X}_3&=\rho(t)\Delta\boldsymbol{B}\tilde{\boldsymbol{Y}}+\tilde{\boldsymbol{Y}}^{\mathrm{T}}\Delta\boldsymbol{B}^{\mathrm{T}}\rho(t)\end{aligned}$$

结合引理 2-1，可以直接得到定理 6-4 的条件(6-51)。定理 6-4 证明完毕。

在实际控制过程中，$\rho(t)$ 往往是时变未知的，将公式(6-43) 代入公式

(6-51)，给出如下定理。

定理 6-5　给定常数 θ',ρ_1',ρ_2'，若存在正定矩阵 $\hat{\boldsymbol{P}},\hat{\boldsymbol{Q}},\hat{\boldsymbol{R}}$，具有合适维度的矩阵 $\tilde{\boldsymbol{Y}},\hat{\boldsymbol{N}}$，以及正数 $\gamma,\sigma_1,\sigma_2,\sigma_3$，使得线性矩阵不等式(6-53)和(6-54)成立，则系统(6-44)在控制器增益 $\tilde{\boldsymbol{K}}=\tilde{\boldsymbol{Y}}\hat{\boldsymbol{N}}^{-T}$ 的作用下是均方稳定的，并且具有 H_∞ 性能指标 γ。

$$\boldsymbol{\Sigma}_5=\begin{bmatrix}\bar{\boldsymbol{\Sigma}}_4 & \tilde{\boldsymbol{\Lambda}}_2^{\mathrm{T}} & \tilde{\boldsymbol{\Lambda}}_3^{\mathrm{T}} & \sigma_2\boldsymbol{\Gamma}_2 & \sigma_3\boldsymbol{\Gamma}_3\\ * & -\sigma_2\boldsymbol{I} & \boldsymbol{0} & \boldsymbol{0} & \boldsymbol{0}\\ * & * & -\sigma_3\boldsymbol{I} & \boldsymbol{0} & \boldsymbol{0}\\ * & * & * & -\sigma_2\boldsymbol{I} & \boldsymbol{0}\\ * & * & * & * & -\sigma_3\boldsymbol{I}\end{bmatrix}<0 \tag{6-53}$$

$$\bar{\boldsymbol{\Sigma}}_4=\begin{bmatrix}\bar{\boldsymbol{\Sigma}}_3'+\sigma_1\boldsymbol{\Gamma}_1\boldsymbol{\Gamma}_1^{\mathrm{T}} & \tilde{\boldsymbol{\Lambda}}_1^{\mathrm{T}}\\ * & -\sigma_1\boldsymbol{I}\end{bmatrix}<0 \tag{6-54}$$

其中，

$$\bar{\boldsymbol{\Sigma}}_3'=\begin{bmatrix}\boldsymbol{\Theta}_{11}' & \boldsymbol{\Theta}_{12}' & \boldsymbol{\Theta}_{13}'' & \boldsymbol{D} & \hat{\boldsymbol{N}}\boldsymbol{C}^{\mathrm{T}}\\ * & \boldsymbol{\Theta}_{22}' & \boldsymbol{\Theta}_{23}'' & \boldsymbol{D} & \boldsymbol{0}\\ * & * & \boldsymbol{\Theta}_{33}'' & \boldsymbol{D} & \boldsymbol{0}\\ * & * & * & -\gamma^2\boldsymbol{I} & \boldsymbol{0}\\ * & * & * & * & -\boldsymbol{I}\end{bmatrix}$$

$$\boldsymbol{\Theta}_{13}''=\hat{\boldsymbol{N}}\boldsymbol{A}^{\mathrm{T}}+\bar{\rho}\boldsymbol{B}\tilde{\boldsymbol{Y}}+\hat{\boldsymbol{R}}$$

$$\boldsymbol{\Theta}_{23}''=\bar{\rho}\boldsymbol{B}\tilde{\boldsymbol{Y}}-\hat{\boldsymbol{N}}$$

$$\boldsymbol{\Theta}_{33}''=\hat{\boldsymbol{Q}}-\hat{\boldsymbol{R}}+\bar{\rho}\boldsymbol{B}\tilde{\boldsymbol{Y}}+\tilde{\boldsymbol{Y}}^{\mathrm{T}}\boldsymbol{B}^{\mathrm{T}}\bar{\rho}$$

$$\bar{\rho}=\theta'\rho_1'+(1-\theta')\rho_2',\quad \theta''=1-\theta'$$

$$\boldsymbol{\Gamma}_2=[\theta'\rho_1'\boldsymbol{B}\quad \theta'\rho_1'\boldsymbol{B}\quad \theta'\rho_1'\boldsymbol{B}\quad \boldsymbol{0}\quad \boldsymbol{0}\quad \theta'\rho_1'\boldsymbol{N}_2]^{\mathrm{T}}$$

$$\tilde{\boldsymbol{\Lambda}}_2=[\boldsymbol{0}\quad \boldsymbol{0}\quad \boldsymbol{Z}_1\tilde{\boldsymbol{Y}}\quad \boldsymbol{0}\quad \boldsymbol{0}\quad \boldsymbol{0}]$$

$$\boldsymbol{\Gamma}_3=[\theta''\rho_2'\boldsymbol{B}\quad \theta''\rho_2'\boldsymbol{B}\quad \theta''\rho_2'\boldsymbol{B}\quad \boldsymbol{0}\quad \boldsymbol{0}\quad \theta'\rho_1'\boldsymbol{N}_2]^{\mathrm{T}}$$

$$\tilde{\boldsymbol{\Lambda}}_3=[\boldsymbol{0}\quad \boldsymbol{0}\quad \boldsymbol{Z}_2\tilde{\boldsymbol{Y}}\quad \boldsymbol{0}\quad \boldsymbol{0}\quad \boldsymbol{0}]$$

证明:将 $\rho(t)=\bar{\rho}+\Delta\rho$ 代入定理 6-4，由引理 2-2 可得

$$\begin{aligned}\widetilde{\boldsymbol{\Sigma}}_4 &= \overline{\boldsymbol{\Sigma}}_4 + \Delta\boldsymbol{\Sigma}_4 = \overline{\boldsymbol{\Sigma}}_4 + \begin{bmatrix} \Delta\overline{\boldsymbol{\Sigma}}_3 & \Delta\widetilde{\boldsymbol{\Lambda}}_1^{\mathrm{T}} \\ \Delta\widetilde{\boldsymbol{\Lambda}}_1 & \mathbf{0} \end{bmatrix} \\ &= \overline{\boldsymbol{\Sigma}}_4 + \boldsymbol{\Gamma}_2\widetilde{\boldsymbol{\Lambda}}_2 + \widetilde{\boldsymbol{\Lambda}}_2^{\mathrm{T}}\boldsymbol{\Gamma}_2^{\mathrm{T}} + \boldsymbol{\Gamma}_3\widetilde{\boldsymbol{\Lambda}}_3 + \widetilde{\boldsymbol{\Lambda}}_3^{\mathrm{T}}\boldsymbol{\Gamma}_3^{\mathrm{T}} < 0 \\ \Leftrightarrow \boldsymbol{\Sigma}_5 &= \overline{\boldsymbol{\Sigma}}_4 + \sigma_2\boldsymbol{\Gamma}_2\boldsymbol{\Gamma}_2^{\mathrm{T}} + \sigma_2^{-1}\widetilde{\boldsymbol{\Lambda}}_2^{\mathrm{T}}\widetilde{\boldsymbol{\Lambda}}_2 + \sigma_3\boldsymbol{\Gamma}_3\boldsymbol{\Gamma}_3^{\mathrm{T}} + \sigma_3^{-1}\widetilde{\boldsymbol{\Lambda}}_3^{\mathrm{T}}\widetilde{\boldsymbol{\Lambda}}_3 < 0\end{aligned}$$

其中，

$$\Delta\overline{\boldsymbol{\Sigma}}_3 = \begin{bmatrix} \mathbf{0} & \mathbf{0} & \hat{\boldsymbol{N}}\boldsymbol{A}^{\mathrm{T}} + \Delta\rho\boldsymbol{B}\widetilde{\boldsymbol{Y}} & \mathbf{0} & \mathbf{0} \\ * & \mathbf{0} & \Delta\rho\boldsymbol{B}\widetilde{\boldsymbol{Y}} & \mathbf{0} & \mathbf{0} \\ * & * & \Delta\rho\boldsymbol{B}\widetilde{\boldsymbol{Y}} + \widetilde{\boldsymbol{Y}}^{\mathrm{T}}\boldsymbol{B}^{\mathrm{T}}\Delta\rho & \mathbf{0} & \mathbf{0} \\ * & * & * & \mathbf{0} & \mathbf{0} \\ * & * & * & * & \mathbf{0} \end{bmatrix}$$

$$\Delta\widetilde{\boldsymbol{\Lambda}}_1 = \begin{bmatrix} \boldsymbol{E}_1\hat{\boldsymbol{N}} & \mathbf{0} & \Delta\rho\boldsymbol{E}_2\widetilde{\boldsymbol{Y}} & \boldsymbol{E}_3 & \mathbf{0} \end{bmatrix}$$

基于引理 2-1,可以直接得到定理 6-5 的条件(6-53) 和(6-54)。定理 6-5 证明完毕。

根据假设 6-2,针对乘性摄动和加性摄动,分别设计相应的非脆弱容错控制方案。

定理 6-6 给定常数 θ',ρ_1',ρ_2',若存在正定矩阵 $\hat{\boldsymbol{P}}$,$\hat{\boldsymbol{Q}}$,$\hat{\boldsymbol{R}}$,具有合适维度的矩阵 $\overline{\boldsymbol{Y}}$,$\hat{\boldsymbol{N}}$,以及正数 γ,σ_1,σ_2,σ_3,σ_4,使得线性矩阵不等式(6-55) 成立,则具有乘性摄动 $\Delta\overline{\boldsymbol{K}} = \boldsymbol{M}_2\boldsymbol{F}_2(k)\boldsymbol{E}_4\overline{\boldsymbol{K}}$ 的系统(6-44) 在控制器增益 $\overline{\boldsymbol{K}} = \overline{\boldsymbol{Y}}\hat{\boldsymbol{N}}^{-\mathrm{T}}$ 的作用下是均方稳定的,并且具有 H_∞ 性能指标 γ。

$$\boldsymbol{\Sigma}_6 = \begin{bmatrix} \overline{\boldsymbol{\Sigma}}_3''' & \overline{\boldsymbol{\Lambda}}_1^{\mathrm{T}} & \overline{\boldsymbol{\Lambda}}_2'^{\mathrm{T}} & \overline{\boldsymbol{\Lambda}}_3'^{\mathrm{T}} & \sigma_2\boldsymbol{\Gamma}_2' & \sigma_3\boldsymbol{\Gamma}_3' & \sigma_4\boldsymbol{\Gamma}_4 & \overline{\boldsymbol{\Lambda}}_4^{\mathrm{T}} \\ * & -\sigma_1\boldsymbol{I} & \mathbf{0} & \mathbf{0} & \sigma_2\theta'\rho_1'\boldsymbol{E}_2 & \sigma_3\theta'\rho_2'\boldsymbol{E}_2 & \sigma_4\bar{\rho}\boldsymbol{E}_2\boldsymbol{M}_2 & \mathbf{0} \\ * & * & -\sigma_2\boldsymbol{I} & \mathbf{0} & \mathbf{0} & \mathbf{0} & \sigma_4\boldsymbol{Z}_1\boldsymbol{M}_2 & \mathbf{0} \\ * & * & * & -\sigma_3\boldsymbol{I} & \mathbf{0} & \mathbf{0} & \sigma_4\boldsymbol{Z}_1\boldsymbol{M}_2 & \mathbf{0} \\ * & * & * & * & -\sigma_2\boldsymbol{I} & \mathbf{0} & \mathbf{0} & \mathbf{0} \\ * & * & * & * & * & -\sigma_3\boldsymbol{I} & \mathbf{0} & \mathbf{0} \\ * & * & * & * & * & * & -\sigma_4\boldsymbol{I} & \mathbf{0} \\ * & * & * & * & * & * & * & -\sigma_4\boldsymbol{I} \end{bmatrix} < 0 \tag{6-55}$$

其中，

$$
\overline{\boldsymbol{\Sigma}}_3'' = \begin{bmatrix} \boldsymbol{\Theta}_{11}' & \boldsymbol{\Theta}_{12}' & \boldsymbol{\Theta}_{13}''' & \boldsymbol{D} & \hat{\boldsymbol{N}}\boldsymbol{C}^{\mathrm{T}} \\ * & \boldsymbol{\Theta}_{22}' & \boldsymbol{\Theta}_{23}''' & \boldsymbol{D} & \boldsymbol{0} \\ * & * & \boldsymbol{\Theta}_{33}''' & \boldsymbol{D} & \boldsymbol{0} \\ * & * & * & -\gamma^2\boldsymbol{I} & \boldsymbol{0} \\ * & * & * & * & -\boldsymbol{I} \end{bmatrix}
$$

$$\boldsymbol{\Theta}_{13}''' = \hat{\boldsymbol{N}}\boldsymbol{A}^{\mathrm{T}} + \bar{\rho}\boldsymbol{B}\overline{\boldsymbol{Y}} + \hat{\boldsymbol{R}}$$

$$\boldsymbol{\Theta}_{33}''' = -\hat{\boldsymbol{Q}} - \hat{\boldsymbol{R}} + \bar{\rho}\boldsymbol{B}\overline{\boldsymbol{Y}} + \overline{\boldsymbol{Y}}^{\mathrm{T}}\boldsymbol{B}^{\mathrm{T}}\bar{\rho}$$

$$\overline{\boldsymbol{\Lambda}}_1 = \begin{bmatrix} \boldsymbol{E}_1\hat{\boldsymbol{N}} & \boldsymbol{0} & \bar{\rho}\boldsymbol{E}_2\overline{\boldsymbol{Y}} & \boldsymbol{E}_3 & \boldsymbol{0} \end{bmatrix}$$

$$\overline{\boldsymbol{\Lambda}}_2' = \begin{bmatrix} \boldsymbol{0} & \boldsymbol{0} & \boldsymbol{Z}_1\overline{\boldsymbol{Y}} & \boldsymbol{0} & \boldsymbol{0} \end{bmatrix}$$

$$\overline{\boldsymbol{\Lambda}}_3' = \begin{bmatrix} \boldsymbol{0} & \boldsymbol{0} & \boldsymbol{Z}_2\overline{\boldsymbol{Y}} & \boldsymbol{0} & \boldsymbol{0} \end{bmatrix}$$

$$\boldsymbol{\Gamma}_2' = \begin{bmatrix} \theta'\rho_1'\boldsymbol{B} & \theta'\rho_1'\boldsymbol{B} & \theta'\rho_1'\boldsymbol{B} & \boldsymbol{0} & \boldsymbol{0} \end{bmatrix}^{\mathrm{T}}$$

$$\boldsymbol{\Gamma}_3' = \begin{bmatrix} \theta''\rho_2'\boldsymbol{B} & \theta''\rho_2'\boldsymbol{B} & \theta''\rho_2'\boldsymbol{B} & \boldsymbol{0} & \boldsymbol{0} \end{bmatrix}^{\mathrm{T}}$$

$$\boldsymbol{\Gamma}_4 = \begin{bmatrix} \bar{\rho}\boldsymbol{B}\boldsymbol{M}_2 & \bar{\rho}\boldsymbol{B}\boldsymbol{M}_2 & \bar{\rho}\boldsymbol{B}\boldsymbol{M}_2 & \boldsymbol{0} & \boldsymbol{0} \end{bmatrix}^{\mathrm{T}}$$

$$\overline{\boldsymbol{\Lambda}}_4 = \begin{bmatrix} \boldsymbol{0} & \boldsymbol{0} & \boldsymbol{E}_4\overline{\boldsymbol{Y}} & \boldsymbol{0} & \boldsymbol{0} \end{bmatrix}$$

证明:将定理 6-3 中的 $\tilde{\boldsymbol{K}}$ 替换为 $\tilde{\boldsymbol{K}} = \overline{\boldsymbol{K}} + \Delta\overline{\boldsymbol{K}}$，$\Delta\overline{\boldsymbol{K}} = \boldsymbol{M}_2\boldsymbol{F}_2(k)\boldsymbol{E}_4\overline{\boldsymbol{K}}$，基于定理 6-4 和定理 6-5 的分析，结合引理 2-2，可得如下结论：

$$
\begin{aligned}
\tilde{\boldsymbol{\Sigma}}_5 &= \overline{\boldsymbol{\Sigma}}_5 + \Delta\boldsymbol{\Sigma}_5 \\
&= \overline{\boldsymbol{\Sigma}}_5 + \boldsymbol{\Gamma}_4\boldsymbol{F}_2(k)\boldsymbol{\Lambda}_4 + \boldsymbol{\Lambda}_4^{\mathrm{T}}\boldsymbol{F}_2^{\mathrm{T}}(k)\boldsymbol{\Gamma}_4^{\mathrm{T}} < 0 \\
\Leftrightarrow \boldsymbol{\Sigma}_6 &= \overline{\boldsymbol{\Sigma}}_5 + \sigma_4\boldsymbol{\Gamma}_4\boldsymbol{\Gamma}_4^{\mathrm{T}} + \sigma_4{}^{-1}\boldsymbol{\Lambda}_4^{\mathrm{T}}\boldsymbol{\Lambda}_4 < 0
\end{aligned}
$$

基于引理 2-1，可以直接得到充分条件(6-55)。定理 6-6 证明完毕。

定理 6-7　给定常数 θ'，ρ_1'，ρ_2'，若存在正定矩阵 $\hat{\boldsymbol{P}}$，$\hat{\boldsymbol{Q}}$，$\hat{\boldsymbol{R}}$，具有合适维度的矩阵 $\overline{\boldsymbol{Y}}$，$\hat{\boldsymbol{N}}$，以及正数 γ，σ_1，σ_2，σ_3，σ_5，使得线性矩阵不等式(6-56)成立，则具有加性摄动 $\Delta\overline{\boldsymbol{K}} = \boldsymbol{M}_3\boldsymbol{F}_3(k)\boldsymbol{E}_5$ 的系统(6-44)在控制器增益 $\overline{\boldsymbol{K}} = \overline{\boldsymbol{Y}}\hat{\boldsymbol{N}}^{-\mathrm{T}}$ 的作用下是均方稳定的，并且具有 H_∞ 性能指标 γ。

$$\boldsymbol{\Sigma}_7=\begin{bmatrix}\overline{\boldsymbol{\Sigma}}_3''' & \overline{\boldsymbol{\Lambda}}_1^{\mathrm{T}} & \overline{\boldsymbol{\Lambda}}_2'^{\mathrm{T}} & \overline{\boldsymbol{\Lambda}}_3'^{\mathrm{T}} & \sigma_2\boldsymbol{\Gamma}_2' & \sigma_3\boldsymbol{\Gamma}_3' & \sigma_5\boldsymbol{\Gamma}_5 & \overline{\boldsymbol{\Lambda}}_5^{\mathrm{T}} \\ * & -\sigma_1\boldsymbol{I} & \boldsymbol{0} & \boldsymbol{0} & \sigma_2\theta'\rho_1'\boldsymbol{E}_2 & \sigma_3\theta'\rho_2'\boldsymbol{E}_2 & \sigma_5\bar{\rho}\boldsymbol{E}_2\boldsymbol{M}_3 & \boldsymbol{0} \\ * & * & -\sigma_2\boldsymbol{I} & \boldsymbol{0} & \boldsymbol{0} & \boldsymbol{0} & \sigma_5\boldsymbol{Z}_1\boldsymbol{M}_3 & \boldsymbol{0} \\ * & * & * & -\sigma_3\boldsymbol{I} & \boldsymbol{0} & \boldsymbol{0} & \sigma_5\boldsymbol{Z}_1\boldsymbol{M}_3 & \boldsymbol{0} \\ * & * & * & * & -\sigma_2\boldsymbol{I} & \boldsymbol{0} & \boldsymbol{0} & \boldsymbol{0} \\ * & * & * & * & * & -\sigma_3\boldsymbol{I} & \boldsymbol{0} & \boldsymbol{0} \\ * & * & * & * & * & * & -\sigma_5\boldsymbol{I} & \boldsymbol{0} \\ * & * & * & * & * & * & * & -\sigma_5\boldsymbol{I}\end{bmatrix}<0 \tag{6-56}$$

其中，

$$\overline{\boldsymbol{\Sigma}}_3'=\begin{bmatrix}\boldsymbol{\Theta}_{11}' & \boldsymbol{\Theta}_{12}' & \boldsymbol{\Theta}_{13}''' & \boldsymbol{D} & \hat{\boldsymbol{N}}\boldsymbol{C}^{\mathrm{T}} \\ * & \boldsymbol{\Theta}_{22}' & \boldsymbol{\Theta}_{23}''' & \boldsymbol{D} & \boldsymbol{0} \\ * & * & \boldsymbol{\Theta}_{33}''' & \boldsymbol{D} & \boldsymbol{0} \\ * & * & * & -\gamma^2\boldsymbol{I} & \boldsymbol{0} \\ * & * & * & * & -\boldsymbol{I}\end{bmatrix}$$

$$\boldsymbol{\Theta}_{13}'''=\hat{\boldsymbol{N}}\boldsymbol{A}^{\mathrm{T}}+\bar{\rho}\boldsymbol{B}\overline{\boldsymbol{Y}}+\hat{\boldsymbol{R}}$$

$$\boldsymbol{\Theta}_{33}'''=-\hat{\boldsymbol{Q}}-\hat{\boldsymbol{R}}+\bar{\rho}\boldsymbol{B}\overline{\boldsymbol{Y}}+\overline{\boldsymbol{Y}}^{\mathrm{T}}\boldsymbol{B}^{\mathrm{T}}\bar{\rho}$$

$$\overline{\boldsymbol{\Lambda}}_1=\begin{bmatrix}\boldsymbol{E}_1\hat{\boldsymbol{N}} & \boldsymbol{0} & \bar{\rho}\boldsymbol{E}_2\overline{\boldsymbol{Y}} & \boldsymbol{E}_3 & \boldsymbol{0}\end{bmatrix}$$

$$\overline{\boldsymbol{\Lambda}}_2'=\begin{bmatrix}\boldsymbol{0} & \boldsymbol{0} & \boldsymbol{Z}_1\overline{\boldsymbol{Y}} & \boldsymbol{0} & \boldsymbol{0}\end{bmatrix}$$

$$\overline{\boldsymbol{\Lambda}}_3'=\begin{bmatrix}\boldsymbol{0} & \boldsymbol{0} & \boldsymbol{Z}_2\overline{\boldsymbol{Y}} & \boldsymbol{0} & \boldsymbol{0}\end{bmatrix}$$

$$\boldsymbol{\Gamma}_2'=\begin{bmatrix}\theta'\rho_1'\boldsymbol{B} & \theta'\rho_1'\boldsymbol{B} & \theta'\rho_1'\boldsymbol{B} & \boldsymbol{0} & \boldsymbol{0}\end{bmatrix}^{\mathrm{T}}$$

$$\boldsymbol{\Gamma}_3'=\begin{bmatrix}\theta''\rho_2'\boldsymbol{B} & \theta''\rho_2'\boldsymbol{B} & \theta''\rho_2'\boldsymbol{B} & \boldsymbol{0} & \boldsymbol{0}\end{bmatrix}^{\mathrm{T}}$$

$$\boldsymbol{\Gamma}_5=\begin{bmatrix}\bar{\rho}\boldsymbol{B}\boldsymbol{M}_3 & \bar{\rho}\boldsymbol{B}\boldsymbol{M}_3 & \bar{\rho}\boldsymbol{B}\boldsymbol{M}_3 & \boldsymbol{0} & \boldsymbol{0}\end{bmatrix}^{\mathrm{T}}$$

$$\overline{\boldsymbol{\Lambda}}_5=\begin{bmatrix}\boldsymbol{0} & \boldsymbol{0} & \boldsymbol{E}_5 & \boldsymbol{0} & \boldsymbol{0}\end{bmatrix}$$

证明:类似定理6-6的证明过程,将定理6-3中的$\tilde{\boldsymbol{K}}$替换为$\tilde{\boldsymbol{K}}=\overline{\boldsymbol{K}}+\Delta\overline{\boldsymbol{K}}$,$\Delta\overline{\boldsymbol{K}}=\boldsymbol{M}_3\boldsymbol{F}_3(k)\boldsymbol{E}_5$,基于定理6-4和定理6-5的分析,结合引理2-2,可得如下结论:

$$\tilde{\boldsymbol{\Sigma}}_5 = \overline{\boldsymbol{\Sigma}}_5 + \Delta\boldsymbol{\Sigma}_5 = \boldsymbol{\Sigma}_5 + \boldsymbol{\Gamma}_5 \boldsymbol{F}_3(k)\boldsymbol{\Lambda}_5 + \boldsymbol{\Lambda}_5^{\mathrm{T}} \boldsymbol{F}_3^{\mathrm{T}}(k)\boldsymbol{\Gamma}_5^{\mathrm{T}} < 0$$

$$\Leftrightarrow \boldsymbol{\Sigma}_7 = \overline{\boldsymbol{\Sigma}}_5 + \sigma_5 \boldsymbol{\Gamma}_5 \boldsymbol{\Gamma}_5^{\mathrm{T}} + \sigma_5^{-1} \boldsymbol{\Lambda}_5^{\mathrm{T}} \boldsymbol{\Lambda}_5 < 0$$

基于引理 2-1,可以直接得到充分条件(6-56)。定理 6-7 证明完毕。

6.2.3　仿真算例

算例 6-2　根据“青山号”实验船采集的数据，可以得到如下船舶参数[135]：

$$\boldsymbol{A} = \begin{bmatrix} 0 & 1 & 0 & 0 & 0 \\ 0 & 0 & -1 & 0 & 0 \\ 0 & 0 & -0.513 & 0.065 & 0 \\ 0 & 0 & 0 & 0 & 1 \\ 0 & 0 & 0 & -0.3446 & -0.28 \end{bmatrix}, \quad \boldsymbol{B} = \begin{bmatrix} 0 & 0 & 0 & 0 & 0.19 \end{bmatrix}^{\mathrm{T}}$$

$$\boldsymbol{C} = \begin{bmatrix} 0 & -1 & 0 & 0 & 0 \end{bmatrix}, \quad \boldsymbol{D} = \begin{bmatrix} 0 & 0 & 0.513 & 0 & 0 \end{bmatrix}^{\mathrm{T}}$$

选取 $\rho_{\min} = 0.2$，$\rho_{\max} = 0.8$，$\hat{\rho} = 0.5$，$\theta' = 0.4$，干扰信号 $\omega(t) = 4\sin(5t)$，$0 \leqslant t \leqslant 20$，对于系统的参数不确定性，选择如下相关变量：

$$\Delta\boldsymbol{A} = \begin{bmatrix} 0 & 0 & 0 & 0 & 0 \\ 0 & 0 & 0 & 0 & 0 \\ 0 & 0 & 0.5\sin(t) & 0.08\sin(t) & 0 \\ 0 & 0 & 0 & 0 & 0 \\ 0 & 0 & 0 & 0.3\sin(t) & 0.2\sin(t) \end{bmatrix}$$

$$\Delta\boldsymbol{B} = \begin{bmatrix} 0 & 0 & 0 & 0 & 0.2\sin(t) \end{bmatrix}^{\mathrm{T}}$$

$$\Delta\boldsymbol{D} = \begin{bmatrix} 0 & 0 & 0.5\sin(t) & 0 & 0 \end{bmatrix}^{\mathrm{T}}$$

$$\boldsymbol{M}_1 = \begin{bmatrix} 0.01 & 0.01 & 0.02 & 0.02 & 0.02 \end{bmatrix}^{\mathrm{T}}$$

$$\boldsymbol{E}_1 = \begin{bmatrix} 0.01 & 0.01 & 0.02 & 0.02 & 0.02 \end{bmatrix}$$

$$E_2 = 0.1, \quad E_3 = 0.2, \quad F_1(t) = \sin(t)$$

$$M_2 = 0.2, \quad E_4 = 0.2, \quad M_3 = 0.2, \quad E_5 = 0.2$$

对于乘性摄动，

$$\Delta\overline{\boldsymbol{K}}_1 = \begin{bmatrix} 0.011\sin(t) & \sin(t)k_p & \sin(t)k_d & 1.35\sin(t)k_{m1} & \sin(t)k_{m2} \end{bmatrix}$$

对于加性摄动，

$$\Delta\overline{\boldsymbol{K}}_2 = \begin{bmatrix} 0.011\sin(t) & 5\sin(t) & 10\sin(t) & 7\sin(t) & 10\sin(t) \end{bmatrix}$$

根据定理 6-6,可以获得乘性摄动下相关的容错控制器增益为

$$\overline{\boldsymbol{K}} = [0.04778 \quad 14.4371 \quad -27.2158 \quad -16.9539 \quad -27.2582]$$

根据定理 6-7,可以获得加性摄动下相关的容错控制器增益为

$$\overline{\boldsymbol{K}} = [0.04338 \quad 12.8556 \quad -24.2493 \quad -15.3831 \quad -25.5679]$$

乘性摄动和加性摄动下水面无人艇的实际航向角及实际舵角分别如图 6-9 至图 6-12 所示。显然,在我们所设计的非脆弱容错控制方法的作用下,闭环系统克服了内部参数的不确定性、方向舵的部分失效故障和外部环境干扰的影响。

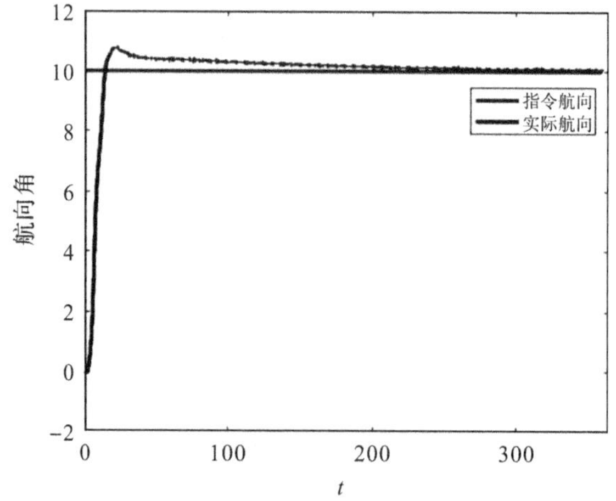

图 6-9 乘性摄动下水面无人艇的实际航向角

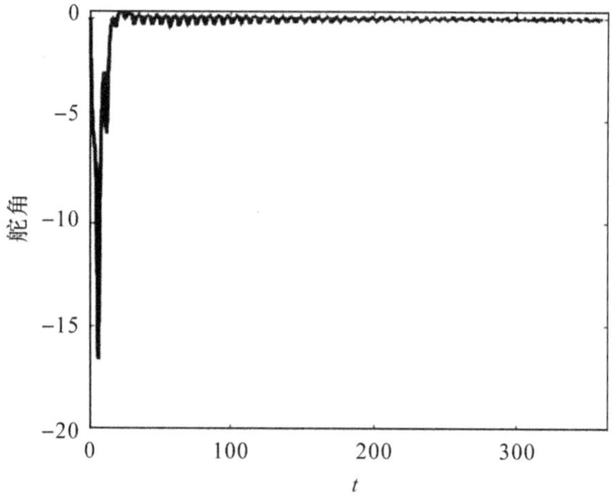

图 6-10 乘性摄动下水面无人艇的实际舵角

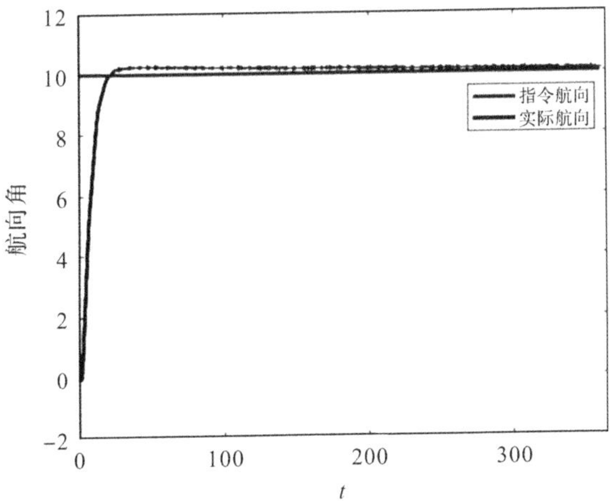

图 6-11　加性摄动下水面无人艇的实际航向角

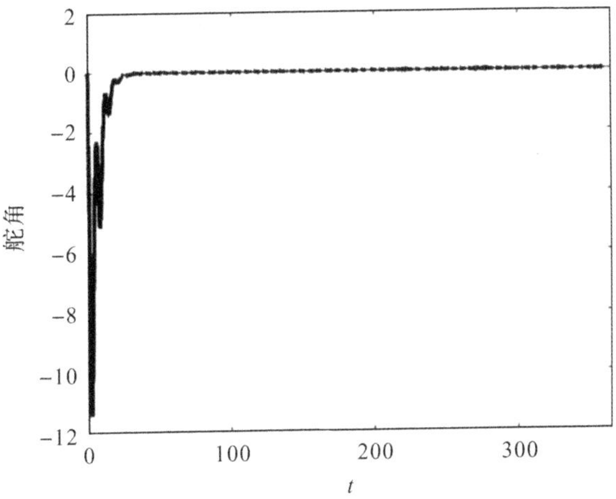

图 6-12　加性摄动下水面无人艇的实际舵角

第7章 系统状态与传感器故障协同估计

在容错控制算法的设计过程中，如果状态信息无法测量，则需要利用输出信息估计系统状态，然而，当系统输出的检测元件——传感器出现故障时，系统状态估计的难度及复杂度会大大增加。同时，为了使容错控制器达到理想的控制效果，需要引入故障估计信息。状态信息与故障信息估计的准确性，是基于故障估计的容错控制器设计的前提条件。系统如果在不可靠环境中运行，外部扰动及传感器的非线性环节往往会对观测器的观测结果产生严重影响。网络化系统是通过网络传输信息的，不可靠通信环节会产生外部的攻击及干扰信号，亦会影响系统的状态估计结果，因此，在不可靠环境及不可靠通信条件下开展系统状态与传感器故障协同估计研究，具有一定的理论意义和现实应用价值。

本章针对具有传感器故障的网络化系统，通过增广矩阵方法将系统建模为一类奇异系统，把系统状态与传感器故障的协同估计问题转化为奇异系统的控制器设计问题，在控制器的作用下，保证奇异系统的稳定性、正则性和因果性，最终实现了系统状态与传感器状态的协同估计。

7.1 不可靠环境下系统状态与传感器故障协同估计

7.1.1 问题描述

考虑一类具有传感器故障、时变时延的非线性系统，系统中的传感器会随机产生的非线性输出。系统描述如下：

$$\begin{cases}\boldsymbol{x}(k+1)=\boldsymbol{A}\boldsymbol{x}(k)+\boldsymbol{A}_d\boldsymbol{x}[k-d_1(k)]+\boldsymbol{W}\boldsymbol{g}[x(k)]+\boldsymbol{W}_d\boldsymbol{g}\{\boldsymbol{x}[k-d_2(k)]\}\\ \boldsymbol{y}(k)=\alpha(k)\boldsymbol{\Psi}[\boldsymbol{C}\boldsymbol{x}(k)]+[1-\alpha(k)]\boldsymbol{C}\boldsymbol{x}(k)+\boldsymbol{x}_f(k)\\ \boldsymbol{z}(k)=\boldsymbol{C}\boldsymbol{x}(k)\\ \boldsymbol{x}(k)=\boldsymbol{\varphi},k\leqslant 0\end{cases} \tag{7-1}$$

其中，$\boldsymbol{x}(k)\in\mathbf{R}^n$ 为系统状态，$d_1(k)$ 和 $d_2(k)$ 为系统时延并且满足 $d_{1i}\leqslant d_i(k)\leqslant d_{2i},i=1,2$。$\boldsymbol{A}=\mathrm{diag}\{a_1,a_2,\cdots,a_n\}$ 和 $\boldsymbol{A}_d=\mathrm{diag}\{a_{d1},a_{d2},\cdots,a_{dn}\}$ 为系统矩阵，$\|a_m\|\leqslant 1$，$\|a_{dm}\|\leqslant 1(m=1,2,\cdots,n)$。$\boldsymbol{g}[\boldsymbol{x}(k)]$ 和 $\boldsymbol{g}\{\boldsymbol{x}[k-d_2(k)]\}$ 为非线性函数并且满足 $\boldsymbol{g}(\boldsymbol{0})=\boldsymbol{0}$。$\boldsymbol{W}$ 和 $\boldsymbol{W}_d$ 为已知的系统参数，$\boldsymbol{x}_f(k)$ 为传感器故障，$\boldsymbol{y}(k)$ 为系统实际输出，$\boldsymbol{z}(k)$ 为被调输出。假设 $\alpha(k)$ 服从 Bernoulli 分布，当 $\alpha(k)=1$ 时，传感器输出产生非线性环节 $\boldsymbol{\Psi}(\cdot)$ 并且满足扇形有界条件，$\boldsymbol{\varphi}$ 为系统初始状态。为了实现系统状态 $\boldsymbol{x}(k)$ 与传感器故障 $\boldsymbol{x}_f(k)$ 的协同估计，定义增广状态为

$$\overline{\boldsymbol{x}}(k)=[\boldsymbol{x}^{\mathrm{T}}(k)\quad \boldsymbol{x}_f^{\mathrm{T}}(k)]^{\mathrm{T}} \tag{7-2}$$

则系统(7-1)可以重新建模为如下奇异系统：

$$\begin{cases}\overline{\boldsymbol{E}}\overline{\boldsymbol{x}}(k+1)=\overline{\boldsymbol{A}}\overline{\boldsymbol{x}}(k)+\overline{\boldsymbol{A}}_d\overline{\boldsymbol{x}}[k-d_1(k)]+\overline{\boldsymbol{W}}\overline{\boldsymbol{g}}[\overline{\boldsymbol{x}}(k)]+\overline{\boldsymbol{W}}_d\overline{\boldsymbol{g}}\{\overline{\boldsymbol{x}}[k-d_2(k)]\}\\ \boldsymbol{y}(k)=\overline{\boldsymbol{C}}_\alpha\overline{\boldsymbol{x}}(k)+\alpha(k)\boldsymbol{\Psi}[\overline{\boldsymbol{C}}\overline{\boldsymbol{x}}(k)]\\ \boldsymbol{z}(k)=\overline{\boldsymbol{C}}\overline{\boldsymbol{x}}(k)\end{cases} \tag{7-3}$$

其中，

$$\overline{\boldsymbol{C}}=[\boldsymbol{C}\quad 0],\quad \overline{\boldsymbol{E}}=\mathrm{diag}\{\boldsymbol{I},\boldsymbol{0}\}$$

$$\overline{\boldsymbol{C}}_\alpha=[[1-\alpha(k)]\boldsymbol{C}\quad \boldsymbol{I}],\quad \overline{\boldsymbol{g}}[\overline{\boldsymbol{x}}(k)]=[\boldsymbol{g}^{\mathrm{T}}[\boldsymbol{x}(k)]\quad \boldsymbol{0}]$$

$$\overline{\boldsymbol{A}}=\mathrm{diag}\{\boldsymbol{A},\boldsymbol{0}\},\quad \overline{\boldsymbol{A}}_d=\mathrm{diag}\{\boldsymbol{A}_d,\boldsymbol{0}\},\quad \overline{\boldsymbol{W}}=\mathrm{diag}\{\boldsymbol{W},\boldsymbol{0}\},\quad \overline{\boldsymbol{W}}_d=\mathrm{diag}\{\boldsymbol{W}_d,\boldsymbol{0}\}$$

则针对系统(7-3)的状态观测器可以设计为

$$\begin{cases}\overline{\boldsymbol{E}}\hat{\overline{\boldsymbol{x}}}(k+1)=\overline{\boldsymbol{A}}\hat{\overline{\boldsymbol{x}}}(k)+\overline{\boldsymbol{A}}_d\hat{\overline{\boldsymbol{x}}}[k-d_1(k)]+\overline{\boldsymbol{W}}\overline{\boldsymbol{g}}[\hat{\overline{\boldsymbol{x}}}(k)]+\overline{\boldsymbol{W}}_d\overline{\boldsymbol{g}}\{\hat{\overline{\boldsymbol{x}}}[k-d_2(k)]\}\\ \qquad\qquad +(\boldsymbol{L}+\Delta\boldsymbol{L})[\boldsymbol{y}(k)-[\boldsymbol{C}\quad \boldsymbol{I}]\hat{\overline{\boldsymbol{x}}}(k)]\\ \boldsymbol{z}_f(k)=\overline{\boldsymbol{C}}\hat{\overline{\boldsymbol{x}}}(k)\end{cases} \tag{7-4}$$

其中，$\hat{\overline{\boldsymbol{x}}}(k)$ 为增广状态 $\overline{\boldsymbol{x}}(k)$ 的估计值，$\boldsymbol{L}$ 为观测器的增益，$\Delta\boldsymbol{L}$ 为观测器增益的参数乘性摄动并且满足范数有界条件

$$\Delta \boldsymbol{L} = \boldsymbol{LHF}(k)\boldsymbol{Y}, \quad \boldsymbol{F}^{\mathrm{T}}(k)\boldsymbol{F}(k) \leqslant \boldsymbol{I}$$

其中，$\boldsymbol{H}$ 和 $\boldsymbol{Y}$ 为已知的具有合适维度的矩阵。定义状态估计误差 $\bar{\boldsymbol{e}}(k) = \bar{\boldsymbol{x}}(k) - \hat{\bar{\boldsymbol{x}}}(k)$，$\boldsymbol{\omega}(k) = \boldsymbol{x}_f(k) - \hat{\boldsymbol{x}}_f(k)$，联立系统(7-3)和(7-4)，可得如下估计误差动态系统：

$$\begin{cases} \bar{\boldsymbol{E}}\bar{\boldsymbol{e}}(k+1) = \bar{\boldsymbol{A}}_1\bar{\boldsymbol{e}}(k) + \bar{\boldsymbol{A}}_d\bar{\boldsymbol{e}}[k-d_1(k)] + \bar{\boldsymbol{W}}\{\bar{\boldsymbol{g}}[\bar{\boldsymbol{x}}(k)] - \bar{\boldsymbol{g}}[\hat{\bar{\boldsymbol{x}}}(k)]\} \\ \qquad + \bar{\boldsymbol{W}}_d[\bar{\boldsymbol{g}}\{\bar{\boldsymbol{x}}[k-d_2(k)]\} - \bar{\boldsymbol{g}}[\hat{\bar{\boldsymbol{x}}}(k) - d_2(k)]] + \bar{\boldsymbol{\omega}}(k) \\ \qquad - (\boldsymbol{L} + \Delta\boldsymbol{L})[\boldsymbol{y}(k) - [\boldsymbol{C} \quad \boldsymbol{I}]\hat{\bar{\boldsymbol{x}}}(k)] \\ \boldsymbol{e}_f(k) = \boldsymbol{z}(k) - \boldsymbol{z}_f(k) \end{cases} \tag{7-5}$$

其中，$\bar{\boldsymbol{A}}_1 = \mathrm{diag}\{\boldsymbol{A}, -\boldsymbol{I}\}$，$\bar{\boldsymbol{\omega}}(k) = [\boldsymbol{0} \quad \boldsymbol{\omega}^{\mathrm{T}}(k)]^{\mathrm{T}}$。联立系统(7-1)和(7-5)，定义

$$\boldsymbol{\eta}(k) = [\boldsymbol{x}^{\mathrm{T}}(k) \quad \bar{\boldsymbol{e}}^{\mathrm{T}}(k)]^{\mathrm{T}}, \quad \boldsymbol{g}[\boldsymbol{\eta}(k)] = [\boldsymbol{g}^{\mathrm{T}}[\boldsymbol{x}(k)] \quad \bar{\boldsymbol{g}}^{\mathrm{T}}[\bar{\boldsymbol{x}}(k)] - \bar{\boldsymbol{g}}^{\mathrm{T}}[\hat{\bar{\boldsymbol{x}}}(k)]]^{\mathrm{T}}$$

$$\hat{\boldsymbol{L}} = \mathrm{diag}\{\boldsymbol{L} + \Delta\boldsymbol{L}, \boldsymbol{L} + \Delta\boldsymbol{L}\}, \quad \hat{\boldsymbol{A}} = \mathrm{diag}\{\boldsymbol{A}, \bar{\boldsymbol{A}}_1\}, \quad \hat{\boldsymbol{A}}_d = \mathrm{diag}\{\boldsymbol{A}_d, \bar{\boldsymbol{A}}_d\}$$

$$\hat{\boldsymbol{W}}_d = \mathrm{diag}\{\boldsymbol{W}_d, \bar{\boldsymbol{W}}_d\}, \quad \hat{\boldsymbol{W}} = \mathrm{diag}\{\boldsymbol{W}, \bar{\boldsymbol{W}}\}, \quad \bar{\boldsymbol{\alpha}}(k) = \mathrm{diag}\{0, \alpha(k)\}$$

$$\hat{\boldsymbol{C}}_\alpha = \mathrm{diag}\{\boldsymbol{0}, \bar{\boldsymbol{C}}_\alpha\}, \quad \hat{\boldsymbol{W}}_1 = \mathrm{diag}\{\boldsymbol{0}, \boldsymbol{I}\}, \quad \hat{\boldsymbol{E}} = \mathrm{diag}\{\boldsymbol{I}, \bar{\boldsymbol{E}}\}, \quad \hat{\boldsymbol{C}} = \mathrm{diag}\{\boldsymbol{C}, \bar{\boldsymbol{C}}\}$$

可得如下增广系统：

$$\begin{cases} \hat{\boldsymbol{E}}\boldsymbol{\eta}(k+1) = \hat{\boldsymbol{A}}\boldsymbol{\eta}(k) + \hat{\boldsymbol{A}}_d\boldsymbol{\eta}[k-d_1(k)] + \hat{\boldsymbol{W}}\boldsymbol{g}[\boldsymbol{\eta}(k)] + \hat{\boldsymbol{W}}_d\boldsymbol{g}\{\boldsymbol{\eta}[k-d_2(k)]\} \\ \qquad - \hat{\boldsymbol{L}}\hat{\boldsymbol{C}}_\alpha\boldsymbol{\eta}(k) - \hat{\boldsymbol{L}}\bar{\boldsymbol{\alpha}}(k)\boldsymbol{\Psi}[\hat{\boldsymbol{C}}\boldsymbol{\eta}(k)] + \hat{\boldsymbol{W}}_1\hat{\boldsymbol{\omega}}(k) \\ \boldsymbol{e}_f(k) = \boldsymbol{z}(k) - \boldsymbol{z}_f(k) = \bar{\boldsymbol{C}}\bar{\boldsymbol{e}}(k) = [\boldsymbol{0} \quad \bar{\boldsymbol{C}}]\boldsymbol{\eta}(k) = \hat{\boldsymbol{C}}_1\boldsymbol{\eta}(k) \end{cases} \tag{7-6}$$

其中，

$$\boldsymbol{\Psi}[\hat{\boldsymbol{C}}\boldsymbol{\eta}(k)] = \left[\boldsymbol{\Psi}^{\mathrm{T}}[\boldsymbol{C}\boldsymbol{x}(k)] \quad \boldsymbol{\Psi}^{\mathrm{T}}[\bar{\boldsymbol{C}}\bar{\boldsymbol{x}}(k)] - [\bar{\boldsymbol{C}}\hat{\bar{\boldsymbol{x}}}(k)]^{\mathrm{T}}\right]^{\mathrm{T}}, \quad \hat{\boldsymbol{\omega}}(k) = [\boldsymbol{0} \quad \bar{\boldsymbol{\omega}}^{\mathrm{T}}(k)]^{\mathrm{T}}$$

假设 7-1 对于给定向量 $\boldsymbol{\tau}(k)$，非线性项 $\boldsymbol{g}[\boldsymbol{x}(k)]$ 满足如下约束条件：

$$\| \boldsymbol{g}[\boldsymbol{x}(k) + \boldsymbol{\tau}(k)] - \boldsymbol{g}[\boldsymbol{x}(k)] \| \leqslant \| \boldsymbol{B}\boldsymbol{\tau}(k) \|$$

其中，$\boldsymbol{B}$ 为已知矩阵。

假设 7-2 非线性项 $\boldsymbol{\Psi}(\cdot)$ 满足扇形有界条件，且扇形区域为 $[\boldsymbol{J}_1, \boldsymbol{J}_2]$。

7.1.2 主要结果

针对系统(7-6)，在 $\Delta\boldsymbol{L} = \boldsymbol{0}$ 的情况下，对系统的随机有限时间稳定问题开展研究。

定理 7-1　针对系统(7-6)($\Delta \boldsymbol{L} = \boldsymbol{0}$),给定正数$\kappa_1$,$\kappa_2$和$\bar{\gamma}$,具有合适维度的矩阵$\bar{\boldsymbol{B}}$,以及正定矩阵$\boldsymbol{J}_1$,$\boldsymbol{J}_2$,若存在$\mu \geqslant 1, \varepsilon > 0, \gamma_1 > 1, \gamma_5 > 1$,具有合适维度的矩阵$\boldsymbol{S}_1$,以及正定矩阵$\boldsymbol{P}, \boldsymbol{Q}_1, \boldsymbol{Q}_2, \boldsymbol{Q}_{31}, \boldsymbol{Q}_{32}, \boldsymbol{Q}_{41}, \boldsymbol{Q}_{42}, \boldsymbol{R}$,使得条件(7-7)和(7-8)成立,则系统(7-6)是随机有限时间稳定的。

$$\boldsymbol{\Phi} = \begin{bmatrix} \boldsymbol{\Phi}_1 & \boldsymbol{\Phi}_2 & \boldsymbol{\Phi}_3 & \boldsymbol{\Phi}_4 & \boldsymbol{\Phi}_5 & \boldsymbol{\Phi}_6 \\ * & -\boldsymbol{P} & \boldsymbol{0} & \boldsymbol{0} & \boldsymbol{0} & \boldsymbol{0} \\ * & * & -\boldsymbol{P} & \boldsymbol{0} & \boldsymbol{0} & \boldsymbol{0} \\ * & * & * & -\boldsymbol{P} & \boldsymbol{0} & \boldsymbol{0} \\ * & * & * & * & -\boldsymbol{P} & \boldsymbol{0} \\ * & * & * & * & * & -2\boldsymbol{P} \end{bmatrix} < 0 \tag{7-7}$$

$$\boldsymbol{Z} < \boldsymbol{P} < \gamma_1 \boldsymbol{Z}, \quad \boldsymbol{Q}_n < \gamma_3 \boldsymbol{Z}\,(n = 1,2,31,32,41,42), \quad \boldsymbol{R} < \gamma_5 \boldsymbol{Z}, \quad Th\delta^2 < \mu^{-N}\varepsilon^2 \tag{7-8}$$

其中,

$$\boldsymbol{\Phi}_1 = \begin{bmatrix} \boldsymbol{\Psi}_1 & \boldsymbol{\Psi}_2 \\ * & \boldsymbol{\Psi}_3 \end{bmatrix}, \quad \boldsymbol{\Psi}_1 = \begin{bmatrix} \widetilde{\boldsymbol{\Phi}}_{1,1} & \widetilde{\boldsymbol{\Phi}}_{1,2} & \boldsymbol{0} & \boldsymbol{0} & \boldsymbol{0} \\ * & \widetilde{\boldsymbol{\Phi}}_{2,2} & \boldsymbol{0} & \widetilde{\boldsymbol{\Phi}}_{2,4} & \widetilde{\boldsymbol{\Phi}}_{2,5} \\ * & * & \widetilde{\boldsymbol{\Phi}}_{3,3} & \boldsymbol{0} & \boldsymbol{0} \\ * & * & * & \widetilde{\boldsymbol{\Phi}}_{4,4} & \boldsymbol{0} \\ * & * & * & * & \widetilde{\boldsymbol{\Phi}}_{5,5} \end{bmatrix}$$

$$\boldsymbol{\Psi}_2 = \begin{bmatrix} \boldsymbol{0} & \boldsymbol{0} & \widetilde{\boldsymbol{\Phi}}_{1,8} & \widetilde{\boldsymbol{\Phi}}_{1,9} & \widetilde{\boldsymbol{\Phi}}_{1,10} & \widetilde{\boldsymbol{\Phi}}_{1,11} \\ \boldsymbol{0} & \boldsymbol{0} & \boldsymbol{0} & \boldsymbol{0} & \boldsymbol{0} & \boldsymbol{0} \\ \widetilde{\boldsymbol{\Phi}}_{3,6} & \widetilde{\boldsymbol{\Phi}}_{3,7} & \boldsymbol{0} & \boldsymbol{0} & \boldsymbol{0} & \boldsymbol{0} \\ \boldsymbol{0} & \boldsymbol{0} & \boldsymbol{0} & \boldsymbol{0} & \boldsymbol{0} & \boldsymbol{0} \\ \boldsymbol{0} & \boldsymbol{0} & \boldsymbol{0} & \boldsymbol{0} & \boldsymbol{0} & \boldsymbol{0} \end{bmatrix}$$

$$\boldsymbol{\Psi}_3 = \begin{bmatrix} \widetilde{\boldsymbol{\Phi}}_{6,6} & \boldsymbol{0} & \boldsymbol{0} & \boldsymbol{0} & \boldsymbol{0} & \boldsymbol{0} \\ * & \widetilde{\boldsymbol{\Phi}}_{7,7} & \boldsymbol{0} & \boldsymbol{0} & \boldsymbol{0} & \boldsymbol{0} \\ * & * & \widetilde{\boldsymbol{\Phi}}_{8,8} & \boldsymbol{0} & \boldsymbol{0} & \boldsymbol{0} \\ * & * & * & \widetilde{\boldsymbol{\Phi}}_{9,9} & \boldsymbol{0} & \boldsymbol{0} \\ * & * & * & * & -\boldsymbol{I} & \boldsymbol{0} \\ * & * & * & * & * & -\bar{\gamma}^2 \boldsymbol{I} \end{bmatrix}$$

$$\widetilde{\boldsymbol{\Phi}}_{1,1}=Q_1+Q_2+Q_{31}+Q_{32}+Q_{41}+Q_{42}-\hat{\boldsymbol{E}}^{\mathrm{T}}\boldsymbol{P}\hat{\boldsymbol{E}}+\kappa_1\overline{\boldsymbol{B}}^{\mathrm{T}}\overline{\boldsymbol{B}}-\hat{\boldsymbol{C}}^{\mathrm{T}}\boldsymbol{J}_1^{\mathrm{T}}\boldsymbol{J}_2\hat{\boldsymbol{C}}$$
$$+\boldsymbol{S}_1^{\mathrm{T}}\boldsymbol{R}_1^{\mathrm{T}}\hat{\boldsymbol{A}}+\hat{\boldsymbol{A}}^{\mathrm{T}}\boldsymbol{R}_1\boldsymbol{S}_1+\hat{\boldsymbol{C}}_1^{\mathrm{T}}\hat{\boldsymbol{C}}_1$$

$$\widetilde{\boldsymbol{\Phi}}_{1,2}=\boldsymbol{S}_1^{\mathrm{T}}\boldsymbol{R}_1^{\mathrm{T}}\hat{\boldsymbol{A}}_d,\quad \widetilde{\boldsymbol{\Phi}}_{1,8}=\boldsymbol{S}_1^{\mathrm{T}}\boldsymbol{R}_1^{\mathrm{T}}\hat{\boldsymbol{W}},\quad \widetilde{\boldsymbol{\Phi}}_{1,9}=\boldsymbol{S}_1^{\mathrm{T}}\boldsymbol{R}_1^{\mathrm{T}}\hat{\boldsymbol{W}}_d$$

$$\widetilde{\boldsymbol{\Phi}}_{1,10}=(\boldsymbol{J}_1+\boldsymbol{J}_2)\hat{\boldsymbol{C}}^{\mathrm{T}}/2,\quad \widetilde{\boldsymbol{\Phi}}_{1,11}=\boldsymbol{S}_1^{\mathrm{T}}\boldsymbol{R}_1^{\mathrm{T}}\hat{\boldsymbol{W}}_1$$

$$\widetilde{\boldsymbol{\Phi}}_{2,2}=-Q_1-2\hat{\boldsymbol{E}}^{\mathrm{T}}\boldsymbol{P}\hat{\boldsymbol{E}},\quad \widetilde{\boldsymbol{\Phi}}_{2,4}=\widetilde{\boldsymbol{\Phi}}_{2,5}=\hat{\boldsymbol{E}}^{\mathrm{T}}\boldsymbol{P}\hat{\boldsymbol{E}},\quad \widetilde{\boldsymbol{\Phi}}_{3,3}=-Q_2+\kappa_2\overline{\boldsymbol{B}}^{\mathrm{T}}\overline{\boldsymbol{B}}-2\hat{\boldsymbol{E}}^{\mathrm{T}}\boldsymbol{P}\hat{\boldsymbol{E}}$$

$$\widetilde{\boldsymbol{\Phi}}_{3,6}=\widetilde{\boldsymbol{\Phi}}_{3,7}=\hat{\boldsymbol{E}}^{\mathrm{T}}\boldsymbol{P}\hat{\boldsymbol{E}},\quad \widetilde{\boldsymbol{\Phi}}_{4,4}=-\hat{\boldsymbol{E}}^{\mathrm{T}}\boldsymbol{P}\hat{\boldsymbol{E}}-Q_{31},\quad \widetilde{\boldsymbol{\Phi}}_{5,5}=-\hat{\boldsymbol{E}}^{\mathrm{T}}\boldsymbol{P}\hat{\boldsymbol{E}}-Q_{32}$$

$$\widetilde{\boldsymbol{\Phi}}_{6,6}=-\hat{\boldsymbol{E}}^{\mathrm{T}}\boldsymbol{P}\hat{\boldsymbol{E}}-Q_{41},\widetilde{\boldsymbol{\Phi}}_{7,7}=-\hat{\boldsymbol{E}}^{\mathrm{T}}\boldsymbol{P}\hat{\boldsymbol{E}}-Q_{42},\widetilde{\boldsymbol{\Phi}}_{8,8}=\boldsymbol{R}-\kappa_1\boldsymbol{I},\widetilde{\boldsymbol{\Phi}}_{9,9}=-\boldsymbol{R}-\kappa_2\boldsymbol{I}$$

$$\boldsymbol{\Phi}_2=[(d_{21}-d_{11})\boldsymbol{P}(\hat{\boldsymbol{A}}-\hat{\boldsymbol{L}}\hat{\boldsymbol{C}}_\alpha-\hat{\boldsymbol{E}})\quad (d_{21}-d_{11})\boldsymbol{P}\hat{\boldsymbol{A}}_d\quad \boldsymbol{0}\quad \boldsymbol{0}\quad \boldsymbol{0}\quad \boldsymbol{0}\quad \boldsymbol{0}$$
$$(d_{21}-d_{11})\boldsymbol{P}\hat{\boldsymbol{W}}\quad (d_{21}-d_{11})\boldsymbol{P}\hat{\boldsymbol{W}}_d\quad (d_{21}-d_{11})\boldsymbol{P}(-\hat{\boldsymbol{L}}\overline{\boldsymbol{\alpha}})\quad \boldsymbol{0}]^{\mathrm{T}}$$

$$\boldsymbol{\Phi}_3=[(d_{22}-d_{12})\boldsymbol{P}(\hat{\boldsymbol{A}}-\hat{\boldsymbol{L}}\hat{\boldsymbol{C}}_\alpha-\hat{\boldsymbol{E}})\quad (d_{22}-d_{12})\boldsymbol{P}\hat{\boldsymbol{A}}_d\quad \boldsymbol{0}\quad \boldsymbol{0}\quad \boldsymbol{0}\quad \boldsymbol{0}\quad \boldsymbol{0}$$
$$(d_{22}-d_{12})\boldsymbol{P}\hat{\boldsymbol{W}}\quad (d_{22}-d_{12})\boldsymbol{P}\hat{\boldsymbol{W}}_d\quad (d_{22}-d_{12})\boldsymbol{P}(-\hat{\boldsymbol{L}}\overline{\boldsymbol{\alpha}})\quad \boldsymbol{0}]^{\mathrm{T}}$$

$$\boldsymbol{\Phi}_4=\boldsymbol{S}^{\mathrm{T}}\hat{\boldsymbol{E}}^{\mathrm{T}}\boldsymbol{P},\ \boldsymbol{S}=[\hat{\boldsymbol{A}}-\hat{\boldsymbol{L}}\hat{\boldsymbol{C}}_\alpha\quad \hat{\boldsymbol{A}}_d\quad \boldsymbol{0}\quad \boldsymbol{0}\quad \boldsymbol{0}\quad \boldsymbol{0}\quad \boldsymbol{0}\quad \hat{\boldsymbol{W}}\quad \hat{\boldsymbol{W}}_d\quad -\hat{\boldsymbol{L}}\overline{\boldsymbol{\alpha}}\quad \hat{\boldsymbol{W}}_1]$$

$$\boldsymbol{\Phi}_5=[\boldsymbol{R}_1\boldsymbol{S}_1\quad \boldsymbol{0}\quad \boldsymbol{0}\quad \boldsymbol{0}\quad \boldsymbol{0}\quad \boldsymbol{0}\quad \boldsymbol{0}\quad \boldsymbol{0}\quad \boldsymbol{0}\quad \boldsymbol{0}]^{\mathrm{T}}$$

$$\boldsymbol{\Phi}_6=[\boldsymbol{0}\quad \boldsymbol{0}\quad \boldsymbol{0}\quad \boldsymbol{0}\quad \boldsymbol{0}\quad \boldsymbol{0}\quad \boldsymbol{0}\quad \boldsymbol{0}\quad \boldsymbol{0}\quad \boldsymbol{P}\hat{\boldsymbol{L}}\overline{\boldsymbol{\alpha}}\quad \boldsymbol{0}]^{\mathrm{T}}$$

$\boldsymbol{R}_1$ 为任意的列满秩矩阵并且满足 $\hat{\boldsymbol{E}}^{\mathrm{T}}\boldsymbol{R}_1=0$。

证明:首先,根据公式(7-7)验证系统的正则性和因果性。选择两个满足如下条件的非奇异矩阵 $\boldsymbol{U}$ 和 $\boldsymbol{V}$:

$$\boldsymbol{U}\hat{\boldsymbol{E}}\boldsymbol{V}=\begin{bmatrix}\boldsymbol{I} & \boldsymbol{0}\\ \boldsymbol{0} & \boldsymbol{0}\end{bmatrix} \tag{7-9}$$

根据选择的矩阵 $\boldsymbol{U}$ 和 $\boldsymbol{V}$,可以得到

$$\boldsymbol{U}\hat{\boldsymbol{A}}\boldsymbol{V}=\begin{bmatrix}\hat{\boldsymbol{A}}_1 & \hat{\boldsymbol{A}}_2\\ \hat{\boldsymbol{A}}_3 & \hat{\boldsymbol{A}}_4\end{bmatrix},\ \boldsymbol{V}^{\mathrm{T}}\boldsymbol{S}_1=\begin{bmatrix}\boldsymbol{S}_{11}\\ \boldsymbol{S}_{12}\end{bmatrix},\ \boldsymbol{U}^{-\mathrm{T}}\boldsymbol{P}\boldsymbol{U}^{-1}=\begin{bmatrix}\boldsymbol{P}_1 & \boldsymbol{P}_2\\ \boldsymbol{P}_3 & \boldsymbol{P}_4\end{bmatrix},\ \boldsymbol{U}^{-\mathrm{T}}\boldsymbol{R}_1=\begin{bmatrix}\boldsymbol{0}\\ \boldsymbol{U}_1\end{bmatrix} \tag{7-10}$$

在约束条件 $\widetilde{\boldsymbol{\Phi}}_{1,1}<0$ 的左右两侧分别乘以矩阵 $\boldsymbol{V}^{\mathrm{T}}$ 和 $\boldsymbol{V}$,结合公式(7-10)可以得到

$$\boldsymbol{S}_{12}\boldsymbol{U}_1^{\mathrm{T}}\hat{\boldsymbol{A}}_4+\hat{\boldsymbol{A}}_4^{\mathrm{T}}\boldsymbol{U}_1\boldsymbol{S}_{12}^{\mathrm{T}}<0 \tag{7-11}$$

这同时意味着 $\hat{\boldsymbol{A}}_4$ 是非奇异的,由定义 2-7 分析可知矩阵对 $(\hat{\boldsymbol{E}},\hat{\boldsymbol{A}})$ 是正则、因果的,由定义 2-8 可知系统(7-6)是正则、因果的。下一步证明系统(7-6)的随

机有限时间稳定性，选择如下 Lyapunov 函数：

$$V[\boldsymbol{\eta}(k),k]=\sum_{i=1}^{5}V_i[\boldsymbol{\eta}(k),k] \tag{7-12}$$

其中，

$$V_1[\boldsymbol{\eta}(k),k]=\boldsymbol{\eta}^{\mathrm{T}}(k)\hat{\boldsymbol{E}}^{\mathrm{T}}\boldsymbol{P}\hat{\boldsymbol{E}}\boldsymbol{\eta}(k),\quad \boldsymbol{\zeta}(l)=\boldsymbol{\eta}(l+1)-\boldsymbol{\eta}(l)$$

$$\begin{aligned}V_2[\boldsymbol{\eta}(k),k]=&(d_{12}-d_{11})\sum_{m=-d_{12}}^{-d_{11}-1}\sum_{l=k+m}^{k-1}\boldsymbol{\zeta}^{\mathrm{T}}(l)\hat{\boldsymbol{E}}^{\mathrm{T}}\boldsymbol{P}\hat{\boldsymbol{E}}\boldsymbol{\zeta}(l)\\&+(d_{22}-d_{21})\sum_{m=-d_{22}}^{-d_{21}-1}\sum_{l=k+m}^{k-1}\boldsymbol{\zeta}^{\mathrm{T}}(l)\hat{\boldsymbol{E}}^{\mathrm{T}}\boldsymbol{P}\hat{\boldsymbol{E}}\boldsymbol{\zeta}(l)\end{aligned}$$

$$V_3[\boldsymbol{\eta}(k),k]=\sum_{l=k-d_1(k)}^{k-1}\boldsymbol{\eta}^{\mathrm{T}}(l)\boldsymbol{Q}_1\boldsymbol{\eta}(l)+\sum_{l=k-d_2(k)}^{k-1}\boldsymbol{\eta}^{\mathrm{T}}(l)\boldsymbol{Q}_2\boldsymbol{\eta}(l)$$

$$V_4[\boldsymbol{\eta}(k),k]=\sum_{l=k-d_{i2}}^{k-1}\boldsymbol{\eta}^{\mathrm{T}}(l)\boldsymbol{Q}_{3i}\boldsymbol{\eta}(l)+\sum_{l=k-d_{i1}}^{k-1}\boldsymbol{\eta}^{\mathrm{T}}(l)\boldsymbol{Q}_{4i}\boldsymbol{\eta}(l)\quad (i=1,2)$$

$$V_5[\boldsymbol{\eta}(k),k]=\sum_{l=k-d_2(k)}^{k-1}\boldsymbol{g}^{\mathrm{T}}[\boldsymbol{\eta}(l)]\boldsymbol{R}\boldsymbol{g}[\boldsymbol{\eta}(l)]$$

基于系统(7-6)，计算 $V[\boldsymbol{\eta}(k),k]$ 的前向差分如下：

$$\begin{aligned}&E\{V_1[\boldsymbol{\eta}(k+1),k+1]-V_1[\boldsymbol{\eta}(k),k]\}\\&=\boldsymbol{\xi}^{\mathrm{T}}(k)\boldsymbol{S}^{\mathrm{T}}\hat{\boldsymbol{E}}^{\mathrm{T}}\boldsymbol{P}\hat{\boldsymbol{E}}\boldsymbol{S}\boldsymbol{\xi}(k)-\boldsymbol{\eta}^{\mathrm{T}}(k)\hat{\boldsymbol{E}}^{\mathrm{T}}\boldsymbol{P}\hat{\boldsymbol{E}}\boldsymbol{\eta}(k)+\boldsymbol{\eta}^{\mathrm{T}}(k)\boldsymbol{S}_1^{\mathrm{T}}\boldsymbol{R}_1^{\mathrm{T}}\hat{\boldsymbol{E}}\boldsymbol{\eta}(k+1)\\&\quad+\boldsymbol{\eta}^{\mathrm{T}}(k+1)\hat{\boldsymbol{E}}^{\mathrm{T}}\boldsymbol{R}_1\boldsymbol{S}_1\boldsymbol{\eta}(k)\end{aligned} \tag{7-13}$$

其中，

$$\begin{aligned}\boldsymbol{\xi}(k)=[&\boldsymbol{\eta}^{\mathrm{T}}(k)\quad \boldsymbol{\eta}^{\mathrm{T}}[k-d_1(k)]\quad \boldsymbol{\eta}^{\mathrm{T}}[k-d_2(k)]\quad \boldsymbol{\eta}^{\mathrm{T}}(k-d_{11})\\&\boldsymbol{\eta}^{\mathrm{T}}(k-d_{12})\quad \boldsymbol{\eta}^{\mathrm{T}}(k-d_{21})\quad \boldsymbol{\eta}^{\mathrm{T}}(k-d_{22})\quad \boldsymbol{g}^{\mathrm{T}}[\boldsymbol{\eta}(k)]\\&\boldsymbol{g}^{\mathrm{T}}\{\boldsymbol{\eta}[k-d_2(k)]\}\quad \boldsymbol{\Psi}^{\mathrm{T}}[\hat{\boldsymbol{C}}\boldsymbol{\eta}(k)]\quad \hat{\boldsymbol{\omega}}^{\mathrm{T}}(k)]^{\mathrm{T}}\end{aligned}$$

进一步，可以得到

$$\begin{aligned}&E\{V_2[\boldsymbol{\eta}(k+1),k+1]-V_2[\boldsymbol{\eta}(k),k]\}\\&=(d_{12}-d_{11})^2\boldsymbol{\zeta}^{\mathrm{T}}(k)\hat{\boldsymbol{E}}^{\mathrm{T}}\boldsymbol{P}\hat{\boldsymbol{E}}\boldsymbol{\zeta}(k)-(d_{12}-d_{11})\sum_{l=k-d_{12}}^{k-d_{11}-1}\boldsymbol{\zeta}^{\mathrm{T}}(l)\hat{\boldsymbol{E}}^{\mathrm{T}}\boldsymbol{P}\hat{\boldsymbol{E}}\boldsymbol{\zeta}(l)\\&\quad+(d_{22}-d_{21})^2\boldsymbol{\zeta}^{\mathrm{T}}(k)\hat{\boldsymbol{E}}^{\mathrm{T}}\boldsymbol{P}\hat{\boldsymbol{E}}\boldsymbol{\zeta}(k)-(d_{22}-d_{21})\sum_{l=k-d_{22}}^{k-d_{21}-1}\boldsymbol{\zeta}^{\mathrm{T}}(l)\hat{\boldsymbol{E}}^{\mathrm{T}}\boldsymbol{P}\hat{\boldsymbol{E}}\boldsymbol{\zeta}(l)\\&\leqslant(d_{12}-d_{11})^2\boldsymbol{\zeta}^{\mathrm{T}}(k)\hat{\boldsymbol{E}}^{\mathrm{T}}\boldsymbol{P}\hat{\boldsymbol{E}}\boldsymbol{\zeta}(k)+(d_{22}-d_{21})^2\boldsymbol{\zeta}^{\mathrm{T}}(k)\hat{\boldsymbol{E}}^{\mathrm{T}}\boldsymbol{P}\hat{\boldsymbol{E}}\boldsymbol{\zeta}(k)\end{aligned}$$

$$
\begin{aligned}
&-\Big[\sum_{l=k-d_1(k)}^{k-d_{11}-1}\boldsymbol{\zeta}(l)\Big]^{\mathrm{T}}\hat{\boldsymbol{E}}^{\mathrm{T}}\boldsymbol{P}\hat{\boldsymbol{E}}\Big[\sum_{l=k-d_1(k)}^{k-d_{11}-1}\boldsymbol{\zeta}(l)\Big]-\Big[\sum_{l=k-d_{12}}^{k-d_1(k)-1}\boldsymbol{\zeta}(l)\Big]^{\mathrm{T}}\hat{\boldsymbol{E}}^{\mathrm{T}}\boldsymbol{P}\hat{\boldsymbol{E}}\Big[\sum_{l=k-d_{12}}^{k-d_1(k)-1}\boldsymbol{\zeta}(l)\Big]\\
&-\Big[\sum_{l=k-d_2(k)}^{k-d_{21}-1}\boldsymbol{\zeta}(l)\Big]^{\mathrm{T}}\hat{\boldsymbol{E}}^{\mathrm{T}}\boldsymbol{P}\hat{\boldsymbol{E}}\Big[\sum_{l=k-d_2(k)}^{k-d_{21}-1}\boldsymbol{\zeta}(l)\Big]-\Big[\sum_{l=k-d_{22}}^{k-d_2(k)-1}\boldsymbol{\zeta}(l)\Big]^{\mathrm{T}}\hat{\boldsymbol{E}}^{\mathrm{T}}\boldsymbol{P}\hat{\boldsymbol{E}}\Big[\sum_{l=k-d_{22}}^{k-d_2(k)-1}\boldsymbol{\zeta}(l)\Big]\\
=&\,(d_{12}-d_{11})^2\boldsymbol{\zeta}^{\mathrm{T}}(k)\hat{\boldsymbol{E}}^{\mathrm{T}}\boldsymbol{P}\hat{\boldsymbol{E}}\boldsymbol{\zeta}(k)+(d_{22}-d_{21})^2\boldsymbol{\zeta}^{\mathrm{T}}(k)\hat{\boldsymbol{E}}^{\mathrm{T}}\boldsymbol{P}\hat{\boldsymbol{E}}\boldsymbol{\zeta}(k)\\
&+\boldsymbol{L}_1\boldsymbol{H}_1\boldsymbol{L}_1^{\mathrm{T}}+\boldsymbol{L}_2\boldsymbol{H}_1\boldsymbol{L}_2^{\mathrm{T}}
\end{aligned}
\tag{7-14}
$$

其中，

$$
\boldsymbol{L}_1=\begin{bmatrix}\boldsymbol{\eta}[k-d_1(k)]\\ \boldsymbol{\eta}(k-d_{11})\\ \boldsymbol{\eta}(k-d_{12})\end{bmatrix},\quad \boldsymbol{L}_2=\begin{bmatrix}\boldsymbol{\eta}[k-d_2(k)]\\ \boldsymbol{\eta}(k-d_{21})\\ \boldsymbol{\eta}(k-d_{22})\end{bmatrix}
$$

$$
\boldsymbol{H}_1=\begin{bmatrix}-2\hat{\boldsymbol{E}}^{\mathrm{T}}\boldsymbol{P}\hat{\boldsymbol{E}} & \hat{\boldsymbol{E}}^{\mathrm{T}}\boldsymbol{P}\hat{\boldsymbol{E}} & \hat{\boldsymbol{E}}^{\mathrm{T}}\boldsymbol{P}\hat{\boldsymbol{E}}\\ * & -\hat{\boldsymbol{E}}^{\mathrm{T}}\boldsymbol{P}\hat{\boldsymbol{E}} & \boldsymbol{0}\\ * & * & -\hat{\boldsymbol{E}}^{\mathrm{T}}\boldsymbol{P}\hat{\boldsymbol{E}}\end{bmatrix}
$$

同理，

$$
\begin{aligned}
&E\{V_3[\boldsymbol{\eta}(k+1),k+1]-V_3[\boldsymbol{\eta}(k),k]\}\\
&\quad=\boldsymbol{\eta}^{\mathrm{T}}(k)\boldsymbol{Q}_1\boldsymbol{\eta}(k)-\boldsymbol{\eta}^{\mathrm{T}}[k-d_1(k)]\boldsymbol{Q}_1\boldsymbol{\eta}[k-d_1(k)]\\
&\qquad+\boldsymbol{\eta}^{\mathrm{T}}(k)\boldsymbol{Q}_2\boldsymbol{\eta}(k)-\boldsymbol{\eta}^{\mathrm{T}}[k-d_2(k)]\boldsymbol{Q}_2\boldsymbol{\eta}[k-d_2(k)]
\end{aligned}
\tag{7-15}
$$

$$
\begin{aligned}
&E\{V_4[\boldsymbol{\eta}(k+1),k+1]-V_4[\boldsymbol{\eta}(k),k]\}\\
&\quad=\boldsymbol{\eta}^{\mathrm{T}}(k)(\boldsymbol{Q}_{31}+\boldsymbol{Q}_{32}+\boldsymbol{Q}_{41}+\boldsymbol{Q}_{42})\boldsymbol{\eta}(k)-\boldsymbol{\eta}^{\mathrm{T}}(k-d_{12})\boldsymbol{Q}_{31}\boldsymbol{\eta}(k-d_{12})\\
&\qquad-\boldsymbol{\eta}^{\mathrm{T}}(k-d_{22})\boldsymbol{Q}_{32}\boldsymbol{\eta}(k-d_{22})-\boldsymbol{\eta}^{\mathrm{T}}(k-d_{11})\boldsymbol{Q}_{41}\boldsymbol{\eta}(k-d_{11})\\
&\qquad-\boldsymbol{\eta}^{\mathrm{T}}(k-d_{21})\boldsymbol{Q}_{42}\boldsymbol{\eta}(k-d_{21})
\end{aligned}
\tag{7-16}
$$

$$
\begin{aligned}
&E\{V_5[\boldsymbol{\eta}(k+1),k+1]-V_5[\boldsymbol{\eta}(k),k]\}\\
&\quad=\boldsymbol{g}^{\mathrm{T}}[\boldsymbol{\eta}(k)]\boldsymbol{R}\boldsymbol{g}[\boldsymbol{\eta}(k)]-\boldsymbol{g}^{\mathrm{T}}\{\boldsymbol{\eta}[k-d_2(k)]\}\boldsymbol{R}\boldsymbol{g}\{\boldsymbol{\eta}[k-d_2(k)]\}
\end{aligned}
\tag{7-17}
$$

根据假设 7-1，定义 $\overline{\boldsymbol{B}}=\mathrm{diag}\{\boldsymbol{B},\boldsymbol{B}\}$，可以得到

$$
\|\boldsymbol{g}[\boldsymbol{\eta}(k)]\|\leqslant\|\overline{\boldsymbol{B}}\boldsymbol{\eta}(k)\|,\quad \|\boldsymbol{g}\{\boldsymbol{\eta}[k-d_2(k)]\}\|\leqslant\|\overline{\boldsymbol{B}}\boldsymbol{\eta}[k-d_2(k)]\|
\tag{7-18}
$$

根据假设 7-2，非线性项 $\boldsymbol{\Psi}[\hat{\boldsymbol{C}}\boldsymbol{\eta}(k)]$ 满足如下约束条件：

$$
[\boldsymbol{\Psi}[\hat{\boldsymbol{C}}\boldsymbol{\eta}(k)]-\boldsymbol{J}_1\hat{\boldsymbol{C}}\boldsymbol{\eta}(k)]^{\mathrm{T}}[\boldsymbol{\Psi}[\hat{\boldsymbol{C}}\boldsymbol{\eta}(k)]-\boldsymbol{J}_2\hat{\boldsymbol{C}}\boldsymbol{\eta}(k)]\leqslant 0
\tag{7-19}
$$

等价于

$$
\begin{bmatrix}\boldsymbol{\eta}(k)\\ \boldsymbol{\Psi}[\hat{\boldsymbol{C}}\boldsymbol{\eta}(k)]\end{bmatrix}^{\mathrm{T}}
\begin{bmatrix}\hat{\boldsymbol{C}}^{\mathrm{T}}\boldsymbol{J}_1^{\mathrm{T}}\boldsymbol{J}_2\hat{\boldsymbol{C}} & -\dfrac{\boldsymbol{J}_1+\boldsymbol{J}_2}{2}\hat{\boldsymbol{C}}\\ -\dfrac{\boldsymbol{J}_1+\boldsymbol{J}_2}{2}\hat{\boldsymbol{C}} & \boldsymbol{I}\end{bmatrix}
\begin{bmatrix}\boldsymbol{\eta}(k)\\ \boldsymbol{\Psi}[\hat{\boldsymbol{C}}\boldsymbol{\eta}(k)]\end{bmatrix}\leqslant 0
\tag{7-20}
$$

综合考虑公式(7-13)至(7-20)，基于 H_∞ 控制理论，可以得到

$$E\{V[\boldsymbol{\eta}(k+1),k+1]-V[\boldsymbol{\eta}(k),k]+\boldsymbol{e}_f^{\mathrm{T}}(k)\boldsymbol{e}_f(k)-\bar{\gamma}^2\hat{\boldsymbol{\omega}}^{\mathrm{T}}(k)\hat{\boldsymbol{\omega}}(k)\}\leqslant\boldsymbol{\xi}^{\mathrm{T}}(k)\boldsymbol{\Phi}\boldsymbol{\xi}(k)$$

其中，

$$\boldsymbol{\Phi}=\boldsymbol{\Phi}_1+\boldsymbol{\Phi}_2\boldsymbol{P}^{-1}\boldsymbol{\Phi}_2^{\mathrm{T}}+\boldsymbol{\Phi}_3\boldsymbol{P}^{-1}\boldsymbol{\Phi}_3^{\mathrm{T}}+\boldsymbol{\Phi}_4\boldsymbol{P}^{-1}\boldsymbol{\Phi}_4^{\mathrm{T}}+\boldsymbol{\Phi}_5\boldsymbol{P}^{-1}\boldsymbol{\Phi}_5^{\mathrm{T}}+\boldsymbol{\Phi}_6(2\boldsymbol{P})^{-1}\boldsymbol{\Phi}_6^{\mathrm{T}}$$

基于引理 2-1，可以直接获得公式(7-7)。进一步，分析系统的随机有限时间稳定性。由 $\mu\geqslant 1$ 可知

$$\begin{aligned}E\{V[\boldsymbol{\eta}(k+1),k+1]-V[\boldsymbol{\eta}(k),k]\}&\leqslant(\mu-1)\boldsymbol{\eta}^{\mathrm{T}}(k)\hat{\boldsymbol{E}}^{\mathrm{T}}\boldsymbol{P}\hat{\boldsymbol{E}}\boldsymbol{\eta}(k)\\&\leqslant(\mu-1)V[\boldsymbol{\eta}(k),k]\end{aligned}\tag{7-21}$$

同时，分析可得

$$E\{V[\boldsymbol{\eta}(k+1),k+1]\}<\mu E\{V[\boldsymbol{\eta}(k),k]\}<\mu^{k+1}E\{V[\boldsymbol{\eta}(0),0]\}\tag{7-22}$$

基于公式(7-8)和(7-12)，可以得到

$$\begin{aligned}E\{V[\boldsymbol{\eta}(0),0]\}<{}&\gamma_1\delta^2+2d_{12}\gamma_3\delta^2+2d_{22}\gamma_3\delta^2+d_{11}\gamma_3\delta^2\\&+d_{21}\gamma_3\delta^2+\boldsymbol{B}^{\mathrm{T}}\boldsymbol{B}d_{22}\gamma_5\delta^2=\bar{h}\delta^2\end{aligned}$$

另外，

$$\begin{aligned}&E\{\boldsymbol{\eta}^{\mathrm{T}}(k)\hat{\boldsymbol{E}}^{\mathrm{T}}\boldsymbol{Z}\hat{\boldsymbol{E}}\boldsymbol{\eta}(k)\}\leqslant E\{\boldsymbol{\eta}^{\mathrm{T}}(k)\hat{\boldsymbol{E}}^{\mathrm{T}}\boldsymbol{P}\hat{\boldsymbol{E}}\boldsymbol{\eta}(k)\}\\&\leqslant E\{V[\boldsymbol{\eta}(k),k]\}<\mu^kE\{V[\boldsymbol{\eta}(0),0]\}<\mu^k\bar{h}\delta^2\end{aligned}\tag{7-23}$$

由公式(7-8)的约束条件 $\bar{h}\delta^2<\mu^{-N}\varepsilon^2$，可知 $E\{\boldsymbol{\eta}^{\mathrm{T}}(k)\boldsymbol{Z}\boldsymbol{\eta}(k)\}<\varepsilon^2$，根据定义 2-9，系统(7-6)是随机有限时间稳定的。定理 7-1 证明完毕。

考虑观测器的脆弱性问题，即 $\Delta\boldsymbol{L}\neq\boldsymbol{0}$，设计观测器增益 $\hat{\boldsymbol{L}}$，给出如下定理。

定理 7-2　针对系统(7-6)($\Delta\boldsymbol{L}\neq\boldsymbol{0}$)，给定正数 $\kappa_1,\kappa_2,\beta_1,\beta_2,\beta_3$ 和 $\bar{\gamma}$，具有合适维度的矩阵 $\bar{\boldsymbol{B}}$，正定矩阵 $\boldsymbol{J}_1,\boldsymbol{J}_2$，若存在标量 $\mu\geqslant 1,\varepsilon>0,\gamma_1>1,\gamma_5>0$，具有合适维度的矩阵 $\boldsymbol{S}_1$，以及正定矩阵 $\boldsymbol{P},\hat{\boldsymbol{X}},\boldsymbol{Q}_1,\boldsymbol{Q}_2,\boldsymbol{Q}_{31},\boldsymbol{Q}_{32},\boldsymbol{Q}_{41},\boldsymbol{Q}_{42},\boldsymbol{R}$，使得条件(7-24)和(7-25)成立，则系统(7-6)在观测器增益 $\hat{\boldsymbol{L}}=\boldsymbol{P}^{-1}\hat{\boldsymbol{X}}$ 的作用下是随机有限时间稳定的。

$$\begin{bmatrix}\boldsymbol{\Phi}_1&\boldsymbol{\Xi}_1&\boldsymbol{\Xi}_2\\ *&\boldsymbol{\Xi}_3&\boldsymbol{0}\\ *&*&\boldsymbol{\Xi}_4\end{bmatrix}<0\tag{7-24}$$

$$\boldsymbol{Z} < \boldsymbol{P} < \gamma_1 \boldsymbol{Z},\ \boldsymbol{Q}_n < \gamma_3 \boldsymbol{Z}\ (n = 1,2,31,32,41,42),\ \boldsymbol{R} < \gamma_5 \boldsymbol{Z},\ \bar{h}\delta^2 < \mu^{-N}\varepsilon^2 \tag{7-25}$$

其中，$\boldsymbol{\Phi}_1$ 和 $\boldsymbol{\Phi}_5$ 取值如定理 7-1 所示，

$$\boldsymbol{\Xi}_1 = \begin{bmatrix} \widetilde{\boldsymbol{\Phi}}_2 & \widetilde{\boldsymbol{\Phi}}_3 & \widetilde{\boldsymbol{\Phi}}_4 & \boldsymbol{\Phi}_5 & \widetilde{\boldsymbol{\Phi}}_6 \end{bmatrix} \tag{7-26}$$

具体地，

$$\begin{aligned}
\widetilde{\boldsymbol{\Phi}}_2 = [&(d_{21} - d_{11})(\boldsymbol{P}\hat{\boldsymbol{A}} - \hat{\boldsymbol{X}}\hat{\boldsymbol{C}}_\alpha - \boldsymbol{P}\hat{\boldsymbol{E}}) \quad (d_{21} - d_{11})\boldsymbol{P}\hat{\boldsymbol{A}}_d \quad \boldsymbol{0} \quad \boldsymbol{0} \quad \boldsymbol{0} \quad \boldsymbol{0} \quad \boldsymbol{0} \\
&(d_{21} - d_{11})\boldsymbol{P}\hat{\boldsymbol{W}} \quad (d_{21} - d_{11}) \quad \boldsymbol{P}\hat{\boldsymbol{W}}_d \quad -(d_{21} - d_{11})(\hat{\boldsymbol{X}}\overline{\boldsymbol{\alpha}}) \quad \boldsymbol{0}]^{\mathrm{T}} \\
\widetilde{\boldsymbol{\Phi}}_3 = [&(d_{22} - d_{12})(\boldsymbol{P}\hat{\boldsymbol{A}} - \hat{\boldsymbol{X}}\hat{\boldsymbol{C}}_\alpha - \boldsymbol{P}\hat{\boldsymbol{E}}) \quad (d_{22} - d_{12})\boldsymbol{P}\hat{\boldsymbol{A}}_d \quad \boldsymbol{0} \quad \boldsymbol{0} \quad \boldsymbol{0} \quad \boldsymbol{0} \quad \boldsymbol{0} \\
&(d_{22} - d_{12})\boldsymbol{P}\hat{\boldsymbol{W}} \quad (d_{22} - d_{12})\boldsymbol{P}\hat{\boldsymbol{W}}_d \quad -(d_{22} - d_{12})(\hat{\boldsymbol{X}}\overline{\boldsymbol{\alpha}}) \quad \boldsymbol{0}]^{\mathrm{T}} \\
\widetilde{\boldsymbol{\Phi}}_4 = [&\hat{\boldsymbol{E}}(\boldsymbol{P}\hat{\boldsymbol{A}} - \hat{\boldsymbol{X}}\hat{\boldsymbol{C}}_\alpha) \quad \hat{\boldsymbol{E}}\boldsymbol{P}\hat{\boldsymbol{A}}_d \quad \boldsymbol{0} \quad \boldsymbol{0} \quad \boldsymbol{0} \quad \boldsymbol{0} \quad \boldsymbol{0} \quad \hat{\boldsymbol{E}}\boldsymbol{P}\hat{\boldsymbol{W}} \\
&\hat{\boldsymbol{E}}\boldsymbol{P}\hat{\boldsymbol{W}}_d \quad -\hat{\boldsymbol{E}}\hat{\boldsymbol{X}}\overline{\boldsymbol{\alpha}} \quad \hat{\boldsymbol{E}}\boldsymbol{P}\hat{\boldsymbol{W}}_1]^{\mathrm{T}} \\
\widetilde{\boldsymbol{\Phi}}_6 = [&\boldsymbol{0} \quad \boldsymbol{0} \quad \boldsymbol{0} \quad \boldsymbol{0} \quad \boldsymbol{0} \quad \boldsymbol{0} \quad \boldsymbol{0} \quad \boldsymbol{0} \quad \boldsymbol{0} \quad \hat{\boldsymbol{X}}\overline{\boldsymbol{\alpha}} \quad \boldsymbol{0}]^{\mathrm{T}} \\
\hat{\boldsymbol{X}} = \ &\mathrm{diag}\{\boldsymbol{X}, \boldsymbol{X}\}
\end{aligned}$$

此外，

$$\boldsymbol{\Xi}_2 = \begin{bmatrix} \widetilde{\boldsymbol{M}}_1 & \beta_1 \boldsymbol{N}_1^{\mathrm{T}} & \widetilde{\boldsymbol{M}}_2 & \beta_2 \boldsymbol{N}_1^{\mathrm{T}} & \widetilde{\boldsymbol{M}}_3 & \beta_3 \boldsymbol{N}_2^{\mathrm{T}} \end{bmatrix} \tag{7-27}$$

具体地，

$$\begin{aligned}
\widetilde{\boldsymbol{M}}_1 = [&\boldsymbol{0} \quad \boldsymbol{0} \quad \boldsymbol{0} \quad \boldsymbol{0} \quad \boldsymbol{0} \quad \boldsymbol{0} \quad \boldsymbol{0} \quad -(d_{12} - d_{11})\hat{\boldsymbol{H}}^{\mathrm{T}}\hat{\boldsymbol{X}}^{\mathrm{T}} \\
&-(d_{22} - d_{21})\hat{\boldsymbol{H}}^{\mathrm{T}}\hat{\boldsymbol{X}}^{\mathrm{T}} \quad \boldsymbol{0} \quad \boldsymbol{0}] \\
\widetilde{\boldsymbol{M}}_2 = [&\boldsymbol{0} \quad \boldsymbol{0} \quad \boldsymbol{0} \quad \boldsymbol{0} \quad \boldsymbol{0} \quad \boldsymbol{0} \quad \boldsymbol{0} \quad \boldsymbol{0} \quad \boldsymbol{0} \quad -\hat{\boldsymbol{H}}^{\mathrm{T}}\hat{\boldsymbol{X}}^{\mathrm{T}}\hat{\boldsymbol{E}}^{\mathrm{T}} \quad \boldsymbol{0}]^{\mathrm{T}}, \quad \hat{\boldsymbol{H}} = \mathrm{diag}\{\boldsymbol{H}, \boldsymbol{H}\} \\
\widetilde{\boldsymbol{M}}_3 = [&\boldsymbol{0} \quad \boldsymbol{0} \quad \boldsymbol{0} \quad \boldsymbol{0} \quad \boldsymbol{0} \quad \boldsymbol{0} \quad \boldsymbol{0} \quad \boldsymbol{0} \quad \boldsymbol{0} \quad \hat{\boldsymbol{H}}^{\mathrm{T}}\hat{\boldsymbol{X}}^{\mathrm{T}} \quad \boldsymbol{0}]^{\mathrm{T}} \\
\boldsymbol{N}_1 = [&\hat{\boldsymbol{Y}}\hat{\boldsymbol{C}}_\alpha \quad \boldsymbol{0} \quad \boldsymbol{0} \quad \boldsymbol{0} \quad \boldsymbol{0} \quad \boldsymbol{0} \quad \boldsymbol{0} \quad \boldsymbol{0} \quad \boldsymbol{0} \quad \hat{\boldsymbol{Y}}\overline{\boldsymbol{\alpha}} \quad \boldsymbol{0}], \quad \hat{\boldsymbol{Y}} = \mathrm{diag}\{\boldsymbol{Y}, \boldsymbol{Y}\} \\
\boldsymbol{N}_2 = [&\boldsymbol{0} \quad \boldsymbol{0} \quad \boldsymbol{0} \quad \boldsymbol{0} \quad \boldsymbol{0} \quad \boldsymbol{0} \quad \boldsymbol{0} \quad \boldsymbol{0} \quad \boldsymbol{0} \quad \hat{\boldsymbol{Y}}\overline{\boldsymbol{\alpha}} \quad \boldsymbol{0}]
\end{aligned}$$

证明：将 $\hat{\boldsymbol{L}} = \hat{\boldsymbol{L}} + \Delta\hat{\boldsymbol{L}}$，$\Delta\hat{\boldsymbol{L}} = \mathrm{diag}\{\Delta\boldsymbol{L}, \Delta\boldsymbol{L}\}$ 代入公式(7-7)，则矩阵 $\boldsymbol{\Phi}$ 可以写成 $\boldsymbol{\Phi} = \boldsymbol{\Phi} + \Delta\boldsymbol{\Phi}$，其中，

$$\Delta\boldsymbol{\Phi}=\begin{bmatrix}\mathbf{0} & \Delta\boldsymbol{\Phi}_2 & \Delta\boldsymbol{\Phi}_3 & \Delta\boldsymbol{\Phi}_4 & \mathbf{0} & \Delta\boldsymbol{\Phi}_6\\ * & \mathbf{0} & \mathbf{0} & \mathbf{0} & \mathbf{0} & \mathbf{0}\\ * & * & \mathbf{0} & \mathbf{0} & \mathbf{0} & \mathbf{0}\\ * & * & * & \mathbf{0} & \mathbf{0} & \mathbf{0}\\ * & * & * & * & \mathbf{0} & \mathbf{0}\\ * & * & * & * & * & \mathbf{0}\end{bmatrix}<0$$

$$\Delta\boldsymbol{\Phi}_2=[-(d_{21}-d_{11})\boldsymbol{P}\Delta\hat{\boldsymbol{L}}\hat{\boldsymbol{C}}_\alpha\quad \mathbf{0}\quad \mathbf{0}\quad \mathbf{0}\quad \mathbf{0}\quad \mathbf{0}\quad \mathbf{0}\quad \mathbf{0}\quad \mathbf{0}\quad -(d_{21}-d_{11})\boldsymbol{P}(\Delta\hat{\boldsymbol{L}}\overline{\boldsymbol{\alpha}})\quad \mathbf{0}]^{\mathrm{T}}$$

$$\Delta\boldsymbol{\Phi}_3=[-(d_{22}-d_{12})\boldsymbol{P}\Delta\hat{\boldsymbol{L}}\hat{\boldsymbol{C}}_\alpha\quad \mathbf{0}\quad \mathbf{0}\quad \mathbf{0}\quad \mathbf{0}\quad \mathbf{0}\quad \mathbf{0}\quad \mathbf{0}\quad \mathbf{0}\quad -(d_{22}-d_{12})\boldsymbol{P}(\Delta\hat{\boldsymbol{L}}\overline{\boldsymbol{\alpha}})\quad \mathbf{0}]^{\mathrm{T}}$$

$$\Delta\boldsymbol{\Phi}_4=\Delta\boldsymbol{S}^{\mathrm{T}}\hat{\boldsymbol{E}}^{\mathrm{T}}\boldsymbol{P},\quad \Delta\boldsymbol{S}=[-\Delta\hat{\boldsymbol{L}}\hat{\boldsymbol{C}}_\alpha\quad \mathbf{0}\quad \mathbf{0}\quad \mathbf{0}\quad \mathbf{0}\quad \mathbf{0}\quad \mathbf{0}\quad \mathbf{0}\quad \mathbf{0}\quad -\Delta\hat{\boldsymbol{L}}\overline{\boldsymbol{\alpha}}\quad \mathbf{0}]$$

$$\Delta\boldsymbol{\Phi}_6=[\mathbf{0}\quad \mathbf{0}\quad \mathbf{0}\quad \mathbf{0}\quad \mathbf{0}\quad \mathbf{0}\quad \mathbf{0}\quad \mathbf{0}\quad \mathbf{0}\quad \boldsymbol{P}\Delta\hat{\boldsymbol{L}}\overline{\boldsymbol{\alpha}}\quad \mathbf{0}]^{\mathrm{T}}$$

基于条件 $\Delta\boldsymbol{L}=\boldsymbol{LHF}(k)\boldsymbol{Y}$，$\boldsymbol{F}^{\mathrm{T}}(k)\boldsymbol{F}(k)\leqslant\boldsymbol{I}$，定义 $\hat{\boldsymbol{F}}(k)=\mathrm{diag}\{\boldsymbol{F}(k),\boldsymbol{F}(k)\}$，分析可得

$$\Delta\boldsymbol{\Phi}=\mathrm{He}(\hat{\boldsymbol{M}}_1\hat{\boldsymbol{F}}(k)\boldsymbol{N}_1)+\mathrm{He}(\hat{\boldsymbol{M}}_2\hat{\boldsymbol{F}}(k)\boldsymbol{N}_1)+\mathrm{He}(\hat{\boldsymbol{M}}_3\hat{\boldsymbol{F}}(k)\boldsymbol{N}_2)$$

其中，

$$\hat{\boldsymbol{M}}_1=[\mathbf{0}\quad \mathbf{0}\quad \mathbf{0}\quad \mathbf{0}\quad \mathbf{0}\quad \mathbf{0}\quad \mathbf{0}\quad -(d_{12}-d_{11})\hat{\boldsymbol{H}}^{\mathrm{T}}\hat{\boldsymbol{L}}^{\mathrm{T}}\boldsymbol{P}\quad -(d_{22}-d_{21})\hat{\boldsymbol{H}}^{\mathrm{T}}\hat{\boldsymbol{L}}^{\mathrm{T}}\boldsymbol{P}\quad \mathbf{0}]^{\mathrm{T}}$$

$$\hat{\boldsymbol{M}}_2=[\mathbf{0}\quad \mathbf{0}\quad \mathbf{0}\quad \mathbf{0}\quad \mathbf{0}\quad \mathbf{0}\quad \mathbf{0}\quad \mathbf{0}\quad \mathbf{0}\quad -\hat{\boldsymbol{H}}^{\mathrm{T}}\hat{\boldsymbol{L}}^{\mathrm{T}}\hat{\boldsymbol{E}}^{\mathrm{T}}\boldsymbol{P}\quad \mathbf{0}]^{\mathrm{T}}$$

$$\hat{\boldsymbol{M}}_3=[\mathbf{0}\quad \mathbf{0}\quad \mathbf{0}\quad \mathbf{0}\quad \mathbf{0}\quad \mathbf{0}\quad \mathbf{0}\quad \mathbf{0}\quad \mathbf{0}\quad \hat{\boldsymbol{H}}^{\mathrm{T}}\hat{\boldsymbol{L}}^{\mathrm{T}}\boldsymbol{P}\quad \mathbf{0}]^{\mathrm{T}}$$

$$\hat{\boldsymbol{H}}=\mathrm{diag}\{\boldsymbol{H},\boldsymbol{H}\}$$

考虑奇异系统特性 $\hat{\boldsymbol{E}}^{\mathrm{T}}\boldsymbol{P}=\boldsymbol{P}\hat{\boldsymbol{E}}^{\mathrm{T}}$，设计 $\hat{\boldsymbol{L}}=\boldsymbol{P}^{-1}\hat{\boldsymbol{X}}$，则可以直接得到公式(7-24)。定理 7-2 证明完毕。

7.1.3　仿真算例

算例 7-1　给定如下系统参数：

$$\boldsymbol{A}=\begin{bmatrix}0.5 & 0 & 0\\ 0 & 0.3 & 0\\ 0 & 0 & 0.4\end{bmatrix},\quad \boldsymbol{A}_d=\begin{bmatrix}-0.05 & 0 & 0\\ 0 & -0.01 & 0\\ 0 & 0 & -0.04\end{bmatrix}$$

$$\boldsymbol{W}=\begin{bmatrix}0.2 & 0.2 & -0.1\\ 0 & 0.4 & 0.3\\ -0.3 & 0 & 0.2\end{bmatrix},\quad \boldsymbol{W}_d=\begin{bmatrix}0.2 & 0 & 0.1\\ 0.1 & 0.2 & 0\\ 0.1 & 0 & 0.1\end{bmatrix}$$

$$\boldsymbol{C}=\begin{bmatrix}0.3 & 0.2 & 0.6\\ -0.1 & 0.8 & 0.2\\ 0 & 0 & 0.8\end{bmatrix}$$

非线性函数描述如下：

$$g_1[\boldsymbol{x}_1(k)]=-0.2\tanh[\boldsymbol{x}_1(k)],\quad g_2[\boldsymbol{x}_2(k)]=0.3\tanh[\boldsymbol{x}_2(k)]$$

$$g_3[\boldsymbol{x}_3(k)]=0.1\tanh[\boldsymbol{x}_3(k)]$$

$$\boldsymbol{\Psi}(\cdot)=\begin{bmatrix}\tanh[-\boldsymbol{x}_1(k)]+0.2\boldsymbol{x}_1(k)+0.1\boldsymbol{x}_2(k)+0.1\boldsymbol{x}_3(k)\\ 0.1\boldsymbol{x}_1(k)-\tanh[\boldsymbol{x}_2(k)]+0.2\boldsymbol{x}_2(k)\\ 0.1\boldsymbol{x}_1(k)+0.2\boldsymbol{x}_3(k)-\tanh[\boldsymbol{x}_3(k)]\end{bmatrix}$$

根据假设 7-1 和假设 7-2,分析可得如下约束矩阵：

$$\boldsymbol{B}=\begin{bmatrix}0.2 & 0 & 0\\ 0 & 0.3 & 0\\ 0 & 0 & 0.1\end{bmatrix},\quad \boldsymbol{J}_1=\begin{bmatrix}-0.8 & 0.1 & 0.1\\ 0.1 & -0.8 & 0\\ 0.1 & 0 & -0.8\end{bmatrix}$$

$$\boldsymbol{J}_2=\begin{bmatrix}0.2 & 0.1 & 0.1\\ 0.1 & 0.2 & 0\\ 0.1 & 0 & 0.2\end{bmatrix}$$

假设参数不确定项的相关信息为

$$\boldsymbol{H}=\begin{bmatrix}1 & 0 & 0\\ 0 & 1 & 0\\ 0 & 0 & 1\end{bmatrix},\quad \boldsymbol{Y}=\begin{bmatrix}0.4 & 0.4 & 0.4\\ 0.4 & 0.4 & 0.4\\ 0.4 & 0.4 & 0.4\end{bmatrix}$$

通过定理 7-2,可以求得观测器增益为

$$\boldsymbol{L}=\begin{bmatrix}1.2999 & -0.2027 & -0.1883\\ 0.0002 & 0.3599 & -0.0579\\ -0.1236 & -0.0298 & 0.4516\\ 0.1205 & 0.1041 & 0.1033\end{bmatrix}$$

仿真结果如图 7-1 至图 7-5 所示。尽管系统存在时延(图 7-1),利用系统的实际输出信号(图 7-2),我们所设计的观测器(图 7-3) 可以有效估计系统状态(图 7-4),状态估计误差可以在有限时间内收敛至平衡点(图 7-5)。

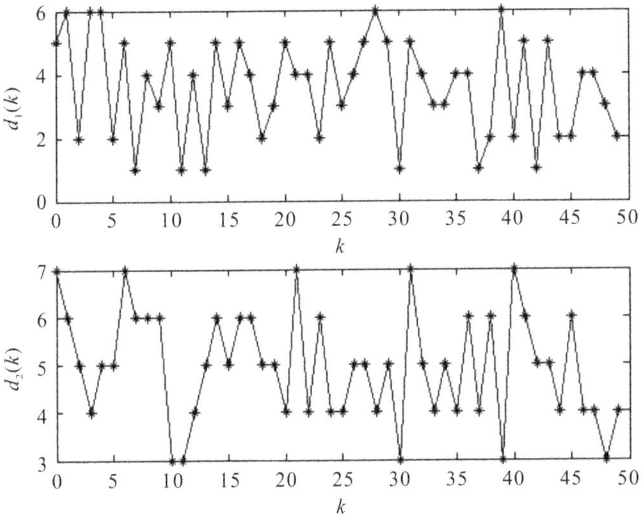

图 7-1　系统时延

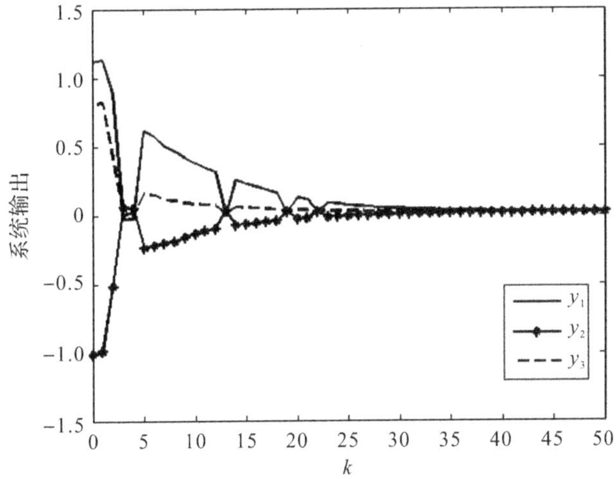

图 7-2　系统输出

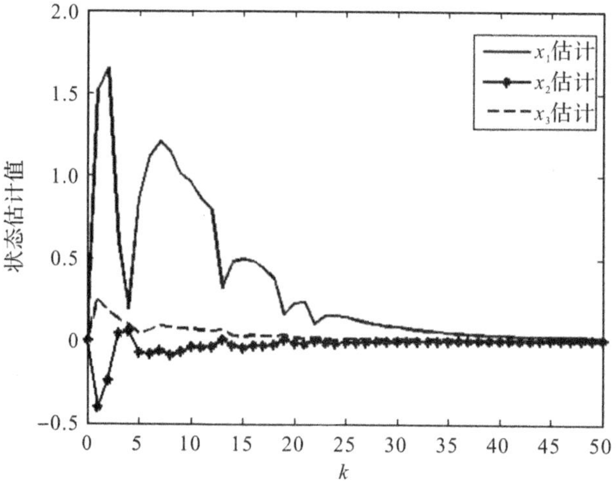

图 7-3　状态估计

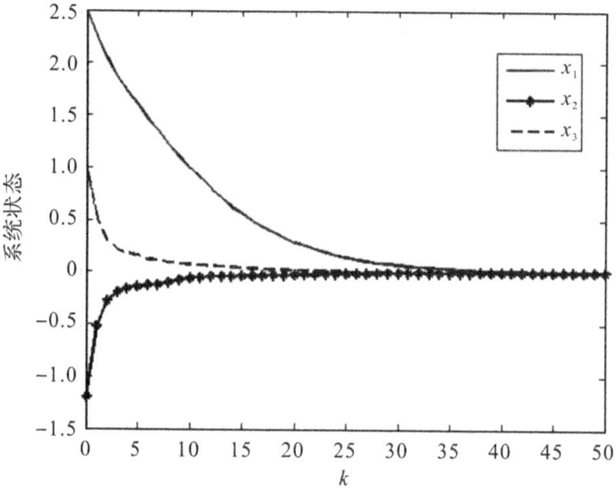

图 7-4　系统状态

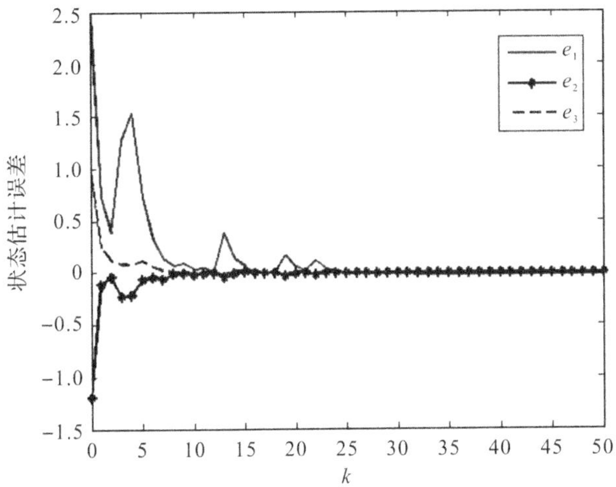

图 7-5　状态估计误差

7.2　不可靠通信条件下系统状态与传感器故障协同估计

7.2.1　问题描述

考虑一类非线性随机系统

$$\begin{cases} \boldsymbol{x}(k+1)=\boldsymbol{A}[r(k)]\boldsymbol{x}(k)+\boldsymbol{A}_d[r(k)]\boldsymbol{x}[k-d_1(k)]+\boldsymbol{W}[r(k)]\boldsymbol{g}[\boldsymbol{x}(k)] \\ \qquad\qquad +\boldsymbol{W}_d[r(k)]\boldsymbol{g}\{\boldsymbol{x}[k-d_2(k)]\} \\ \boldsymbol{y}(k)=\boldsymbol{x}(k)+\boldsymbol{f}(k)+\alpha(k)\boldsymbol{h}(k) \end{cases} \tag{7-28}$$

其中，$r(k)$ 为属于有限空间 $\mathbb{S}=\{1,2,\cdots,s\}$ 的 Markov 链，用以描述系统模态之间的跳变，并且满足

$$\text{Prob}\{r(k+1)=j \mid r(k)=i\}=\lambda_{ij}$$

$$\forall\, i,j\in\mathbb{S},\quad \sum_{j=1}^{s}\lambda_{ij}=1,\quad \lambda_1\leqslant\lambda_{ij}\leqslant\lambda_2 \tag{7-29}$$

其中，$\boldsymbol{x}(k)$ 为系统状态，$\boldsymbol{y}(k)$ 为系统输出，$\boldsymbol{A}[r(k)]$，$\boldsymbol{A}_d[r(k)]$，$\boldsymbol{W}[r(k)]$，$\boldsymbol{W}_d[r(k)]$ 为已知的具有合适维度的矩阵，为了方便描述，定义 $r(k)=i$，则这些矩阵可以简写为 $\boldsymbol{A}_i$，$\boldsymbol{A}_{di}$，$\boldsymbol{W}_i$，$\boldsymbol{W}_{di}$。$d_1(k)$ 和 $d_2(k)$ 为系统时延并且满足 $d_{1i}\leqslant d_i(k)\leqslant d_{2i}(i=1,2)$。$\boldsymbol{g}[\boldsymbol{x}(k)]$ 为非线性函数并且满足假设 7-1 的条件，$\boldsymbol{f}(k)$ 为系统传感器故障信号，$\boldsymbol{h}(k)$ 为系统欺骗攻击，当 $\alpha(k)=1$ 时攻击成功，令 $E\{\alpha(k)=1\}=\bar{\alpha}$。定义 $\boldsymbol{x}_f(k)=\boldsymbol{f}(k)+\alpha(k)\boldsymbol{h}(k)$，采用类似第 7.1 节的建模

方法，可以得到如下奇异随机增广系统：

$$\begin{cases}\bar{E}\bar{x}(k+1)=\bar{A}_i\bar{x}(k)+\bar{A}_{di}\bar{x}[k-d_1(k)]\\ \qquad\qquad +\bar{W}_i\bar{g}[\bar{x}(k)]+\bar{W}_{di}\bar{g}\{\bar{x}[k-d_2(k)]\}\\ y(k)=x(k)+x_f(k)=[I\quad I]\bar{x}(k)\end{cases}\tag{7-30}$$

其中，$\bar{x}(k)=[x^{\mathrm{T}}(k)\quad x_f^{\mathrm{T}}(k)]^{\mathrm{T}}$，$\bar{g}[\bar{x}(k)]=[g[\bar{x}(k)]\quad 0]^{\mathrm{T}}$，$\bar{A}_i=\mathrm{diag}\{A_i,0\}$，$\bar{A}_{di}=\mathrm{diag}\{A_{di},0\}$，$\bar{W}_i=\mathrm{diag}\{W_i,0\}$，$\bar{W}_{di}=\mathrm{diag}\{W_{di},0\}$，$\bar{E}=\mathrm{diag}\{I,0\}$。

因为信息采取网络传输，不可避免地会占用网络资源，为了减少不必要的网络资源浪费，常常采用事件驱动算法来判断数据是否发送。由于我们考虑的系统是离散系统，传感器的测量值本身就存在时间间隔，事件触发的间隔一定存在一个正的下界，因此不会存在 Zeno 行为。设计触发条件如下：

$$[y(k)-y(k-i)]^{\mathrm{T}}\Omega[y(k)-y(k-i)]\leqslant\delta y^{\mathrm{T}}(k)\Omega y(k)\tag{7-31}$$

其中，$y(k-i)$ 为观测器上一次收到的传感器数据，Ω 为已知的正定矩阵，$\delta\in[0,1)$。根据上述描述，基于系统(7-30)，设计如下非脆弱状态观测器：

$$\begin{cases}\bar{E}\hat{\bar{x}}(k+1)=\bar{A}_i\hat{\bar{x}}(k)+\bar{A}_{di}\hat{\bar{x}}[k-d_1(k)]+\bar{W}_i\bar{g}[\bar{x}(k)]\\ \qquad\qquad +\bar{W}_{di}\bar{g}\{\bar{x}[k-d_2(k)]\}+(G_i+\Delta G_i)[\hat{y}(k)-y(k)]\\ \hat{y}(k)=\hat{\bar{x}}(k)\end{cases}\tag{7-32}$$

其中，$\hat{\bar{x}}(k)$ 为系统状态 $\bar{x}(k)$ 的观测值，G_i 为非脆弱观测器的增益，其不确定项 $\Delta G_i=G_iHF(k)Y$，H 和 Y 为具有合适维度的常矩阵，$F^{\mathrm{T}}(k)F(k)\leqslant I$。定义

$$p(k)=\hat{y}(k)-y(k),\quad \tilde{x}(k)=[\bar{x}^{\mathrm{T}}(k)\quad \hat{\bar{x}}^{\mathrm{T}}(k)]^{\mathrm{T}}\tag{7-33}$$

结合系统(7-30)和观测器(7-32)，建立如下增广系统：

$$\tilde{E}\tilde{x}(k+1)=\tilde{A}_i\tilde{x}(k)+\tilde{A}_{di}\tilde{x}[k-d_1(k)]+\tilde{W}_ig[\tilde{x}(k)]\\ +\tilde{W}_{di}g\{\tilde{x}[k-d_2(k)]\}+\tilde{G}_i\bar{p}(k)\tag{7-34}$$

其中，

$\tilde{E}=\mathrm{diag}\{\bar{E},\bar{E}\}$，$\tilde{A}_i=\mathrm{diag}\{\bar{A}_i,\bar{A}_i\}$，$\tilde{A}_{di}=\mathrm{diag}\{\bar{A}_{di},\bar{A}_{di}\}$，$\tilde{W}_i=\mathrm{diag}\{\bar{W}_i,\bar{W}_i\}$

$\tilde{W}_{di}=\mathrm{diag}\{\tilde{W}_{di},\tilde{W}_{di}\}$，$\tilde{G}_i=\mathrm{diag}\{G_i+\Delta G_i,G_i+\Delta G_i\}$，$\bar{p}(k)=[0\quad p^{\mathrm{T}}(k)]^{\mathrm{T}}$

7.2.2 主要结果

针对系统(7-34)，本节对其观测器增益 G_i 的设计方法开展研究，给出如下定理。

定理 7-3　给定 $\widetilde{\boldsymbol{G}}_i$，若存在正定矩阵 $\boldsymbol{P}_{1i}$，$\boldsymbol{Q}_j(j=0,1,2,3)$，$\boldsymbol{R}_1$，$\boldsymbol{R}_2$，$\boldsymbol{\Omega}$，以及正数 κ_0，κ_1，κ_2，使得线性矩阵不等式(7-35)成立，则系统(7-34)是指数均方稳定的。

$$\widetilde{\boldsymbol{\Phi}}_i=\begin{bmatrix}\boldsymbol{\Pi}_1 & \boldsymbol{0} & \boldsymbol{0} & \boldsymbol{0} & \boldsymbol{0} & \boldsymbol{0} & \boldsymbol{0} & \widetilde{\boldsymbol{A}}_i^{\mathrm{T}}\overline{\boldsymbol{P}}_i\\ * & \boldsymbol{\Pi}_2 & \boldsymbol{0} & \boldsymbol{0} & \boldsymbol{0} & \boldsymbol{0} & \boldsymbol{0} & \widetilde{\boldsymbol{A}}_{di}^{\mathrm{T}}\overline{\boldsymbol{P}}_i\\ * & * & \boldsymbol{\Pi}_3 & \boldsymbol{0} & \boldsymbol{0} & \boldsymbol{0} & \boldsymbol{0} & \boldsymbol{0}\\ * & * & * & \boldsymbol{\Pi}_4 & \boldsymbol{0} & \boldsymbol{0} & \boldsymbol{0} & \widetilde{\boldsymbol{W}}_i^{\mathrm{T}}\overline{\boldsymbol{P}}_i\\ * & * & * & * & -\boldsymbol{R}_1-\kappa_1\boldsymbol{I} & \boldsymbol{0} & \boldsymbol{0} & \boldsymbol{0}\\ * & * & * & * & * & -\boldsymbol{R}_2-\kappa_2\boldsymbol{I} & \boldsymbol{0} & \widetilde{\boldsymbol{W}}_{di}^{\mathrm{T}}\overline{\boldsymbol{P}}_i\\ * & * & * & * & * & * & -\boldsymbol{\Omega} & \widetilde{\boldsymbol{G}}_i^{\mathrm{T}}\overline{\boldsymbol{P}}_i\\ * & * & * & * & * & * & * & -\overline{\boldsymbol{P}}_i\end{bmatrix}<0 \tag{7-35}$$

其中，

$$\boldsymbol{P}_i=\mathrm{diag}\{\boldsymbol{P}_{1i},\boldsymbol{P}_{1i}\},\quad \overline{\boldsymbol{P}}_i=\sum_{j=1}^{s}\lambda_{ij}\widetilde{\boldsymbol{E}}^{\mathrm{T}}\boldsymbol{P}_j\widetilde{\boldsymbol{E}}$$

$$\sigma_1=(1-\lambda_1)(d_{12}-d_{11})+1,\quad \sigma_2=(1-\lambda_1)(d_{22}-d_{21})+1$$

$$\boldsymbol{\Pi}_1=-\widetilde{\boldsymbol{E}}^{\mathrm{T}}\boldsymbol{P}_i\widetilde{\boldsymbol{E}}+\sigma_1\boldsymbol{Q}_1+\sigma_2\boldsymbol{Q}_3+\kappa_0\overline{\boldsymbol{B}}^{\mathrm{T}}\overline{\boldsymbol{B}},\quad \boldsymbol{\Pi}_2=-\boldsymbol{Q}_0+\kappa_1\overline{\boldsymbol{B}}^{\mathrm{T}}\overline{\boldsymbol{B}}$$

$$\boldsymbol{\Pi}_3=-\boldsymbol{Q}_2+\kappa_2\overline{\boldsymbol{B}}^{\mathrm{T}}\overline{\boldsymbol{B}}+\delta\boldsymbol{\Omega},\quad \boldsymbol{\Pi}_4=\sigma_1\boldsymbol{R}_1+\sigma_2\boldsymbol{R}_2-\kappa_0\boldsymbol{I}$$

证明:选择如下 Lyapunov 函数:

$$V[\widetilde{\boldsymbol{x}}(k),k,\theta(k)]=\sum_{m=1}^{3}V_m[\widetilde{\boldsymbol{x}}(k),k,\theta(k)] \tag{7-36}$$

其中，

$$V_1[\widetilde{\boldsymbol{x}}(k),k,\theta(k)]=\widetilde{\boldsymbol{x}}^{\mathrm{T}}(k)\widetilde{\boldsymbol{E}}^{\mathrm{T}}\boldsymbol{P}_{\theta(k)}\widetilde{\boldsymbol{E}}\widetilde{\boldsymbol{x}}(k)$$

$$\begin{aligned}V_2[\widetilde{\boldsymbol{x}}(k),k,\theta(k)]=&\sum_{l=k-d_1(k)}^{k-1}\widetilde{\boldsymbol{x}}^{\mathrm{T}}(l)\boldsymbol{Q}_0\widetilde{\boldsymbol{x}}(l)+(1-\lambda_1)\sum_{m=d_{11}}^{d_{12}-1}\sum_{l=k-m}^{k-1}\widetilde{\boldsymbol{x}}^{\mathrm{T}}(l)\boldsymbol{Q}_1\widetilde{\boldsymbol{x}}(l)\\&+\sum_{l=k-d_2(k)}^{k-1}\widetilde{\boldsymbol{x}}^{\mathrm{T}}(l)\boldsymbol{Q}_2\widetilde{\boldsymbol{x}}(l)+(1-\lambda_1)\sum_{m=d_{21}}^{d_{22}-1}\sum_{l=k-m}^{k-1}\widetilde{\boldsymbol{x}}^{\mathrm{T}}(l)\boldsymbol{Q}_3\widetilde{\boldsymbol{x}}(l)\end{aligned}$$

$$\begin{aligned} V_3[\tilde{\boldsymbol{x}}(k),k,\theta(k)] = & \sum_{l=d_1(k)}^{k-1} \boldsymbol{g}^{\mathrm{T}}[\tilde{\boldsymbol{x}}(l)]\boldsymbol{R}_1\boldsymbol{g}[\tilde{\boldsymbol{x}}(l)] \\ & + (1-\lambda_1)\sum_{m=d_{11}}^{d_{12}-1}\sum_{l=k-m}^{k-1}\boldsymbol{g}^{\mathrm{T}}[\tilde{\boldsymbol{x}}(l)]\boldsymbol{R}_1\boldsymbol{g}[\tilde{\boldsymbol{x}}(l)] \\ & + \sum_{l=d_2(k)}^{k-1}\boldsymbol{g}^{\mathrm{T}}[\tilde{\boldsymbol{x}}(l)]\boldsymbol{R}_2\boldsymbol{g}[\tilde{\boldsymbol{x}}(l)] \\ & + (1-\lambda_1)\sum_{m=d_{21}}^{d_{22}-1}\sum_{l=k-m}^{k-1}\boldsymbol{g}^{\mathrm{T}}[\tilde{\boldsymbol{x}}(l)]\boldsymbol{R}_2\boldsymbol{g}[\tilde{\boldsymbol{x}}(l)] \end{aligned}$$

基于系统(7-34)，结合上述 $V[\tilde{\boldsymbol{x}}(k),k,\theta(k)]$，可以得到

$$\begin{aligned} & E\{V_1[\tilde{\boldsymbol{x}}(k+1),k+1,\theta(k+1)] = j \mid \theta(k)=i) - V_1[\tilde{\boldsymbol{x}}(k),k,\theta(k)=i]\} \\ & = \boldsymbol{\xi}^{\mathrm{T}}(k,i)\boldsymbol{S}_i^{\mathrm{T}}\overline{\boldsymbol{P}}_i\boldsymbol{S}_i\boldsymbol{\xi}(k,i) - \tilde{\boldsymbol{x}}^{\mathrm{T}}(k)\tilde{\boldsymbol{E}}^{\mathrm{T}}\boldsymbol{P}_i\tilde{\boldsymbol{E}}\tilde{\boldsymbol{x}}(k) \end{aligned} \tag{7-37}$$

其中，

$$\boldsymbol{S}_i = \begin{bmatrix}\tilde{\boldsymbol{A}}_i & \tilde{\boldsymbol{A}}_{di} & \boldsymbol{0} & \tilde{\boldsymbol{W}}_i & \boldsymbol{0} & \tilde{\boldsymbol{W}}_{di} & \tilde{\boldsymbol{G}}_i\end{bmatrix}$$

$$\begin{aligned} \boldsymbol{\xi}(k,i) = \big[& \tilde{\boldsymbol{x}}^{\mathrm{T}}(k) \quad \tilde{\boldsymbol{x}}^{\mathrm{T}}[k-d_1(k)] \quad \tilde{\boldsymbol{x}}^{\mathrm{T}}[k-d_2(k)] \quad \boldsymbol{g}^{\mathrm{T}}[\tilde{\boldsymbol{x}}(k)] \\ & \boldsymbol{g}^{\mathrm{T}}\{\tilde{\boldsymbol{x}}[k-d_1(k)]\} \quad \boldsymbol{g}^{\mathrm{T}}\{\tilde{\boldsymbol{x}}[k-d_2(k)]\} \quad \overline{\boldsymbol{p}}^{\mathrm{T}}(k)\big]^{\mathrm{T}} \end{aligned}$$

类似公式(7-37)，我们可以得到

$$\begin{aligned} & E\{V_2[\tilde{\boldsymbol{x}}(k+1),k+1,\theta(k+1)=j \mid \theta(k)=i] - V_2[\tilde{\boldsymbol{x}}(k),k,\theta(k)=i]\} \\ & \leqslant \sum_{j=1}^{N}\lambda_{ij}\sum_{l=k+1-d_1(k)}^{k}\tilde{\boldsymbol{x}}^{\mathrm{T}}(l)\boldsymbol{Q}_0\tilde{\boldsymbol{x}}(l) \\ & \quad + (1-\lambda_1)\sum_{m=d_{11}}^{d_{12}-1}\sum_{l=k+1-m}^{k}\tilde{\boldsymbol{x}}^{\mathrm{T}}(l)\tilde{\boldsymbol{E}}^{\mathrm{T}}\boldsymbol{Q}_1\tilde{\boldsymbol{E}}\tilde{\boldsymbol{x}}(l) \\ & \quad + \sum_{j=1}^{N}\lambda_{ij}\sum_{l=k+1-d_2(k)}^{k}\tilde{\boldsymbol{x}}^{\mathrm{T}}(l)\boldsymbol{Q}_2\tilde{\boldsymbol{x}}(l) \\ & \quad + (1-\lambda_1)\sum_{m=d_{21}}^{d_{22}-1}\sum_{l=k+1-m}^{k}\tilde{\boldsymbol{x}}^{\mathrm{T}}(l)\tilde{\boldsymbol{E}}^{\mathrm{T}}\boldsymbol{Q}_3\tilde{\boldsymbol{E}}\tilde{\boldsymbol{x}}(l) \\ & \quad - (1-\lambda_1)\sum_{m=d_{11}}^{d_{12}-1}\sum_{l=k-m}^{k-1}\tilde{\boldsymbol{x}}^{\mathrm{T}}(l)\tilde{\boldsymbol{E}}^{\mathrm{T}}\boldsymbol{Q}_1\tilde{\boldsymbol{E}}\tilde{\boldsymbol{x}}(l) - \sum_{l=k-d_1(k)}^{k-1}\tilde{\boldsymbol{x}}^{\mathrm{T}}(l)\boldsymbol{Q}_0\tilde{\boldsymbol{x}}(l) \\ & \quad - \sum_{l=k-d_2(k)}^{k-1}\tilde{\boldsymbol{x}}^{\mathrm{T}}(l)\boldsymbol{Q}_2\tilde{\boldsymbol{x}}(l) - (1-\lambda_1)\sum_{m=d_{21}}^{d_{23}-1}\sum_{l=k-m}^{k-1}\tilde{\boldsymbol{x}}^{\mathrm{T}}(l)\tilde{\boldsymbol{E}}^{\mathrm{T}}\boldsymbol{Q}_3\tilde{\boldsymbol{E}}\tilde{\boldsymbol{x}}(l) \end{aligned}$$

$$
\begin{aligned}
&\leqslant [(1-\lambda_1)(d_{12}-d_{11})+1]\tilde{\boldsymbol{x}}^{\mathrm{T}}(k)\tilde{\boldsymbol{E}}^{\mathrm{T}}\boldsymbol{Q}_1\tilde{\boldsymbol{E}}\tilde{\boldsymbol{x}}(k) \\
&\quad -\tilde{\boldsymbol{x}}^{\mathrm{T}}[k-d_1(k)]\boldsymbol{Q}_0\tilde{\boldsymbol{x}}[k-d_1(k)] \\
&\quad +[(1-\lambda_1)(d_{22}-d_{21})+1]\tilde{\boldsymbol{x}}^{\mathrm{T}}(k)\tilde{\boldsymbol{E}}^{\mathrm{T}}\boldsymbol{Q}_3\tilde{\boldsymbol{E}}\tilde{\boldsymbol{x}}(k) \\
&\quad -\tilde{\boldsymbol{x}}^{\mathrm{T}}[k-d_2(k)]\boldsymbol{Q}_2\tilde{\boldsymbol{x}}[k-d_2(k)] \\
&E\{V_3[\tilde{\boldsymbol{x}}(k+1),k+1,\theta(k+1)=j \mid \theta(k)=i]-V_3[\tilde{\boldsymbol{x}}(k),k,\theta(k)=i]\} \\
&\leqslant \sum_{j=1}^{N}\lambda_{ij}\sum_{l=k+1-d_1(k)}^{k}\boldsymbol{g}^{\mathrm{T}}[\tilde{\boldsymbol{x}}(l)]\boldsymbol{R}_1\boldsymbol{g}[\tilde{\boldsymbol{x}}(l)] \\
&\quad +(1-\lambda_1)\sum_{m=d_{11}}^{d_{12}-1}\sum_{l=k+1-m}^{k}\boldsymbol{g}^{\mathrm{T}}[\tilde{\boldsymbol{x}}(l)]\boldsymbol{R}_1\boldsymbol{g}[\tilde{\boldsymbol{x}}(l)] \\
&\quad +\sum_{j=1}^{N}\lambda_{ij}\sum_{l=k+1-d_2(k)}^{k-1}\boldsymbol{g}^{\mathrm{T}}[\tilde{\boldsymbol{x}}(l)]\boldsymbol{R}_2\boldsymbol{g}[\tilde{\boldsymbol{x}}(l)] \\
&\quad +(1-\lambda_1)\sum_{m=d_{21}}^{d_{22}-1}\sum_{l=k+1-m}^{k}\boldsymbol{g}^{\mathrm{T}}[\tilde{\boldsymbol{x}}(l)]\boldsymbol{R}_2\boldsymbol{g}[\tilde{\boldsymbol{x}}(l)] \\
&\quad -(1-\lambda_1)\sum_{m=d_{11}}^{d_{12}-1}\sum_{l=k-m}^{k-1}\boldsymbol{g}^{\mathrm{T}}[\tilde{\boldsymbol{x}}(l)]\boldsymbol{R}_1\boldsymbol{g}[\tilde{\boldsymbol{x}}(l)] \\
&\quad -\sum_{l=k-d_1(k)}^{k-1}\boldsymbol{g}^{\mathrm{T}}[\tilde{\boldsymbol{x}}(l)]\boldsymbol{R}_1\boldsymbol{g}[\tilde{\boldsymbol{x}}(l)]-\sum_{l=k-d_2(k)}^{k-1}\boldsymbol{g}^{\mathrm{T}}[\tilde{\boldsymbol{x}}(l)]\boldsymbol{R}_2\boldsymbol{g}[\tilde{\boldsymbol{x}}(l)] \\
&\quad -(1-\lambda_1)\sum_{m=d_{21}}^{d_{22}-1}\sum_{l=k-m}^{k-1}\boldsymbol{g}^{\mathrm{T}}[\tilde{\boldsymbol{x}}(l)]\boldsymbol{R}_2\boldsymbol{g}[\tilde{\boldsymbol{x}}(l)] \\
&\leqslant [(1-\lambda_1)(d_{12}-d_{11})+1]\boldsymbol{g}^{\mathrm{T}}[\tilde{\boldsymbol{x}}(k)]\boldsymbol{R}_1\boldsymbol{g}[\tilde{\boldsymbol{x}}(k)] \\
&\quad -\boldsymbol{g}^{\mathrm{T}}\{\tilde{\boldsymbol{x}}[k-d_1(k)]\}\boldsymbol{R}_1\boldsymbol{g}\{\tilde{\boldsymbol{x}}[k-d_1(k)]\} \\
&\quad +[(1-\lambda_1)(d_{22}-d_{21})+1]\boldsymbol{g}^{\mathrm{T}}[\tilde{\boldsymbol{x}}(k)]\boldsymbol{R}_2\boldsymbol{g}[\tilde{\boldsymbol{x}}(k)] \\
&\quad -\boldsymbol{g}^{\mathrm{T}}\{\tilde{\boldsymbol{x}}[k-d_2(k)]\}\boldsymbol{R}_2\boldsymbol{g}\{\tilde{\boldsymbol{x}}[k-d_2(k)]\}
\end{aligned}
$$

根据假设 7-1,分析可得

$$
\|\boldsymbol{g}[\tilde{\boldsymbol{x}}(k)]\| \leqslant \|\bar{\boldsymbol{B}}\tilde{\boldsymbol{x}}(k)\|,\quad \|\boldsymbol{g}\{\tilde{\boldsymbol{x}}[k-d_1(k)]\}\| \leqslant \|\bar{\boldsymbol{B}}\tilde{\boldsymbol{x}}[k-d_1(k)]\|
$$

$$
\|\boldsymbol{g}\{\tilde{\boldsymbol{x}}[k-d_2(k)]\}\| \leqslant \|\bar{\boldsymbol{B}}\tilde{\boldsymbol{x}}[k-d_2(k)]\|
$$

其中,$\bar{\boldsymbol{B}}=\mathrm{diag}\{\boldsymbol{B},\boldsymbol{B}\}$,存在正数 κ_0,κ_1 及 κ_2,满足下列条件:

$$
\kappa_0\boldsymbol{g}^{\mathrm{T}}[\tilde{\boldsymbol{x}}(k)]\boldsymbol{g}[\tilde{\boldsymbol{x}}(k)]-\kappa_0\tilde{\boldsymbol{x}}^{\mathrm{T}}(k)\bar{\boldsymbol{B}}^{\mathrm{T}}\bar{\boldsymbol{B}}\tilde{\boldsymbol{x}}(k)\leqslant 0
$$

$$
\kappa_1\boldsymbol{g}^{\mathrm{T}}\{\tilde{\boldsymbol{x}}[k-d_1(k)]\}\boldsymbol{g}\{\tilde{\boldsymbol{x}}[k-d_1(k)]\}-\kappa_1\tilde{\boldsymbol{x}}^{\mathrm{T}}[k-d_1(k)]\bar{\boldsymbol{B}}^{\mathrm{T}}\bar{\boldsymbol{B}}\tilde{\boldsymbol{x}}[k-d_1(k)]\leqslant 0
$$

$$
\kappa_2\boldsymbol{g}^{\mathrm{T}}\{\tilde{\boldsymbol{x}}[k-d_2(k)]\}\boldsymbol{g}\{\tilde{\boldsymbol{x}}[k-d_2(k)]\}-\kappa_2\tilde{\boldsymbol{x}}^{\mathrm{T}}[k-d_2(k)]\bar{\boldsymbol{B}}^{\mathrm{T}}\bar{\boldsymbol{B}}\tilde{\boldsymbol{x}}[k-d_2(k)]\leqslant 0
$$

根据事件触发条件(7-31),分析可得

$$\delta\tilde{\boldsymbol{x}}^{\mathrm{T}}[k-d_2(k)]\boldsymbol{\Omega}\tilde{\boldsymbol{x}}[k-d_2(k)]-\overline{\boldsymbol{p}}^{\mathrm{T}}(k)\boldsymbol{\Omega}\overline{\boldsymbol{p}}(k)\geqslant 0$$

综合考虑上述分析结果，可以进一步得到

$$\begin{aligned}E\{V[\tilde{\boldsymbol{x}}(k+1),k+1,\theta(k+1)=j \mid \theta(k)=i]-V[\tilde{\boldsymbol{x}}(k),k,\theta(k)=i]\}\\ =\boldsymbol{\xi}^{\mathrm{T}}(k,i)\hat{\boldsymbol{\Phi}}_i\boldsymbol{\xi}(k,i)\end{aligned}$$

其中，

$$\hat{\boldsymbol{\Phi}}_i=\boldsymbol{S}^{\mathrm{T}}\overline{\boldsymbol{P}}_i\boldsymbol{S}+\boldsymbol{\Phi}_i$$

$$\boldsymbol{\Phi}_i=\begin{bmatrix}\boldsymbol{\Pi}_1 & \mathbf{0} & \mathbf{0} & \mathbf{0} & \mathbf{0} & \mathbf{0} & \mathbf{0}\\ * & \boldsymbol{\Pi}_2 & \mathbf{0} & \mathbf{0} & \mathbf{0} & \mathbf{0} & \mathbf{0}\\ * & * & \boldsymbol{\Pi}_3 & \mathbf{0} & \mathbf{0} & \mathbf{0} & \mathbf{0}\\ * & * & * & \boldsymbol{\Pi}_4 & \mathbf{0} & \mathbf{0} & \mathbf{0}\\ * & * & * & * & -\boldsymbol{R}_1-\kappa_1\boldsymbol{I} & \mathbf{0} & \mathbf{0}\\ * & * & * & * & * & -\boldsymbol{R}_2-\kappa_2\boldsymbol{I} & \mathbf{0}\\ * & * & * & * & * & * & -\boldsymbol{\Omega}\end{bmatrix}$$

通过引理 2-1，可以直接获得条件(7-35)。关于指数均方稳定性的证明与定理 3-1 类似，此处略。定理 7-3 证明完毕。

下一步，给出观测器增益 $\boldsymbol{G}_i$ 的具体设计方法。

定理 7-4 若存在正定矩阵 $\boldsymbol{P}_{1i},\boldsymbol{X}_i,\boldsymbol{Q}_j\ (j=0,1,2,3),\boldsymbol{R}_1,\boldsymbol{R}_2,\boldsymbol{\Omega}$，以及正数 $\kappa_0,\kappa_1,\kappa_2,\varphi_i$，使得线性矩阵不等式(7-38)成立，则闭环系统(7-34)在观测器增益 $\overline{\boldsymbol{G}}_i=\overline{\boldsymbol{P}}_i^{-1}\overline{\boldsymbol{X}}_i$ 的作用下是指数均方稳定的。

$$\tilde{\boldsymbol{\Phi}}_i=$$

$$\begin{bmatrix}\boldsymbol{\Pi}_1 & \mathbf{0} & \mathbf{0} & \mathbf{0} & \mathbf{0} & \mathbf{0} & \mathbf{0} & \tilde{\boldsymbol{A}}_i^{\mathrm{T}}\overline{\boldsymbol{P}}_i & \mathbf{0}\\ * & \boldsymbol{\Pi}_2 & \mathbf{0} & \mathbf{0} & \mathbf{0} & \mathbf{0} & \mathbf{0} & \tilde{\boldsymbol{A}}_{di}^{\mathrm{T}}\overline{\boldsymbol{P}}_i & \mathbf{0}\\ * & * & \boldsymbol{\Pi}_3 & \mathbf{0} & \mathbf{0} & \mathbf{0} & \mathbf{0} & \mathbf{0} & \mathbf{0}\\ * & * & * & \boldsymbol{\Pi}_4 & \mathbf{0} & \mathbf{0} & \mathbf{0} & \tilde{\boldsymbol{W}}_i^{\mathrm{T}}\overline{\boldsymbol{P}}_i & \mathbf{0}\\ * & * & * & * & -\boldsymbol{R}_1-\kappa_1\boldsymbol{I} & \mathbf{0} & \mathbf{0} & \mathbf{0} & \mathbf{0}\\ * & * & * & * & * & -\boldsymbol{R}_2-\kappa_2\boldsymbol{I} & \mathbf{0} & \tilde{\boldsymbol{W}}_{di}^{\mathrm{T}}\overline{\boldsymbol{P}}_i & \mathbf{0}\\ * & * & * & * & * & * & -\boldsymbol{\Omega}+\varphi_i\overline{\boldsymbol{Y}}^{\mathrm{T}}\overline{\boldsymbol{Y}} & \overline{\boldsymbol{X}}_i^{\mathrm{T}} & \mathbf{0}\\ * & * & * & * & * & * & * & -\overline{\boldsymbol{P}}_i & \overline{\boldsymbol{X}}_i\overline{\boldsymbol{H}}\\ * & * & * & * & * & * & * & * & -\varphi_i\boldsymbol{I}\end{bmatrix}$$

$$<0 \tag{7-38}$$

证明：根据 $\hat{\boldsymbol{\Phi}}_i = \boldsymbol{S}^{\mathrm{T}}\overline{\boldsymbol{P}}_i\boldsymbol{S} + \boldsymbol{\Phi}_i$，通过引理 2-1，可得

$$\widetilde{\boldsymbol{\Phi}}_i = \begin{bmatrix} \boldsymbol{\Phi}_i & \boldsymbol{S}_i^{\mathrm{T}}\overline{\boldsymbol{P}}_i \\ * & -\overline{\boldsymbol{P}}_i \end{bmatrix} < 0 \tag{7-39}$$

将 $\widetilde{\boldsymbol{G}}_i = \mathrm{diag}\{\boldsymbol{G}_i + \Delta\boldsymbol{G}_i, \boldsymbol{G}_i + \Delta\boldsymbol{G}_i\}$ 代入公式(7-39)，可以得到 $\widetilde{\boldsymbol{\Phi}}_i = \overline{\boldsymbol{\Phi}}_i + \Delta\boldsymbol{\Phi}_i$，其中，

$$\overline{\boldsymbol{\Phi}}_i = \begin{bmatrix} \boldsymbol{\Phi}_i & \overline{\boldsymbol{S}}_i^{\mathrm{T}}\overline{\boldsymbol{P}}_i \\ * & -\overline{\boldsymbol{P}}_i \end{bmatrix}, \Delta\boldsymbol{\Phi}_i = \begin{bmatrix} \boldsymbol{0} & \hat{\boldsymbol{S}}_i^{\mathrm{T}}\overline{\boldsymbol{P}}_i \\ * & \boldsymbol{0} \end{bmatrix}, \overline{\boldsymbol{S}}_i = \begin{bmatrix} \widetilde{\boldsymbol{A}}_i & \widetilde{\boldsymbol{A}}_{di} & \boldsymbol{0} & \widetilde{\boldsymbol{W}}_i & \boldsymbol{0} & \widetilde{\boldsymbol{W}}_{di} & \overline{\boldsymbol{G}}_i \end{bmatrix}$$

$$\hat{\boldsymbol{S}}_i = \begin{bmatrix} \boldsymbol{0} & \boldsymbol{0} & \boldsymbol{0} & \boldsymbol{0} & \boldsymbol{0} & \boldsymbol{0} & \hat{\boldsymbol{G}}_i \end{bmatrix}, \quad \overline{\boldsymbol{G}}_i = \mathrm{diag}\{\boldsymbol{G}_i, \boldsymbol{G}_i\}, \quad \hat{\boldsymbol{G}}_i = \mathrm{diag}\{\Delta\boldsymbol{G}_i, \Delta\boldsymbol{G}_i\}$$

根据 $\Delta\boldsymbol{G}_i$ 的假设条件，$\Delta\boldsymbol{G}_i = \boldsymbol{G}_i\boldsymbol{H}\boldsymbol{F}(k)\boldsymbol{Y}$，令

$$\overline{\boldsymbol{H}} = \mathrm{diag}\{\boldsymbol{H}, \boldsymbol{H}\}, \quad \overline{\boldsymbol{Y}} = \mathrm{diag}\{\boldsymbol{Y}, \boldsymbol{Y}\}, \quad \overline{\boldsymbol{F}}(k) = \mathrm{diag}\{\boldsymbol{F}(k), \boldsymbol{F}(k)\}$$

可以分析得到 $\hat{\boldsymbol{G}}_i = \overline{\boldsymbol{G}}_i\overline{\boldsymbol{H}}\,\overline{\boldsymbol{F}}(k)\,\overline{\boldsymbol{Y}}$，将其代入 $\hat{\boldsymbol{S}}_i$，得

$$\Delta\boldsymbol{\Phi} = \boldsymbol{M}\overline{\boldsymbol{F}}(k)\boldsymbol{N}_i + \boldsymbol{N}_i^{\mathrm{T}}\overline{\boldsymbol{F}}^{\mathrm{T}}(k)\boldsymbol{M}^{\mathrm{T}}$$

其中，

$$\boldsymbol{M} = \begin{bmatrix} \boldsymbol{0} & \boldsymbol{0} & \boldsymbol{0} & \boldsymbol{0} & \boldsymbol{0} & \boldsymbol{0} & \overline{\boldsymbol{Y}} & \boldsymbol{0} \end{bmatrix}^{\mathrm{T}}$$

$$\boldsymbol{N}_i = \begin{bmatrix} \boldsymbol{0} & \boldsymbol{0} & \boldsymbol{0}\boldsymbol{0} & \boldsymbol{0} & \boldsymbol{0} & \boldsymbol{0} & \boldsymbol{0} & \overline{\boldsymbol{H}}^{\mathrm{T}}\overline{\boldsymbol{G}}_i^{\mathrm{T}}\overline{\boldsymbol{P}}_i^{\mathrm{T}} \end{bmatrix}$$

基于引理 2-2，存在正数 φ_i，使得下列条件成立：

$$\overline{\boldsymbol{\Phi}}_i + \varphi_i\boldsymbol{M}\boldsymbol{M}^{\mathrm{T}} + \varphi_i^{-1}\boldsymbol{N}_i^{\mathrm{T}}\boldsymbol{N}_i < 0 \tag{7-40}$$

由引理 2-1，可以得到

$$\widetilde{\boldsymbol{\Phi}}_i =$$

$$\begin{bmatrix}
\boldsymbol{\Pi}_1 & \boldsymbol{0} & \boldsymbol{0} & \boldsymbol{0} & \boldsymbol{0} & \boldsymbol{0} & \boldsymbol{0} & \widetilde{\boldsymbol{A}}_i^{\mathrm{T}}\overline{\boldsymbol{P}}_i & \boldsymbol{0} \\
* & \boldsymbol{\Pi}_2 & \boldsymbol{0} & \boldsymbol{0} & \boldsymbol{0} & \boldsymbol{0} & \boldsymbol{0} & \widetilde{\boldsymbol{A}}_{di}^{\mathrm{T}}\overline{\boldsymbol{P}}_i & \boldsymbol{0} \\
* & * & \boldsymbol{\Pi}_3 & \boldsymbol{0} & \boldsymbol{0} & \boldsymbol{0} & \boldsymbol{0} & \boldsymbol{0} & \boldsymbol{0} \\
* & * & * & \boldsymbol{\Pi}_4 & \boldsymbol{0} & \boldsymbol{0} & \boldsymbol{0} & \widetilde{\boldsymbol{W}}_i^{\mathrm{T}}\overline{\boldsymbol{P}}_i & \boldsymbol{0} \\
* & * & * & * & -\boldsymbol{R}_1 - \kappa_1\boldsymbol{I} & \boldsymbol{0} & \boldsymbol{0} & \boldsymbol{0} & \boldsymbol{0} \\
* & * & * & * & * & -\boldsymbol{R}_2 - \kappa_2\boldsymbol{I} & \boldsymbol{0} & \widetilde{\boldsymbol{W}}_{di}^{\mathrm{T}}\overline{\boldsymbol{P}}_i & \boldsymbol{0} \\
* & * & * & * & * & * & -\boldsymbol{\Omega} + \varphi_i\overline{\boldsymbol{Y}}^{\mathrm{T}}\overline{\boldsymbol{Y}} & \overline{\boldsymbol{G}}_i^{\mathrm{T}}\overline{\boldsymbol{P}}_i & \boldsymbol{0} \\
* & * & * & * & * & * & * & -\overline{\boldsymbol{P}}_i & \overline{\boldsymbol{P}}_i\overline{\boldsymbol{G}}_i\overline{\boldsymbol{H}} \\
* & * & * & * & * & * & * & * & -\varphi_i\boldsymbol{I}
\end{bmatrix} < 0$$

令$\overline{G}_i = \overline{P}_i^{-1}\overline{X}_i$，可以直接获得公式(7-38)。定理 7-4 证明完毕。

7.2.3 仿真算例

算例 7-2 考虑系统(7-28)具有如下参数：

$$\boldsymbol{A}_1 = \mathrm{diag}\{0.4, 0.3, 0.3\}, \quad \boldsymbol{A}_2 = \mathrm{diag}\{0.4, 0.3, 0.5\}$$

$$\boldsymbol{A}_{d1} = \mathrm{diag}\{0.05, 0.01, 0.04\}, \quad \boldsymbol{A}_{d2} = \mathrm{diag}\{0.03, 0.01, 0.02\}$$

$$\delta = 0.1, \quad d_{11} = 2, \quad d_{12} = 6, \quad d_{21} = 1, \quad d_{22} = 5$$

$$\boldsymbol{Y} = \begin{bmatrix} 0.3 & 0.3 & 0.3 \\ 0.3 & 0.3 & 0.3 \\ 0.3 & 0.3 & 0.3 \end{bmatrix}, \quad \boldsymbol{W}_1 = \begin{bmatrix} 0.2 & -0.2 & 0.1 \\ 0 & -0.3 & 0.2 \\ -0.2 & -0.1 & -0.2 \end{bmatrix}$$

$$\boldsymbol{W}_2 = \begin{bmatrix} 0.2 & -0.2 & 0.1 \\ 0 & -0.27 & 0.21 \\ -0.21 & -0.12 & -0.19 \end{bmatrix}$$

$$\boldsymbol{W}_{d1} = \begin{bmatrix} -0.2 & 0.1 & 0 \\ -0.2 & 0.3 & 0.1 \\ 0.1 & -0.2 & 0.3 \end{bmatrix}, \quad \boldsymbol{W}_{d2} = \begin{bmatrix} -0.12 & 0.1 & 0 \\ -0.2 & 0.27 & 0.1 \\ 0.1 & -0.2 & 0.3 \end{bmatrix}$$

$$\boldsymbol{H} = \mathrm{diag}\{\boldsymbol{I}, \boldsymbol{I}, \boldsymbol{I}\}$$

根据定理 7-4，可以解得如下观测器增益：

$$\boldsymbol{G}_1 = \begin{bmatrix} 0.2659 & -0.0016 & -0.0064 \\ -0.0014 & 0.2545 & -0.0008 \\ -0.0062 & -0.0007 & 0.2553 \end{bmatrix}$$

$$\boldsymbol{G}_2 = \begin{bmatrix} 0.1077 & -0.0064 & -0.0024 \\ -0.0072 & 0.1156 & 0.0102 \\ -0.0018 & 0.0110 & 0.1255 \end{bmatrix}$$

仿真结果如图 7-6 和图 7-7 所示。在观测器的作用下，闭环系统有效地抑制了观测器参数摄动及时变时延(图 7-6)的影响，状态估计误差逐渐收敛至平衡点(图 7-7)，这验证了我们所提出的非脆弱观测器设计方法的有效性。

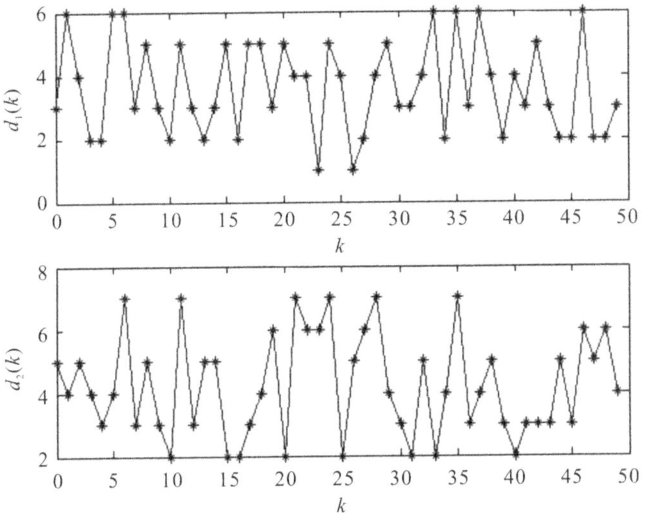

图 7-6　时变时延

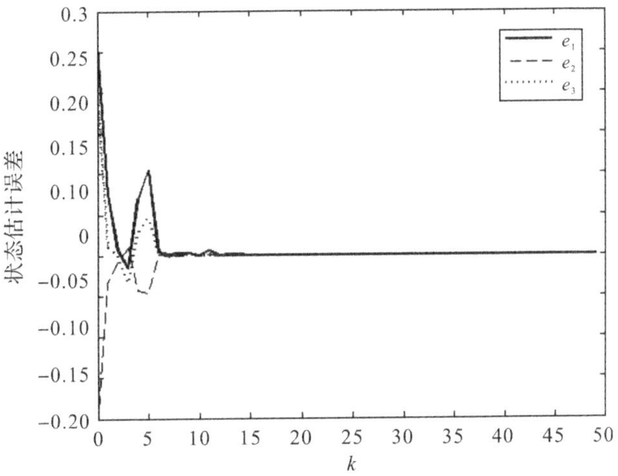

图 7-7　状态估计误差

第8章 网络化双边遥操作系统的容错控制

网络化双边遥操作系统作为网络化系统的典型代表，存在网络诱导时延、数据包丢失等共性问题，该系统通过网络实现主、从操作器之间的信息交互。在设计网络化双边遥操作系统时，不仅要考虑从端设备跟踪主端设备的运行路径，还需准确拟合环境力信息，使得操作者有良好的临场体验感。然而，当系统设备出现故障时，采用传统的控制方法无法实现上述控制目的，因此，针对网络化双边遥操作系统的容错控制方法研究具有重要的理论意义和工程应用前景。

本章针对网络化双边遥操作系统，提出了基于模糊干扰观测器的容错控制方法和基于故障分布的模糊容错控制方法，从而有效抑制故障、网络诱导时延对系统的影响，同时保证闭环系统的稳定和透明性。

8.1 基于模糊干扰观测器的容错控制

8.1.1 问题描述

针对一类从端具有执行器故障的双边遥操作系统，模型描述如下：

$$\begin{cases}\dot{\boldsymbol{x}}_{\mathrm{m}}(t)=\boldsymbol{A}\boldsymbol{x}_{\mathrm{m}}(t)+\boldsymbol{B}[u_{\mathrm{m}}(t)+f_{\mathrm{h}}(t)]\\ \dot{\boldsymbol{x}}_{\mathrm{s}}(t)=\boldsymbol{A}\boldsymbol{x}_{\mathrm{s}}(t)+\boldsymbol{B}[u_{\mathrm{s}}^{\mathrm{F}}(t)-f_{\mathrm{e}}(t)]\end{cases} \tag{8-1}$$

其中，m 和 s 分别表示双边遥操作系统的主操作器和从操作器。

$$\boldsymbol{A}=\begin{bmatrix}0 & 1\\ -\dfrac{k}{M_a} & -\dfrac{b}{M_a}\end{bmatrix},\ \boldsymbol{B}=\begin{bmatrix}0\\ \dfrac{1}{M_a}\end{bmatrix},\ \boldsymbol{x}_{\mathrm{m}}(t)=\begin{bmatrix}\tilde{x}_{\mathrm{m}}(t)\\ \dot{\tilde{x}}_{\mathrm{m}}(t)\end{bmatrix},\ \boldsymbol{x}_{\mathrm{s}}(t)=\begin{bmatrix}\tilde{x}_{\mathrm{s}}(t)\\ \dot{\tilde{x}}_{\mathrm{s}}(t)\end{bmatrix}$$

M_a，b，k 分别为主、从操作器的质量、阻尼因子和刚度，$\tilde{x}_{\mathrm{m}}(t)$ 为主操作器的位移,$\tilde{x}_s(t)$ 为从操作器的位移,$u_m(t)$ 为主操作器的控制信号,$u_s^F(t)$ 为具有执行器故障的从操作器控制信号,$f_h(t)$ 为操作人员的操作力信号,$f_e(t)$ 为从操作器的环境力信号。

对系统(8-1)进行采样周期 T_s 离散化,可得如下离散系统:

$$\begin{cases} \boldsymbol{x}_m(k+1) = \boldsymbol{A}_1\boldsymbol{x}_m(k) + \boldsymbol{B}_1[u_m(k) + f_h(k)] \\ \boldsymbol{x}_s(k+1) = \boldsymbol{A}_1\boldsymbol{x}_s(k) + \boldsymbol{B}_1[u_s^F(k) - f_e(k)] \end{cases} \tag{8-2}$$

其中,

$$\boldsymbol{A}_1 = e^{\boldsymbol{A}T_s}, \quad \boldsymbol{B}_1 = \int_0^{T_s} e^{\boldsymbol{A}\tau}\mathrm{d}\tau\boldsymbol{B}$$

假设 8-1　信息传输过程时产生的网络诱导时延为常数。

在假设 8-1 的基础上,主、从操作器的控制信号可以设计为如下形式:

$$\begin{cases} u_m(k) = \boldsymbol{K}\boldsymbol{x}_m(k) - \boldsymbol{K}\boldsymbol{x}_s(k-\tau) - f_e(k-\tau) \\ u_s(k) = \boldsymbol{K}\boldsymbol{x}_s(k) - \boldsymbol{K}\boldsymbol{x}_m(k-\tau) + f_h(k-\tau) \\ u_s^F(k) = Mu_s(k) \end{cases} \tag{8-3}$$

其中,$\boldsymbol{K}$ 为待设计的控制器增益,τ 为常数网络诱导时延,M 为系统部分失效故障系数。

按照第 3 章公式(3-3)和(3-4)的描述,部分失效故障矩阵 $\boldsymbol{M}$ 可以描述为 $\boldsymbol{M} = \boldsymbol{M}_0(\boldsymbol{I}+\boldsymbol{G})$, $|\boldsymbol{G}| \leqslant \boldsymbol{H} \leqslant \boldsymbol{I}$。其中,

$$\begin{aligned} \boldsymbol{M}_0 &= \mathrm{diag}\{m_{01}, m_{02}, \cdots, m_{0m}\} \\ \boldsymbol{H} &= \mathrm{diag}\{h_1, h_2, \cdots, h_m\} \\ \boldsymbol{G} &= \mathrm{diag}\{g_1, g_2, \cdots, g_m\} \\ |\boldsymbol{G}| &= \mathrm{diag}\{|g_1|, |g_2|, \cdots, |g_m|\} \end{aligned} \tag{8-4}$$

其中,

$$m_{0i} = \frac{m_i^{\max} + m_i^{\min}}{2}, \quad h_i = \frac{m_i^{\max} - m_i^{\min}}{m_i^{\max} + m_i^{\min}}, \quad g_i = \frac{m_i - m_{0i}}{m_{0i}}, \quad i = 1, 2, \cdots, m$$

这里 $\boldsymbol{M}_0 = m_{01}$, $\boldsymbol{H} = h_1$, $\boldsymbol{G} = g_1$, $|\boldsymbol{G}| = |g_1|$。定义跟踪误差 $\boldsymbol{e}(k) = \boldsymbol{x}_m(k) - \boldsymbol{x}_s(k)$,结合公式(8-2)至(8-4),可以得到如下闭环跟踪误差动态系统:

$$\boldsymbol{e}(k+1) = \boldsymbol{A}_1\boldsymbol{e}(k) + \boldsymbol{B}_1 M\boldsymbol{K}\boldsymbol{e}(k) + \boldsymbol{B}_1 M\boldsymbol{K}\boldsymbol{e}(k-\tau) + \boldsymbol{B}_1 d(k) \tag{8-5}$$

其中,

$$\begin{aligned} \boldsymbol{d}(k) = {} & [1-M]\boldsymbol{K}\boldsymbol{x}_m(k) + [M-1]\boldsymbol{K}\boldsymbol{x}_s(k-\tau) + f_e(k) \\ & - f_e(k-\tau) + f_h(k) - Mf_h(k-\tau) \end{aligned}$$

则双边遥操作系统的控制问题转化为跟踪误差动态系统(8-5)干扰抑制控制器增益 $\boldsymbol{K}$ 的设计问题。

8.1.2 主要结果

(1) 模糊干扰观测器设计

根据系统(8-5)，显然干扰 $d(k)$ 为非线性时变的，我们设计了一类模糊干扰观测器来补偿时变未知干扰 $d(k)$。该观测器采用IF-THEN规则，第 i 条规则可以表述如下(共 r 条规则)。

规则 i：IF y_1 is A_1^i and y_2 is A_2^i and $\cdots$ and y_n is A_n^i，THEN z is z^i。

在该规则中，$\bar{\boldsymbol{y}}=[y_1,y_2,\cdots,y_n]^{\mathrm{T}}$ 为输入量，z 为输出量，$A_1^i,A_2^i,\cdots,A_n^i$ 为模糊变量，z^i 为模糊单点。根据上述规则，模糊系统的输出 $z(\bar{\boldsymbol{y}})$ 可以表示为

$$z(\bar{\boldsymbol{y}})=\frac{\sum_{i=1}^{r}z^i\left[\prod_{j=1}^{n}\mu_{A_j^i}(y_j)\right]}{\sum_{i=1}^{r}\left[\prod_{j=1}^{n}\mu_{A_j^i}(y_j)\right]}=\hat{\boldsymbol{\theta}}^{\mathrm{T}}\bar{\boldsymbol{\xi}}(\bar{\boldsymbol{y}}) \tag{8-6}$$

其中，$\mu_A(y_j)$ 称为隶属度函数，表示 y_j 属于集合 A 的程度，$\hat{\boldsymbol{\theta}}^{\mathrm{T}}=[z^1,z^2,\cdots,z^r]$ 为可调参数，$\boldsymbol{\xi}^{\mathrm{T}}(\bar{\boldsymbol{y}})=[\bar{\xi}^1(\bar{\boldsymbol{y}}),\bar{\xi}^2(\bar{\boldsymbol{y}}),\cdots,\bar{\xi}^r(\bar{\boldsymbol{y}})]$且满足

$$\bar{\xi}^i(\bar{\boldsymbol{y}})=\frac{\prod_{j=1}^{n}\mu_{A_j^i}(y_j)}{\sum_{i=1}^{r}\prod_{j=1}^{n}\mu_{A_j^i}(y_j)},\quad \bar{\xi}^i(\bar{\boldsymbol{y}})\geqslant 0,\quad \sum_{i=1}^{r}\bar{\xi}^i(\bar{\boldsymbol{y}})=1$$

因此，本节将 $\boldsymbol{x}_{\mathrm{m}}(k)$，$\boldsymbol{x}_{\mathrm{s}}(k-\tau)$，$f_{\mathrm{e}}(k)$，$f_{\mathrm{e}}(k-\tau)$，$f_{\mathrm{h}}(k)$，$f_{\mathrm{h}}(k-\tau)$ 作为模糊干扰观测器的输入，将 $\hat{d}[\boldsymbol{D}(k)\mid\hat{\boldsymbol{\theta}}(k)]$ 作为模糊干扰观测器的输出，即干扰 $d(k)$ 的估计值。结合公式(8-3)，重新设计主、从操作器的控制信号：

$$\begin{cases}u_{\mathrm{m}}(k)=\boldsymbol{K}\boldsymbol{x}_{\mathrm{m}}(k)-\boldsymbol{K}\boldsymbol{x}_{\mathrm{s}}(k-\tau)-f_{\mathrm{e}}(k-\tau)-\hat{d}[\boldsymbol{D}(k)\mid\hat{\boldsymbol{\theta}}(k)]\\ u_{\mathrm{s}}(k)=\boldsymbol{K}\boldsymbol{x}_{\mathrm{s}}(k)-\boldsymbol{K}\boldsymbol{x}_{\mathrm{m}}(k-\tau)+f_{\mathrm{h}}(k-\tau)\\ u_{\mathrm{s}}^{\mathrm{F}}(k)=Mu_{\mathrm{s}}(k)\end{cases} \tag{8-7}$$

将上述控制信号代入系统(8-2)，可得闭环的主、从操作器系统，描述如下：

$$\begin{cases}\boldsymbol{x}_{\mathrm{m}}(k+1)=\boldsymbol{A}_1\boldsymbol{x}_{\mathrm{m}}(k)+\boldsymbol{B}_1\boldsymbol{K}\boldsymbol{x}_{\mathrm{m}}(k)-\boldsymbol{B}_1\boldsymbol{K}\boldsymbol{x}_{\mathrm{s}}(k-\tau)-\boldsymbol{B}_1f_{\mathrm{e}}(k-\tau)\\ \qquad\qquad +\boldsymbol{B}_1f_{\mathrm{h}}(k)-\boldsymbol{B}_1\hat{d}[\boldsymbol{D}(k)\mid\hat{\boldsymbol{\theta}}(k)]\\ \boldsymbol{x}_{\mathrm{s}}(k+1)=\boldsymbol{A}_1\boldsymbol{x}_{\mathrm{s}}(k)+\boldsymbol{B}_1M\boldsymbol{K}\boldsymbol{x}_{\mathrm{s}}(k)-\boldsymbol{B}_1M\boldsymbol{K}\boldsymbol{x}_{\mathrm{m}}(k-\tau)\\ \qquad\qquad +\boldsymbol{B}_1Mf_{\mathrm{h}}(k-\tau)+\boldsymbol{B}_1f_{\mathrm{e}}(k)\end{cases} \tag{8-8}$$

类似公式(8-5)的获得，定义跟踪误差 $\boldsymbol{e}(k)=\boldsymbol{x}_{\mathrm{m}}(k)-\boldsymbol{x}_{\mathrm{s}}(k)$，可以得到基于

模糊干扰观测器的跟踪误差动态系统，描述如下：

$$\begin{aligned} \boldsymbol{e}(k+1) = & \boldsymbol{A}_1\boldsymbol{e}(k) + \boldsymbol{B}_1 M\boldsymbol{K}\boldsymbol{e}(k) + \boldsymbol{B}_1 M\boldsymbol{K}\boldsymbol{e}(k-\tau) \\ & + \boldsymbol{B}_1 d(k) - \boldsymbol{B}_1 \hat{d}[\boldsymbol{D}(k) \mid \hat{\boldsymbol{\theta}}(k)] \end{aligned} \tag{8-9}$$

受参考文献[136]的启发，构造如下辅助变量系统：

$$\boldsymbol{\mu}(k+1) = -\sigma\boldsymbol{\mu}(k) + \sigma\boldsymbol{e}(k) + (\boldsymbol{A}_1 + \boldsymbol{B}_1 M\boldsymbol{K})\boldsymbol{e}(k) + \boldsymbol{B}_1 M\boldsymbol{K}\boldsymbol{e}(k-\tau) \tag{8-10}$$

其中，σ 为可调参数，定义变量 $\boldsymbol{\zeta}(k) = \boldsymbol{e}(k) - \boldsymbol{\mu}(k)$ 为观测误差变量。

注：结合公式(8-9)和(8-10)，$\boldsymbol{\mu}(k+1)$ 可以重新写成

$$\boldsymbol{\mu}(k+1) = \boldsymbol{e}(k+1) + \boldsymbol{B}_1\{-d(k) + \hat{d}[\boldsymbol{D}(k) \mid \hat{\boldsymbol{\theta}}(k)]\} + \sigma[\boldsymbol{e}(k) - \boldsymbol{\mu}(k)]$$

显然，当 $\boldsymbol{\zeta}(k) \to \boldsymbol{0}$ 时，$\boldsymbol{e}(k) \to \boldsymbol{\mu}(k)$，同样可以得到 $\hat{d}[\boldsymbol{D}(k) \mid \hat{\boldsymbol{\theta}}(k)] \to d(k)$。

可以得到具有迭代关系的观测误差动态系统：

$$\boldsymbol{\zeta}(k+1) = \sigma\boldsymbol{\zeta}(k) + \boldsymbol{B}_1\{d(k) - \hat{d}[\boldsymbol{D}(k) \mid \hat{\boldsymbol{\theta}}(k)]\} \tag{8-11}$$

定义 $\boldsymbol{\theta}^*$ 为 $\boldsymbol{\theta}(k)$ 的最优估计值，那么干扰 $d(k)$ 可以描述为

$$d(k) = \hat{d}[\boldsymbol{D}(k) \mid \boldsymbol{\theta}^*] + \varepsilon(k),\ |\varepsilon(k)| \leqslant \bar{\varepsilon}$$

可以得到干扰观测误差动态系统和系统跟踪动态误差系统：

$$\begin{cases} \boldsymbol{\zeta}(k+1) = \sigma\boldsymbol{\zeta}(k) + \boldsymbol{B}_1\hat{d}[\boldsymbol{D}(k) \mid \boldsymbol{\theta}^*] - \boldsymbol{B}_1\hat{d}[\boldsymbol{D}(k) \mid \boldsymbol{\theta}(k)] + \boldsymbol{B}_1\varepsilon(k) \\ \boldsymbol{e}(k+1) = \boldsymbol{A}_1\boldsymbol{e}(k) + \boldsymbol{B}_1 M\boldsymbol{K}\boldsymbol{e}(k) + \boldsymbol{B}_1 M\boldsymbol{K}\boldsymbol{e}(k-\tau) + \boldsymbol{B}_1\hat{d}[\boldsymbol{D}(k) \mid \boldsymbol{\theta}^*] \\ \qquad\qquad - \boldsymbol{B}_1\hat{d}[\boldsymbol{D}(k) \mid \hat{\boldsymbol{\theta}}(k)] + \boldsymbol{B}_1\varepsilon(k) \end{cases} \tag{8-12}$$

定义 $\boldsymbol{\Xi}(k) = [\boldsymbol{e}^{\mathrm{T}}(k) \quad \boldsymbol{\zeta}^{\mathrm{T}}(k)]^{\mathrm{T}}$，可以得到如下增广系统：

$$\boldsymbol{\Xi}(k+1) = \hat{\boldsymbol{A}}\boldsymbol{\Xi}(k) + \hat{\boldsymbol{A}}_d\boldsymbol{\Xi}(k-\tau) + \hat{\boldsymbol{B}}\{\hat{d}[\boldsymbol{D}(k) \mid \boldsymbol{\theta}^*] - \hat{d}[\boldsymbol{D}(k) \mid \hat{\boldsymbol{\theta}}(k)] + \varepsilon(k)\} \tag{8-13}$$

其中，

$$\hat{\boldsymbol{A}} = \begin{bmatrix} \boldsymbol{A}_1 + \boldsymbol{B}_1 M\boldsymbol{K} & \boldsymbol{0} \\ \boldsymbol{0} & \sigma \end{bmatrix},\quad \hat{\boldsymbol{A}}_d = \begin{bmatrix} \boldsymbol{B}_1 M\boldsymbol{K} & \boldsymbol{0} \\ \boldsymbol{0} & \boldsymbol{0} \end{bmatrix},\quad \hat{\boldsymbol{B}} = \begin{bmatrix} \boldsymbol{B}_1 \\ \boldsymbol{B}_1 \end{bmatrix}$$

定义参数估计误差 $\bar{\boldsymbol{\theta}}(k) = \boldsymbol{\theta}^* - \hat{\boldsymbol{\theta}}(k)$，系统(8-13)可以重新写成

$$\boldsymbol{\Xi}(k+1) = \hat{\boldsymbol{A}}\boldsymbol{\Xi}(k) + \hat{\boldsymbol{A}}_d\boldsymbol{\Xi}(k-\tau) + \hat{\boldsymbol{B}}\bar{\boldsymbol{\theta}}^{\mathrm{T}}(k)\boldsymbol{\xi}[\boldsymbol{D}(k)] + \hat{\boldsymbol{B}}\varepsilon(k) \tag{8-14}$$

针对系统(8-14)进一步开展系统稳定性分析，需要如下前提假设条件。

假设 8-2　公式(8-14)的参数估计误差满足如下扇形约束条件：

$$\alpha\bar{\boldsymbol{\theta}}^{\mathrm{T}}(k)\boldsymbol{\xi}[\boldsymbol{D}(k)]\{\alpha\bar{\boldsymbol{\theta}}^{\mathrm{T}}(k)\boldsymbol{\xi}[\boldsymbol{D}(k)] - \boldsymbol{K}_1\boldsymbol{\zeta}(k)\} \leqslant 0$$

其中，$\boldsymbol{K}_1$ 为已知的具有合适维度的实对称矩阵，$\alpha > 1$。

(2) 容错控制器设计

定理 8-1 给定 $0<\beta<1$,$0<\sigma<1$,$\alpha>1$,$\rho_1>0$,$\rho_2>0$,$\bar{\xi}\leqslant 1$,$M_0>0$,$H>0$,存在正定矩阵 $\hat{\boldsymbol{P}}_2$,$\hat{\boldsymbol{Q}}_1$,$\hat{\boldsymbol{Q}}_2$,$\hat{\boldsymbol{Z}}_1$,$\hat{\boldsymbol{Z}}_2$,$\boldsymbol{X}_1$,$\boldsymbol{X}_2$,$\boldsymbol{X}_3$,$\boldsymbol{X}_4$,正数 $\hat{\gamma}$,ε,以及具有合适维度的矩阵 $\boldsymbol{Y}$,使得线性矩阵不等式(8-15)成立,则系统(8-14)的控制器增益设计形式为 $\boldsymbol{K}=\boldsymbol{Y}\boldsymbol{X}_1^{-1}$。

$$\begin{bmatrix}\boldsymbol{\Omega}_{11} & \boldsymbol{\Omega}_{12}\\ * & \boldsymbol{\Omega}_{22}\end{bmatrix}<0 \tag{8-15}$$

其中,

$$\boldsymbol{\Omega}_{11}=\begin{bmatrix}\boldsymbol{\Pi}_{1,1} & \boldsymbol{\Pi}_{1,2} & \hat{\boldsymbol{Z}}_1 & \boldsymbol{0} & -\boldsymbol{X}_1^{\mathrm{T}}\beta & \boldsymbol{0}\\ * & \boldsymbol{\Pi}_{2,2} & \boldsymbol{0} & \hat{\boldsymbol{Z}}_2 & \boldsymbol{\Pi}_{2,3} & \boldsymbol{0}\\ * & * & -\hat{\boldsymbol{Q}}_1-\hat{\boldsymbol{Z}}_1 & \boldsymbol{0} & \boldsymbol{0} & \boldsymbol{0}\\ * & * & * & -\hat{\boldsymbol{Q}}_2-\hat{\boldsymbol{Z}}_2 & \boldsymbol{0} & \boldsymbol{0}\\ * & * & * & * & -\alpha^2+\rho_1 & \boldsymbol{0}\\ * & * & * & * & * & -\rho_2\end{bmatrix}$$

$$\boldsymbol{\Omega}_{12}=\begin{bmatrix}\hat{\boldsymbol{\Pi}}_{1,3} & \boldsymbol{0} & \hat{\boldsymbol{\Pi}}_{1,4} & \boldsymbol{0} & \boldsymbol{Y}^{\mathrm{T}}M_0\\ \boldsymbol{0} & \sigma\boldsymbol{X}_1^{\mathrm{T}} & \boldsymbol{0} & \tau(\sigma-I)\boldsymbol{X}_1^{\mathrm{T}} & \boldsymbol{0}\\ \hat{\boldsymbol{\Pi}}_{3,3} & \boldsymbol{0} & \tau\hat{\boldsymbol{\Pi}}_{3,3} & \boldsymbol{0} & \tau\boldsymbol{Y}^{\mathrm{T}}M_0\\ \boldsymbol{0} & \boldsymbol{0} & \boldsymbol{0} & \boldsymbol{0} & \boldsymbol{0}\\ \boldsymbol{B}_1^{\mathrm{T}} & \boldsymbol{B}_1^{\mathrm{T}} & \tau\boldsymbol{B}_1^{\mathrm{T}} & \tau\boldsymbol{B}_1^{\mathrm{T}} & \boldsymbol{0}\\ \boldsymbol{B}_1^{\mathrm{T}} & \boldsymbol{B}_1^{\mathrm{T}} & \tau\boldsymbol{B}_1^{\mathrm{T}} & \tau\boldsymbol{B}_1^{\mathrm{T}} & \boldsymbol{0}\end{bmatrix}$$

$$\boldsymbol{\Omega}_{22}=\begin{bmatrix}\boldsymbol{\Pi}_{7,7} & \boldsymbol{0} & \boldsymbol{0} & \boldsymbol{0} & \boldsymbol{0}\\ * & -\boldsymbol{X}_3 & \boldsymbol{0} & \boldsymbol{0} & \boldsymbol{0}\\ * & * & \boldsymbol{\Pi}_{9,9} & \boldsymbol{0} & \boldsymbol{0}\\ * & * & * & -\boldsymbol{X}_4 & \boldsymbol{0}\\ * & * & * & * & -\varepsilon\boldsymbol{I}\end{bmatrix}$$

$\boldsymbol{\Pi}_{1,1}=-\boldsymbol{X}_1+\hat{\boldsymbol{Q}}_1-\hat{\boldsymbol{Z}}_1+\bar{\boldsymbol{\xi}}^{\mathrm{T}}\bar{\boldsymbol{\xi}}\beta^2\hat{\gamma}$, $\boldsymbol{\Pi}_{1,2}=\bar{\boldsymbol{\xi}}^{\mathrm{T}}\bar{\boldsymbol{\xi}}\beta(1-\beta)\hat{\gamma}$

$\boldsymbol{\Pi}_{2,2}=-\hat{\boldsymbol{P}}_2+\hat{\boldsymbol{Q}}_2-\hat{\boldsymbol{Z}}_2+\bar{\boldsymbol{\xi}}^{\mathrm{T}}\bar{\boldsymbol{\xi}}(-\beta)^2\hat{\gamma}$, $\boldsymbol{\Pi}_{2,3}=\boldsymbol{X}_1^{\mathrm{T}}(\beta-1)+\boldsymbol{X}_1^{\mathrm{T}}\dfrac{\boldsymbol{K}_1^{\mathrm{T}}\alpha}{2}$

$\hat{\boldsymbol{\Pi}}_{1,3}=\boldsymbol{X}_1^{\mathrm{T}}\boldsymbol{A}_1^{\mathrm{T}}+\boldsymbol{Y}^{\mathrm{T}}M_0\boldsymbol{B}_1^{\mathrm{T}}$, $\hat{\boldsymbol{\Pi}}_{1,4}=\tau\boldsymbol{X}_1^{\mathrm{T}}(\boldsymbol{A}_1^{\mathrm{T}}-\boldsymbol{I})+\tau\boldsymbol{Y}^{\mathrm{T}}M_0\boldsymbol{B}_1^{\mathrm{T}}$

$\hat{\boldsymbol{\Pi}}_{3,3}=\boldsymbol{Y}^{\mathrm{T}}M_0\boldsymbol{B}_1^{\mathrm{T}}$, $\boldsymbol{\Pi}_{7,7}=-\boldsymbol{X}_1+\varepsilon\boldsymbol{B}H^2\boldsymbol{B}^{\mathrm{T}}$, $\boldsymbol{\Pi}_{9,9}=-\boldsymbol{X}_2+\varepsilon\boldsymbol{B}H^2\boldsymbol{B}^{\mathrm{T}}$

定理 8-2　若系统(8-14)采用定理 8-1 的控制器设计方法，并且参数 $\hat{\boldsymbol{\theta}}(k)$ 按照如下方法迭代：

$$\begin{cases}\hat{\boldsymbol{\theta}}(k+1)=\hat{\boldsymbol{\theta}}(k)+\Delta\boldsymbol{\theta}(k+1)\\ \Delta\boldsymbol{\theta}(k+1)=-\gamma\xi[\boldsymbol{D}(k)]\hat{\boldsymbol{\beta}}\boldsymbol{\Xi}(k)\end{cases}\tag{8-16}$$

其中，γ 为设定的学习速率，$\hat{\boldsymbol{\beta}}=[\beta\quad 1-\beta]$，那么系统(8-14)中的状态量 $\boldsymbol{\Xi}(k)$[包括双边遥操作系统的位移跟踪误差 $\boldsymbol{e}(k)$、干扰估计误差 $\boldsymbol{\zeta}(k)$]以及参数估计误差 $\bar{\boldsymbol{\theta}}(k)$ 是最终一致有界的。

根据假设 8-1 和假设 8-2，定理 8-1 和定理 8-2 的证明如下。

证明：选择如下 Lyapunov 函数：

$$\begin{aligned}V(k)=&\boldsymbol{\Xi}^{\mathrm{T}}(k)\boldsymbol{P}\boldsymbol{\Xi}(k)+\sum_{i=-\tau}^{-1}\sum_{j=k+1+i}^{k}\boldsymbol{\Xi}^{\mathrm{T}}(j)\boldsymbol{Q}\boldsymbol{\Xi}(j)+\frac{1}{\gamma}\bar{\boldsymbol{\theta}}^{\mathrm{T}}(k)\bar{\boldsymbol{\theta}}(k)\\&+\tau\sum_{j=-\tau}^{-1}\sum_{i=k+j}^{k-1}\boldsymbol{\omega}^{\mathrm{T}}(k+j)\boldsymbol{Z}\boldsymbol{\omega}(k+j)\end{aligned}\tag{8-17}$$

其中，$\boldsymbol{\omega}(i)=\boldsymbol{\Xi}(i+1)-\boldsymbol{\Xi}(i)$。基于系统(8-14)做公式(8-17)中 $V(k)$ 的前向差分，可得

$$\begin{aligned}\Delta V(k)=&\boldsymbol{\Xi}^{\mathrm{T}}(k+1)\boldsymbol{P}\boldsymbol{\Xi}(k+1)-\boldsymbol{\Xi}^{\mathrm{T}}(k)\boldsymbol{P}\boldsymbol{\Xi}(k)\\&+\boldsymbol{\Xi}^{\mathrm{T}}(k)\boldsymbol{Q}\boldsymbol{\Xi}(k)-\boldsymbol{\Xi}^{\mathrm{T}}(k-\tau)\boldsymbol{Q}\boldsymbol{\Xi}(k-\tau)\\&+\tau^{2}\boldsymbol{\omega}^{\mathrm{T}}(k)\boldsymbol{Z}\boldsymbol{\omega}(k)-\tau\sum_{j=-\tau}^{-1}\boldsymbol{\omega}^{\mathrm{T}}(k+j)\boldsymbol{Z}\boldsymbol{\omega}(k+j)\\&+\frac{1}{\gamma}\{2\Delta\boldsymbol{\theta}^{\mathrm{T}}(k+1)\bar{\boldsymbol{\theta}}(k)+\Delta\boldsymbol{\theta}^{\mathrm{T}}(k+1)\Delta\boldsymbol{\theta}(k+1)\}\end{aligned}\tag{8-18}$$

综合考虑引理 2-3 和公式(8-16)，$\Delta V(k)$ 满足如下条件：

$$\begin{aligned}\Delta V(k)\leqslant&\boldsymbol{\Xi}^{\mathrm{T}}(k+1)\boldsymbol{P}\boldsymbol{\Xi}(k+1)-\boldsymbol{\Xi}^{\mathrm{T}}(k)\boldsymbol{P}\boldsymbol{\Xi}(k)\\&+\boldsymbol{\Xi}^{\mathrm{T}}(k)\boldsymbol{Q}\boldsymbol{\Xi}(k)-\boldsymbol{\Xi}^{\mathrm{T}}(k-\tau)\boldsymbol{Q}\boldsymbol{\Xi}(k-\tau)\\&+\tau^{2}\boldsymbol{\omega}^{\mathrm{T}}(k)\boldsymbol{Z}\boldsymbol{\omega}(k)+\begin{bmatrix}\boldsymbol{\Xi}(k)\\\boldsymbol{\Xi}(k-\tau)\end{bmatrix}^{\mathrm{T}}\begin{bmatrix}-\boldsymbol{Z}&\boldsymbol{Z}\\\boldsymbol{Z}&-\boldsymbol{Z}\end{bmatrix}\begin{bmatrix}\boldsymbol{\Xi}(k)\\\boldsymbol{\Xi}(k-\tau)\end{bmatrix}\\&-2\boldsymbol{\Xi}^{\mathrm{T}}(k)\hat{\boldsymbol{\beta}}\boldsymbol{\xi}^{\mathrm{T}}[\boldsymbol{D}(k)]\bar{\boldsymbol{\theta}}(k)+\gamma\bar{\boldsymbol{\xi}}^{\mathrm{T}}\bar{\boldsymbol{\xi}}\boldsymbol{\Xi}^{\mathrm{T}}(k)\hat{\boldsymbol{\beta}}^{\mathrm{T}}\hat{\boldsymbol{\beta}}\boldsymbol{\Xi}(k)\end{aligned}\tag{8-19}$$

根据假设 8-2，可以得到如下等价约束条件：

$$\begin{bmatrix}\boldsymbol{\zeta}(k)\\\bar{\boldsymbol{\theta}}^{\mathrm{T}}(k)\boldsymbol{\xi}[\boldsymbol{D}(k)]\end{bmatrix}^{\mathrm{T}}\begin{bmatrix}\boldsymbol{0}&-\dfrac{\boldsymbol{K}_1^{\mathrm{T}}\alpha}{2}\\-\dfrac{\alpha\boldsymbol{K}_1}{2}&\alpha^{2}\end{bmatrix}\begin{bmatrix}\boldsymbol{\zeta}(k)\\\bar{\boldsymbol{\theta}}^{\mathrm{T}}(k)\boldsymbol{\xi}[\boldsymbol{D}(k)]\end{bmatrix}<0\tag{8-20}$$

结合公式(8-20)，将公式(8-13)中的 $\hat{\boldsymbol{A}},\hat{\boldsymbol{A}}_d,\hat{\boldsymbol{B}}$ 等参数代入公式(8-19)，可得

$$\Delta V(k) \leqslant \boldsymbol{\psi}^{\mathrm{T}}(k)\boldsymbol{\Gamma}\boldsymbol{\psi}(k)+\boldsymbol{\Xi}^{\mathrm{T}}(k+1)\boldsymbol{P}\boldsymbol{\Xi}(k+1)+\tau^2\boldsymbol{\omega}^{\mathrm{T}}(k)\boldsymbol{Z}\boldsymbol{\omega}(k) \\ -\rho_1\|\bar{\boldsymbol{\theta}}^{\mathrm{T}}(k)\boldsymbol{\xi}[\boldsymbol{D}(k)]\|^2+\rho_2\|\varepsilon(k)\|^2 \tag{8-21}$$

其中，

$$\boldsymbol{\psi}(k)=\begin{bmatrix}\boldsymbol{e}^{\mathrm{T}}(k) & \boldsymbol{\zeta}^{\mathrm{T}}(k) & \boldsymbol{e}^{\mathrm{T}}(k-\tau) & \boldsymbol{\zeta}^{\mathrm{T}}(k-\tau) & [\bar{\boldsymbol{\theta}}^{\mathrm{T}}(k)\boldsymbol{\xi}[\boldsymbol{D}(k)]]^{\mathrm{T}} & \varepsilon(k)\end{bmatrix}^{\mathrm{T}}$$

$$\boldsymbol{\Gamma}=\begin{bmatrix}\boldsymbol{\Gamma}_{1,1} & \boldsymbol{\Gamma}_{1,2} & \boldsymbol{Z}_1 & \boldsymbol{0} & -\beta & \boldsymbol{0}\\ * & \boldsymbol{\Gamma}_{2,2} & \boldsymbol{0} & \boldsymbol{Z}_2 & -\boldsymbol{I}+\beta\boldsymbol{I}+\dfrac{\boldsymbol{K}_1^{\mathrm{T}}\alpha}{2} & \boldsymbol{0}\\ * & * & -\boldsymbol{Q}_1-\boldsymbol{Z}_1 & \boldsymbol{0} & \boldsymbol{0} & \boldsymbol{0}\\ * & * & * & -\boldsymbol{Q}_2-\boldsymbol{Z}_2 & \boldsymbol{0} & \boldsymbol{0}\\ * & * & * & * & -\alpha^2+\rho_1 & \boldsymbol{0}\\ * & * & * & * & * & -\rho_2\end{bmatrix}$$

$$\boldsymbol{\Gamma}_{1,1}=-\boldsymbol{P}_1+\boldsymbol{Q}_1+\gamma\bar{\boldsymbol{\xi}}^{\mathrm{T}}\bar{\boldsymbol{\xi}}\beta^2\boldsymbol{I}-\boldsymbol{Z}_1,\quad \boldsymbol{\Gamma}_{1,2}=(1+\gamma\bar{\boldsymbol{\xi}}^{\mathrm{T}}\bar{\boldsymbol{\xi}})\beta(1-\beta)\boldsymbol{I}$$

$$\boldsymbol{P}=\mathrm{diag}\{\boldsymbol{P}_1,\boldsymbol{P}_2\},\quad \boldsymbol{Q}=\mathrm{diag}\{\boldsymbol{Q}_1,\boldsymbol{Q}_2\},\quad \boldsymbol{Z}=\mathrm{diag}\{\boldsymbol{Z}_1,\boldsymbol{Z}_2\}$$

$$\boldsymbol{\Gamma}_{2,2}=-\boldsymbol{P}_2+\boldsymbol{Q}_2+\gamma\bar{\boldsymbol{\xi}}^{\mathrm{T}}\bar{\boldsymbol{\xi}}(1-\beta)^2-\boldsymbol{Z}_2$$

根据公式(8-21)，首先开展控制器增益 $\boldsymbol{K}$ 的设计方法研究，将公式(8-21)分成两部分，其中一部分为

$$\boldsymbol{\Upsilon}=\boldsymbol{\psi}^{\mathrm{T}}(k)\boldsymbol{\Gamma}\boldsymbol{\psi}(k)+\boldsymbol{\Xi}^{\mathrm{T}}(k+1)\boldsymbol{P}\boldsymbol{\Xi}(k+1)+\tau^2\boldsymbol{\omega}^{\mathrm{T}}(k)\boldsymbol{Z}\boldsymbol{\omega}(k)<0 \tag{8-22}$$

基于引理 2-1，公式(8-22)等价于约束条件

$$\hat{\boldsymbol{\Phi}}=\begin{bmatrix}\boldsymbol{\Gamma} & \hat{\boldsymbol{\Gamma}}\\ * & \boldsymbol{\Omega}\end{bmatrix}<0 \tag{8-23}$$

其中，

$$\hat{\boldsymbol{\Gamma}}=\begin{bmatrix}\boldsymbol{\Gamma}_{1,3} & \boldsymbol{0} & \boldsymbol{\Gamma}_{1,4} & \boldsymbol{0}\\ \boldsymbol{0} & \sigma\boldsymbol{P}_2 & \boldsymbol{0} & \tau(\sigma-1)\boldsymbol{Z}_2\\ \boldsymbol{\Gamma}_{3,3} & \boldsymbol{0} & \boldsymbol{\Gamma}_{3,4} & \boldsymbol{0}\\ \boldsymbol{0} & \boldsymbol{0} & \boldsymbol{0} & \boldsymbol{0}\\ \boldsymbol{B}_1^{\mathrm{T}}\boldsymbol{P}_1 & \boldsymbol{B}_1^{\mathrm{T}}\boldsymbol{P}_2 & \tau\boldsymbol{B}_1^{\mathrm{T}}\boldsymbol{Z}_1 & \tau\boldsymbol{B}_1^{\mathrm{T}}\boldsymbol{Z}_2\\ \boldsymbol{B}_1^{\mathrm{T}}\boldsymbol{P}_1 & \boldsymbol{B}_1^{\mathrm{T}}\boldsymbol{P}_2 & \tau\boldsymbol{B}_1^{\mathrm{T}}\boldsymbol{Z}_1 & \tau\boldsymbol{B}_1^{\mathrm{T}}\boldsymbol{Z}_2\end{bmatrix},\quad \boldsymbol{\Omega}=\mathrm{diag}\{-\boldsymbol{P}_1,-\boldsymbol{P}_2,-\boldsymbol{Z}_1,-\boldsymbol{Z}_2\}$$

$$\boldsymbol{\Gamma}_{1,3}=\boldsymbol{A}_1^{\mathrm{T}}\boldsymbol{P}_1+\boldsymbol{K}^{\mathrm{T}}\boldsymbol{M}\boldsymbol{B}_1^{\mathrm{T}}\boldsymbol{P}_1,\quad \boldsymbol{\Gamma}_{1,4}=\tau(\boldsymbol{A}_1^{\mathrm{T}}-\boldsymbol{I})\boldsymbol{Z}_1+\tau\boldsymbol{K}^{\mathrm{T}}\boldsymbol{M}\boldsymbol{B}_1^{\mathrm{T}}\boldsymbol{P}_1$$

$$\boldsymbol{\Gamma}_{3,3}=\boldsymbol{K}^{\mathrm{T}}\boldsymbol{M}\boldsymbol{B}_1^{\mathrm{T}}\boldsymbol{P}_1,\quad \boldsymbol{\Gamma}_{3,4}=\tau\boldsymbol{K}^{\mathrm{T}}\boldsymbol{M}\boldsymbol{B}_1^{\mathrm{T}}\boldsymbol{Z}_1$$

在公式(8-23)的左右两侧分别乘以矩阵 $\mathrm{diag}\{\boldsymbol{X}_1^{\mathrm{T}},\boldsymbol{X}_1^{\mathrm{T}},\boldsymbol{X}_1^{\mathrm{T}},\boldsymbol{X}_1^{\mathrm{T}},\boldsymbol{I},\boldsymbol{I},\boldsymbol{X}_1^{\mathrm{T}},\boldsymbol{X}_3^{\mathrm{T}},\boldsymbol{X}_2^{\mathrm{T}},\boldsymbol{X}_4^{\mathrm{T}}\}$ 及矩阵 $\mathrm{diag}\{\boldsymbol{X}_1,\boldsymbol{X}_1,\boldsymbol{X}_1,\boldsymbol{X}_1,\boldsymbol{I},\boldsymbol{I},\boldsymbol{X}_1,\boldsymbol{X}_3,\boldsymbol{X}_2,\boldsymbol{X}_4\}$，并定义 $\boldsymbol{X}_1=\boldsymbol{P}_1^{-1}$，$\boldsymbol{X}_2=\boldsymbol{Z}_1^{-1}$，$\boldsymbol{X}_3=\boldsymbol{P}_2^{-1}$，$\boldsymbol{X}_4=\boldsymbol{Z}_2^{-1}$，$\hat{Q}_1=\boldsymbol{X}_1^{\mathrm{T}}Q_1\boldsymbol{X}_1$，$\hat{Q}_2=\boldsymbol{X}_1^{\mathrm{T}}Q_2\boldsymbol{X}_1$，$\hat{Z}_1=\boldsymbol{X}_1^{\mathrm{T}}Z_1\boldsymbol{X}_1$，$\hat{Z}_2=\boldsymbol{X}_1^{\mathrm{T}}Z_2\boldsymbol{X}_1$，$\hat{P}_2=\boldsymbol{X}_1^{\mathrm{T}}P_2\boldsymbol{X}_1$，$\hat{\gamma}=\boldsymbol{X}_1^{\mathrm{T}}\gamma\boldsymbol{X}_1$，则控制器增益可以设计为$\boldsymbol{K}=\boldsymbol{Y}\boldsymbol{X}_1^{-1}$，满足如下条件：

$$\hat{\boldsymbol{\Phi}}_1=\begin{bmatrix}\hat{\boldsymbol{\Phi}}_{1,1} & \hat{\boldsymbol{\Phi}}_{1,2}\\ * & \hat{\boldsymbol{\Phi}}_{2,2}\end{bmatrix}<0 \tag{8-24}$$

其中，

$$\hat{\boldsymbol{\Phi}}_{1,1}=\begin{bmatrix}\boldsymbol{\Pi}_{1,1} & \boldsymbol{\Pi}_{1,2} & \hat{Z}_1 & \boldsymbol{0} & -\boldsymbol{X}_1^{\mathrm{T}}\beta & \boldsymbol{0}\\ * & \boldsymbol{\Pi}_{2,2} & \boldsymbol{0} & \hat{Z}_2 & \boldsymbol{\Pi}_{2,3} & \boldsymbol{0}\\ * & * & -\hat{Q}_1-\hat{Z}_1 & \boldsymbol{0} & \boldsymbol{0} & \boldsymbol{0}\\ * & * & * & -\hat{Q}_2-\hat{Z}_2 & \boldsymbol{0} & \boldsymbol{0}\\ * & * & * & * & -\alpha^2+\rho_1 & \boldsymbol{0}\\ * & * & * & * & * & -\rho_2\end{bmatrix}$$

$$\hat{\boldsymbol{\Phi}}_{2,2}=\begin{bmatrix}\boldsymbol{\Pi}_{1,3} & \boldsymbol{0} & \boldsymbol{\Pi}_{1,4} & \boldsymbol{0}\\ \boldsymbol{0} & \sigma\boldsymbol{X}_1^{\mathrm{T}} & \boldsymbol{0} & \tau(\sigma-1)\boldsymbol{X}_1^{\mathrm{T}}\\ \boldsymbol{\Pi}_{3,3} & \boldsymbol{0} & \tau\boldsymbol{\Pi}_{3,3} & \boldsymbol{0}\\ \boldsymbol{0} & \boldsymbol{0} & \boldsymbol{0} & \boldsymbol{0}\\ \boldsymbol{B}_1^{\mathrm{T}} & \boldsymbol{B}_1^{\mathrm{T}} & \tau\boldsymbol{B}_1^{\mathrm{T}} & \tau\boldsymbol{B}_1^{\mathrm{T}}\\ \boldsymbol{B}_1^{\mathrm{T}} & \boldsymbol{B}_1^{\mathrm{T}} & \tau\boldsymbol{B}_1^{\mathrm{T}} & \tau\boldsymbol{B}_1^{\mathrm{T}}\end{bmatrix},\hat{\boldsymbol{\Phi}}_{2,2}=\mathrm{diag}\{-\boldsymbol{X}_1,-\boldsymbol{X}_3,-\boldsymbol{X}_2,-\boldsymbol{X}_4\}$$

$$\boldsymbol{\Pi}_{1,3}=\boldsymbol{X}_1^{\mathrm{T}}\boldsymbol{A}_1^{\mathrm{T}}+\boldsymbol{Y}^{\mathrm{T}}M\boldsymbol{B}_1^{\mathrm{T}},\quad \boldsymbol{\Pi}_{1,4}=\tau\boldsymbol{X}_1^{\mathrm{T}}(\boldsymbol{A}_1^{\mathrm{T}}-\boldsymbol{I})+\tau\boldsymbol{Y}^{\mathrm{T}}M\boldsymbol{B}_1^{\mathrm{T}},\quad \boldsymbol{\Pi}_{3,3}=\boldsymbol{Y}^{\mathrm{T}}M\boldsymbol{B}_1^{\mathrm{T}}$$

考虑部分失效故障，将公式(8-4)代入公式(8-24)，可得

$$\boldsymbol{\Upsilon}_1+\widetilde{\boldsymbol{\Gamma}}^{\mathrm{T}}\boldsymbol{G}^{\mathrm{T}}\widetilde{\boldsymbol{\Phi}}^{\mathrm{T}}+\widetilde{\boldsymbol{\Phi}}\boldsymbol{G}\widetilde{\boldsymbol{\Gamma}}<0 \tag{8-25}$$

其中，

$$\boldsymbol{\Upsilon}_1=\begin{bmatrix}\hat{\boldsymbol{\Phi}}_{1,1} & \hat{\boldsymbol{\Phi}}_{1,2,1}\\ * & \hat{\boldsymbol{\Phi}}_{2,2}\end{bmatrix},\quad \hat{\boldsymbol{\Phi}}_{1,2,1}=\begin{bmatrix}\hat{\boldsymbol{\Pi}}_{1,3} & \boldsymbol{0} & \hat{\boldsymbol{\Pi}}_{1,4} & \boldsymbol{0}\\ \boldsymbol{0} & \sigma\boldsymbol{X}_1^{\mathrm{T}} & \boldsymbol{0} & \tau(\sigma-1)\boldsymbol{X}_1^{\mathrm{T}}\\ \hat{\boldsymbol{\Pi}}_{3,3} & \boldsymbol{0} & \tau\hat{\boldsymbol{\Pi}}_{3,3} & \boldsymbol{0}\\ \boldsymbol{0} & \boldsymbol{0} & \boldsymbol{0} & \boldsymbol{0}\\ \boldsymbol{B}_1^{\mathrm{T}} & \boldsymbol{B}_1^{\mathrm{T}} & \tau\boldsymbol{B}_1^{\mathrm{T}} & \tau\boldsymbol{B}_1^{\mathrm{T}}\\ \boldsymbol{B}_1^{\mathrm{T}} & \boldsymbol{B}_1^{\mathrm{T}} & \tau\boldsymbol{B}_1^{\mathrm{T}} & \tau\boldsymbol{B}_1^{\mathrm{T}}\end{bmatrix}$$

$$\widetilde{\boldsymbol{\Gamma}} = [M_0\boldsymbol{Y} \quad \mathbf{0} \quad M_0\boldsymbol{Y} \quad \mathbf{0} \quad \mathbf{0} \quad \mathbf{0} \quad \mathbf{0} \quad \mathbf{0} \quad \mathbf{0} \quad \mathbf{0}]$$

$$\widetilde{\boldsymbol{\Phi}} = [\mathbf{0} \quad \mathbf{0} \quad \mathbf{0} \quad \mathbf{0} \quad \mathbf{0} \quad \mathbf{0} \quad \boldsymbol{B}_1^{\mathrm{T}} \quad \mathbf{0} \quad \tau\boldsymbol{B}_1^{\mathrm{T}} \quad \mathbf{0}]^{\mathrm{T}}$$

采用引理 2-1,可以直接得到定理 8-1 的条件。定理 8-1 证明完毕。

进一步,基于定理 8-1 和公式(8-21),可以分析得到

$$\Delta V(k) \leqslant \boldsymbol{\Upsilon} + \rho_2\bar{\varepsilon}^2 \leqslant \lambda_{\min}(\boldsymbol{\Upsilon}) \ \| \boldsymbol{\Xi}(k) \|^2 + \rho_2\bar{\varepsilon}^2 \tag{8-26}$$

当 $\Delta V(k) < 0$ 时,$\boldsymbol{\Xi}(k)$ 满足

$$\| \boldsymbol{\Xi}(k) \| > \sqrt{\frac{\rho_2\bar{\varepsilon}^2}{-\lambda_{\min}(\boldsymbol{\Upsilon})}} = \chi_1$$

当 $\boldsymbol{\Xi}(k)$ 在区域 $\boldsymbol{\Theta}_{\Xi} \equiv \{\boldsymbol{\Xi} \mid \| \boldsymbol{\Xi}(k) \| \leqslant \chi_1\}$ 的外部时,$\Delta V(k) < 0$,这意味着 $\boldsymbol{\Xi}(k)$ 是有界的。同理分析可得

$$\Delta V(k) \leqslant \rho_1 \| \bar{\boldsymbol{\theta}}^{\mathrm{T}}(k)\boldsymbol{\xi}(k) \|^2 + \rho_2\bar{\varepsilon}^2$$

这意味着当 $\Delta V(k) < 0$ 时,

$$\| \bar{\boldsymbol{\theta}}^{\mathrm{T}}(k)\boldsymbol{\xi}(k) \| > \sqrt{\frac{\rho_2\bar{\varepsilon}^2}{\rho_1}} = \chi_2$$

由此可知 $\bar{\boldsymbol{\theta}}^{\mathrm{T}}(k)\boldsymbol{\xi}(k)$ 有界,当 $\boldsymbol{\xi}(k)$ 定义合适时,$\bar{\boldsymbol{\theta}}(k)$ 是有界的。结合定理 8-1 可以知道,系统跟踪误差 $\boldsymbol{e}(k)$、干扰估计误差 $\boldsymbol{\zeta}(k)$、参数估计误差 $\bar{\boldsymbol{\theta}}(k)$ 是最终一致有界的。定理 8-2 证明完毕。

8.1.3 仿真算例

算例 8-1 对于网络化双边遥操作系统,给定如下参数:

$M_a = 0.147$, $b_{\mathrm{m}} = 7.35$, $k_{\mathrm{m}} = 1.455$, $\beta = 0.3$, $\sigma = 0.1$, $\alpha = 3$

$\rho_1 = 0.6$, $\rho_2 = 0.5$, $M_0 = 0.6$, $H = 0.4$, $\tau = 0.2$, $\bar{\xi} = 0.2$

将这些参数代入公式(8-1),可以得到如下矩阵参数:

$$\boldsymbol{A} = \begin{bmatrix} 0 & 1 \\ -0.8980 & -50 \end{bmatrix}, \quad \boldsymbol{B} = \begin{bmatrix} 0 \\ 6.8027 \end{bmatrix}$$

选择采样时间 $T_s = 0.001$,可以得到离散化的系统矩阵参数:

$$\boldsymbol{A}_1 = \begin{bmatrix} 1 & 0.0010 \\ -0.0097 & 0.9512 \end{bmatrix}, \quad \boldsymbol{B}_1 = \begin{bmatrix} 0 \\ 0.0066 \end{bmatrix}$$

将系统矩阵参数代入定理 8-1,可得

$$\boldsymbol{K} = [-66.2119 \quad -38.1345]$$

关于模糊干扰观测器部分,选择 $\tilde{x}_{\mathrm{m}} - \tilde{x}_{\mathrm{s}}$ 和 $\dot{\tilde{x}}_{\mathrm{m}} - \dot{\tilde{x}}_{\mathrm{s}}$ 作为观测器的输入,隶属度

函数的选择如文献[138]所示。根据从操作器前是否有障碍物，分两种情况验证算法的有效性。

①从操作器前无障碍物，即 $f_e(k)\equiv 0, 0.4\leqslant M\leqslant 0.8$。系统操作力和环境力信息，以及主、从操作器位移，主、从操作器位移跟踪误差分别如图 8-1 至图 8-3 所示。可见，尽管存在网络诱导时延、执行器故障，从操作器仍然有效跟踪了主操作器的运动。图 8-4 表示的实际干扰值及模糊干扰观测器的干扰估计，体现了观测器的有效性。

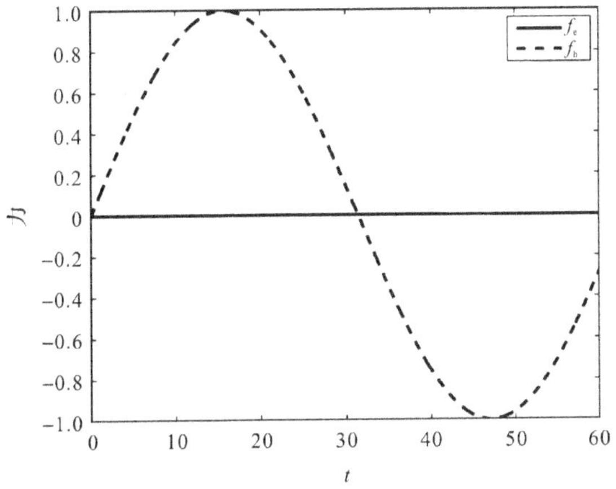

图 8-1　系统操作力和环境力信息(无障碍物)

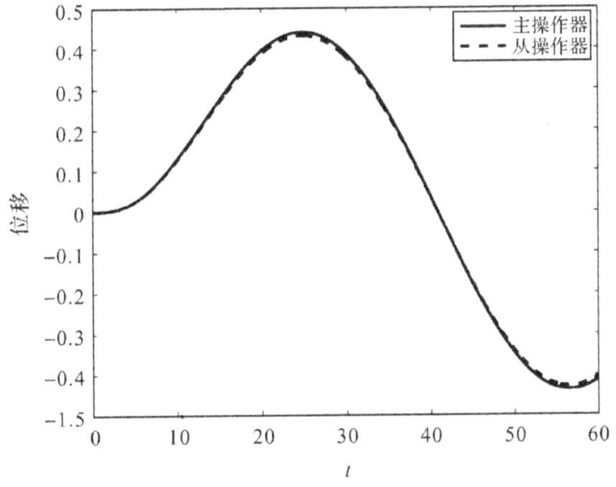

图 8-2　主、从操作器位移(无障碍物)

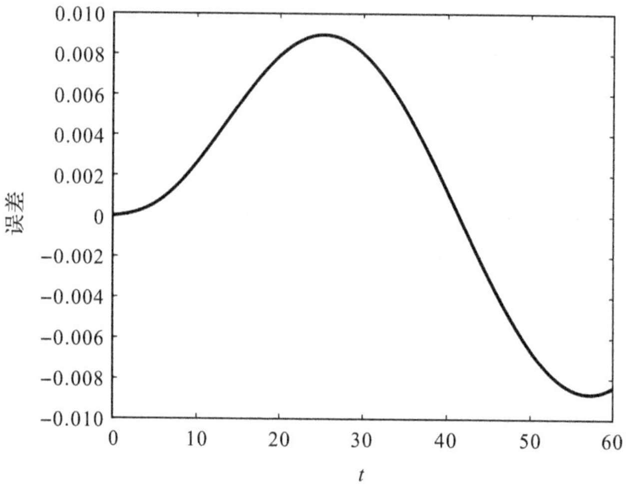

图 8-3 主、从操作器位移跟踪误差(无障碍物)

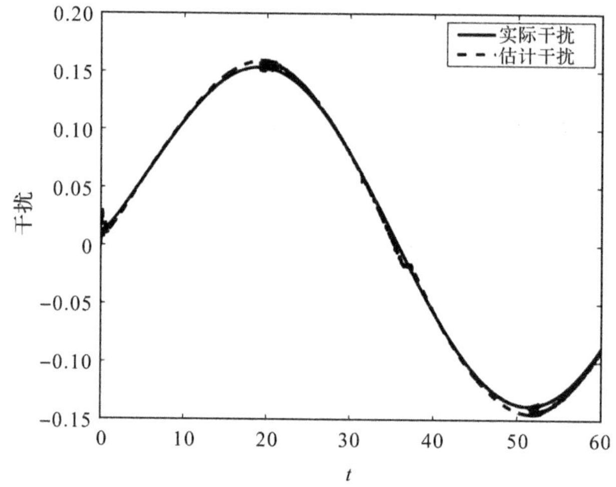

图 8-4 模糊干扰观测器(无障碍物)

②从操作器前有障碍物,如参考文献[137],选择 $f_e = [40 \quad 5]\boldsymbol{x}_s(t)$。系统操作力和环境力信息,主操作器部分对环境力的拟合(以给操作员良好的临场体验感),从操作器部分对操作力的拟合(促使从操作器跟踪主操作器的运动)分别如图 8-5 至图 8-7 所示。尽管从操作器存在执行器故障问题,在模糊干扰观测器的补偿作用下(图 8-9),仍然有效跟踪了主操作器的运动。主、从操作器位移跟踪误差如图 8-10 所示。

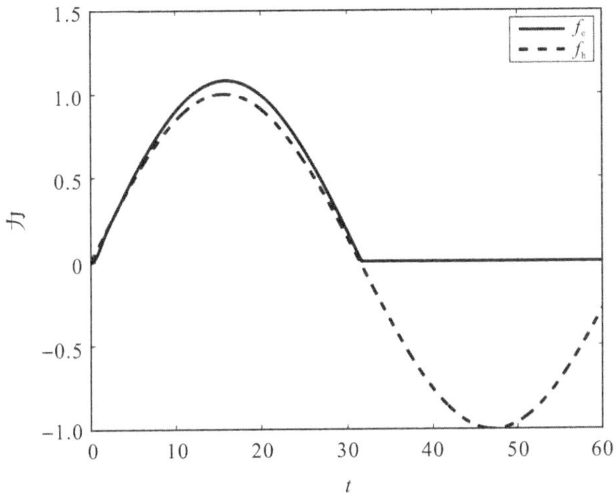

图 8-5　系统操作力和环境力信息(有障碍物)

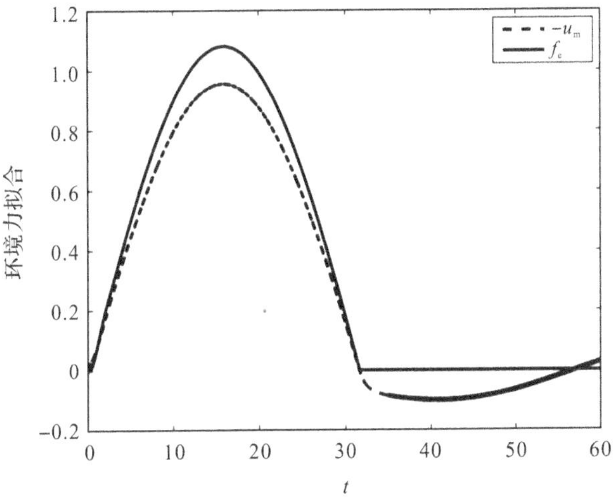

图 8-6　环境力拟合(有障碍物)

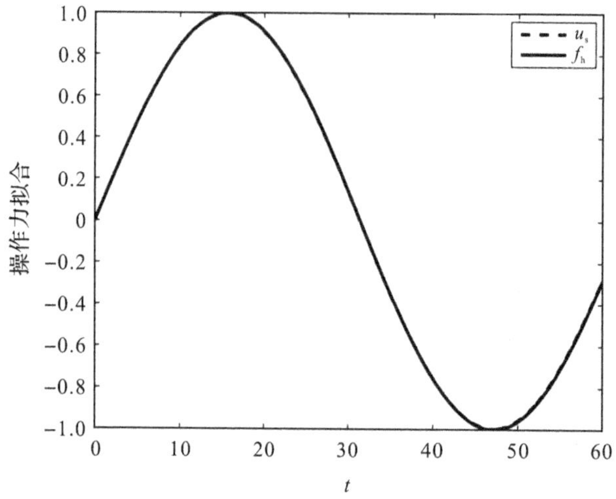

图 8-7　操作力拟合(有障碍物)

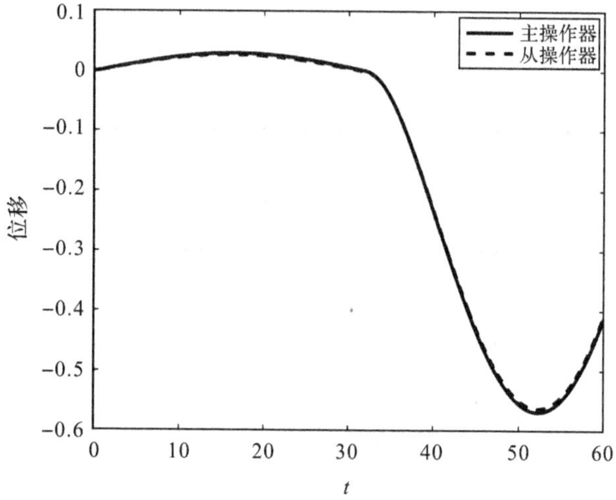

图 8-8　主、从操作器位移(有障碍物)

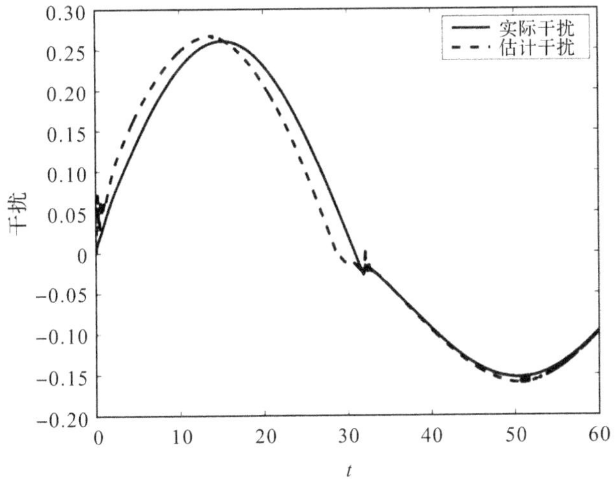

图 8-9　模糊干扰观测器(有障碍物)

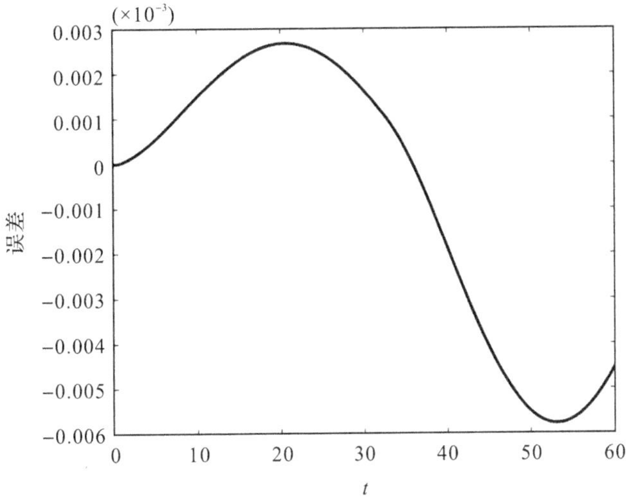

图 8-10　主、从操作器位移跟踪误差(有障碍物)

8.2 基于故障分布的模糊容错控制

8.2.1 问题描述

考虑一类多自由度双边遥操作系统，描述如下：

$$\begin{cases}\boldsymbol{M}_{\mathrm{m}}(q_{\mathrm{m}})\ddot{q}_{\mathrm{m}}+\boldsymbol{C}_{\mathrm{m}}(q_{\mathrm{m}},\dot{q}_{\mathrm{m}})\dot{q}_{\mathrm{m}}+\boldsymbol{g}_{\mathrm{m}}(q_{\mathrm{m}})=\boldsymbol{\tau}_{\mathrm{mf}}+\boldsymbol{F}_{\mathrm{h}}\\ \boldsymbol{M}_{\mathrm{s}}(q_{\mathrm{s}})\ddot{q}_{\mathrm{s}}+\boldsymbol{C}_{\mathrm{s}}(q_{\mathrm{s}},\dot{q}_{\mathrm{s}})\dot{q}_{\mathrm{s}}+\boldsymbol{g}_{\mathrm{s}}(q_{\mathrm{s}})=\boldsymbol{\tau}_{\mathrm{sf}}-\boldsymbol{F}_{\mathrm{e}}\end{cases}\tag{8-27}$$

其中，m 和 s 分别表示双边遥操作系统的主操作器和从操作器。q_{m} 和 q_{s} 为操作器位移，$\dot{q}_{\mathrm{m}}$ 和 $\dot{q}_{\mathrm{s}}$ 为操作器速度，$\boldsymbol{M}_{\mathrm{m}}(q_{\mathrm{m}})$ 和 $\boldsymbol{M}_{\mathrm{s}}(q_{\mathrm{s}})$ 为惯性矩阵，$\boldsymbol{C}_{\mathrm{m}}(q_{\mathrm{m}},\dot{q}_{\mathrm{m}})$ 和 $\boldsymbol{C}_{\mathrm{s}}(q_{\mathrm{s}},\dot{q}_{\mathrm{s}})$ 为 Coriolis(科里奥利) 向心力矩阵，$\boldsymbol{g}_{\mathrm{m}}(q_{\mathrm{m}})$ 和 $\boldsymbol{g}_{\mathrm{s}}(q_{\mathrm{s}})$ 为引力矩，$\boldsymbol{F}_{\mathrm{h}}$ 为操作力，$\boldsymbol{F}_{\mathrm{e}}$ 为环境力，$\boldsymbol{\tau}_{\mathrm{mf}}$ 和 $\boldsymbol{\tau}_{\mathrm{sf}}$ 为要设计的控制力。采用重力补偿方法，可建立如下系统模型：

$$\begin{cases}\boldsymbol{M}_{\mathrm{m}}(q_{\mathrm{m}})\ddot{q}_{\mathrm{m}}+\boldsymbol{C}_{\mathrm{m}}(q_{\mathrm{m}},\dot{q}_{\mathrm{m}})\dot{q}_{\mathrm{m}}=\boldsymbol{u}_{\mathrm{m}}^{\mathrm{F}}+\boldsymbol{F}_{\mathrm{h}}\\ \boldsymbol{M}_{\mathrm{s}}(q_{\mathrm{s}})\ddot{q}_{\mathrm{s}}+\boldsymbol{C}_{\mathrm{s}}(q_{\mathrm{s}},\dot{q}_{\mathrm{s}})\dot{q}_{\mathrm{s}}=\boldsymbol{u}_{\mathrm{s}}^{\mathrm{F}}-\boldsymbol{F}_{\mathrm{e}}\end{cases}\tag{8-28}$$

$\boldsymbol{u}_{\mathrm{m}}^{\mathrm{F}}$ 和 $\boldsymbol{u}_{\mathrm{s}}^{\mathrm{F}}$ 分别为主、从操作器的容错控制信号。为了方便描述，主、从操作器均采用具有 2 个自由度的操作手。令 $a=\mathrm{m}$ 表示主操作器，$a=\mathrm{s}$ 表示从操作器，定义 $x_{a1}=q_{a1}$，$x_{a2}=q_{a2}$，$x_{a3}=\dot{q}_{a1}$，$x_{a4}=\dot{q}_{a2}$，可得如下系统模型[139]：

$$\begin{cases}\dot{\boldsymbol{x}}_{\mathrm{m}}(t)=\boldsymbol{f}(\boldsymbol{x}_{\mathrm{m}})+\boldsymbol{\beta}(\boldsymbol{x}_{\mathrm{m}})(\boldsymbol{u}_{\mathrm{m}}^{\mathrm{F}}+\boldsymbol{F}_{\mathrm{h}})\\ \dot{\boldsymbol{x}}_{\mathrm{s}}(t)=\boldsymbol{f}(\boldsymbol{x}_{\mathrm{s}})+\boldsymbol{\beta}(\boldsymbol{x}_{\mathrm{s}})(\boldsymbol{u}_{\mathrm{s}}^{\mathrm{F}}-\boldsymbol{F}_{\mathrm{e}})\end{cases}\tag{8-29}$$

其中，$\boldsymbol{x}_a=[x_{a1}^{\mathrm{T}}\quad x_{a2}^{\mathrm{T}}\quad x_{a3}^{\mathrm{T}}\quad x_{a4}^{\mathrm{T}}]^{\mathrm{T}}$，$\boldsymbol{f}(\boldsymbol{x}_a)=[x_{a3}^{\mathrm{T}}\quad x_{a4}^{\mathrm{T}}\quad f_1^{\mathrm{T}}(\boldsymbol{x}_a)\quad f_2^{\mathrm{T}}(\boldsymbol{x}_a)]^{\mathrm{T}}$，

$$f_1(\boldsymbol{x}_a)=\frac{\widetilde{N}_1(m_{a2}l_1l_2\widetilde{N}_2x_{a3}^2-m_{a2}l_2^2x_{a4}^2)}{l_1l_2[(m_{a1}+m_{a2})-m_{a2}\widetilde{N}_2^2]}$$

$$f_2(\boldsymbol{x}_a)=\frac{\widetilde{N}_1[-(m_{a1}+m_{a2})l_1^2x_{a3}^2+m_{a2}l_1l_2\widetilde{N}_2x_{a4}^2]}{l_1l_2[(m_{a1}+m_{a2})-m_{a2}\widetilde{N}_2^2]}$$

$$\boldsymbol{\beta}(\boldsymbol{x}_a)=\begin{bmatrix}0&0&\beta_1(\boldsymbol{x}_a)&\beta_2(\boldsymbol{x}_a)\\0&0&\beta_2(\boldsymbol{x}_a)&\beta_3(\boldsymbol{x}_a)\end{bmatrix}^{\mathrm{T}}$$

$$\beta_1(\boldsymbol{x}_a)=\frac{m_{a2}l_2^2}{m_{a2}l_1^2l_2^2[(m_{a1}+m_{a2})-m_{a2}\widetilde{N}_2^2]}$$

$$\beta_2(\boldsymbol{x}_a) = \frac{-m_{a2}l_1l_2\widetilde{N}_2}{m_{a2}l_1^2l_2^2[(m_{a1}+m_{a2})-m_{a2}\widetilde{N}_2^2]}$$

$$\beta_3(\boldsymbol{x}_a) = \frac{(m_{a1}+m_{a2})l_1^2}{m_{a2}l_1^2l_2^2[(m_{a1}+m_{a2})-m_{a2}\widetilde{N}_2^2]}$$

$$\widetilde{N}_1 = \sin(x_{a1})\cos(x_{a2}) - \cos(x_{a1})\sin(x_{a2})$$

$$\widetilde{N}_2 = \sin(x_{a1})\sin(x_{a2}) - \cos(x_{a1})\cos(x_{a2})$$

很明显，该类系统包含非线性环节，采用 T-S 模糊方法对该系统进一步建模，以描述系统中的非线性环节。对于主操作器而言，其中一条模糊规则描述如下：

$$\begin{aligned}&\text{IF } y_1(t) \text{ is } \boldsymbol{\Psi}_{i1} \text{ and } \cdots \text{ and } y_p(t) \text{ is } \boldsymbol{\Psi}_{ip}\\&\text{THEN } \dot{\boldsymbol{x}}_{\mathrm{m}}(t) = \boldsymbol{A}_{\mathrm{m}i}\boldsymbol{x}_{\mathrm{m}}(t) + \boldsymbol{B}_{\mathrm{m}i}[\boldsymbol{u}_{\mathrm{m}}^{\mathrm{F}}(t) + \boldsymbol{F}_{\mathrm{h}}(t)]\end{aligned} \tag{8-30}$$

则主操作器的 T-S 模糊模型可以描述为

$$\dot{\boldsymbol{x}}_{\mathrm{m}}(t) = \frac{\sum_{i=1}^{L}\mu_i[\boldsymbol{y}(t)]\{\boldsymbol{A}_{\mathrm{m}i}\boldsymbol{x}_{\mathrm{m}}(t) + \boldsymbol{B}_{\mathrm{m}i}[\boldsymbol{u}_{\mathrm{m}}^{\mathrm{F}}(t) + \boldsymbol{F}_{\mathrm{h}}(t)]\}}{\sum_{i=1}^{L}\mu_i[\boldsymbol{y}(t)]} \tag{8-31}$$

其中，

$$\mu_i[\boldsymbol{y}(t)] = \prod_{j=1}^{p}\boldsymbol{\Psi}_{ij}[\boldsymbol{y}(t)], \quad \boldsymbol{y}(t) = [y_1(t) \quad y_2(t) \quad \cdots \quad y_p(t)]$$

定义 $h_i[\boldsymbol{y}(t)] = \mu_i[\boldsymbol{y}(t)] / \sum_{i=1}^{L}\mu_i[\boldsymbol{y}(t)]$，并且 $\sum_{i=1}^{L}h_i[y(t)] = 1$，系统(8-31)可以重新描述为

$$\dot{\boldsymbol{x}}_{\mathrm{m}}(t) = \sum_{i=1}^{L}h_i[\boldsymbol{y}(t)]\{\boldsymbol{A}_{\mathrm{m}i}\boldsymbol{x}_{\mathrm{m}}(t) + \boldsymbol{B}_{\mathrm{m}i}[\boldsymbol{u}_{\mathrm{m}}^{\mathrm{F}}(t) + \boldsymbol{F}_{\mathrm{h}}(t)]\} \tag{8-32}$$

采用类似的描述方法，从操作器的 T-S 模糊模型可以描述为

$$\dot{\boldsymbol{x}}_{\mathrm{s}}(t) = \sum_{i=1}^{L}h_i[\tilde{\boldsymbol{y}}(t)]\{\boldsymbol{A}_{\mathrm{s}i}\boldsymbol{x}_{\mathrm{s}}(t) + \boldsymbol{B}_{\mathrm{s}i}[\boldsymbol{u}_{\mathrm{s}}^{\mathrm{F}}(t) - \boldsymbol{F}_{\mathrm{e}}(t)]\} \tag{8-33}$$

下一步考虑基于故障分布的模糊容错控制器设计框架。传统的执行器部分失效故障模型可表述为

$$\boldsymbol{u}^{\mathrm{F}}(t) = \boldsymbol{M}\boldsymbol{u}(t), \quad \boldsymbol{M} = \mathrm{diag}\{m_1, m_2, \cdots, m_p\}, \quad 0 < m_i^{\min} \leqslant m_i \leqslant m_i^{\max} \leqslant 1 \tag{8-34}$$

在该故障模型中，发生执行器失效故障的概率是均匀分布的，然而，在实际系

统中，小故障发生概率远远大于大故障发生概率，因此，需要建立符合实际情况的故障模型。选取 $\tilde{m}_i$ 满足

$$\begin{cases} m_i^{\min} \leqslant m_i \leqslant \tilde{m}_i, & \theta_i(k) = 1 \\ \tilde{m}_i \leqslant \overline{m}_i \leqslant m_i^{\max}, & \theta_i(k) = 0 \end{cases} \tag{8-35}$$

其中，$\theta_i(k)$ 为服从 Bernoulli 分布的随机变量。根据新建立的故障模型(8-35)，将执行器部分失效模型重新建立为

$$\boldsymbol{u}_{\mathrm{m}}^{\mathrm{F}}(t) = \hat{\boldsymbol{M}}_{\mathrm{m}}\boldsymbol{u}_{\mathrm{m}}(t), \quad \boldsymbol{u}_{\mathrm{s}}^{\mathrm{F}}(t) = \hat{\boldsymbol{M}}_{\mathrm{s}}\boldsymbol{u}_{\mathrm{s}}(t) \tag{8-36}$$

其中，

$$\hat{\boldsymbol{M}}_{\mathrm{m}} = \mathrm{diag}\{\theta_{\mathrm{m}1}(k)m_{\mathrm{m}1} + [1-\theta_{\mathrm{m}1}(k)]\overline{m}_{\mathrm{m}1}, \cdots, \theta_{\mathrm{m}p}(k)m_{\mathrm{m}p} + [1-\theta_{\mathrm{m}p}(k)]\overline{m}_{\mathrm{m}p}\}$$

$$\hat{\boldsymbol{M}}_{\mathrm{s}} = \mathrm{diag}\{\theta_{\mathrm{s}1}(k)m_{\mathrm{s}1} + [1-\theta_{\mathrm{s}1}(k)]\overline{m}_{\mathrm{s}1}, \cdots, \theta_{\mathrm{s}p}(k)m_{\mathrm{s}p} + [1-\theta_{\mathrm{s}p}(k)]\overline{m}_{\mathrm{s}p}\}$$

基于(8-36)，考虑 $\boldsymbol{u}_{\mathrm{m}}(t)$ 的设计，其中第 j 条模糊规则描述如下：

IF $y_1(t)$ is $\boldsymbol{\Psi}_{i1}$ and $\cdots$ and $y_p(t)$ is $\boldsymbol{\Psi}_{ip}$

THEN $\boldsymbol{u}_{\mathrm{m}}(t) = \boldsymbol{K}_{\mathrm{m}j}\{\boldsymbol{x}_{\mathrm{m}}(t) - \boldsymbol{x}_{\mathrm{s}}[t-\tau_1(t)]\} - \boldsymbol{F}_{\mathrm{e}}[t-\tau_1(t)]$ (8-37)

同理，可以得到主操作器的模糊容错控制器 $\boldsymbol{u}_{\mathrm{m}}(t)$，描述如下：

$$\boldsymbol{u}_{\mathrm{m}}(t) = \sum_{j=1}^{L} h_j[\boldsymbol{y}(t)]\boldsymbol{K}_{\mathrm{m}j}\{\boldsymbol{x}_{\mathrm{m}}(t) - \boldsymbol{x}_{\mathrm{s}}[t-\tau_1(t)]\} - \boldsymbol{F}_{\mathrm{e}}[t-\tau_1(t)] \tag{8-38}$$

采用类似的方法，从操作器的模糊容错控制器 $\boldsymbol{u}_{\mathrm{s}}(t)$ 可以描述为

$$\boldsymbol{u}_{\mathrm{s}}(t) = \sum_{j=1}^{L} h_j[\tilde{\boldsymbol{y}}(t)]\boldsymbol{K}_{\mathrm{s}j}\{\boldsymbol{x}_{\mathrm{s}}(t) - \boldsymbol{x}_{\mathrm{m}}[t-\tau_2(t)]\} + \boldsymbol{F}_{\mathrm{h}}[t-\tau_2(t)] \tag{8-39}$$

其中，$\hat{\tau} \leqslant \tau_i(t) \leqslant \bar{\tau}$ 为网络诱导时延，$\hat{\tau}$ 和 $\bar{\tau}$ 分别为网络诱导时延的下界和上界，$\dot{\tau}_i(t) \leqslant \mu < 1 (i=1,2)$。基于部分失效矩阵(8-34)，将公式(8-38)和(8-39)分别代入系统(8-32)和(8-33)，可以得到主、从操作器的闭环系统，描述如下：

$$\begin{aligned}\dot{\boldsymbol{x}}_{\mathrm{m}}(t) = \sum_{i=1}^{L}\sum_{j=1}^{L} h_i[\boldsymbol{y}(t)]h_j[\boldsymbol{y}(t)]\{&(\boldsymbol{A}_{\mathrm{m}i} + \boldsymbol{B}_{\mathrm{m}i}\hat{\boldsymbol{M}}_{\mathrm{m}}\boldsymbol{K}_{\mathrm{m}j})\boldsymbol{x}_{\mathrm{m}}(t) \\ &- \boldsymbol{B}_{\mathrm{m}i}\hat{\boldsymbol{M}}_{\mathrm{m}}\boldsymbol{K}_{\mathrm{m}j}\boldsymbol{x}_{\mathrm{s}}[t-\tau_1(t)] + \boldsymbol{B}_{\mathrm{m}i}\boldsymbol{F}_{\mathrm{h}}(t) - \boldsymbol{B}_{\mathrm{m}i}\hat{\boldsymbol{M}}_{\mathrm{m}}\boldsymbol{F}_{\mathrm{e}}[t-\tau_1(t)]\}\end{aligned} \tag{8-40}$$

$$\dot{\boldsymbol{x}}_{\mathrm{s}}(t) = \sum_{i=1}^{L}\sum_{j=1}^{L} h_i[\tilde{\boldsymbol{y}}(t)]h_j[\tilde{\boldsymbol{y}}(t)]\{(\boldsymbol{A}_{\mathrm{s}i} + \boldsymbol{B}_{\mathrm{s}i}\hat{\boldsymbol{M}}_{\mathrm{s}}\boldsymbol{K}_{\mathrm{s}j})\boldsymbol{x}_{\mathrm{s}}(t)$$

$$-\boldsymbol{B}_{si}\hat{\boldsymbol{M}}_{s}\boldsymbol{K}_{sj}\boldsymbol{x}_{m}[t-\tau_2(t)]+\boldsymbol{B}_{si}\hat{\boldsymbol{M}}_{s}\boldsymbol{F}_{h}[t-\tau_2(t)]-\boldsymbol{B}_{si}\boldsymbol{F}_{e}(t)\} \quad (8\text{-}41)$$

假设主、从操作器的前提变量一致并定义 $\hat{\boldsymbol{x}}(t)=[\boldsymbol{x}_m^{\mathrm{T}}(t)\quad \boldsymbol{x}_s^{\mathrm{T}}(t)]^{\mathrm{T}}$，基于系统(8-40) 和(8-41)，可以得到如下增广系统：

$$\begin{cases}\dot{\hat{\boldsymbol{x}}}(t)=\sum\limits_{i=1}^{L}\sum\limits_{j=1}^{L}h_i[\boldsymbol{y}(t)]h_j[\boldsymbol{y}(t)]\{\hat{\boldsymbol{A}}_{ij}\hat{\boldsymbol{x}}(t)+\hat{\boldsymbol{A}}_{d1ij}\hat{\boldsymbol{x}}[t-\tau_1(t)] \\ \qquad +\hat{\boldsymbol{A}}_{d2ij}\hat{\boldsymbol{x}}[t-\tau_2(t)]+\hat{\boldsymbol{E}}_i\hat{\boldsymbol{\omega}}(t)\} \\ \boldsymbol{z}(t)=\boldsymbol{x}_m(t)-\boldsymbol{x}_s(t)=[\boldsymbol{I}\quad -\boldsymbol{I}]\hat{\boldsymbol{x}}(t)=\hat{\boldsymbol{C}}\hat{\boldsymbol{x}}(t)\end{cases} \quad (8\text{-}42)$$

其中，

$$\hat{\boldsymbol{A}}_{ij}=\begin{bmatrix}\boldsymbol{A}_{mi}+\boldsymbol{B}_{mi}\hat{\boldsymbol{M}}_m\boldsymbol{K}_{mj} & \boldsymbol{0}\\ \boldsymbol{0} & \boldsymbol{A}_{si}+\boldsymbol{B}_{si}\hat{\boldsymbol{M}}_s\boldsymbol{K}_{sj}\end{bmatrix},\quad \hat{\boldsymbol{A}}_{a1ij}=\begin{bmatrix}-\boldsymbol{B}_{mi}\hat{\boldsymbol{M}}_m\boldsymbol{K}_{mj} & \boldsymbol{0}\\ \boldsymbol{0} & \boldsymbol{0}\end{bmatrix}$$

$$\hat{\boldsymbol{A}}_{a2ij}=\begin{bmatrix}\boldsymbol{0} & \boldsymbol{0}\\ \boldsymbol{0} & -\boldsymbol{B}_{si}\hat{\boldsymbol{M}}_s\boldsymbol{K}_{sj}\end{bmatrix},\quad \hat{\boldsymbol{E}}_i=\begin{bmatrix}\boldsymbol{B}_{mi} & \boldsymbol{0}\\ \boldsymbol{0} & \boldsymbol{B}_{si}\end{bmatrix}$$

$$\hat{\boldsymbol{\omega}}(t)=\begin{bmatrix}\boldsymbol{F}_h(t)-\hat{\boldsymbol{M}}_m\boldsymbol{F}_e[t-\tau_1(t)]\\ \hat{\boldsymbol{M}}_s\boldsymbol{F}_h[t-\tau_2(t)]-\boldsymbol{F}_e(t)\end{bmatrix}$$

下一步，针对系统(8-42) 开展容错控制器设计方法研究。

8.2.2　主要结果

定理 8-3　针对系统(8-42)，给定合适的控制器 $\boldsymbol{K}_{mj}$ 和 $\boldsymbol{K}_{sj}$ 以及矩阵 $\widetilde{\boldsymbol{M}}_m$ 和 $\widetilde{\boldsymbol{M}}_s$，若存在具有合适维度的任意矩阵 $\boldsymbol{N}$，正定矩阵 $\boldsymbol{\Psi},\boldsymbol{Q}_1,\boldsymbol{Q}_2,\boldsymbol{W},\boldsymbol{V}$，以及正数 γ，使得线性矩阵不等式(8-43) 成立，则系统(8-42) 是均方稳定的，并且具有 H_∞ 性能指标 γ。

$$\widetilde{\boldsymbol{\Xi}}=\begin{bmatrix}\boldsymbol{\Phi}_1 & \boldsymbol{\Phi}_2 & \boldsymbol{\Phi}_3 & \boldsymbol{\Phi}_4\\ * & \boldsymbol{\Phi}_5 & \boldsymbol{0} & \boldsymbol{0}\\ * & * & -\gamma^2\boldsymbol{I} & \boldsymbol{0}\\ * & * & * & -\gamma^2\boldsymbol{I}\end{bmatrix}<0 \quad (8\text{-}43)$$

其中，

$$\boldsymbol{\Phi}_1=\begin{bmatrix}\boldsymbol{\Phi}_{11} & \boldsymbol{\Phi}_{12} & \boldsymbol{\Phi}_{13} & -\boldsymbol{\Psi} & \boldsymbol{\Phi}_{14} & \mathbf{0}\\ * & \boldsymbol{\Phi}_{22} & -\boldsymbol{\Psi} & \boldsymbol{\Phi}_{23} & \mathbf{0} & \mathbf{0}\\ * & * & \boldsymbol{\Phi}_{33} & \boldsymbol{\Phi}_{34} & \mathbf{0} & \mathbf{0}\\ * & * & * & \boldsymbol{\Phi}_{44} & \mathbf{0} & \mathbf{0}\\ * & * & * & * & \boldsymbol{\Phi}_{55} & -\boldsymbol{\Phi}_{55}\\ * & * & * & * & * & \boldsymbol{\Phi}_{55}\end{bmatrix}$$

$$\boldsymbol{\Phi}_2=\begin{bmatrix}\mathbf{0} & \mathbf{0} & \boldsymbol{W} & -\boldsymbol{W} & \mathbf{0} & \mathbf{0}\\ \mathbf{0} & \boldsymbol{\Phi}_{24} & -\boldsymbol{W} & \boldsymbol{W} & \mathbf{0} & \mathbf{0}\\ \mathbf{0} & \mathbf{0} & \mathbf{0} & \mathbf{0} & \mathbf{0} & \mathbf{0}\\ \mathbf{0} & \mathbf{0} & \mathbf{0} & \mathbf{0} & \mathbf{0} & \mathbf{0}\\ \mathbf{0} & \mathbf{0} & \mathbf{0} & \mathbf{0} & \mathbf{0} & \mathbf{0}\\ \mathbf{0} & \mathbf{0} & \mathbf{0} & \mathbf{0} & \mathbf{0} & \mathbf{0}\end{bmatrix}$$

$$\boldsymbol{\Phi}_3=[\boldsymbol{B}_{mi}^{\mathrm{T}}\boldsymbol{N}^{\mathrm{T}}\quad \mathbf{0}\quad \mathbf{0}\quad \mathbf{0}\quad \mathbf{0}\quad \mathbf{0}]^{\mathrm{T}},\quad \boldsymbol{\Phi}_4=[\mathbf{0}\quad \boldsymbol{B}_{si}^{\mathrm{T}}\boldsymbol{N}^{\mathrm{T}}\quad \mathbf{0}\quad \mathbf{0}\quad \mathbf{0}\quad \mathbf{0}]^{\mathrm{T}}$$

$$\boldsymbol{\Phi}_5=\begin{bmatrix}\boldsymbol{\Phi}_{66} & -\boldsymbol{\Phi}_{66} & \mathbf{0} & \mathbf{0} & \mathbf{0} & \mathbf{0}\\ * & \boldsymbol{\Phi}_{66} & \mathbf{0} & \mathbf{0} & \mathbf{0} & \mathbf{0}\\ * & * & -\boldsymbol{W}-\boldsymbol{V} & \boldsymbol{W}+\boldsymbol{V} & \boldsymbol{V} & -\boldsymbol{V}\\ * & * & * & -\boldsymbol{W}-\boldsymbol{V} & -\boldsymbol{V} & \boldsymbol{V}\\ * & * & * & * & -\boldsymbol{V} & \boldsymbol{V}\\ * & * & * & * & * & -\boldsymbol{V}\end{bmatrix}$$

$$\boldsymbol{\Phi}_{11}=\mathrm{He}(\boldsymbol{N}\boldsymbol{A}_{mi}+\boldsymbol{N}\boldsymbol{B}_{mi}\widetilde{\boldsymbol{M}}_{m}\boldsymbol{K}_{mj})+\boldsymbol{Q}_1+\boldsymbol{Q}_2-\boldsymbol{W}+\boldsymbol{I},\quad \boldsymbol{\Phi}_{12}=-\boldsymbol{I}+\boldsymbol{W}-\boldsymbol{Q}_1-\boldsymbol{Q}_2$$

$$\boldsymbol{\Phi}_{66}=-(1-\mu)\boldsymbol{Q}_2,\quad \boldsymbol{\Phi}_{13}=-\boldsymbol{N}+\boldsymbol{A}_{mi}^{\mathrm{T}}\boldsymbol{N}^{\mathrm{T}}+\boldsymbol{K}_{mj}^{\mathrm{T}}\widetilde{\boldsymbol{M}}_{m}^{\mathrm{T}}\boldsymbol{B}_{mi}^{\mathrm{T}}\boldsymbol{N}^{\mathrm{T}}+\boldsymbol{\Psi}$$

$$\boldsymbol{\Phi}_{22}=\mathrm{He}(\boldsymbol{N}\boldsymbol{A}_{si}+\boldsymbol{N}\boldsymbol{B}_{si}\widetilde{\boldsymbol{M}}_{s}\boldsymbol{K}_{sj})+\boldsymbol{Q}_1+\boldsymbol{Q}_2-\boldsymbol{W}+\boldsymbol{I},\quad \boldsymbol{\Phi}_{14}=-\boldsymbol{N}\boldsymbol{B}_{mi}\widetilde{\boldsymbol{M}}_{m}\boldsymbol{K}_{mj}$$

$$\boldsymbol{\Phi}_{23}=-\boldsymbol{N}+\boldsymbol{A}_{si}^{\mathrm{T}}\boldsymbol{N}^{\mathrm{T}}+\boldsymbol{K}_{sj}^{\mathrm{T}}\widetilde{\boldsymbol{M}}_{s}^{\mathrm{T}}\boldsymbol{B}_{si}^{\mathrm{T}}\boldsymbol{N}^{\mathrm{T}}+\boldsymbol{\Psi},\quad \boldsymbol{\Phi}_{24}=-\boldsymbol{N}\boldsymbol{B}_{si}\widetilde{\boldsymbol{M}}_{s}\boldsymbol{K}_{sj}$$

$$\boldsymbol{\Phi}_{33}=\boldsymbol{\Phi}_{44}=-\boldsymbol{N}-\boldsymbol{N}^{\mathrm{T}}+\bar{\tau}^2\boldsymbol{W}+(\bar{\tau}-\hat{\tau})^2\boldsymbol{V}$$

$$\boldsymbol{\Phi}_{34}=-\bar{\tau}^2\boldsymbol{W}-(\bar{\tau}-\hat{\tau})^2\boldsymbol{V},\quad \boldsymbol{\Phi}_{55}=-(1-\mu)\boldsymbol{Q}_1$$

证明:选择如下 Lyapunov 函数:

$$V(t)=\boldsymbol{z}^{\mathrm{T}}(t)\boldsymbol{\Psi}\boldsymbol{z}(t)+\int_{t-\tau_1(t)}^{t}\boldsymbol{z}^{\mathrm{T}}(\varphi)\boldsymbol{Q}_1\boldsymbol{z}(\varphi)\mathrm{d}\varphi+\int_{t-\tau_2(t)}^{t}\boldsymbol{z}^{\mathrm{T}}(\varphi)\boldsymbol{Q}_2\boldsymbol{z}(\varphi)\mathrm{d}\varphi$$
$$+\bar{\tau}\int_{-\bar{\tau}}^{0}\int_{t+\sigma}^{t}\dot{\boldsymbol{z}}^{\mathrm{T}}(\varphi)\boldsymbol{W}\dot{\boldsymbol{z}}(\varphi)\mathrm{d}\varphi\mathrm{d}\sigma+(\bar{\tau}-\hat{\tau})\int_{-\bar{\tau}}^{-\hat{\tau}}\int_{t+s}^{t}\dot{\boldsymbol{z}}^{\mathrm{T}}(\varphi)\boldsymbol{V}\dot{\boldsymbol{z}}(\varphi)\mathrm{d}\varphi\mathrm{d}s \tag{8-44}$$

在系统(8-42)的基础上,对 $V(t)$ 求导,可以得到

$$
\begin{aligned}
E\{\dot{V}(t)\} = & E\Big\{2\boldsymbol{z}^{\mathrm{T}}(t)\boldsymbol{\Psi}\dot{\boldsymbol{z}}(t) + \bar{\tau}\dot{\boldsymbol{z}}^{\mathrm{T}}(t)\boldsymbol{W}\dot{\boldsymbol{z}}(t) - \bar{\tau}\int_{t-\bar{\tau}}^{t}\dot{\boldsymbol{z}}^{\mathrm{T}}(\sigma)\boldsymbol{W}\dot{\boldsymbol{z}}(\sigma)\mathrm{d}\sigma + \boldsymbol{z}^{\mathrm{T}}(t)\boldsymbol{Q}_1\boldsymbol{z}(t) \\
& + \boldsymbol{z}^{\mathrm{T}}(t)\boldsymbol{Q}_2\boldsymbol{z}(t) - [1-\dot{\tau}_1(t)]\boldsymbol{z}^{\mathrm{T}}[t-\tau_1(t)]\boldsymbol{Q}_1\boldsymbol{z}[t-\tau_1(t)] \\
& - [1-\dot{\tau}_2(t)]\boldsymbol{z}^{\mathrm{T}}[t-\tau_2(t)]\boldsymbol{Q}_1\boldsymbol{z}[t-\tau_2(t)] \\
& + (\bar{\tau}-\hat{\tau})^2\dot{\boldsymbol{z}}^{\mathrm{T}}(t)\boldsymbol{V}\dot{\boldsymbol{z}}(t) - (\bar{\tau}-\hat{\tau})\int_{t-\bar{\tau}}^{t-\hat{\tau}}\dot{\boldsymbol{z}}^{\mathrm{T}}(s)\boldsymbol{V}\dot{\boldsymbol{z}}(s)\mathrm{d}s\Big\}
\end{aligned}
$$

考虑时延特性,$\boldsymbol{z}(t) = \boldsymbol{x}_{\mathrm{m}}(t) - \boldsymbol{x}_{\mathrm{s}}(t) = \hat{\boldsymbol{C}}\hat{\boldsymbol{x}}(t)$,基于引理 2-5,可得如下结果:

$$
\begin{aligned}
E\{\dot{V}(t)\} \leqslant & E\Big\{2\hat{\boldsymbol{x}}^{\mathrm{T}}(t)\begin{bmatrix}\boldsymbol{\Psi} & -\boldsymbol{\Psi} \\ -\boldsymbol{\Psi} & \boldsymbol{\Psi}\end{bmatrix}\dot{\hat{\boldsymbol{x}}}(t) + \bar{\tau}^2\dot{\hat{\boldsymbol{x}}}^{\mathrm{T}}(t)\begin{bmatrix}\boldsymbol{W} & -\boldsymbol{W} \\ -\boldsymbol{W} & \boldsymbol{W}\end{bmatrix}\dot{\hat{\boldsymbol{x}}}(t) \\
& + \hat{\boldsymbol{x}}^{\mathrm{T}}(t)\begin{bmatrix}\boldsymbol{Q}_1+\boldsymbol{Q}_2 & -\boldsymbol{Q}_1-\boldsymbol{Q}_2 \\ -\boldsymbol{Q}_1-\boldsymbol{Q}_2 & \boldsymbol{Q}_1+\boldsymbol{Q}_2\end{bmatrix}\hat{\boldsymbol{x}}(t) \\
& + (\bar{\tau}-\hat{\tau})^2\dot{\hat{\boldsymbol{x}}}^{\mathrm{T}}(t)\begin{bmatrix}\boldsymbol{V} & -\boldsymbol{V} \\ -\boldsymbol{V} & \boldsymbol{V}\end{bmatrix}\dot{\hat{\boldsymbol{x}}}(t) \\
& + \hat{\boldsymbol{x}}^{\mathrm{T}}[t-\tau_1(t)]\begin{bmatrix}-(1-\mu)\boldsymbol{Q}_1 & (1-\mu)\boldsymbol{Q}_1 \\ (1-\mu)\boldsymbol{Q}_1 & -(1-\mu)\boldsymbol{Q}_1\end{bmatrix}\hat{\boldsymbol{x}}[t-\tau_1(t)] \\
& + \hat{\boldsymbol{x}}^{\mathrm{T}}[t-\tau_2(t)]\begin{bmatrix}-(1-\mu)\boldsymbol{Q}_2 & (1-\mu)\boldsymbol{Q}_2 \\ (1-\mu)\boldsymbol{Q}_2 & -(1-\mu)\boldsymbol{Q}_2\end{bmatrix}\hat{\boldsymbol{x}}[t-\tau_2(t)] \\
& + [\hat{\boldsymbol{x}}(t)-\hat{\boldsymbol{x}}(t-\bar{\tau})]^{\mathrm{T}}\begin{bmatrix}\boldsymbol{W} & -\boldsymbol{W} \\ -\boldsymbol{W} & \boldsymbol{W}\end{bmatrix}[\hat{\boldsymbol{x}}(t)-\hat{\boldsymbol{x}}(t-\bar{\tau})] \\
& - [\hat{\boldsymbol{x}}(t-\hat{\tau})-\hat{\boldsymbol{x}}(t-\bar{\tau})]^{\mathrm{T}}\begin{bmatrix}\boldsymbol{V} & -\boldsymbol{V} \\ -\boldsymbol{V} & \boldsymbol{V}\end{bmatrix}[\hat{\boldsymbol{x}}(t-\hat{\tau})-\hat{\boldsymbol{x}}(t-\bar{\tau})]\Big\}
\end{aligned}
$$

基于自由权矩阵方法[138],如下约束条件成立:

$$
\boldsymbol{0} = \mathrm{He}([\hat{\boldsymbol{x}}^{\mathrm{T}}(t)\widetilde{\boldsymbol{N}} + \dot{\hat{\boldsymbol{x}}}^{\mathrm{T}}(t)\widetilde{\boldsymbol{N}}]\hat{\boldsymbol{W}}),\ \widetilde{\boldsymbol{N}} = \begin{bmatrix}\boldsymbol{N} & \boldsymbol{0} \\ \boldsymbol{0} & \boldsymbol{N}\end{bmatrix}, E\{\hat{\boldsymbol{M}}_{\mathrm{m}}\} = \widetilde{\boldsymbol{M}}_{\mathrm{m}}, E\{\hat{\boldsymbol{M}}_{\mathrm{s}}\} = \widetilde{\boldsymbol{M}}_{\mathrm{s}}
$$

$$
\begin{aligned}
\hat{\boldsymbol{W}} = & \sum_{i=1}^{L}\sum_{j=1}^{L}h_i[\boldsymbol{y}(t)]h_j[\boldsymbol{y}(t)]\Big\{\hat{\boldsymbol{A}}_{ij}\hat{\boldsymbol{x}}(t) + \hat{\boldsymbol{A}}_{d1ij}\hat{\boldsymbol{x}}[t-\tau_1(t)] \\
& + \hat{\boldsymbol{A}}_{d2ij}\hat{\boldsymbol{x}}[k-\tau_2(t)] + \hat{\boldsymbol{E}}_i\hat{\boldsymbol{\omega}}(t)\Big] - \dot{\hat{\boldsymbol{x}}}(t)
\end{aligned} \tag{8-45}
$$

基于上述分析结果,可以得到

$$
J = \sum_{i=1}^{L}\sum_{j=1}^{L}h_i[\boldsymbol{y}(t)]h_j[\boldsymbol{y}(t)]E\{\dot{V}(t) + \boldsymbol{z}^{\mathrm{T}}(t)\boldsymbol{z}(t) - \gamma^2\hat{\boldsymbol{\omega}}^{\mathrm{T}}(t)\hat{\boldsymbol{\omega}}(t)\}
$$

$$\leqslant \sum_{i=1}^{L}\sum_{j=1}^{L}h_i[\boldsymbol{y}(t)]h_j[\boldsymbol{y}(t)][\boldsymbol{\eta}^{\mathrm{T}}(t)\widetilde{\boldsymbol{\Xi}}\boldsymbol{\eta}(t)] \tag{8-46}$$

其中，

$$\boldsymbol{\eta}(t)=\begin{bmatrix}\hat{\boldsymbol{x}}^{\mathrm{T}}(t) & \dot{\hat{\boldsymbol{x}}}^{\mathrm{T}}(t) & \hat{\boldsymbol{x}}^{\mathrm{T}}[t-\tau_1(t)] & \hat{\boldsymbol{x}}^{\mathrm{T}}[t-\tau_2(t)] \\ \hat{\boldsymbol{x}}^{\mathrm{T}}(t-\bar{\tau}) & \hat{\boldsymbol{x}}^{\mathrm{T}}(t-\hat{\tau}) & \hat{\boldsymbol{\omega}}^{\mathrm{T}}(t)\end{bmatrix}^{\mathrm{T}}$$

$J<0$ 表明 $\widetilde{\boldsymbol{\Xi}}<0$ 成立，即定理 8-3 中的条件(8-43) 成立。$\widetilde{\boldsymbol{\Xi}}<0$ 成立表示

$$\begin{bmatrix}\boldsymbol{\Phi}_1 & \boldsymbol{\Phi}_2 \\ * & \boldsymbol{\Phi}_5\end{bmatrix}<0$$

这意味着系统(8-42) 在 $\hat{\boldsymbol{\omega}}(t)=\boldsymbol{0}$ 时是均方稳定的。同时，$J<0$ 表明

$$E\{\dot{V}(t)+\boldsymbol{z}^{\mathrm{T}}(t)\boldsymbol{z}(t)-\gamma^2\hat{\boldsymbol{\omega}}^{\mathrm{T}}(t)\hat{\boldsymbol{\omega}}(t)\}<0 \tag{8-47}$$

基于零初始条件 $V(0)=0$，在公式(8-47) 的左右两侧从 0 到 t 积分，并定义 $t\to\infty$，可以得到如下结论：

$$E\left\{\int_0^{\infty}\boldsymbol{z}^{\mathrm{T}}(t)\boldsymbol{z}(t)\mathrm{d}t\right\}<E\left\{\int_0^{\infty}\gamma^2\hat{\boldsymbol{\omega}}^{\mathrm{T}}(t)\hat{\boldsymbol{\omega}}(t)\mathrm{d}t\right\}$$

这说明闭环系统(8-42) 是均方稳定的，并且具有 H_∞ 性能指标 γ。定理 8-3 证明完毕。

下一步，在定理 8-3 的基础上，进一步开展控制器(8-38) 和(8-39) 中的增益 $\boldsymbol{K}_{\mathrm{m}j}$ 和 $\boldsymbol{K}_{\mathrm{s}j}$ 的设计，给出如下定理。

定理 8-4 给定矩阵 $\widetilde{\boldsymbol{M}}_{\mathrm{m}}$ 和 $\widetilde{\boldsymbol{M}}_{\mathrm{s}}$，设计控制增益 $\boldsymbol{K}_{\mathrm{m}j}=\boldsymbol{Y}_{\mathrm{m}j}\hat{\boldsymbol{N}}^{-1}$，$\boldsymbol{K}_{\mathrm{s}j}=\boldsymbol{Y}_{\mathrm{s}j}\hat{\boldsymbol{N}}^{-1}$，若存在具有合适维度的任意矩阵 $\hat{\boldsymbol{N}}$，$\boldsymbol{Y}_{\mathrm{m}j}$，$\boldsymbol{Y}_{\mathrm{s}j}$，正定矩阵 $\hat{\boldsymbol{\Psi}}$，$\hat{\boldsymbol{Q}}_1$，$\hat{\boldsymbol{Q}}_2$，$\hat{\boldsymbol{W}}$，$\hat{\boldsymbol{V}}$，以及正数 γ，使得线性矩阵不等式(8-48) 成立，则系统(8-42) 是均方稳定的，并且具有 H_∞ 性能指标 γ。

$$\widetilde{\boldsymbol{\Xi}}_1=\begin{bmatrix}\widetilde{\boldsymbol{\Phi}}_1 & \widetilde{\boldsymbol{\Phi}}_2 & \widetilde{\boldsymbol{\Phi}}_3 & \widetilde{\boldsymbol{\Phi}}_4 & \widetilde{\boldsymbol{\Phi}}_5 \\ * & \widetilde{\boldsymbol{\Phi}}_6 & \boldsymbol{0} & \boldsymbol{0} & \boldsymbol{0} \\ * & * & -\gamma^2\boldsymbol{I} & \boldsymbol{0} & \boldsymbol{0} \\ * & * & * & -\gamma^2\boldsymbol{I} & \boldsymbol{0} \\ * & * & * & * & -\boldsymbol{I}\end{bmatrix}<0 \tag{8-48}$$

其中，

$$\widetilde{\boldsymbol{\Phi}}_1 = \begin{bmatrix} \widetilde{\boldsymbol{\Phi}}_{11} & \widetilde{\boldsymbol{\Phi}}_{12} & \widetilde{\boldsymbol{\Phi}}_{13} & -\hat{\boldsymbol{\Psi}} & \widetilde{\boldsymbol{\Phi}}_{14} & \boldsymbol{0} \\ * & \widetilde{\boldsymbol{\Phi}}_{22} & -\hat{\boldsymbol{\Psi}} & \widetilde{\boldsymbol{\Phi}}_{23} & \boldsymbol{0} & \boldsymbol{0} \\ * & * & \widetilde{\boldsymbol{\Phi}}_{33} & \widetilde{\boldsymbol{\Phi}}_{34} & \boldsymbol{0} & \boldsymbol{0} \\ * & * & * & \widetilde{\boldsymbol{\Phi}}_{44} & \boldsymbol{0} & \boldsymbol{0} \\ * & * & * & * & \widetilde{\boldsymbol{\Phi}}_{55} & -\widetilde{\boldsymbol{\Phi}}_{55} \\ * & * & * & * & * & \widetilde{\boldsymbol{\Phi}}_{55} \end{bmatrix}$$

$$\widetilde{\boldsymbol{\Phi}}_2 = \begin{bmatrix} \boldsymbol{0} & \boldsymbol{0} & \hat{\boldsymbol{W}} & -\hat{\boldsymbol{W}} & \boldsymbol{0} & \boldsymbol{0} \\ \boldsymbol{0} & \widetilde{\boldsymbol{\Phi}}_{24} & -\hat{\boldsymbol{W}} & \hat{\boldsymbol{W}} & \boldsymbol{0} & \boldsymbol{0} \\ \boldsymbol{0} & \boldsymbol{0} & \boldsymbol{0} & \boldsymbol{0} & \boldsymbol{0} & \boldsymbol{0} \\ \boldsymbol{0} & \boldsymbol{0} & \boldsymbol{0} & \boldsymbol{0} & \boldsymbol{0} & \boldsymbol{0} \\ \boldsymbol{0} & \boldsymbol{0} & \boldsymbol{0} & \boldsymbol{0} & \boldsymbol{0} & \boldsymbol{0} \\ \boldsymbol{0} & \boldsymbol{0} & \boldsymbol{0} & \boldsymbol{0} & \boldsymbol{0} & \boldsymbol{0} \end{bmatrix}$$

$$\widetilde{\boldsymbol{\Phi}}_3 = [\boldsymbol{B}_{\mathrm{m}i}^{\mathrm{T}} \quad \boldsymbol{0} \quad \boldsymbol{0} \quad \boldsymbol{0} \quad \boldsymbol{0} \quad \boldsymbol{0}]^{\mathrm{T}}, \quad \widetilde{\boldsymbol{\Phi}}_4 = [\boldsymbol{0} \quad \boldsymbol{B}_{\mathrm{s}i}^{\mathrm{T}} \quad \boldsymbol{0} \quad \boldsymbol{0} \quad \boldsymbol{0} \quad \boldsymbol{0}]^{\mathrm{T}}$$

$$\widetilde{\boldsymbol{\Phi}}_5 = [\hat{\boldsymbol{N}} \quad -\hat{\boldsymbol{N}} \quad \boldsymbol{0} \quad \boldsymbol{0} \quad \boldsymbol{0} \quad \boldsymbol{0}]^{\mathrm{T}}$$

$$\widetilde{\boldsymbol{\Phi}}_6 = \begin{bmatrix} \widetilde{\boldsymbol{\Phi}}_{66} & -\widetilde{\boldsymbol{\Phi}}_{66} & \boldsymbol{0} & \boldsymbol{0} & \boldsymbol{0} & \boldsymbol{0} \\ * & \widetilde{\boldsymbol{\Phi}}_{66} & \boldsymbol{0} & \boldsymbol{0} & \boldsymbol{0} & \boldsymbol{0} \\ * & * & -\hat{\boldsymbol{W}}-\hat{\boldsymbol{V}} & \hat{\boldsymbol{W}}+\hat{\boldsymbol{V}} & \hat{\boldsymbol{V}} & -\hat{\boldsymbol{V}} \\ * & * & * & -\hat{\boldsymbol{W}}-\hat{\boldsymbol{V}} & -\hat{\boldsymbol{V}} & \hat{\boldsymbol{V}} \\ * & * & * & * & -\hat{\boldsymbol{V}} & \hat{\boldsymbol{V}} \\ * & * & * & * & * & -\hat{\boldsymbol{V}} \end{bmatrix}$$

$$\widetilde{\boldsymbol{\Phi}}_{11} = \mathrm{He}(\boldsymbol{A}_{\mathrm{m}i}\hat{\boldsymbol{N}} + \boldsymbol{B}_{\mathrm{m}i}\widetilde{\boldsymbol{M}}_{\mathrm{m}}\boldsymbol{Y}_{\mathrm{m}j}) + \hat{\boldsymbol{Q}}_1 + \hat{\boldsymbol{Q}}_2 - \hat{\boldsymbol{W}}$$

$$\boldsymbol{\Phi}_{12} = \hat{\boldsymbol{W}} - \hat{\boldsymbol{Q}}_1 - \hat{\boldsymbol{Q}}_2, \quad \widetilde{\boldsymbol{\Phi}}_{66} = -(1-\mu)\hat{\boldsymbol{Q}}_2$$

$$\widetilde{\boldsymbol{\Phi}}_{13} = -\hat{\boldsymbol{N}} + \hat{\boldsymbol{N}}^{\mathrm{T}}\boldsymbol{A}_{\mathrm{m}i}^{\mathrm{T}} + \boldsymbol{Y}_{\mathrm{m}j}^{\mathrm{T}}\widetilde{\boldsymbol{M}}_{\mathrm{m}}^{\mathrm{T}}2_{\mathrm{m}i}^{\mathrm{T}} + \hat{\boldsymbol{\Psi}}$$

$$\widetilde{\boldsymbol{\Phi}}_{22} = \mathrm{He}(\boldsymbol{A}_{\mathrm{s}i}\hat{\boldsymbol{N}} + \boldsymbol{B}_{\mathrm{s}i}\widetilde{\boldsymbol{M}}_{\mathrm{s}}\boldsymbol{Y}_{\mathrm{s}j}) + \hat{\boldsymbol{Q}}_1 + \hat{\boldsymbol{Q}}_2 - \hat{\boldsymbol{W}}$$

$$\widetilde{\boldsymbol{\Phi}}_{14} = -\boldsymbol{B}_{\mathrm{m}i}\widetilde{\boldsymbol{M}}_{\mathrm{m}}\boldsymbol{Y}_{\mathrm{m}j}, \quad \widetilde{\boldsymbol{\Phi}}_{23} = -\hat{\boldsymbol{N}} + \hat{\boldsymbol{N}}^{\mathrm{T}}\boldsymbol{A}_{\mathrm{s}i}^{\mathrm{T}} + \boldsymbol{Y}_{\mathrm{s}j}^{\mathrm{T}}\widetilde{\boldsymbol{M}}_{\mathrm{s}}^{\mathrm{T}}\boldsymbol{B}_{\mathrm{s}i}^{\mathrm{T}} + \hat{\boldsymbol{\Psi}}, \quad \widetilde{\boldsymbol{\Phi}}_{24} = -\boldsymbol{B}_{\mathrm{s}i}\widetilde{\boldsymbol{M}}_{\mathrm{s}}\boldsymbol{Y}_{\mathrm{s}j}$$

$$\widetilde{\boldsymbol{\Phi}}_{33} = -\hat{\boldsymbol{N}} - \hat{\boldsymbol{N}}^{\mathrm{T}} + \bar{\tau}^2\hat{\boldsymbol{W}} + (\bar{\tau} - \hat{\tau})^2\hat{\boldsymbol{V}}$$

$$\widetilde{\boldsymbol{\Phi}}_{34} = -\bar{\tau}^2\hat{\boldsymbol{W}} - (\bar{\tau} - \hat{\tau})^2\hat{\boldsymbol{V}}, \quad \widetilde{\boldsymbol{\Phi}}_{55} = -(1-\mu)\hat{\boldsymbol{Q}}_1$$

证明:对公式(8-43)中的$\widetilde{\boldsymbol{\Xi}}$左乘矩阵

$$\mathrm{diag}\{\overbrace{\hat{\boldsymbol{N}}^{\mathrm{T}},\cdots,\hat{\boldsymbol{N}}^{\mathrm{T}}}^{12},\boldsymbol{I},\boldsymbol{I}\}$$

右乘矩阵

$$\mathrm{diag}\{\overbrace{\hat{\boldsymbol{N}},\cdots,\hat{\boldsymbol{N}}}^{12},\boldsymbol{I},\boldsymbol{I}\}$$

定义 $\hat{\boldsymbol{N}}^{\mathrm{T}}\hat{\boldsymbol{N}}=\boldsymbol{I},\hat{\boldsymbol{\Psi}}=\hat{\boldsymbol{N}}^{\mathrm{T}}\boldsymbol{\Psi}\hat{\boldsymbol{N}},\hat{\boldsymbol{Q}}_1=\hat{\boldsymbol{N}}^{\mathrm{T}}\boldsymbol{Q}_1\hat{\boldsymbol{N}},\hat{\boldsymbol{Q}}_2=\hat{\boldsymbol{N}}^{\mathrm{T}}\boldsymbol{Q}_2\hat{\boldsymbol{N}},\hat{\boldsymbol{W}}=\hat{\boldsymbol{N}}^{\mathrm{T}}\boldsymbol{W}\hat{\boldsymbol{N}},\hat{\boldsymbol{V}}=\hat{\boldsymbol{N}}^{\mathrm{T}}\boldsymbol{V}\hat{\boldsymbol{N}}$,可以得到

$$\begin{bmatrix}\widetilde{\boldsymbol{\Phi}}_1 & \widetilde{\boldsymbol{\Phi}}_2 & \widetilde{\boldsymbol{\Phi}}_3 & \widetilde{\boldsymbol{\Phi}}_4\\ * & \widetilde{\boldsymbol{\Phi}}_6 & \boldsymbol{0} & \boldsymbol{0}\\ * & * & -\gamma^2\boldsymbol{I} & \boldsymbol{0}\\ * & * & * & -\gamma^2\boldsymbol{I}\end{bmatrix}+\begin{bmatrix}\widetilde{\boldsymbol{\Phi}}_5\\ \boldsymbol{0}_{6\times1}\end{bmatrix}\begin{bmatrix}\widetilde{\boldsymbol{\Phi}}_5\\ \boldsymbol{0}_{6\times1}\end{bmatrix}^{\mathrm{T}}<0 \tag{8-49}$$

基于引理 2-1,可以得到公式(8-48)。定理 8-4 证明完毕。

根据所建立的故障分布模型(8-36),可以得到如下结果:

$$\widetilde{\boldsymbol{M}}_{\mathrm{m}}=\widetilde{\boldsymbol{\Theta}}_{\mathrm{m}}\boldsymbol{\Gamma}_{\mathrm{m}}+(\boldsymbol{I}-\widetilde{\boldsymbol{\Theta}}_{\mathrm{m}})\overline{\boldsymbol{\Gamma}}_{\mathrm{m}},\quad \widetilde{\boldsymbol{M}}_{\mathrm{s}}=\widetilde{\boldsymbol{\Theta}}_{\mathrm{s}}\boldsymbol{\Gamma}_{\mathrm{s}}+(\boldsymbol{I}-\widetilde{\boldsymbol{\Theta}}_{\mathrm{s}})\overline{\boldsymbol{\Gamma}}_{\mathrm{s}} \tag{8-50}$$

其中,

$$\widetilde{\boldsymbol{\Theta}}_{\mathrm{m}}=\mathrm{diag}\{\widetilde{\theta}_{\mathrm{m}1},\cdots,\widetilde{\theta}_{\mathrm{m}p}\},\quad \boldsymbol{\Gamma}_{m}=\mathrm{diag}\{m_{\mathrm{m}1},\cdots,m_{\mathrm{m}p}\},\quad \overline{\boldsymbol{\Gamma}}_{\mathrm{m}}=\mathrm{diag}\{\overline{m}_{\mathrm{m}1},\cdots,\overline{m}_{\mathrm{m}p}\}$$

$$\widetilde{\boldsymbol{\Theta}}_{\mathrm{s}}=\mathrm{diag}\{\widetilde{\theta}_{\mathrm{s}1},\cdots,\widetilde{\theta}_{\mathrm{s}p}\},\quad \boldsymbol{\Gamma}_{\mathrm{s}}=\mathrm{diag}\{m_{\mathrm{s}1},\cdots,m_{\mathrm{s}p}\},\quad \overline{\boldsymbol{\Gamma}}_{\mathrm{s}}=\mathrm{diag}\{\overline{m}_{\mathrm{s}1},\cdots,\overline{m}_{\mathrm{s}p}\}$$

然而,$\boldsymbol{\Gamma}_{\mathrm{m}},\overline{\boldsymbol{\Gamma}}_{\mathrm{m}},\boldsymbol{\Gamma}_{\mathrm{s}}$和$\overline{\boldsymbol{\Gamma}}_{\mathrm{s}}$的值无法提前获取。定义$\zeta\in\{\mathrm{m},\mathrm{s}\}$,根据故障特性可得

$$\begin{aligned}\boldsymbol{\Gamma}_{\zeta}&=\boldsymbol{\Gamma}_{\zeta0}(\boldsymbol{I}+\boldsymbol{G}_{\zeta}),\quad |\boldsymbol{G}_{\zeta}|\leqslant\boldsymbol{R}_{\zeta}\leqslant\boldsymbol{I}\\ \overline{\boldsymbol{\Gamma}}_{\zeta}&=\overline{\boldsymbol{\Gamma}}_{\zeta0}(\boldsymbol{I}+\overline{\boldsymbol{G}}_{\zeta}),\quad |\overline{\boldsymbol{G}}_{\zeta}|\leqslant\overline{\boldsymbol{R}}_{\zeta}\leqslant\boldsymbol{I}\end{aligned} \tag{8-51}$$

将公式(8-51)代入公式(8-50),故障模型可以重新写成

$$\begin{aligned}\widetilde{\boldsymbol{M}}_{\mathrm{m}}&=\widetilde{\boldsymbol{\Theta}}_{\mathrm{m}}\boldsymbol{\Gamma}_{\mathrm{m}0}+(\boldsymbol{I}-\widetilde{\boldsymbol{\Theta}}_{\mathrm{m}})\overline{\boldsymbol{\Gamma}}_{\mathrm{m}0}+\widetilde{\boldsymbol{\Theta}}_{\mathrm{m}}\boldsymbol{\Gamma}_{\mathrm{m}0}\boldsymbol{G}_{\mathrm{m}}+(\boldsymbol{I}-\widetilde{\boldsymbol{\Theta}}_{\mathrm{m}})\overline{\boldsymbol{\Gamma}}_{\mathrm{m}0}\overline{\boldsymbol{G}}_{\mathrm{m}}\\ \widetilde{\boldsymbol{M}}_{\mathrm{s}}&=\widetilde{\boldsymbol{\Theta}}_{\mathrm{s}}\boldsymbol{\Gamma}_{\mathrm{s}0}+(\boldsymbol{I}-\widetilde{\boldsymbol{\Theta}}_{\mathrm{s}})\overline{\boldsymbol{\Gamma}}_{\mathrm{s}0}+\widetilde{\boldsymbol{\Theta}}_{\mathrm{s}}\boldsymbol{\Gamma}_{\mathrm{s}0}\boldsymbol{G}_{\mathrm{s}}+(\boldsymbol{I}-\widetilde{\boldsymbol{\Theta}}_{\mathrm{s}})\overline{\boldsymbol{\Gamma}}_{\mathrm{s}0}\overline{\boldsymbol{G}}_{\mathrm{s}}\end{aligned} \tag{8-52}$$

基于给定的故障分布模型(8-52),可以得到如下定理来设计容错控制器增益$\boldsymbol{K}_{\mathrm{m}j}$和$\boldsymbol{K}_{\mathrm{s}j}$。

定理 8-5 设计控制增益$\boldsymbol{K}_{\mathrm{m}j}=\boldsymbol{Y}_{\mathrm{m}j}\hat{\boldsymbol{N}}^{-1},\boldsymbol{K}_{\mathrm{s}j}=\boldsymbol{Y}_{\mathrm{s}j}\hat{\boldsymbol{N}}^{-1}$,若存在具有合适维度的任意矩阵$\hat{\boldsymbol{N}},\boldsymbol{Y}_{\mathrm{m}j},\boldsymbol{Y}_{\mathrm{s}j}$,正定矩阵$\hat{\boldsymbol{\Psi}},\hat{\boldsymbol{Q}}_1,\hat{\boldsymbol{Q}}_2,\hat{\boldsymbol{W}},\hat{\boldsymbol{V}}$,以及正数$\gamma,\sigma_i(i=1,2,\cdots,8)$,使得线性矩阵不等式(8-53)成立,则系统(8-42)是均方稳定的,并

且具有 H_∞ 性能指标 γ。

$$\boldsymbol{\Omega}=\begin{bmatrix}\hat{\boldsymbol{\Omega}}_1 & \hat{\boldsymbol{\Omega}}_2\\ * & \hat{\boldsymbol{\Omega}}_3\end{bmatrix}<0 \tag{8-53}$$

其中，

$$\hat{\boldsymbol{\Omega}}_1=\begin{bmatrix}\boldsymbol{\Omega}_1 & \boldsymbol{\Omega}_2 & \boldsymbol{\Omega}_3 & \boldsymbol{\Omega}_4 & \boldsymbol{\Omega}_5 & \boldsymbol{\Omega}_6\\ * & -\gamma^2\boldsymbol{I} & \boldsymbol{0} & \boldsymbol{0} & \boldsymbol{0} & \boldsymbol{0}\\ * & * & -\gamma^2\boldsymbol{I} & \boldsymbol{0} & \boldsymbol{0} & \boldsymbol{0}\\ * & * & * & -\boldsymbol{I} & \boldsymbol{0} & \boldsymbol{0}\\ * & * & * & * & -\sigma_1\boldsymbol{I} & \boldsymbol{0}\\ * & * & * & * & * & -\sigma_2\boldsymbol{I}\end{bmatrix}$$

$$\hat{\boldsymbol{\Omega}}_2=\begin{bmatrix}\boldsymbol{\Omega}_7 & \boldsymbol{\Omega}_8 & \boldsymbol{\Omega}_9 & \boldsymbol{\Omega}_{10} & \boldsymbol{\Omega}_{11} & \boldsymbol{\Omega}_{12}\\ \boldsymbol{0} & \boldsymbol{0} & \boldsymbol{0} & \boldsymbol{0} & \boldsymbol{0} & \boldsymbol{0}\\ \boldsymbol{0} & \boldsymbol{0} & \boldsymbol{0} & \boldsymbol{0} & \boldsymbol{0} & \boldsymbol{0}\\ \boldsymbol{0} & \boldsymbol{0} & \boldsymbol{0} & \boldsymbol{0} & \boldsymbol{0} & \boldsymbol{0}\\ \boldsymbol{0} & \boldsymbol{0} & \boldsymbol{0} & \boldsymbol{0} & \boldsymbol{0} & \boldsymbol{0}\\ \boldsymbol{0} & \boldsymbol{0} & \boldsymbol{0} & \boldsymbol{0} & \boldsymbol{0} & \boldsymbol{0}\end{bmatrix}$$

$$\hat{\boldsymbol{\Omega}}_3=\mathrm{diag}\{-\sigma_3\boldsymbol{I},-\sigma_4\boldsymbol{I},-\sigma_5\boldsymbol{I},-\sigma_6\boldsymbol{I},-\sigma_7\boldsymbol{I},-\sigma_8\boldsymbol{I}\},\quad \boldsymbol{\Omega}_1=\begin{bmatrix}\widetilde{\boldsymbol{\Omega}}_{11} & \widetilde{\boldsymbol{\Omega}}_{12}\\ * & \widetilde{\boldsymbol{\Omega}}_{22}\end{bmatrix}$$

$$\widetilde{\boldsymbol{\Omega}}_{11}=\begin{bmatrix}\boldsymbol{\Omega}_{11} & \widetilde{\boldsymbol{\Phi}}_{12} & \boldsymbol{\Omega}_{13} & -\hat{\boldsymbol{\Psi}} & \boldsymbol{\Omega}_{14} & \boldsymbol{0}\\ * & \boldsymbol{\Omega}_{22} & -\hat{\boldsymbol{\Psi}} & \boldsymbol{\Omega}_{23} & \boldsymbol{0} & \boldsymbol{0}\\ * & * & \boldsymbol{\Omega}_{33} & \widetilde{\boldsymbol{\Phi}}_{34} & \boldsymbol{0} & \boldsymbol{0}\\ * & * & * & \boldsymbol{\Omega}_{44} & \boldsymbol{0} & \boldsymbol{0}\\ * & * & * & * & \widetilde{\boldsymbol{\Phi}}_{55} & -\widetilde{\boldsymbol{\Phi}}_{55}\\ * & * & * & * & * & \widetilde{\boldsymbol{\Phi}}_{55}\end{bmatrix}$$

$$\widetilde{\boldsymbol{\Omega}}_{12}=\begin{bmatrix}\mathbf{0} & \mathbf{0} & \hat{\boldsymbol{W}} & -\hat{\boldsymbol{W}} & \mathbf{0} & \mathbf{0}\\ \mathbf{0} & \boldsymbol{\Omega}_{24} & -\hat{\boldsymbol{W}} & \hat{\boldsymbol{W}} & \mathbf{0} & \mathbf{0}\\ \mathbf{0} & \mathbf{0} & \mathbf{0} & \mathbf{0} & \mathbf{0} & \mathbf{0}\\ \mathbf{0} & \mathbf{0} & \mathbf{0} & \mathbf{0} & \mathbf{0} & \mathbf{0}\\ \mathbf{0} & \mathbf{0} & \mathbf{0} & \mathbf{0} & \mathbf{0} & \mathbf{0}\\ \mathbf{0} & \mathbf{0} & \mathbf{0} & \mathbf{0} & \mathbf{0} & \mathbf{0}\end{bmatrix}$$

$$\widetilde{\boldsymbol{\Omega}}_{13}=\begin{bmatrix}\widetilde{\boldsymbol{\Phi}}_{66} & -\widetilde{\boldsymbol{\Phi}}_{66} & \mathbf{0} & \mathbf{0} & \mathbf{0} & \mathbf{0}\\ * & \widetilde{\boldsymbol{\Phi}}_{66} & \mathbf{0} & \mathbf{0} & \mathbf{0} & \mathbf{0}\\ * & * & -\hat{\boldsymbol{W}}-\hat{\boldsymbol{V}} & \hat{\boldsymbol{W}}+\hat{\boldsymbol{V}} & \hat{\boldsymbol{V}} & -\hat{\boldsymbol{V}}\\ * & * & * & -\hat{\boldsymbol{W}}-\hat{\boldsymbol{V}} & -\hat{\boldsymbol{V}} & \hat{\boldsymbol{V}}\\ * & * & * & * & -\hat{\boldsymbol{V}} & \hat{\boldsymbol{V}}\\ * & * & * & * & * & -\hat{\boldsymbol{V}}\end{bmatrix}$$

$$\begin{aligned}\boldsymbol{\Omega}_{11}=&\ \mathrm{He}(\boldsymbol{A}_{\mathrm{m}i}\hat{\boldsymbol{N}}+\boldsymbol{B}_{\mathrm{m}i}\widetilde{\boldsymbol{\Theta}}_{\mathrm{m}}\boldsymbol{\Gamma}_{\mathrm{m}0}\boldsymbol{Y}_{\mathrm{m}j}+\boldsymbol{B}_{\mathrm{m}i}(\boldsymbol{I}-\widetilde{\boldsymbol{\Theta}}_{\mathrm{m}})\overline{\boldsymbol{\Gamma}}_{\mathrm{m}0}\boldsymbol{Y}_{\mathrm{m}j})\\ &+(\sigma_1+\sigma_2)\boldsymbol{B}_{\mathrm{m}i}\widetilde{\boldsymbol{\Theta}}_{\mathrm{m}}\boldsymbol{\Gamma}_{\mathrm{m}0}\boldsymbol{R}_{\mathrm{m}}\boldsymbol{R}_{\mathrm{m}}^{\mathrm{T}}\boldsymbol{\Gamma}_{\mathrm{m}0}^{\mathrm{T}}\widetilde{\boldsymbol{\Theta}}_{\mathrm{m}}\boldsymbol{B}_{\mathrm{m}i}^{\mathrm{T}}+\hat{\boldsymbol{Q}}_1+\hat{\boldsymbol{Q}}_2-\hat{\boldsymbol{W}}\\ &+(\sigma_3+\sigma_4)\boldsymbol{B}_{\mathrm{m}i}(\boldsymbol{I}-\widetilde{\boldsymbol{\Theta}}_{\mathrm{m}})\overline{\boldsymbol{\Gamma}}_{\mathrm{m}0}\overline{\boldsymbol{R}}_{\mathrm{m}}\overline{\boldsymbol{R}}_{\mathrm{m}}^{\mathrm{T}}\overline{\boldsymbol{\Gamma}}_{\mathrm{m}0}^{\mathrm{T}}(\boldsymbol{I}-\widetilde{\boldsymbol{\Theta}}_{\mathrm{m}})\boldsymbol{B}_{\mathrm{m}i}^{\mathrm{T}}\end{aligned}$$

$$\begin{aligned}\boldsymbol{\Omega}_{13}=&-\hat{\boldsymbol{N}}+\hat{\boldsymbol{N}}^{\mathrm{T}}\boldsymbol{A}_{\mathrm{m}i}^{\mathrm{T}}+\boldsymbol{Y}_{\mathrm{m}j}^{\mathrm{T}}\boldsymbol{\Gamma}_{\mathrm{m}0}^{\mathrm{T}}\widetilde{\boldsymbol{\Theta}}_{\mathrm{m}}^{\mathrm{T}}\boldsymbol{B}_{\mathrm{m}i}^{\mathrm{T}}+\boldsymbol{Y}_{\mathrm{m}j}^{\mathrm{T}}\overline{\boldsymbol{\Gamma}}_{\mathrm{m}0}^{\mathrm{T}}(\boldsymbol{I}-\widetilde{\boldsymbol{\Theta}}_{\mathrm{m}})\boldsymbol{B}_{\mathrm{m}i}^{\mathrm{T}}+\hat{\boldsymbol{\Psi}}\\ &+\sigma_1\boldsymbol{B}_{\mathrm{m}i}\widetilde{\boldsymbol{\Theta}}_{\mathrm{m}}\boldsymbol{\Gamma}_{\mathrm{m}0}\boldsymbol{R}_{\mathrm{m}}\boldsymbol{R}_{\mathrm{m}}^{\mathrm{T}}\boldsymbol{\Gamma}_{\mathrm{m}0}^{\mathrm{T}}\widetilde{\boldsymbol{\Theta}}_{\mathrm{m}}\boldsymbol{B}_{\mathrm{m}i}^{\mathrm{T}}\\ &+\sigma_3\boldsymbol{B}_{\mathrm{m}i}(\boldsymbol{I}-\widetilde{\boldsymbol{\Theta}}_{\mathrm{m}})\overline{\boldsymbol{\Gamma}}_{\mathrm{m}0}\overline{\boldsymbol{R}}_{\mathrm{m}}\overline{\boldsymbol{R}}_{\mathrm{m}}^{\mathrm{T}}\overline{\boldsymbol{\Gamma}}_{\mathrm{m}0}^{\mathrm{T}}(\boldsymbol{I}-\widetilde{\boldsymbol{\Theta}}_{\mathrm{m}})^{\mathrm{T}}\boldsymbol{B}_{\mathrm{m}i}^{\mathrm{T}}\end{aligned}$$

$$\boldsymbol{\Omega}_{14}=-\boldsymbol{B}_{\mathrm{m}i}\widetilde{\boldsymbol{\Theta}}_{\mathrm{m}}\boldsymbol{\Gamma}_{\mathrm{m}0}\boldsymbol{Y}_{\mathrm{m}j}-\boldsymbol{B}_{\mathrm{m}i}(\boldsymbol{I}-\widetilde{\boldsymbol{\Theta}}_{\mathrm{m}})\overline{\boldsymbol{\Gamma}}_{\mathrm{m}0}\boldsymbol{Y}_{\mathrm{m}j}$$

$$\boldsymbol{\Omega}_{24}=-\boldsymbol{B}_{\mathrm{s}i}\widetilde{\boldsymbol{\Theta}}_{\mathrm{s}}\boldsymbol{\Gamma}_{\mathrm{s}0}\boldsymbol{Y}_{\mathrm{s}j}-\boldsymbol{B}_{\mathrm{s}i}(\boldsymbol{I}-\widetilde{\boldsymbol{\Theta}}_{\mathrm{s}})\overline{\boldsymbol{\Gamma}}_{\mathrm{s}0}\boldsymbol{Y}_{\mathrm{s}j}$$

$$\begin{aligned}\boldsymbol{\Omega}_{22}=&\ \mathrm{He}(\boldsymbol{A}_{\mathrm{s}i}\hat{\boldsymbol{N}}+\boldsymbol{B}_{\mathrm{s}i}\widetilde{\boldsymbol{\Theta}}_{\mathrm{s}}\boldsymbol{\Gamma}_{\mathrm{s}0}\boldsymbol{Y}_{\mathrm{s}j}+\boldsymbol{B}_{\mathrm{s}i}(\boldsymbol{I}-\widetilde{\boldsymbol{\Theta}}_{\mathrm{s}})\overline{\boldsymbol{\Gamma}}_{\mathrm{s}0}\boldsymbol{Y}_{\mathrm{s}j})\\ &+(\sigma_5+\sigma_6)\boldsymbol{B}_{\mathrm{s}i}\widetilde{\boldsymbol{\Theta}}_{\mathrm{s}}\boldsymbol{\Gamma}_{\mathrm{s}0}\boldsymbol{R}_{\mathrm{s}}\boldsymbol{R}_{\mathrm{s}}^{\mathrm{T}}\boldsymbol{\Gamma}_{\mathrm{s}0}^{\mathrm{T}}\widetilde{\boldsymbol{\Theta}}_{\mathrm{s}}\boldsymbol{B}_{\mathrm{s}i}^{\mathrm{T}}+\hat{\boldsymbol{Q}}_1+\hat{\boldsymbol{Q}}_2-\hat{\boldsymbol{W}}\\ &+(\sigma_7+\sigma_8)\boldsymbol{B}_{\mathrm{s}i}(\boldsymbol{I}-\widetilde{\boldsymbol{\Theta}}_{\mathrm{s}})\overline{\boldsymbol{\Gamma}}_{\mathrm{s}0}\overline{\boldsymbol{R}}_{\mathrm{s}}\overline{\boldsymbol{R}}_{\mathrm{s}}^{\mathrm{T}}\overline{\boldsymbol{\Gamma}}_{\mathrm{s}0}^{\mathrm{T}}(\boldsymbol{I}-\widetilde{\boldsymbol{\Theta}}_{\mathrm{s}})\boldsymbol{B}_{\mathrm{s}i}^{\mathrm{T}}\end{aligned}$$

$$\begin{aligned}\boldsymbol{\Omega}_{23}=&-\hat{\boldsymbol{N}}+\hat{\boldsymbol{N}}^{\mathrm{T}}\boldsymbol{A}_{\mathrm{s}i}^{\mathrm{T}}+\boldsymbol{Y}_{\mathrm{s}j}^{\mathrm{T}}\boldsymbol{\Gamma}_{\mathrm{s}0}^{\mathrm{T}}\widetilde{\boldsymbol{\Theta}}_{\mathrm{s}}^{\mathrm{T}}\boldsymbol{B}_{\mathrm{s}i}^{\mathrm{T}}+\boldsymbol{Y}_{\mathrm{s}j}^{\mathrm{T}}\overline{\boldsymbol{\Gamma}}_{\mathrm{s}0}^{\mathrm{T}}(\boldsymbol{I}-\widetilde{\boldsymbol{\Theta}}_{\mathrm{s}})\boldsymbol{B}_{\mathrm{s}i}^{\mathrm{T}}\\ &+\hat{\boldsymbol{\Psi}}+\sigma_5\boldsymbol{B}_{\mathrm{s}i}\widetilde{\boldsymbol{\Theta}}_{\mathrm{s}}\boldsymbol{\Gamma}_{\mathrm{s}0}\boldsymbol{R}_{\mathrm{s}}\boldsymbol{R}_{\mathrm{s}}^{\mathrm{T}}\boldsymbol{\Gamma}_{\mathrm{s}0}^{\mathrm{T}}\widetilde{\boldsymbol{\Theta}}_{\mathrm{s}}\boldsymbol{B}_{\mathrm{s}i}^{\mathrm{T}}\\ &+\sigma_7\boldsymbol{B}_{\mathrm{s}i}(\boldsymbol{I}-\widetilde{\boldsymbol{\Theta}}_{\mathrm{s}})\overline{\boldsymbol{\Gamma}}_{\mathrm{s}0}\overline{\boldsymbol{R}}_{\mathrm{s}}\overline{\boldsymbol{R}}_{\mathrm{s}}^{\mathrm{T}}\overline{\boldsymbol{\Gamma}}_{\mathrm{s}0}^{\mathrm{T}}(\boldsymbol{I}-\widetilde{\boldsymbol{\Theta}}_{\mathrm{s}})^{\mathrm{T}}\boldsymbol{B}_{\mathrm{s}i}^{\mathrm{T}}\end{aligned}$$

$$\boldsymbol{\Omega}_{33} = -\hat{\boldsymbol{N}} - \hat{\boldsymbol{N}}^{\mathrm{T}} + \bar{\tau}^2\hat{\boldsymbol{W}} + (\bar{\tau} - \tau)^2\hat{\boldsymbol{V}} + \sigma_1 \boldsymbol{B}_{\mathrm{m}i}\widetilde{\boldsymbol{\Theta}}_{\mathrm{m}}\boldsymbol{\Gamma}_{\mathrm{m0}}\boldsymbol{R}_{\mathrm{m}}\boldsymbol{R}_{\mathrm{m}}^{\mathrm{T}}\boldsymbol{\Gamma}_{\mathrm{m0}}^{\mathrm{T}}\widetilde{\boldsymbol{\Theta}}_{\mathrm{m}}^{\mathrm{T}}\boldsymbol{B}_{\mathrm{m}i}^{\mathrm{T}}$$
$$+ \sigma_3 \boldsymbol{B}_{\mathrm{m}i}(\boldsymbol{I} - \widetilde{\boldsymbol{\Theta}}_{\mathrm{m}})\bar{\boldsymbol{\Gamma}}_{\mathrm{m0}}\bar{\boldsymbol{R}}_{\mathrm{m}}\bar{\boldsymbol{R}}_{\mathrm{m}}^{\mathrm{T}}\bar{\boldsymbol{\Gamma}}_{\mathrm{m0}}^{\mathrm{T}}(\boldsymbol{I} - \widetilde{\boldsymbol{\Theta}}_{\mathrm{m}})^{\mathrm{T}}\boldsymbol{B}_{\mathrm{m}i}^{\mathrm{T}}$$

$$\boldsymbol{\Omega}_{44} = -\hat{\boldsymbol{N}} - \hat{\boldsymbol{N}}^{\mathrm{T}} + \bar{\tau}^2\hat{\boldsymbol{W}} + (\bar{\tau} - \tau)^2\hat{\boldsymbol{V}} + \sigma_5 \boldsymbol{B}_{\mathrm{s}i}\widetilde{\boldsymbol{\Theta}}_{\mathrm{s}}\boldsymbol{\Gamma}_{\mathrm{s0}}\boldsymbol{R}_{\mathrm{s}}\boldsymbol{R}_{\mathrm{s}}^{\mathrm{T}}\boldsymbol{\Gamma}_{\mathrm{s0}}^{\mathrm{T}}\widetilde{\boldsymbol{\Theta}}_{\mathrm{s}}^{\mathrm{T}}\boldsymbol{B}_{\mathrm{s}i}^{\mathrm{T}}$$
$$+ \sigma_7 \boldsymbol{B}_{\mathrm{s}i}(I - \widetilde{\boldsymbol{\Theta}}_{\mathrm{s}})\bar{\boldsymbol{\Gamma}}_{\mathrm{s0}}\bar{\boldsymbol{R}}_{\mathrm{s}}\bar{\boldsymbol{R}}_{\mathrm{s}}^{\mathrm{T}}\bar{\boldsymbol{\Gamma}}_{\mathrm{s0}}^{\mathrm{T}}(\boldsymbol{I} - \widetilde{\boldsymbol{\Theta}}_{\mathrm{s}})^{\mathrm{T}}\boldsymbol{B}_{\mathrm{s}i}^{\mathrm{T}}$$

$$\boldsymbol{\Omega}_2 = [\boldsymbol{B}_{\mathrm{m}i}^{\mathrm{T}} \quad \boldsymbol{0} \quad \boldsymbol{0} \quad \boldsymbol{0} \quad \boldsymbol{0} \quad \boldsymbol{0} \quad \boldsymbol{0} \quad \boldsymbol{0} \quad \boldsymbol{0} \quad \boldsymbol{0} \quad \boldsymbol{0} \quad \boldsymbol{0}]^{\mathrm{T}}$$

$$\boldsymbol{\Omega}_3 = [\boldsymbol{0} \quad \boldsymbol{B}_{\mathrm{s}i}^{\mathrm{T}} \quad \boldsymbol{0} \quad \boldsymbol{0} \quad \boldsymbol{0} \quad \boldsymbol{0} \quad \boldsymbol{0} \quad \boldsymbol{0} \quad \boldsymbol{0} \quad \boldsymbol{0} \quad \boldsymbol{0} \quad \boldsymbol{0}]^{\mathrm{T}}$$

$$\boldsymbol{\Omega}_4 = [\hat{\boldsymbol{N}} \quad -\hat{\boldsymbol{N}} \quad \boldsymbol{0} \quad \boldsymbol{0} \quad \boldsymbol{0} \quad \boldsymbol{0} \quad \boldsymbol{0} \quad \boldsymbol{0} \quad \boldsymbol{0} \quad \boldsymbol{0} \quad \boldsymbol{0} \quad \boldsymbol{0}]^{\mathrm{T}}$$

$$\boldsymbol{\Omega}_5 = \boldsymbol{\Omega}_7 = [\boldsymbol{Y}_{\mathrm{m}j} \quad \boldsymbol{0} \quad \boldsymbol{0} \quad \boldsymbol{0} \quad \boldsymbol{0} \quad \boldsymbol{0} \quad \boldsymbol{0} \quad \boldsymbol{0} \quad \boldsymbol{0} \quad \boldsymbol{0} \quad \boldsymbol{0} \quad \boldsymbol{0}]^{\mathrm{T}}$$

$$\boldsymbol{\Omega}_6 = \boldsymbol{\Omega}_8 = [\boldsymbol{0} \quad \boldsymbol{0} \quad \boldsymbol{0} \quad \boldsymbol{0} \quad -\boldsymbol{Y}_{\mathrm{m}j} \quad \boldsymbol{0} \quad \boldsymbol{0} \quad \boldsymbol{0} \quad \boldsymbol{0} \quad \boldsymbol{0} \quad \boldsymbol{0} \quad \boldsymbol{0}]^{\mathrm{T}}$$

$$\boldsymbol{\Omega}_9 = \boldsymbol{\Omega}_{11} = [\boldsymbol{0} \quad \boldsymbol{Y}_{\mathrm{s}j} \quad \boldsymbol{0} \quad \boldsymbol{0} \quad \boldsymbol{0} \quad \boldsymbol{0} \quad \boldsymbol{0} \quad \boldsymbol{0} \quad \boldsymbol{0} \quad \boldsymbol{0} \quad \boldsymbol{0} \quad \boldsymbol{0}]^{\mathrm{T}}$$

$$\boldsymbol{\Omega}_{10} = \boldsymbol{\Omega}_{12} = [\boldsymbol{0} \quad \boldsymbol{0} \quad \boldsymbol{0} \quad \boldsymbol{0} \quad \boldsymbol{0} \quad \boldsymbol{0} \quad \boldsymbol{0} \quad -\boldsymbol{Y}_{\mathrm{s}j} \quad \boldsymbol{0} \quad \boldsymbol{0} \quad \boldsymbol{0} \quad \boldsymbol{0}]^{\mathrm{T}}$$

证明:将公式(8-52)代入公式(8-48),$\widetilde{\boldsymbol{\Xi}}_1$ 可以拆分为常数部分和不确定部分,即 $\widetilde{\boldsymbol{\Xi}}_1 = \boldsymbol{\Lambda} + \Delta\boldsymbol{\Lambda}$。$\boldsymbol{\Lambda}$ 为确定部分,描述如下:

$$\boldsymbol{\Lambda} = \begin{bmatrix} \boldsymbol{\Lambda}_1 & \widetilde{\boldsymbol{\Omega}}_{12} & \widetilde{\boldsymbol{\Phi}}_2 & \widetilde{\boldsymbol{\Phi}}_3 & \widetilde{\boldsymbol{\Phi}}_4 \\ * & \widetilde{\boldsymbol{\Omega}}_{13} & \boldsymbol{0} & \boldsymbol{0} & \boldsymbol{0} \\ * & * & -\gamma^2\boldsymbol{I} & \boldsymbol{0} & \boldsymbol{0} \\ * & * & * & -\gamma^2\boldsymbol{I} & \boldsymbol{0} \\ * & * & * & * & -\boldsymbol{I} \end{bmatrix} \tag{8-54}$$

其中,

$$\boldsymbol{\Lambda}_1 = \begin{bmatrix} \boldsymbol{\Lambda}_{11} & \widetilde{\boldsymbol{\Phi}}_{12} & \boldsymbol{\Lambda}_{13} & -\hat{\boldsymbol{\Psi}} & \boldsymbol{\Omega}_{14} & \boldsymbol{0} \\ * & \boldsymbol{\Lambda}_{22} & -\hat{\boldsymbol{\Psi}} & \boldsymbol{\Lambda}_{23} & \boldsymbol{0} & \boldsymbol{0} \\ * & * & \widetilde{\boldsymbol{\Phi}}_{33} & \widetilde{\boldsymbol{\Phi}}_{34} & \boldsymbol{0} & \boldsymbol{0} \\ * & * & * & \widetilde{\boldsymbol{\Phi}}_{44} & \boldsymbol{0} & \boldsymbol{0} \\ * & * & * & * & \widetilde{\boldsymbol{\Phi}}_{55} & -\widetilde{\boldsymbol{\Phi}}_{55} \\ * & * & * & * & * & \widetilde{\boldsymbol{\Phi}}_{55} \end{bmatrix}$$

$$\begin{aligned}
\boldsymbol{\Lambda}_{11} &= \mathrm{He}(\boldsymbol{A}_{mi}\hat{\boldsymbol{N}} + \boldsymbol{B}_{mi}\widetilde{\boldsymbol{\Theta}}_{m}\boldsymbol{\Gamma}_{m0}\boldsymbol{Y}_{mj} + \boldsymbol{B}_{mi}(\boldsymbol{I}-\widetilde{\boldsymbol{\Theta}}_{m})\overline{\boldsymbol{\Gamma}}_{m0}\boldsymbol{Y}_{mj}) + \hat{\boldsymbol{Q}}_1 + \hat{\boldsymbol{Q}}_2 - \hat{\boldsymbol{W}} \\
\boldsymbol{\Lambda}_{13} &= -\hat{\boldsymbol{N}} + \hat{\boldsymbol{N}}^{\mathrm{T}}\boldsymbol{A}_{mi}^{\mathrm{T}} + \boldsymbol{Y}_{mj}^{\mathrm{T}}\boldsymbol{\Gamma}_{m0}^{\mathrm{T}}\widetilde{\boldsymbol{\Theta}}_{m}^{\mathrm{T}}\boldsymbol{B}_{mi}^{\mathrm{T}} + \boldsymbol{Y}_{mj}^{\mathrm{T}}\overline{\boldsymbol{\Gamma}}_{m0}^{\mathrm{T}}(\boldsymbol{I}-\widetilde{\boldsymbol{\Theta}}_{m})^{\mathrm{T}}\boldsymbol{B}_{mi}^{\mathrm{T}} + \hat{\boldsymbol{\Psi}} \\
\boldsymbol{\Lambda}_{22} &= \mathrm{He}(\boldsymbol{A}_{si}\hat{\boldsymbol{N}} + \boldsymbol{B}_{si}\widetilde{\boldsymbol{\Theta}}_{s}\boldsymbol{\Gamma}_{s0}\boldsymbol{Y}_{sj} + \boldsymbol{B}_{si}(\boldsymbol{I}-\widetilde{\boldsymbol{\Theta}}_{s})\overline{\boldsymbol{\Gamma}}_{s0}\boldsymbol{Y}_{sj}) + \hat{\boldsymbol{Q}}_1 + \hat{\boldsymbol{Q}}_2 - \hat{\boldsymbol{W}} \\
\boldsymbol{\Lambda}_{23} &= -\hat{\boldsymbol{N}} + \hat{\boldsymbol{N}}^{\mathrm{T}}\boldsymbol{A}_{si}^{\mathrm{T}} + \boldsymbol{Y}_{sj}^{\mathrm{T}}\boldsymbol{\Gamma}_{s0}^{\mathrm{T}}\widetilde{\boldsymbol{\Theta}}_{s}^{\mathrm{T}}\boldsymbol{B}_{si}^{\mathrm{T}} + \boldsymbol{Y}_{sj}^{\mathrm{T}}\overline{\boldsymbol{\Gamma}}_{s0}^{\mathrm{T}}(\boldsymbol{I}-\widetilde{\boldsymbol{\Theta}}_{s})^{\mathrm{T}}\boldsymbol{B}_{si}^{\mathrm{T}} + \hat{\boldsymbol{\Psi}}
\end{aligned}$$

$\Delta\boldsymbol{\Lambda}$ 为不确定部分，描述如下：

$$\begin{aligned}
\Delta\boldsymbol{\Lambda} = \mathrm{He}\Bigg(& \begin{bmatrix} \boldsymbol{B}_{mi}\widetilde{\boldsymbol{\Theta}}_{m}\boldsymbol{\Gamma}_{m0} \\ \boldsymbol{0} \\ \boldsymbol{B}_{mi}\widetilde{\boldsymbol{\Theta}}_{m}\boldsymbol{\Gamma}_{m0} \\ \boldsymbol{0}_{9\times 1} \end{bmatrix} \boldsymbol{G}_{m}\begin{bmatrix} \boldsymbol{Y}_{mj} & \boldsymbol{0}_{1\times 11} \end{bmatrix} + \begin{bmatrix} \boldsymbol{B}_{mi}(\boldsymbol{I}-\widetilde{\boldsymbol{\Theta}}_{m})\overline{\boldsymbol{\Gamma}}_{m0} \\ \boldsymbol{0} \\ \boldsymbol{B}_{mi}(\boldsymbol{I}-\widetilde{\boldsymbol{\Theta}}_{m})\overline{\boldsymbol{\Gamma}}_{m0} \\ \boldsymbol{0}_{9\times 1} \end{bmatrix} \overline{\boldsymbol{G}}_{m}\begin{bmatrix} \boldsymbol{Y}_{mj} & \boldsymbol{0}_{1\times 11} \end{bmatrix} \\
& + \begin{bmatrix} \boldsymbol{B}_{mi}\widetilde{\boldsymbol{\Theta}}_{m}\boldsymbol{\Gamma}_{m0} \\ \boldsymbol{0}_{11\times 1} \end{bmatrix} \boldsymbol{G}_{m}\begin{bmatrix} \boldsymbol{0}_{1\times 4} & -\boldsymbol{Y}_{mj} & \boldsymbol{0}_{1\times 7} \end{bmatrix} + \begin{bmatrix} \boldsymbol{B}_{mi}(\boldsymbol{I}-\widetilde{\boldsymbol{\Theta}}_{m})\overline{\boldsymbol{\Gamma}}_{m0} \\ \boldsymbol{0}_{11\times 1} \end{bmatrix} \overline{\boldsymbol{G}}_{m}\begin{bmatrix} \boldsymbol{0}_{1\times 4} & -\boldsymbol{Y}_{mj} & \boldsymbol{0}_{1\times 7} \end{bmatrix} \\
& + \begin{bmatrix} \boldsymbol{0} \\ \boldsymbol{B}_{si}\widetilde{\boldsymbol{\Theta}}_{s}\boldsymbol{\Gamma}_{s0} \\ \boldsymbol{0} \\ \boldsymbol{B}_{si}\widetilde{\boldsymbol{\Theta}}_{s}\boldsymbol{\Gamma}_{s0} \\ \boldsymbol{0}_{8\times 1} \end{bmatrix} \boldsymbol{G}_{s}\begin{bmatrix} \boldsymbol{0} & \boldsymbol{Y}_{sj} & \boldsymbol{0}_{1\times 10} \end{bmatrix} + \begin{bmatrix} \boldsymbol{0} \\ \boldsymbol{B}_{si}\widetilde{\boldsymbol{\Theta}}_{s}\boldsymbol{\Gamma}_{s0} \\ \boldsymbol{0}_{10\times 1} \end{bmatrix} \boldsymbol{G}_{s}\begin{bmatrix} \boldsymbol{0}_{1\times 7} & -\boldsymbol{Y}_{sj} & \boldsymbol{0}_{1\times 4} \end{bmatrix} \\
& + \begin{bmatrix} \boldsymbol{0} \\ \boldsymbol{B}_{si}(\boldsymbol{I}-\widetilde{\boldsymbol{\Theta}}_{s})\overline{\boldsymbol{\Gamma}}_{s0} \\ \boldsymbol{0} \\ \boldsymbol{B}_{si}(\boldsymbol{I}-\widetilde{\boldsymbol{\Theta}}_{s})\overline{\boldsymbol{\Gamma}}_{s0} \\ \boldsymbol{0}_{8\times 1} \end{bmatrix} \overline{\boldsymbol{G}}_{s}\begin{bmatrix} \boldsymbol{0} & \boldsymbol{Y}_{sj} & \boldsymbol{0}_{10\times 1} \end{bmatrix} \\
& + \begin{bmatrix} \boldsymbol{0} \\ \boldsymbol{B}_{si}(\boldsymbol{I}-\widetilde{\boldsymbol{\Theta}}_{s})\overline{\boldsymbol{\Gamma}}_{s0} \\ \boldsymbol{0}_{10\times 1} \end{bmatrix} \overline{\boldsymbol{G}}_{s}\begin{bmatrix} \boldsymbol{0}_{1\times 7} & -\boldsymbol{Y}_{sj} & \boldsymbol{0}_{1\times 4} \end{bmatrix} \Bigg)
\end{aligned}$$

通过引理 2-1 和引理 2-2，可以直接得到公式(8-53)。定理 8-5 证明完毕。

8.2.3　仿真算例

算例 8-2　选择一类 2 个自由度(关节)的机器人[141-142]，给定如下参数：$m_{a1}=1$，$m_{a2}=1$，$l_1=1$，$l_2=1$。变量 q_{m1}，q_{m2}，q_{s1}，q_{s2} 约束在区间 $[-\pi/2\quad \pi/2]$ 内，为主、从操作器分别设计 9 条规则表，详情可见参考文献[140]。选择时延变量为 $\hat{\tau}=1$，$\bar{\tau}=2$，$\mu=1/2$，部分失效故障的相应参数为 $\tilde{m}_{mj}=0.8$，$\tilde{m}_{sj}=0.8(j=1,2)$，$E\{\theta_{mn}(k)=1\}=0.3$，$E\{\theta_{sn}(k)=1\}=0.4$ $(n=1,2,\cdots,p)$，具体描述如下：

$$\begin{cases}0.7\leqslant m_{mn}(k)\leqslant 0.8,\ \theta_{mn}(k)=1\\ 0.8\leqslant m_{mn}(k)\leqslant 0.9,\ \theta_{mn}(k)=0\end{cases},\quad \begin{cases}0.7\leqslant m_{sn}(k)\leqslant 0.8,\ \theta_{sn}(k)=1\\ 0.8\leqslant m_{sn}(k)\leqslant 0.9,\ \theta_{sn}(k)=0\end{cases}$$

将相应参数代入定理 8-5，可以得到相应的控制器增益组，如下所示：

$$\boldsymbol{K}_{m1}=\begin{bmatrix}-288.0168 & -334.8844 & -253.5633 & -198.7798\\ -255.4798 & -175.5005 & -171.6684 & -106.8885\end{bmatrix}$$

$$\boldsymbol{K}_{s1}=\begin{bmatrix}-253.4076 & -361.5973 & -270.3807 & -213.6981\\ -281.8311 & -177.3569 & -185.1777 & -112.0619\end{bmatrix}$$

$$\boldsymbol{K}_{m2}=\begin{bmatrix}-381.1682 & 177.9630 & -293.1900 & 122.7618\\ 160.1986 & 70.0431 & 65.7082 & 40.3385\end{bmatrix}$$

$$\boldsymbol{K}_{s2}=\begin{bmatrix}-347.4971 & 242.4136 & -313.3328 & 160.1649\\ 189.6522 & 91.9660 & 68.8840 & 49.4411\end{bmatrix}$$

$$\boldsymbol{K}_{m3}=\begin{bmatrix}196.5646 & -44.6530 & -89.3289 & 161.8430\\ 13.7136 & 27.4346 & 78.5556 & -83.1390\end{bmatrix}$$

$$\boldsymbol{K}_{s3}=\begin{bmatrix}375.5317 & -36.7565 & -57.5746 & 171.0706\\ 24.1453 & 19.2953 & 70.0728 & -79.1846\end{bmatrix}$$

$$\boldsymbol{K}_{m4}=10^3\times\begin{bmatrix}7.0953 & 0.3240 & 2.5328 & -0.0622\\ -0.0456 & 0.1542 & 0.0014 & 0.0658\end{bmatrix}$$

$$\boldsymbol{K}_{s4}=10^4\times\begin{bmatrix}1.0300 & 0.0423 & 0.3636 & -0.0119\\ 0.0021 & 0.0269 & 0.0045 & 0.0084\end{bmatrix}$$

$$\boldsymbol{K}_{m5}=10^3\times\begin{bmatrix}3.3385 & -0.1291 & 0.7974 & 0.1815\\ 1.3534 & 0.1717 & 0.3601 & 0.1578\end{bmatrix}$$

$$\boldsymbol{K}_{s5}=10^3\times\begin{bmatrix}6.1159 & -0.8504 & 1.3574 & 0.0689\\ 2.6186 & -0.0819 & 0.6392 & 0.1166\end{bmatrix}$$

$$\boldsymbol{K}_{m6} = 10^3 \times \begin{bmatrix} 1.9500 & 0.1733 & 0.7279 & -0.0173 \\ 0.0033 & 0.1380 & 0.0152 & 0.0602 \end{bmatrix}$$

$$\boldsymbol{K}_{s6} = 10^3 \times \begin{bmatrix} 2.8392 & 0.2372 & 1.0255 & -0.0453 \\ 0.0087 & 0.2225 & 0.0298 & 0.0737 \end{bmatrix}$$

$$\boldsymbol{K}_{m7} = \begin{bmatrix} 183.4918 & -53.5291 & -97.8922 & 159.8687 \\ 27.9569 & 35.1651 & 85.4842 & -80.5675 \end{bmatrix}$$

$$\boldsymbol{K}_{s7} = \begin{bmatrix} 358.2926 & -41.2661 & -66.4373 & 170.1339 \\ 36.1421 & 25.7695 & 76.2939 & -77.6586 \end{bmatrix}$$

$$\boldsymbol{K}_{m8} = 10^3 \times \begin{bmatrix} -1.0508 & 0.2897 & -0.6039 & 0.1818 \\ 0.2180 & 0.0698 & 0.0984 & 0.0367 \end{bmatrix}$$

$$\boldsymbol{K}_{s8} = 10^3 \times \begin{bmatrix} -1.2002 & 0.4021 & -0.7237 & 0.2451 \\ 0.2537 & 0.1055 & 0.1043 & 0.0485 \end{bmatrix}$$

$$\boldsymbol{K}_{m9} = \begin{bmatrix} -357.3025 & -340.3703 & -281.1333 & -188.5841 \\ -286.4920 & -181.0677 & -182.7673 & -101.9930 \end{bmatrix}$$

$$\boldsymbol{K}_{s9} = \begin{bmatrix} -301.5629 & -374.5737 & -293.1069 & -209.0835 \\ -317.6375 & -182.6057 & -195.4425 & -108.8434 \end{bmatrix}$$

下面分两种情况来说明所设计方法的有效性。

①从操作器无碰撞，即 $\boldsymbol{F}_e(t) = \boldsymbol{0}$。主、从操作器在关节 1、2 处的位移分别如图 8-11 和图 8-12 所示。不难判断，前述方法有效克服了网络诱导时延及执行器部分失效故障对系统产生的影响，提高了系统的稳定性。

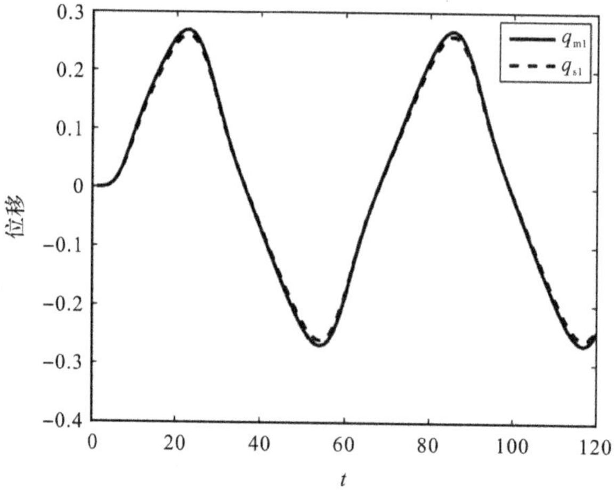

图 8-11　主、从操作器在关节 1 处的位移(无碰撞)

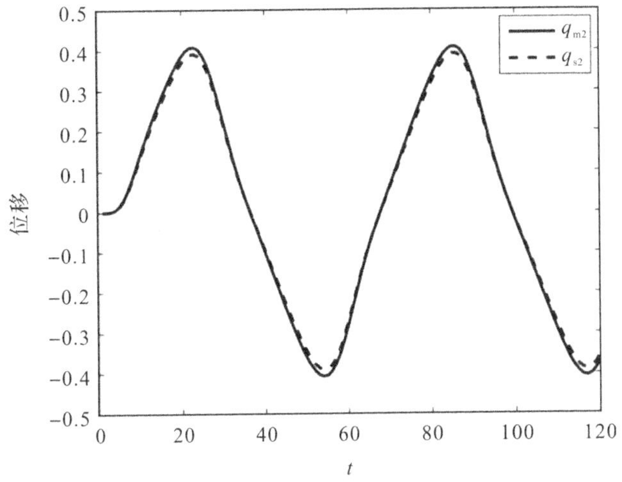

图 8-12　主、从操作器在关节 2 处的位移(无碰撞)

②从操作器有碰撞,即存在环境力信息,选择相应参数 $b_e = 400, k_e = 50$。该情况下,主、从操作器在关节 1、2 处的位移分别如图 8-13 和图 8-14 所示。可以发现,环境力的出现改变了从操作器的运行轨迹,并在主操作器中有效拟合了环境力信息(图 8-15)。从操作器对于操作力的有效拟合(图 8-16),促使从操作器跟踪主操作器的运行,保证了系统故障情况下的稳定性和透明性。

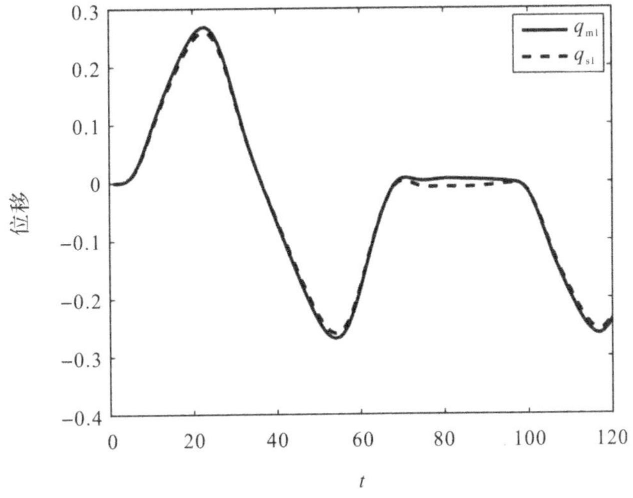

图 8-13　主、从操作器在关节 1 处的位移(有碰撞)

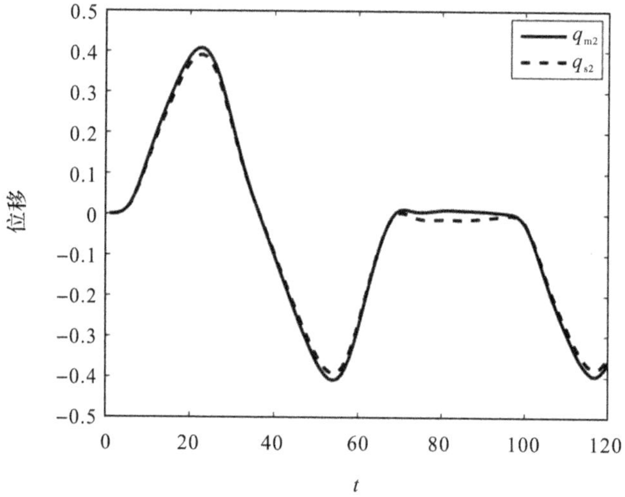

图 8-14　主、从操作器在关节 2 处的位移(有碰撞)

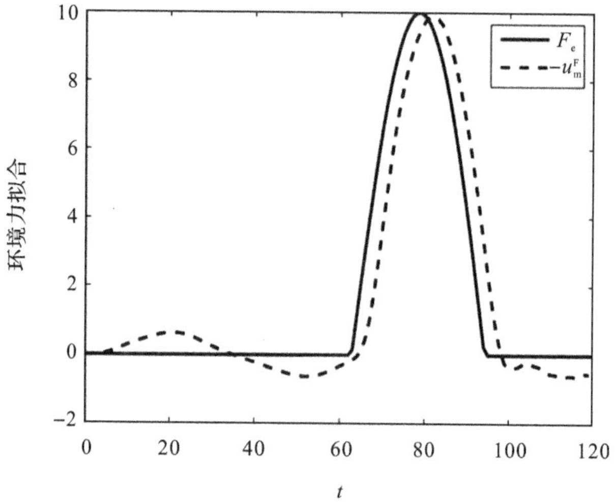

图 8-15　环境力拟合

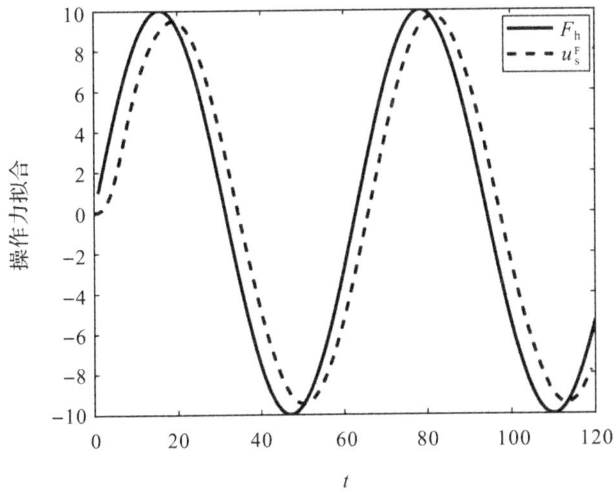

图 8-16　操作力拟合

参考文献

[1]Zhang W, Branicky M S, Phillips S M. Stability of networked control systems [J]. IEEE Control System Magazine, 2001, 21: 84-99.

[2]Baillieul J, Antsaklis P J. Control and communication challenges in networked real-time systems [J]. Proceedings of the IEEE, 2007, 95(1): 9-28.

[3]Hespanha J P, Naghshtabrizi P, Xu Y G. A survey of recent results in networked control systems [J]. Proceedings of the IEEE, 2007, 95(1): 138-162.

[4]李建宁. 无线网络控制系统的建模与控制 [D]. 杭州：浙江大学，2013.

[5]周东华，叶银忠. 现代故障诊断与容错控制 [M]. 北京：清华大学出版社，2000.

[6]Lian F L, Moyne J, Tilbury D. Network design consideration for distributed control systems [J]. IEEE Transactions on Control Systems Technology, 2002, 10(2): 297-307.

[7]Peng C, Yue D, Tian E, et al. A delay-distribution based stability analysis and synthesis approach for networked control systems [J]. Journal of the Franklin Institute, 2009, 346: 349-365.

[8]Peng C, Yue D, Yang J. Delay-distribution-dependent fault detection of networked control systems with stochastic quality services [J]. International Journal of System Science, 2010, 41(6): 687-697.

[9]Zhou Q, Shi P. A new approach to network-based H_∞ control for stochastic systems [J]. International Journal of Robust and Nonlinear Control, 2012, 22(9): 1036-1059.

[10]Hao F, Zhao X. Absolute stability of Lurie networked control systems [J]. International Journal of Robust and Nonlinear Control, 2010, 20(12): 1326-1337.

[11]Zeng H, He Y, Wu M, et al. Absolute stability and stabilization for Lurie networked control systems [J]. International Journal of Robust and Nonlinear Control, 2011, 21: 1667-1676.

[12]Peng C, Tian Y. Network H_∞ control of linear systems with state quantization [J].

Information Science, 2007, 177: 5763-5774.

[13]Yue D, Han Q, Lam J. Network-based robust H_∞ control of systems with uncertainty [J]. Automatica, 2005, 41: 999-1007.

[14]Hao F, Zhao X. Linear matrix inequality approach to static output-feedback stabilization of discrete-time networked control systems [J]. IET Control Theory and Applications, 2010, 4(7): 1211-1221.

[15]Zhang L, Shi Y, Chen T, et al. A new method for stabilization of networked control systems with random delays [J]. IEEE Transactions on Automatic Control, 2005, 50(8): 1177-1181.

[16]Gao H, Chen T, Lam J. A new delay system approach to network-based control [J]. Automatica, 2008, 44: 39-52.

[17]Yang F, Fang H. Control structure design of networked control systems based on maximum allowable delay bounds [J]. Journal of the Franklin Institute, 2009, 346: 626-635.

[18]Lian F, Moyne J, Tilbury D. Modelling and optimal controller design of networked control systems with multiple delays [J]. International Journal of Control, 2003, 76(6): 591-606.

[19]Zhang W, Yu L. A robust control approach to stabilization of networked control systems with time-varying delays [J]. Automatica, 2009, 45: 2440-2445.

[20]Wang Y, He Y, Wang G. Fault detection of NCS based on eigen decomposition, adaptive evaluation and adaptive threshold [J]. International Journal of Control, 2007, 80(12): 1903-1911.

[21]Xie D, Chen X, Lv L, et al. Asymptotical stabilisability of networked control systems: time-delay switched system approach [J]. IET Control Theory and Applications, 2008, 2(9): 743-751.

[22]Guo G, Jin H. A switching system approach to actuator assignment with limited channels [J]. International Journal of Robust and Nonlinear Control, 2010, 20: 1407-1426.

[23]Ishii H. H_∞ control with limited communication and message losses [J]. System and Control Letters, 2008, 57: 322-331.

[24]Zhao Y, Liu G, Rees D. Design of a packet-based control framework for networked control systems [J]. IEEE Transactions on Control System Technology, 2009, 17(4): 859-865.

[25]Ling Q, Lemmon M. Optimal dropout compensation in networked control systems [C]// Proceedings of IEEE Conference on Decision and Control, Maui, USA, 2003:

670-675.

[26]Quevedo D E, Nesic D. Input-to-state stability of packetized predictive control over unreliable networks affected by packet-dropouts [J]. IEEE Transactions on Automatic Control, 2011, 56(2): 370-375.

[27]Nilsson J. Real-time control systems with delays [D]. Sweden: Lund Institute Technology, 1998.

[28]Ling Q, Lemmon M. Soft real-time scheduling of networked control systems with dropouts governed by a Markov chain [C]// Proceedings of American Control Conference, New York, USA, 2003: 4845-4850.

[29]Kim S, Park P. Networked-based robust H_∞ control design using multiple levels of network traffic [J]. Automatica, 2009, 45: 764-770.

[30]Hassibi A, Boyd S P, How J P. Control of asynchronous dynamical systems with rate constraints on event [C]// Proceedings of 38th IEEE Conference on Decision and Control, Phoenix, USA, 1999: 1345-1351.

[31]Zhang W, Yu L. Modelling and control of networked control systems with both network-induced delay and packet dropout [J]. Automatica, 2008, 44: 3206-3210.

[32]Yu M, Wang L, Chu T G, et al. Stabilization of networked control systems with data packet dropout and transmission delays: continuous-time case [J]. European Journal of Control, 2005, 11(1): 40-49.

[33]Li J N, Su H Y, Wu Z G, et al. Stabilization of wireless networked control systems with multi-packet policy [C]// Proceedings of the 31st Chinese Control Conference, Chengdu, China, 2013: 5770-5774.

[34]Hu S, Zhu Q. Stochastic optimal control and analysis of stability of networked control systems with long delay [J]. Automatica, 2003, 39(11): 1877-1884.

[35]Hu B, Michel A N. Stability analysis of digital feedback control systems with time-varying sampling periods [J]. Automatica, 2000, 36(6): 897-905.

[36]Chen J, Meng S, Sun J. Stability analysis of networked control systems with aperiodic sampling and time-varying delay [J]. IEEE Transactions on Cybernetics, 2017, 47(8): 2312-2320.

[37]Xiao F, Shi Y, Ren W. Robustness analysis of asynchronous sampled-data multiagent networks with time-varying delays [J]. IEEE Transactions on Automatic Control, 2018, 63(7): 2415-2152.

[38]Zhang L, Jing F. A novel controller design and evaluation for networked control systems with time-variant delays [J]. Journal of the Franklin Institute, 2006, 343: 161-167.

[39]Liu G, Xia Y, Rees D, et al. Design and stability criteria of networked predictive control systems with random network delay in the feedback channel [J]. IEEE Transactions on Systems, Man, and Cybernetics, Part C: Applications and Reviews, 2007, 37(2): 173-184.

[40]Liu B, Xia Y. Fault detection and compensation for linear systems over networks with random delays and clock asynchronism [J]. IEEE Transactions on Industrial Electronics, 2011, 58(9): 4396-4405.

[41]Vatanski N, Georges J, Aubrun C, et al. Networked control with delay measurement and estimation [J]. Control Engineering Practice, 2009, 17: 231-244.

[42]Park H, Kim Y, Kim D, et al. A scheduling method for network-based control systems [J]. IEEE Transactions on Control System Technology, 2002, 10(3): 318-330.

[43]Kim D, Lee Y, Kwon W, et al. Maximum allowable delay bounds of networked control systems [J]. Control Engineering Practice, 2003, 11: 1301-1313.

[44]Li H, Sun Z, Chen B, et al. Intelligent scheduling controller design for networked control systems based on estimation of distribution algorithm [J]. Tsinghua Science and Technology, 2008, 13(1): 71-77.

[45]Niederlinski A. A heuristic approach to the design of linear multivariable interacting control systems [J]. Automatica, 1971, 7(6): 691-701.

[46]Šiljak D D. Reliable control using multiple control systems [J]. International Journal of Control, 1980, 31(2): 303-329.

[47]周东华，孙优贤. 控制系统的故障检测与诊断技术 [M]. 北京：清华大学出版社，1994.

[48]周东华，王庆林. 基于模型的控制系统故障诊断技术的最新进展 [J]. 自动化学报，1995, 21(2): 244-248.

[49]周东华，Ding X. 容错控制理论及其应用 [J]. 自动化学报，2000, 26(6): 788-797.

[50]Morse W D, Ossman K A. Model-following reconfigurable flight control system for the AFTI/F-16 [J]. Journal of Guideline Control and Dynamics, 1990, 13(6): 969-976.

[51]Garcia H E, Ray A, Edwards R M. A reconfigurable hybrid system and its application to power plant control [J]. IEEE Transactions on Control System Technology, 1995, 3(2): 157-170.

[52]Noura H, Sauter D, Hamelin F, et al. Fault-tolerant control in dynamic system: application to a winding machine [J]. IEEE Control System Magazine, 2000: 33-49.

[53]Bonivento C, Isidori A, Marconi L, et al. Implicit fault-tolerant control: application

to induction motors [J]. Automatica, 2004, 40: 355-371.

[54]Blanke M, Zamanabadi R, Lootsma T F. Fault monitoring and re-configurable control for a ship propulsion plant [J]. International Journal of Adaptive Control and Signal Processing, 1998, 12(8): 671-688.

[55]Weng Z, Patton R J, Cui P. Active fault-tolerant control of a double inverted pendulum [J]. Proceedings of the Institute of Mechanical Engineers, Part I: Journal of Systems and Control Engineering, 2007, 221(6): 895-904.

[56]Bonivento C, Paoli A, Marconi L. Fault-tolerant control of the ship propulsion system benchmark [J]. Control Engineering Practice, 2003, 11: 483-492.

[57]Karpenko M, Sepehri N. Fault-tolerant control of a servohydraulic positioning system with crossport leakage [J]. IEEE Transactions on Control System Technology, 2005, 13(1): 155-161.

[58]Eterno J S, Weiss J L, Looze D P, et al. Design issues for fault-tolerant restructurable aircraft control [C]// Proceedings of 24th IEEE Conference on Decision and Control, Fort Lauderdale, USA, 1985: 900-905.

[59]苏宏业，吴争光，徐巍华. 鲁棒控制基础理论 [M]. 北京：科学出版社，2022.

[60]Vidyasagar M, Viswanadham N. Reliable stabilization using a multi-controller configuration [J]. Automatica, 1985, 21(4): 599-602.

[61]Sebe N, Kitamori T. Reliable stabilization based on a multi-compensator configuration[J]. IFAC Proceedings Volumes, 1993, 26(2):5-8.

[62]Saeks R, Murray J. Fractional representation, algebraic geometry, and the simultaneous stabilization problem [J]. IEEE Transactions on Automatic Control, 1982, 24(4): 895-903.

[63]Kabamba P T, Yang C. Simultaneous controller design for linear time-invariant systems [J]. IEEE Transactions on Automatic Control, 1991, 36(1): 106-111.

[64]Stoustrup J, Blondel V D. Fault tolerant control: a simultaneous stabilization result [J]. IEEE Transactions on Automatic Control, 2004, 49(2): 305-310.

[65]Olbrot A W. Robust stabilization of uncertain systems by periodic feedback [J]. International Journal of Control, 1987, 45(3): 747-758.

[66]Shimemura E, Fujita M. A design method for linear state feedback systems possessing integrity based on a solution for a Riccati-type equation [J]. International Journal of Control, 1985, 42(4): 887-899.

[67]Gundes A N. Stability of feedback systems with sensor or actuator failures: analysis [J]. International Journal of Control, 1992, 56(4): 735-753.

[68]葛建华，孙优贤，周春辉. 故障系统容错能力判别的研究 [J]. 信息与控制，1989,

18(4): 8-11.

[69]Cheng C, Zhao Q. Reliable control of uncertain delayed systems with integral quadratic constraints [J]. IEE Proceedings - Control Theory and Applications, 2004, 151(6): 790-796.

[70]Mahmoud M S. Reliable decentralized control of interconnected discrete delay systems [J]. Automatica, 2012, 48(5): 986-990.

[71]Gao S, Zhang X. Fault-tolerant control with finite-time stability for switched linear system [C]// Proceeding of the 6th International Conference on Computer Science and Education, SuperStar Virgo, Singapore, 2011: 923-927.

[72]Wu Q, Yao B, Hu H. Reliable control for switched systems with time delay and mixed fault of actuator [C]// Proceeding of 2011 Chinese Control and Decision Conference, Mianyang, China, 2011:2246-2250.

[73]Yuan S, Liu X. Fault estimator design for a class of switched systems with time-varying delay [J]. International Journal of Systems Science, 2012, 42(12), 2125-2135.

[74]Hu H, Jiang B, Yang H. Non-fragile H_2 reliable control for switched linearsystems with actuator faults [J]. Signal Processing, 2013, 93(7): 804-1812.

[75]Alwan M S, Liu X, Xie W C. On design of robust reliable H_∞ control and input-to-state stabilization of uncertain stochastic systems with state delay [J]. Communications in Nonlinear Science and Numerical Simulation, 2013, 18(4): 1047-1056.

[76]Jin Y, Fu J, Zhang Y, et al. Reliable control of a class of switched cascade nonlinear systems with its application to flight control [J]. Nonlinear Analysis: Hybrid Systems, 2014, 11: 1-21.

[77]Lin J, Shi Y, Fei S, et al. Reliable dissipative control of discrete-time switched singular systems with mixed time delays and stochastic actuator failures [J]. IET Control Theory and Applications, 2013, 7(11): 1447-1462.

[78]Feng J, Wang S Q. Reliable fuzzy control for a class of nonlinear networked control systems with time delay [J]. Acta Automatica Sinica, 2012, 38(7): 1091-1099.

[79]Li H,Liu H, Gao H, et al. Reliable fuzzy control for active suspension systems with actuator delay and fault [J]. IEEE Transactions on Fuzzy Systems, 2012, 20(2): 342-357.

[80]Wu Z G, Shi P, Su H Y, et al. Reliable H_∞ control for discrete-time fuzzy systems with infinite-distributed delay [J]. IEEE Transactions on Fuzzy Systems, 2012, 20(1): 22-31.

[81]Zuo Z, Ho D W C, Wang Y. Fault tolerant control for singular systems with actuator saturation and nonlinear perturbation [J]. Automatica, 2010, 46(3): 569-576.

[82]Jin X Z, Yang G H. Fault-tolerant control systems design via subdivision of parameter region [J]. Control Theory and Applications, 2009, 7(2): 127-133.

[83]Gao Z, Antsaklis P J. Stability of the pseudo-inverse method for reconfigurable control systems [J]. International Journal of Control, 1991, 53(3): 717-729.

[84]Yen G G, Ho L W. Online multiple-model-based fault diagnosis and accommodation [J]. IEEE Transactions on Industrial Electronics, 2003, 50(2): 296-312.

[85]Ochi Y, Kanai K. Design of restructurable flight control systems using feedback linearization [J]. Journal of Guidance, Control and Dynamics, 1991, 14(5): 903-911.

[86]Castaldi P, Mimmo N, Simani S. Differential geometry based active fault tolerant control for aircraft [J]. Control Engineering Practice, 2014, 32: 227-235.

[87]Kale M M, Chipperfield A J. Stabilized MPC formulations for robust reconfigurable fight control [J]. Control Engineering Practice, 2005, 13(6): 771-788.

[88]Nett C N, Jacobson C A, Miller A T. An integrated approach to controls and diagnostics: the 4-parameter controller [C]// Proceedings of American Control Conference, Atlanta, USA, 1988: 824-835.

[89]Ding S X. Integrated design of feedback controllers and fault detectors [J]. Annual Reviews in Control, 2009, 33(2): 124-135.

[90]Lan J, Patton R J. Integrated design of fault-tolerant control for nonlinear systems basedon fault estimation and T-S fuzzy modeling [J]. IEEE Transactions on Fuzzy Systems, 2017, 25(5): 1141-1154.

[91]Lan J, Patton R J. A new strategy for integration of fault estimation within fault-tolerant control [J]. Automatica, 2016, 69: 48-59.

[92]Ahmed-Zaid F, Ioannou P, Gousman K, et al. Accommodation of failures in the F-16 aircraft using adaptive control [J]. IEEE Control Systems Magazine, 1991, 11(1): 73-78.

[93]Tao G, Joshi S M, Ma X. Adaptive state feedback and tracking control of systems with actuator failures [J]. IEEE Transactions on Automatic Control, 2001, 46(1): 78-95.

[94]Tao G, Chen S, Joshi S M. An adaptive control scheme for systems with unknown actuator failures [J]. Automatica, 2002, 38: 1027-1034.

[95]Tang X, Tao G, Wang L, et al. Robust and adaptive actuator failure compensation designs for a rocket fairing structure-acoustic model [J]. IEEE Transactions on Aerospace and Electronic Systems, 2004, 40(4): 1359-1366.

[96]Wu L B, Yang G H, Ye D. Robust adaptive fault-tolerant control for linear systems with actuator failures and mismatched parameter uncertainties [J]. IET Control

Theory and Applications, 2014, 8(6): 441-449.

[97]Liu L, Wang Z S, Zhang H G. Adaptive fault-tolerant tracking control for MIMO discrete-time systems via reinforcement learning algorithm with less learning parameters [J]. IEEE Transactions on Automation Science and Engineering, 2017, 14(1): 299-313.

[98]Zhai D, An L, Li J, et al. Adaptive fuzzy fault-tolerant control with guaranteed tracking performance for nonlinear strict-feedback systems [J]. Fuzzy Sets and Systems, 2016, 302: 82-100.

[99]Yin S, Yang H, Gao H, et al. An adaptive NN-based approach for fault-tolerant control of nonlinear time-varying delay systems with unmodeled dynamics [J]. IEEE Transactions on Neural Networks and Learning Systems, 2017, 28(8): 1902-1913.

[100]Shen Q, Jiang B, Cocquempot V. Adaptive fuzzy observer-based active fault-tolerant dynamic surface control for a class of nonlinear systems with actuator faults [J]. IEEE Transactionson Fuzzy Systems, 2014, 22(2): 338-349.

[101]Chen M, Tao G. Adaptive fault-tolerant control of uncertain nonlinear large-scale systems with unknown dead zone [J]. IEEE Transactions on Cybernetic, 2016, 46(8): 1851-1862.

[102]Li Y X, Yang G H. Fuzzy adaptive output feedback fault-tolerant tracking control of a class of uncertain nonlinear systems with nonaffine nonlinear faults [J]. IEEE Transactions on Fuzzy Systems, 2016, 21(1): 223-234.

[103]Liu M, Ho D W C, Shi P. Adaptive fault-tolerant compensation control for Markovian jump systems with mismatched external disturbance [J]. Automatica, 2015, 58: 5-14.

[104]Zhou K M, Doyle J C, Glover K. Robust and Optimal Control [M]. New Jersey: Prentice Hall, 1996.

[105]俞立. 鲁棒控制：线性矩阵不等式处理方法 [M]. 北京：清华大学出版社，2002.

[106]Li X, de Souza C E. Delay-dependent robust stability and stabilization of uncertain linear delay systems: a linear matrix inequality approach [J]. IEEE Transactions on Automatic Control, 1997, 42(8): 1144-1148.

[107]Zhang X M, Han Q L. Abel lemma-based finite-sum inequality and its application to stability analysis for linear discrete time-delay systems [J]. Automatica, 2015, 57: 199-202.

[108]Nedic A, Ozdaglar A, Parrilo P A. Constrained consensus and optimization in multi-agent networks[J]. IEEE Transactions on Automatic Control, 2010, 55(4): 922-938.

[109]Gu K, Kharitonov V I, Chen J. Stability of Time-Delay Systems [M]. New York: Springer Verlag, 2003.

[110]Yang F, Li Y. Set-membership filtering for systems with sensor saturation [J]. Automatica, 2009, 45(8): 1896-1902.

[111]Shi P, Zhang Y, Chadli M, et al. Mixed H_∞ and passive filtering for discrete fuzzy neural networks with stochastic jumps and time delay [J]. IEEE Transactions on Neural Network and Learning Systems, 2016, 27(4): 903-909.

[112]Li J N, Pan Y J, Su H Y, et al. Stochastic reliable control of a class of networked control systems with actuator faults and input saturation [J]. International Journal of Control, Automation, and Systems, 2014, 12(3): 564-571.

[113]Song J, Niu Y G, Xu J. An event-triggered approach to sliding mode control of Markovian jump Lur'e systems under hidden mode detection [J]. IEEE Transactions on Systems, Man, and Cybernetics: Systems, 2018, 50: 1514-1525.

[114]Khalil H. Nonlinear Systems [M]. 3rd ed. New Jersey: Prentice Hall, 2002.

[115]Dai L. Singular Control Systems [M]. New York: Springer Verlag, 1989.

[116]Li J N, Su H Y, Wu Z G, et al. Less conservative robust stability criteria for uncertain discrete stochastic singular systems with time-varying delays [J]. International Journal of Systems Science, 2013, 44(3): 432-441.

[117]Shi P, Zhang Y, Agarwal R K. Stochastic finite-time state estimation for discrete time-delay neural networks with Markovian jumps [J]. Neurocomputing, 2015, 151: 168-174.

[118]Wang Z, Ho D W C, Dong H, et al. Robust H_∞ finite-horizon control for a class of stochastic nonlinear time-varying systems subject to sensor and actuator saturations [J]. IEEE Transactions on Automatic Control, 2010, 55(7): 1716-1722.

[119]Hou Y. Reliable stabilization of networked control systems subject to actuator faults [J]. Nonlinear Dynamics, 2013, 71(3): 447-455.

[120]Shen H, Song X, Wang Z. Robust fault-tolerant control of uncertain fractional-order systems against actuator faults [J]. IET Control Theory and Applications, 2013, 7(9): 1233-1241.

[121]Li Y K, Sun H B, Zong G D, et al. Disturbance-observer-based-control and L_2-L_∞ resilient control for Markovian jump non-linear systems with multiple disturbances and its application to single robot arm system [J]. IET Control Theory and Applications, 2016, 10 (2): 226-233.

[122]Wu Z, Shi P, Shu Z, et al. Passivity-based asynchronous control for Markov jump systems [J]. IEEE Transactions on Automatic Control, 2017, 62(4): 2020-2025.

[123]Shen Y, Wu Z G, Shi P, et al. H_∞ control of Markov jump time-delay systems under asynchronous controller and quantizer [J]. Automatica, 2019, 99: 352-360.

[124]Zhang L, Cui N, Liu M, et al. Asynchronous filtering of discrete-time switched linear systems with average dwell time[J]. IEEE Transactions on Circuits and System I: Regular Papers, 2011, 58(5): 1109-1118.

[125]Selivanov A, Fridman E. Event-triggered control: a switching approach[J]. IEEE Transaction Automation and Control, 2016, 61: 3221-3226.

[126]Hakimzadeh A, Ghaffari V. Designing of non-fragile robust model predictive control for constrained uncertain systems and its application in process control[J]. Journal of Process Control, 2020, 95: 86-97.

[127]Kavikumar R, Sakthivel R, Kaviarasan B, et al. Non-fragile control design for interval-valued fuzzy systems against nonlinear actuator faults[J]. Fuzzy Sets and Systems, 2019, 365: 40-59.

[128]Liu Y, Arunkumar A, Sakthivel R, et al. Finite-time event-triggered non-fragile control and fault detection for switched networked systems with random packet losses[J]. Journal of the Franklin Institute, 2020, 357(16): 11394-11420.

[129]Kchaou M, El Hajjaji A, Toumi A. Non-fragile H_∞ output feedback control design for continuous-time fuzzy systems[J]. ISA transactions, 2015, 54: 3-14.

[130]Xiong L, Li H, Wang J. LMI based robust load frequency control for time delayed power system via delay margin estimation[J]. International Journal of Electrical Power and Energy Systems, 2018, 100: 91-103.

[131]Zhang X, Xu X, Li J N, et al. A novel switching control for ship course-keeping autopilot with steering machine bias failure and fault alarm [J]. Ocean Engineering, 2022, 261: 112191.

[132]Divya H, Sakthivel R, Karthick S, et al. Non-fragile control design for stochastic Markov jump system with multiple delays and cyber attacks[J]. Mathematics and Computers in Simulation, 2022, 192: 291-302.

[133]Fossen T. Guidance and Control of Ocean Vehicles [M]. New York: John Willey and Sons, 1994.

[134]Qiu B, Wang G, Fan Y. Trajectory linearization-based robust course keeping control of unmanned surface vehicle with disturbances and input saturation [J]. ISA Transactions, 2021, 112: 168-175.

[135]Xiong J, Li J N, Du P. A novel non-fragile H_∞ fault-tolerant course-keeping control for uncertain unmanned surface vehicles with rudder failures [J]. Ocean Engineering, 2023, 280: 114781.

[136]Kim E. A discrete-time fuzzy disturbance observer and its application to control [J]. IEEE Transactions on Fuzzy Systems, 2003, 11(3): 399-410.

[137]Walker K, Pan Y J, Gu J. Bilateral teleoperation over networks based on stochastic switching approach [J]. IEEE/ASME Transactions on Mechatronics, 2009, 14(5): 539-554.

[138]吴敏，何勇. 时滞系统鲁棒控制：自由权矩阵方法 [M]. 北京：科学出版社，2008.

[139]Yang X, Hua C, Yan J, et al. A new master-slave torque design for teleoperation system by T-S fuzzy approach [J]. IEEE Transactions on Control System Technology, 2015, 23(4): 1611-1619.

[140]Tseng C S, Chen B S, Uang H J. Fuzzy tracking control design for nonlinear dynamic systems via T-S fuzzy model [J]. IEEE Transactions on Fuzzy System, 2001, 9(3): 381-392.